택시운전자격시험
적중기출문제집

교통안전시설 일람표

주의표지

- 101 +자형교차로
- 102 T자형교차로
- 103 Y자형교차로
- 104 ㅏ자형교차로
- 105 ㅓ자형교차로
- 106 우선도로
- 107 우합류도로
- 108 좌합류도로
- 109 회전형교차로
- 110 철길건널목
- 110의2 노면전차
- 111 우측굽은도로
- 112 좌측굽은도로
- 113 우측이중굽은도로
- 114 좌측이중굽은도로
- 115 2방향통행
- 116 오르막경사
- 117 내리막경사
- 118 도로폭이좁아짐
- 119 우측차로없어짐
- 120 좌측차로없어짐
- 121 우측방통행
- 122 양측방통행
- 123 중앙분리대끝남
- 124 중앙분리대시작
- 125 신호기
- 126 미끄러운도로
- 127 강변도로
- 128 노면고르지못함
- 129 과속방지턱
- 130 낙석도로
- 132 횡단보도
- 133 어린이보호
- 134 자전거
- 135 도로공사중
- 136 비행기
- 137 횡풍
- 138 터널
- 138의2 교량
- 139 이륜차보호
- 140 위험 DANGER
- 141 상습정체구간

규제표지

- 201 통행금지
- 202 자동차통행금지
- 203 화물자동차통행금지
- 204 승합자동차통행금지
- 205 이륜자동차및원동기장치자전거통행금지
- 205의2 개인형이동장치통행금지
- 206 자동차·이륜자동차및원동기장치자전거통행금지
- 206의2 경운기·트랙터및손수레통행금지
- 207 경운기·트랙터및손수레통행금지
- 210 자전거통행금지
- 211 진입금지
- 212 직진금지
- 213 우회전금지
- 214 좌회전금지
- 216 유턴금지
- 217 앞지르기금지
- 218 정차·주차금지
- 219 주차금지
- 220 차중량제한
- 221 차높이제한
- 222 차폭제한
- 223 차간거리확보
- 224 최고속도제한
- 225 최저속도제한
- 226 서행 SLOW
- 227 일시정지 STOP
- 228 양보 YIELD
- 230 보행자보행금지
- 231 위험물적재차량통행금지

지시표지

- 301 자동차전용도로
- 302 자전거전용도로
- 303 자전거및보행자겸용도로
- 303의2 노면전차전용도로
- 304 회전교차로
- 305 직진
- 306 우회전
- 307 좌회전
- 308 직진및우회전
- 309 직진및좌회전
- 309의2 좌회전및유턴
- 310 좌우회전
- 311 유턴
- 312 양측방통행
- 313 우측면통행
- 314 좌측면통행
- 315 진행방향별통행구분
- 316 우회로
- 317 자전거및보행자통행구분
- 318 자전거전용차로
- 319 주차장 P
- 320 자전거주차장 P
- 320의2 개인형이동장치주차장 P
- 320의3 어린이통학버스승하차
- 320의4 어린이승하차
- 321 보행자전용도로
- 321의2 보행자우선도로
- 322 횡단보도
- 323 노인보호 (노인보호구역)
- 324 어린이보호 (어린이보호구역)
- 324의2 장애인보호 (장애인보호구역)
- 325 자전거횡단도
- 326 일방통행
- 327 일방통행
- 328 일방통행
- 329 비보호좌회전
- 330 버스전용차로
- 331 다인승차량전용차로
- 331의2 노면전차전용차로
- 332 통행우선
- 333 자전거나란히통행허용
- 334 도시부

보조표지

- 401 거리 (100m 앞부터)
- 402 거리 (여기부터 500m)
- 403 구역 (시내전역)
- 404 일자
- 405 시간
- 406 시간 (1시간이내 차둘수있음)
- 407 신호등화상태
- 407의2 신호등방향
- 407의3 신호등보조장치
- 407의4 신호등보조장치
- 408 전방우선도로
- 409 안전속도 30
- 410 기상상태
- 411 노면상태
- 412 교통규제
- 413 통행규제
- 414 차량한정
- 415 통행주의
- 415의2 충돌주의
- 416 표지설명
- 417 구간시작
- 418 구간내
- 419 구간끝
- 420 우방향
- 421 좌방향
- 422 전방
- 423 중앙
- 424 노폭
- 425 거리
- 427 해제
- 428 견인지역

표지판종류

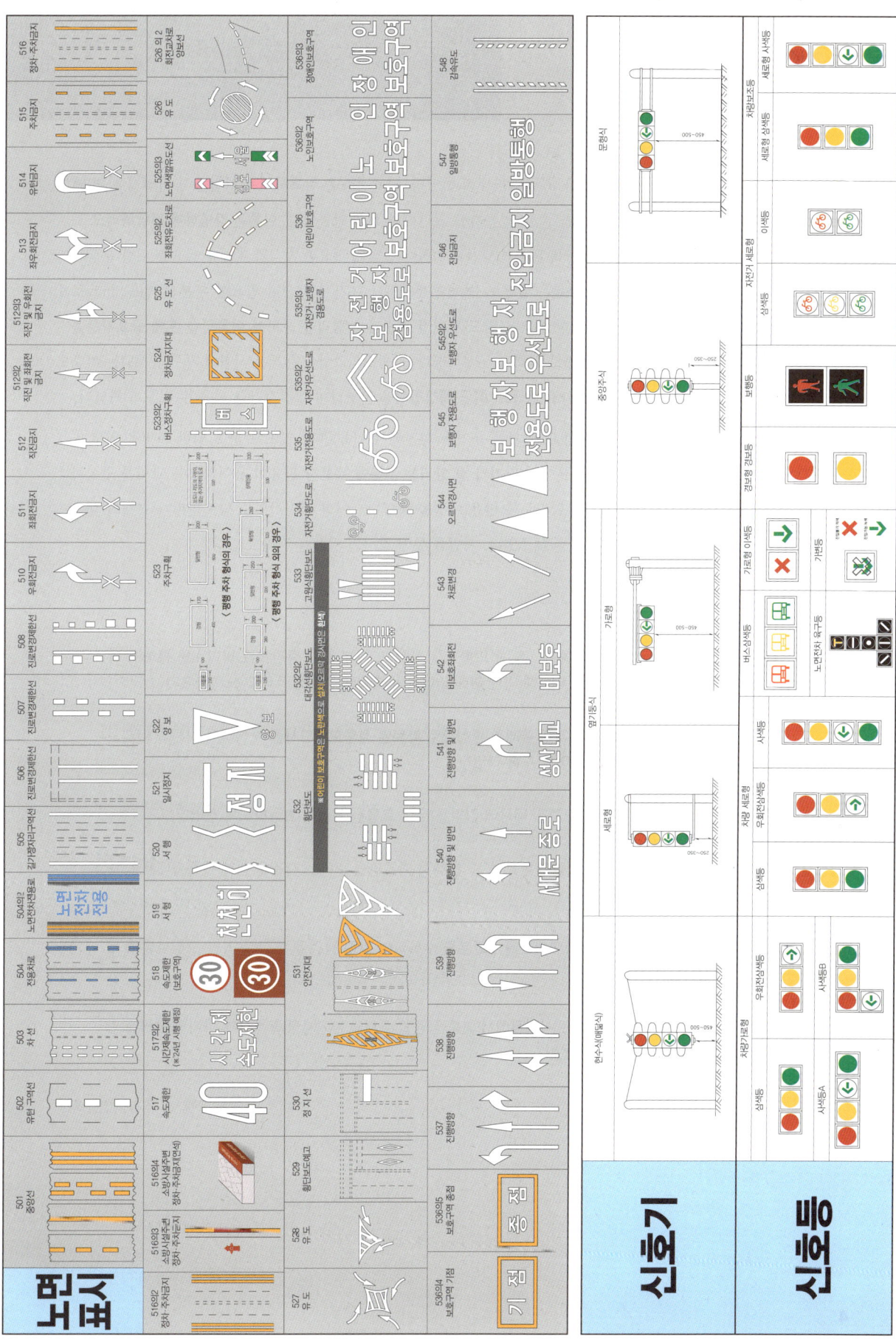

머리말

택시운전자격시험 합격을 위한 핵심을 모두 담아내려 하였다. 자격시험을 취득하려는 사람들이 어떻게 하면 빠르고 쉽게 자격증을 취득하는데 도움을 줄 수 있는가를 고민하며 책을 만들었다. **이론은 간명하게 전달하려고 노력**하면서 이해의 정도가 떨어지지 않도록 내용의 양을 조절하여 합격에 필요한 지식과 이해의 필요를 위한 분량의 배분을 적절하게 하였다. 즉 **중요한 부분은 별표**로, 독립주제이거나 추가적 학습이 필요한 부분은 Plus Study로 처리하여 효율적 학습이 가능하도록 하였다. 그리고 **단원별 기출지문 정리를 통하여 이론학습 후에 중요지문을 통하여** 공부한 내용을 단단히 할 수 있도록 책을 구성하였다. 적중모의고사의 문제는 시험에 자주 출제되는 기출 테마에 대한 문제를 각 파트별 모의고사로 만들고, **최근 개정법령을** 반영하여 실전감각을 키울 수 있도록 하였다.

이번 개정은 모의고사를 1회분 추가하고, 암기 두문자를 실전에서 이용할 수 있도록 하기 위한 노력을 하였다. 그런 결과로 파트1에서 파트3까지 이론에서 **암기가 잘 안되는 부분에 두문자** 활용이 용이하도록 교재를 구성하였다. 특히 지리파트는 시험경향에 부합되도록 많은 수정을 하였다. 이번 개정작업도 양지원씨가 교재의 내용과 지리파트 부분에 대하여 많은 조언을 해주었다. 지면을 통해 감사의 말씀을 전하고 싶다.

이 책의 특징을 소개하면 다음과 같다.

❶ 암기사항에는 두문자를 통하여 암기의 편의를 제공하였고, 교재 중간 중간 어드바이스를 통해서 학습의 방향을 제시하여 어려운 부분에 대한 이해와 이론의 숙지에 도움을 주려고 노력하였다.

❷ 단원별로 시험에 출제되었던 기출 주제를 중심으로 **파트별 적중모의고사**를 수록하여 이론과 문제의 연결은 물론 실전에서도 도움이 되도록 하였다.

❸ 내용에 중요도 표시를 하여 교재의 내용에 강약을 두어 효율적 학습이 가능하도록 하였다.

❹ 각 파트 말미에는 "**단원별 기출지문정리**"를 통해서 이론학습 후에는 지문을 통해서 중요내용을 숙지할 수 있도록 하였다.

❺ 책의 말미에는 부록으로 **최종모의고사 2회분을** 수록하여 최종 점검을 통한 합격의 교두보를 확보할 수 있도록 하였다.

❻ 책의 앞부분 "**막판암기노트**"는 시험장에서 최종 점검할 주제와 암기사항을 통하여 마지막 정리에 활용할 수 있도록 내용을 구성하였다.

2026년 1월 교통지식연구회

1 택시운전자격시험제도 소개

(1) 개 념

택시운전자격은 일반택시운송사업, 개인택시운송사업 및 수요응답형 여객자동차운송사업(승용자동차를 사용하는 경우만 해당)에 종사하고자 하는 사람이 반드시 취득해야하는 국가자격으로서, 한국교통안전공단이 주관하여 시행하는 '택시운전 자격시험'에 응시, 합격해야 유효하게 자격을 수여받을 수 있다.

(2) 자격취득 대상자

일반택시운송사업, 개인택시운송사업 및 수요응답형 여객자동차운송사업(승용자동차를 사용하는 경우만 해당)에 종사하고자 하는 사람

(3) 시험과목 및 합격기준(총70문항)

시험과목	문항수
교통 및 여객자동차 운수사업 법규	20문항
안전운행요령	20문항
운송서비스	20문항
지 리	10문항

(4) 시험 시간(회차별)

1회차	09:20 ~ 10:40
2회차	11:00 ~ 12:20
3회차	14:00 ~ 15:20
4회차	16:00 ~ 17:20

2 자격취득절차 안내

(1) 응시조건

아래의 항목이 모두 충족된 경우에만 시험 응시가 가능하다. 그리고 기준은 시험접수마감일 기준이다.

1) 연령 : 만 20세 이상
2) 제1종 또는 제2종 보통 이상 운전면허를 소지한 사람
❶ 2종 보통 이상의 운전경력 1년 이상
❷ 운전면허 보유기간의 기준이며, 취소 및 정지기간은 제외
3) 국토교통부령이 정하는 운전적성 정밀검사 기준에 적합할 것(시험 접수일 기준)
4) 여객자동차운수사업법 제24조 제3항 및 제4항의 결격사유에 해당하지 않는 사람

(2) 시험접수

1) 인터넷 접수 : 택시운전자격시험
※ 사진(최근 6개월 이내, 반명함, 3cm×4cm)은 그림파일(jpg)로 스캔하여 등록 권장
2) 방문 접수 : 전국 18개 자격시험장 방문 접수
※ 다만, 현장 방문접수 시에는 응시 인원충족 등으로 당일 시험응시가 불가할 수도 있사오니 가급적 인터넷으로 시험가능일을 확인하시고 접수를 하는게 고객님의 불편을 줄일 수 있음
※ 인터넷접수 온라인 결제로 진행, 방문접수 시 현장에서 결제(11,500원)
3) 상설·비상설 시험장

CBT 상설시험장	정밀검사장 활용 CBT 비상설 시험장
서울 구로, 수원, 대전, 대구, 부산, 광주, 인천, 춘천, 청주, 전주, 창원, 울산, 화성 ♣ 매일 4회(오전2회, 오후2회) ♣ 대전, 부산, 광주는 수요일 오후 항공 CBT 시행	서울 노원, 상주, 제주, 의정부, 홍성(5개 지역) ♣ 매주 화, 목 오후 2회

(3) 시험응시

1) 시험 예약 당시 지정한 시험장 : 시험 시작 20분 전까지 시험등록
2) 시험과목(4과목, 총 70문제) : 교통 및 여객자동차운수사업 법규, 안전운행요령, 운송서비스, 지리

(4) 자격증 교부

1) 신청대상 및 기간 : 택시운전 자격시험 필기시험에 합격한 사람으로서 합격자[총점의 60%이상(총 70문항 중 48문항 이상)을 얻은 사람] 발표일로부터 30일 이내 인터넷 혹은 방문신청
2) 신청서류 및 발급
❶ 교부 수수료 : 10,000원
❷ 택시운전자격증 발급신청서 1부(인터넷의 경우는 생략)
❸ 자격증 방문 발급 : 한국교통안전공단 전국 14개 지역별 접수·교부

⊙ QR코드를 통한 시험소개와 공부방법 소개

막판 암기 노트

01. 자동차의 배기량

① **경형** : 배기량 1,000cc 미만의 승용자동차(승차정원 5인승 이하의 것만 해당)

② **소형** : 배기량 1,600cc 미만의 승용자동차(승차정원 5인승 이하의 것만 해당)

③ **중형** : 배기량 1,600cc 이상의 승용자동차(승차정원 5인승 이하의 것만 해당)

④ **대형** : 배기량 2,000cc 이상의 승용자동차(승차정원 6인승 이상 10인승 이하의 것만 해당)를 사용하는 택시운송사업

⑤ **모범형** : 배기량 1,900cc 이상의 승용자동차(승차정원 5인승 이하의 것만 해당)를 사용하는 자동차

⑥ **고급형** : 배기량 2,800cc 이상의 승용자동차를 사용하는 택시운송사업

02. 교통사고시 운송사업자의 보고 의무

중대한 교통사고로서 국토교통부장관 또는 시·도지사에게 보고

① 전복 사고

② 화재가 발생한 사고

③ 사망자가 2명 이상, 사망자 1명과 중상자 3명 이상, 중상자 6명 이상의 사람이 죽거나 다친 사고

03. 여객자동차운송사업 결격사유

① 피성년후견인

② 파산선고를 받고 복권(復權)되지 아니한 자

③ 여객자동차운수사업법을 위반하여 징역 이상의 실형(實刑)을 선고받고 그 집행이 끝나거나(집행이 끝난 것으로 보는 경우 포함) 면제된 날부터 **2년이 지나지 아니한 자**

④ 여객자동차운수사업법을 위반하여 징역 이상의 형(刑)의 집행유예를 선고받고 **그 집행유예 기간 중에 있는 자**

⑤ 여객자동차운송사업의 면허나 등록이 취소된 후 **그 취소일부터 2년**이 지나지 아니한 자

04. 여객자동차운송사업의 운전업무 종사자격

① 사업용 자동차를 운전하기에 적합한 운전면허를 보유하고 있을 것

② **20세 이상**으로서 해당 운전경력이 1년 이상일 것

③ 국토교통부장관이 정하는 운전 적성에 대한 정밀검사 기준에 맞을 것

④ ① ~ ③의 요건을 갖춘 사람은 운전자격시험에 합격한 후 자격을 취득하거나 교통안전체험에 관한 연구·교육시설에서 이론 및 실기교육(교통안전체험교육)을 이수하고 자격을 취득할 것(시험 및 교육의 실시기관 : 한국교통안전공단)

05. 정밀검사의 종류

① **신규검사**

㉠ 신규로 여객자동차 운송사업용 자동차를 운전하려는 자

㉡ 여객자동차 운송사업용 자동차 운전업무에 종사하다가 퇴직한 자로서 신규검사를 받은 날부터 3년이 지난 후 재취업하려는 자(재취업일까지 무사고 운전한 경우는 제외)

㉢ 신규검사의 적합판정을 받은 자로서 운전 적성정밀검사를 받은 날부터 3년 이내에 취업하지 아니한 자(다만, 신규검사를 받은 날부터 취업일까지 무사고로 운전한 사람은 제외)

※ 법 개정으로 정밀검사를 받지 않고도 택시운전 자격시험 응시가 가능해졌다. 다만, 취업하기 전까지 운전정밀검사를 받아야 한다.

② **특별검사**

㉠ 중상 이상의 사상(死傷)사고를 일으킨 자

㉡ 과거 1년간 도로교통법 규칙에 따른 운전면허 행정처분기준에 따라 계산한 누산점수가 81점 이상인 자

㉢ 질병, 과로, 그 밖의 사유로 안전운전을 할 수 없다고 인정되는 자인지 알기 위하여 운송사업자가 신청한 자

③ **자격유지검사**(검사대상이 된 날부터 3개월 이내에 받아야 함)

㉠ **65세 이상 70세 미만인 사람**(자격유지검사의 적합판정을 받고 3년이 지나지 아니한 사람은 제외)

㉡ **70세 이상인 사람**(자격유지검사의 적합판정을 받고 1년이 지나지 아니한 사람은 제외)

06. 자격취소의 개별 기준

① **04 결격사유**의 하나에 해당하게 된 경우

② **부정한 방법**으로 택시운전자격을 취득한 경우

③ 법 제24조 제3항 또는 제4항(자격을 취득할 수 없는 범죄행위)에 해당하게 된 경우

④ 운전업무와 관련하여 택시운전자격증을 **타인에게 대여**한 경우

⑤ 교통사고와 관련하여 **거짓**이나 그 밖의 **부정한 방법으로 보험금을 청구**하여 금고 이상의 형을 선고받고 그 형이 확정된 경우

⑦ 택시운전자격**정지의 처분기간 중** 택시운전업무에 종사한 경우

⑧ 도로교통법 위반으로 사업용 자동차를 운전할 수 있는 **운전면허가 취소**된 경우

07. 운수종사자의 교육

구분	교육대상자	시간	주기
신규 교육	새로 채용한 운수종사자(사업용자동차를 운전하다가 퇴직한 후 2년 이내에 다시 채용된 사람은 제외)	16	
보수 교육	무사고·무벌점 기간이 5년 이상 10년 미만인 운수종사자	4	격년
	무사고·무벌점 기간이 5년 미만인 운수종사자		매년
	법령위반 운수종사자	8	수시
수시 교육	국제행사 등에 대비한 서비스 및 교통안전 증진 등을 위하여 국토교통부장관 또는 시·도지사가 교육받을 필요를 인정하는 운수종사자	4	필요 시

08. 사업용자동차의 차령

사업과 차종의 구분		차령
개인 택시	경형·소형	5년
	배기량 2,400cc 미만	7년
	배기량 2,400cc 이상	9년
	환경친화적 자동차	9년
일반 택시	경형·소형	3년 6월
	배기량 2,400cc 미만	4년
	배기량 2,400cc 이상	6년
	환경친화적자동차	6년

09. 종합검사의 대상과 검사유효기간

검사 대상	적용 차령(車齡)	검사 유효 기간
비사업용	차령이 4년 초과	2년
사업용	차령이 2년 초과	1년

10. 신호의 우선순위와 운전자의 신호 표시

① 교통안전시설이 표시하는 신호 또는 지시와 경찰공무원이나 경찰보조자의 신호가 서로 다른 경우 : 경찰공무원등의 신호 또는 지시에 따라야 한다

② 운전자의 신호시기 : 운전자가 신호를 하려는 지점에 이르기 전 30미터(고속도로에서는 100미터) 이상의 지점에 이르렀을 때에 신호기를 작동해야 한다.

11. 안전표지의 종류

① 주의표지 : 도로상태가 위험하거나 도로 또는 그 부근에 위험물이 있는 경우에 필요한 안전조치를 할 수 있도록 이를 도로사용자에게 알리는 표지이다.

② 규제표지 : 도로교통의 안전을 위하여 각종 제한·금지 등의 규제를 하는 경우에 이를 도로사용자에게 알리는 표지이다.

③ 지시표지 : 도로의 통행방법·통행구분 등 도로교통의 안전을 위하여 필요한 지시를 하는 경우에 도로사용자가 이를 따르도록 알리는 표지이다.

④ 보조표지 : 주의표지·규제표지 또는 지시표지의 주기능을 보충하여 도로사용자에게 알리는 표지이다.

⑤ 노면표시 : 도로교통의 안전을 위하여 각종 주의·규제·지시 등의 내용을 노면에 기호·문자또는 선으로 도로사용자에게 알리는 표시이다.

12. 이상 기후 시의 운행 속도

이상기후 상태	운행 속도
○ 비로 노면이 젖어 있는 경우 ○ 눈이 20mm 미만 쌓인 경우	최고속도의 20/100을 줄인 속도
○ 폭우·폭설·안개 등으로 ○ 가시거리가 100m 이내인 경우 ○ 노면이 얼어붙은 경우 ○ 눈이 20mm 이상 쌓인 경우	최고속도의 50/100을 줄인 속도

13. 앞지르기 금지 장소

① 교차로, ② 터널 안. ③ 다리 위

④ 도로의 구부러진 곳, 비탈길의 고갯마루 부근 또는 가파른 비탈길의 내리막등 시·도경찰청장이 안전표지로 지정한 곳

14. 서행해야 하는 장소

① 교통정리를 하고 있지 아니하는 교차로

② 도로가 구부러진 부근

③ 비탈길의 고갯마루 부근

④ 가파른 비탈길의 내리막

⑤ 시·도경찰청상이 안전표지로 지징한 곳

15. 차마의 운전자가 일시정지를 이행하여야 할 경우

① 차마의 운전자는 보도와 차도가 구분된 도로에서 도로 외의 곳을 출입할 때

② 철길건널목을 통과하려는 경우

③ 보행자가 횡단보도를 통행하고 있을 때

④ 보행자전용도로의 통행이 허용된 차마의 운전자

⑤ 모든 차의 운전자는 교차로나 그 부근에서 긴급자동차가 접근하는 경우

⑥ 교통정리를 하고 있지 아니하고 좌우를 확인할 수 없거나 교통이 빈번한 교차로

⑦ 시·도경찰청장이 일시정지 표지로 지정한 곳

⑧ 교통약자(어린이, 맹인, 장애인, 노인 등)의 교통사고 위험 상황이거나 도로를 횡단하는 경우

⑨ 차량신호등이 적색등화의 점멸되는 경우 정지선이나 횡단보도에 있을 때

16. 정차 및 주차의 금지

① 교차로·횡단보도·건널목이나 보도와 차도가 구분된 도로의 보도(노상주차장은 제외)

② 교차로의 가장자리 또는 도로의 모퉁이로부터 5m 이내인 곳

③ 안전지대의 사방으로부터 각각 10m 이내인 곳

④ 버스여객자동차의 정류지임을 표시하는 기둥이나 표지판 또는 선이 설치된 곳으로부터 10m 이내인 곳

⑤ 건널목의 가장자리 또는 횡단보도로부터 10m 이내인 곳

⑥ 다음의 곳으로부터 5미터 이내인 곳

㉠ 소방용수시설 또는 비상소화장치가 설치된 곳

㉡ 소방시설로서 대통령령으로 정하는 시설이 설치된 곳

17. 교통정리가 없는 교차로에서의 양보운전

① 교통정리를 하고 있지 아니하는 교차로에 들어가려고 하는 차의 운전자 : 이미 교차로에 들어가 있는 다른 차가 있을 때에는 그 차에 진로를 양보하여야 한다.

② 동시에 교차로에 진입할 때의 양보운전

㉠ 운전자는 그 차가 통행하고 있는 도로의 폭보다 교차하는 도로의 폭이 넓은 경우에는 서행하여야 하며, 폭이 넓은 도로로부터 진입하는 차에 진로를 양보해야 한다.

㉡ 동시에 진입하려고 하는 경우에는 우측도로에서 진입하는 차에 진로를 양보해야 한다.

㉢ 좌회전하려고 하는 경우에는 직진하거나 우회전 하려는 차에 진로를 양보해야 한다.

18. 차의 등화

① 전조등·차폭등·미등과 그밖의 등화를 켜야 하는 경우

㉠ 밤에 도로에서 차를 운행하거나 고장이나 그 밖의 부득이한 사유로 도로에서 차 또는 노면전차를 정차 또는 주차시키는 경우

㉡ 안개가 끼거나 비 또는 눈이 올 때에 도로에서 차를 운행하거나 고장이나 그 밖의 부득이한 사유로 도로에서 차 또는 노면전차를 정차 또는 주차하는 경우

㉢ 터널 안을 운행하거나 고장 또는 그 밖의 부득이한 사유로 터널 안 도로에서 차 또는 노면전차를 정차 또는 주차하는 경우

② 밤에 도로에서 차를 운행하는 경우

㉠ 자동차 : 자동차안전기준에서정하는 전조등, 차폭등, 미등, 번호등과 실내조명등(실내조명등은 승합자동차와 여객자동차 운송사업용 승용자동차만 해당)

㉡ 견인되는 차 : 미등·차폭등 및 번호등

③ 도로에서 정차 또는 주차하는 경우 : 차폭등 및 미등

19. 신호등의 신호순서

① 적색·황색·녹색화살표·녹색의 4색등화로 표시되는 신호등 : 녹색등화➡황색등화➡적색 및 녹색화살표등화, 적색 및 황색등화➡적색등화의 순서로 한다.(녹, 황, 적)

② 적색, 황색, 녹색(녹색화살표)의 삼색등화로표시되는 신호등 : 녹색등화➡황색등화➡적색등화의순서로 한다.(녹, 황, 적)

20. 승용자동차의 최고속도

위반사항과 벌점	범칙금(벌점)
○ 속도위반(60km/h 초과) ➡ 60점	12만원
○ 속도위반(40km/h 초과 60km/h 이하) ➡ 30점	9만원
○ 어린이통학버스 특별보호 위반 ➡ 30점	
안전표지가 설치된 곳에서의 정차·주차 금지 위반	8만원
○ 중앙선 침범·통행구분 위반 ➡ 30점	6만원
○ 철길건널목 통과방법 위반 ➡ 30점	
○ 고속도로·자동차전용도로 갓길 통행 ➡ 30점	
○ 속도위반(20km/h 초과 40km/h 이하) ➡ 15점	
○ 신호·지시 위반, 앞지르기 금지시기·장소 위반 ➡ 15점	
○ 운전 중 영상표시장치 조작 및 휴대용전화 사용 ➡15점	
○ 횡단보도 보행자 횡단방해(어린이보호구역에서의 일시정지위반 포함)	
○ 보행자전용도로통행 및 통행방법 위반	
○ 앞지르기 금지시기·장소 위반 ➡ 10점	
돌, 유리병, 쇳조각 등을 차마에 던지거나, 차마에서 앞의 물건을 던지는 행위	5만원
○ 통행금지·제한 위반	4만원
○ 일반도로 전용차로 통행 위반	
○ 고속도로·자동차전용도로안전거리 미확보	
○ 앞지르기의 방해금지 위반	
○ 교차로 관련 위반	
○ 보행자 통행방해 또는 보호 불이행 ➡ 10점	
○ 정차·주차방법 위반	
○ 안전운전의무위반및안전거리 미확보 ➡ 10점	
○ 도로에서의 시비·다툼 등으로 인한 차마의 통행방해행위	

○ 속도위반(20km/h 이하) ○ 진로변경방법, 급제동금지 위반, 끼어들기 금지 위반 ○ 서행의무 위반, 일시정지 위반 ○ 신호 불이행, 동승자 등의 안전조치 위반 ○ 좌석안전띠 미착용	3만원
택시의 합승(장기주차·정차하여 승객을 유치하는 경우로한정)·승차거부·부당요금징수행위, 최저속도위반, 일반도로 안전거리 미확보, 등화점등·조작불이행	2만원

21. 어린이보호구역 및 노인장애인보호구역의 과태료 부과기준[승용자동차등 기준]

위반행위 및 범칙금액	과태료 금액	범칙 금액
1. 신호·지시 위반	13만원	12만원
2. 횡단보도 보행자 횡단 방해		
3.속도위반		
○ 60km/h 초과	16만원	15만원 12(일반구역)
○ 40km/h 초과 60km/h 이하	13만원	12만원 9(일반구역)
○ 20km/h 초과 40km/h 이하	10만원	9만원 6(일반구역)
○ 20km/h 이하	7만원	6만원 3(일반구역)
4. 정차·주차 금지 위반		
○ 어린이보호구역의 위반	12만원	12만원
○ 노인·장애인보호구역의 위반	8만원	8만원

22. 차로에 따른 통행구분

① 고속도로 외의 도로

ㄱ 왼쪽차로 : 승용자동차, 경형·소형·중형 승합자동차

ㄴ 오른쪽차로 : 대형승합자동차, 화물자동차, 특수자동차, 건설기계, 이륜자동차, 원동기장치자전거

② 고속도로

도로	차로 구분		통행할 수 있는 차종
고속 도로	편도 2차로	1차로	앞지르기를 하려는 모든 자동차
		2차로	모든 자동차
	편도 3차 로 이상	1차로	앞지르기를 하려는 승용자동차 및 앞지르기를 하려는 경형·소형·중형 승합자동차
		왼쪽 차로	승용자동차 및 경형·소형·중형 승합자동차
		오른쪽 차로	대형 승합자동차, 화물자동차,특수자동차, 건설기계

23. 자동차의 속도

① 주거·상업·공업지역 : 매시 50km 이내

② 지정한 노선 또는 구간의 일반도로/편도1차로 : 매시 60km 이내

③ 편도 2차로 이상 : 매시 80km 이내

※ 일반도로의 최저속도는 제한없음

② 고속도로

ㄱ 편도 2차로 이상 고속도로

○ 지정·고시하지 않은 노선 또는 구간 : 매시 100km(적재중량 1.5톤 이하 화물자동차), 매시 80km 이내(적재중량 1.5톤 초과 화물자동차)

○ 지정·고시한 노선 또는 구간 : 매시 120km 이내

ㄴ 편도 1차로 : 매시 80km

※ 고속도로의 최저속도는 매시 50km 이하

③ 자동차전용도로 : 매시 90km 이내

※ 자동차전용도로의 최저속도는 매시 30km

24. 노면표시 각종 선의 의미

① 도로 중앙 황색 실선(이중실선 포함) : 넘어서는 안되는 중앙선(중앙선 침범 적용)

② 도로 중앙 황색 점선 : 2차선 왕복도로에 있으며 추월을 위해 잠시 넘어갈 수 있으나 되돌아가야 함

③ 백색 실선 : 차선 변경 금지

④ 백색 점선 : 차선 변경 가능

⑤ 도로가에 있는 황색 실선 : 원칙상 주·정차 금지이나 황에 따라 주차 허용

⑥ 도로가에 있는 황색 점선 : 정차는 가능

⑦ 도로가에 있는 황색 이중실선 : 주·정차 금지

25. 사고운전자가 형사처벌 대상이 되는 경우

① 사망사고

② 차의 교통으로 업무상과실치상죄 또는 중과실치상죄를 범하고 피해자를 구호하는 등의 조치를 하지 아니하고 도주하거나, 피해자를 사고장소로부터 옮겨 유기하고 도주한 경우

③ 차의 교통으로 업무상과실치상죄 또는 중과실치상죄를 범하고 음주측정 요구에 불응한 경우(운전자가 채혈 측정을 요청하거나 동의한 경우는 제외)

④ 신호·지시 위반 사고

⑤ 중앙선침범 사고, 횡단, 유턴 또는 후진 중 사고

⑥ 과속(20km/h 초과) 사고

⑦ 앞지르기의 방법·금지시기·금지장소 또는 끼어들기의 금지 위반하거나 고속도로에서의 앞지르기

방법 위반 사고

⑧ 철길건널목 통과방법 위반 사고

⑨ 횡단보도에서 **보행자 보호의무 위반** 사고

⑩ 무면허 운전중 사고

⑪ 주취 · 약물복용 운전중 사고

⑫ 보도침범, 통행방법 위반 사고

⑬ 승객추락방지의무 위반 사고

⑭ 어린이보호구역 내 어린이 보호의무 위반 사고

⑮ 민사상 손해배상을 하지 않은 경우

⑯ 자동차의 화물이 떨어지지 아니하도록 필요한 조치를 하지 아니하고 운전한 경우

⑰ **중상해**(생명에 대한 위협, 불구, 불치나 난치의 질병) 사고를 유발하고 형사상 합의가 안 된 경우

26. 운전 시각

① 정상적인 시력을 가진 사람의 시야범위 : 180°~200°이다.

② 운전 시 속도가 빨라질수록 관련된 시각의 특성 : 시력이 떨어지고, 시야가 좁아지고, 전방주시점은 멀어진다.

③ 동체시력의 특성 : 물체의 이동속도가 빠를수록, 연령이 높을수록, 장시간 운전으로 피로할 경우 동체시력이 떨어진다.

④ 명순응과 암순응(시력회복은 암순응이 명순응에 비해 매우 느림)

　㉠ **명순응** : 어두운 조건에서 **밝은 조건으로 변할 때** 사람의 눈이 그것에 적응하여 회복하는 것

　㉡ **암순응** : 밝은 조건에서 **어두운 조건으로 변할 때** 사람의 눈이 그것에 적응하여 회복하는 것을 말한다.

27. 교량과 교통사고

① 교량 접근로의 폭에 비하여 **교량의 폭이 좁을수록** 사고가 더 많이 발생한다.

② 교량의 접근로 폭과 **교량의 폭이 같을 때** 사고율이 가장 낮다.

③ 교량의 접근로 폭과 교량의 폭이 서로 다른 경우에도 교통통제시설, 즉 안전표지, 시선유도표지, 교량 끝단의 노면표시를 효과적으로 설치함으로써 사고율을 현저히 감소시킬 수 있다.

28. 브레이크의 이상 현상

① **페이드**(Fade) **현상** : 비탈길을 내려가거나 할 경우 브레이크를 반복하여 사용하면 마찰열이 라이닝에 축적되어 브레이크의 제동력이 저하되는 현상이다.

② **워터 페이드 현상** : 브레이크 마찰재가 물에 젖어 마찰계수가 작아져 브레이크의 제동력이 저하되는

현상이다. 브레이크 페달을 반복해 밟으면서 천천히 주행하면 열에 의하여 서서히 브레이크가 회복된다.

③ **베이퍼 록**(Vapour lock) **현상** : 액체를 사용하는 계통에서 열에 의하여 액체가 증기(베이퍼)로 되어 어떤 부분에 갇혀 **페달을 밟아도 스펀지를 밟는 것** 같고 유압이 전달되지 않아 브레이크가 작용하지 않는 현상을 말한다. 이를 예방하기 위해서는 엔진 브레이크를 사용하여 저단기어를 유지하면서 풋 브레이크의 사용을 줄인다.

④ **모닝 록**(Morning lock) **현상**

　㉠ **개념** : 비가 자주 오거나 습도가 높은 날, 오랜 시간 주차한 후에는 브레이크 드럼에 미세한 녹이 발생하는 모닝 록 현상이 나타나 평소보다 브레이크가 지나치게 예민하게 작동하여 급제동이 발생할 수 있다.

　㉡ **예방** : 운행을 시작할 때 브레이크를 몇 차례 밟아주거나 서행하면서 브레이크를 몇 번 밟아주게 되면 녹이 자연히 제거되면서 해소된다.

29. 휠 얼라이먼트

① **역할** : 충격이나 사고, 부품 마모, 하체 부품의 교환 등에 의한 **이들 각도의 변화를 수정**하는 일련의 작업을 휠 얼라이먼트(차륜 정렬)라고 한다.

② **휠 얼라이먼트의 각종 용어 정리**

　㉠ **캠버**(Camber) : 자동차를 앞에서 보았을 때 앞바퀴가 수직선에 대해 어떤 각도를 두고 설치되어 있는 것을 말한다. 조향핸들의 조작을 가볍게 하고, **앞 차축의 휨을 방지**한다.

　㉡ **캐스터**(Caster) : 자동차 앞바퀴를 옆에서 보았을 때 앞차축을 고정하는 조향축(킹핀)이 수직선과 어떤 각도를 두고 설치되어 있는 것을 말한다. 조향바퀴에 방향성을 부여하고, 직진방향으로의 복원성을 준다.

　㉢ **토인**(Toe-in) : 자동차 앞바퀴를 위에서 내려다보면 양쪽 바퀴의 중심선 사이의 거리가 앞쪽이 뒤쪽보다 약간 작게 되어 있는 것이다. **타이어의 마멸과 토 아웃되는 것을 방지**한다.

30. 냄새와 열로 판단하는 고장의 전조현상

① 고무 같은 것이 타는 냄새가 날 때는 바로 차를 정지 : 대개 엔진실 내의 전기 배선 등의 피복이 녹아 벗겨져 합선에 의해 전선이 타면서 나는 냄새로, 보닛을 열고 그 부위를 발견 해야 한다.

② 단내 같은 냄새가 심하게 나는 경우 : 주브레이크의 간격이 좁든가, 주차브레이크가 완전히 풀리지 않았을 경우에 발생하거나 긴 언덕길을 내려갈 때 계

속 브레이크를 밟는 경우에도 이러한 현상이 발생한다.

③ **바퀴마다 드럼에 손을 대보면 어느 한쪽만 뜨거울 경우** : 브레이크 라이닝 간격이 좁아 브레이크가 끌리기 때문이다.

31. 완충장치의 스프링

① **판스프링** : 버스나 화물차에 사용하고, 구조가 간단하고 진동의 억제작용과 내구성이 크다. 그러나 작은 진동의 흡수가 곤란하고 승차감이 좋지 않다.

② **코일 스프링**(승용차에 많이 사용) : 진동에 대한 감쇠작용을 못하며, 옆 방향 작용력에 대한 저항력이 없다. 그러나 구조가 복잡하고, 에너지 흡수율이 판스프링보다 크고 유연하다.

③ **토션바 스프링** : 코일 스프링과 같이 **진동의 감쇠작용이 없어 쇽 업쇼버를 병용**한다.

④ **공기 스프링** : 노면의 작은 진동도 흡수하므로 **승차감이 우수하기 때문에 장거리 주행자동차 및 대형버스**에 사용된다. 그리고 차량무게의 증감에 관계없이 언제나 **차체의 높이를 일정하게 유지**할 수 있다.

32. ABS 특징

① 앞바퀴 고착에 의한 조향능력 상실 방지
② 바퀴의 미끄러짐이 없는 제동효과 얻을 수 있음
③ 자동차의 **방향 안전성과 조종 성능 확보**
④ 노면이 비에 젖더라도 우수한 제동효과를 얻을 수 있음

33. 자동변속기의 오일 색깔에 따른 상태

① **정상** : 투명도가 높은 붉은 색
② **갈색** : 가혹한 상태에서나 혹은 장시간 사용한 경우
③ **검은색을 띨 때** : 클러치 디스크의 마멸분말에 의한 오손이나 기어가 마멸된 경우
④ **니스 모양으로 된 경우** : 매우 높은 고온에 오일이 노출된 경우
⑤ **백색** : 오일에 수분이 다량으로 유입된 경우

34. 쇽업쇼버와 스태빌라이저

① **쇽업쇼버**
  ㉠ 노면에서 발생한 스프링의 **진동을 흡수하여 승차감이 좋다.**
  ㉡ 운동에너지를 열에너지로 변환한다.
  ㉢ 노면에서 발생하는 진동에 대해 일정 상태까지 그 진동을 정지시키는 감쇠력이 좋다.

② **스태빌라이저**
  ㉠ 차체의 기울기를 감소시키는 장치이다.

  ㉡ 커브 길에서 자동차가 선회할 때 차체가 기울어지는 것을 감소시켜 롤링을 방지하여 준다.
  ㉢ 토션바의 일종이다.

35. 조향 핸들이 무거운 원인

조향핸들이 무거운 원인	조향핸들이 한쪽으로 쏠리는 원인
① 타이어의 공기압 부족	
② 조향기어의 톱니바퀴 마모	① 타이어 공기압 불균일
③ 조향기어 박스 내의 오일이 부족	② 앞바퀴 정렬 상태 불량
④ 앞바퀴 정렬 상태 불량	③ 쇽업소버의 작동 상태 불량
⑤ 타이어 마멸이 과다	④ 허브 베어링 마멸이 과다

36. 내륜차와 외륜차

① 내륜차와 외륜차는 소형차에 비해서 **대형차**(버스나 트럭)**일수록 크다.**

② **자동차가 전진 중 회전할 경우에는 내륜차에 의해, 또 후진 중 회전할 경우에는 외륜차에 의한 교통사고의 위험**이 있다.

③ **내륜차에 의한 사고위험** : 전진(前進)주차 도중 차의 뒷부분이 주차되어 있는 차와 충돌하거나, 커브길 진입 도중 차의 뒷부분이 이륜차, 소형자동차, 보행자와 충돌할 수 있다.

④ **외륜차에 의한 사고위험**
  ㉠ 후진주차를 위해 주차공간으로 진입도중 차의 앞부분이 다른 차량이나 물체와 충돌할 수 있다.
  ㉡ 버스가 1차로에서 좌회전하는 도중에 차의 뒷부분이 2차로에서 주행 중이던 승용차와 충돌할 수 있다.

37. 정지거리와 정지시간

① **정지시간**(공주시간+제동시간)**과 정지거리**(공주거리+제동거리) : 운전자가 위험을 인지하고 자동차를 정지시키려고 시작하는 순간부터 자동차가 완전히 정지할 때까지의 시간을 말하고, 그때까지 진행한거리를 정지거리라고 한다.

② **공주시간과 공주거리** : 운전자가 자동차를 정지시켜야 할 상황임을 지각하고 **브레이크 페달로 발을 옮겨 브레이크가 작동을 시작하는 순간까지의 시간**을 말하고, 그 때까지 자동차가 진행한 거리를 공주거리라고 한다.

③ **제동시간과 제동거리** : 운전자가 브레이크에 발을 올려 **브레이크가 막 작동을 시작하는 순간부터 자동차가 완전히 정지할 때까지의 시간**을 말하고, 그때까지 진행한 거리를 제동거리라고 한다.

막판 암기 노트

38. 자동차 점검 시 주의사항

① 경사가 없는 평탄한 장소에서 점검한다.

② 변속레버는 P(주차)에 위치시킨 후 **주차 브레이크를 당겨 놓는다.**

③ 엔진 시동 상태에서 점검해야 할 사항이 아니면 엔진 시동을 끄고 한다.

④ 점검은 환기가 잘 되는 장소에서 실시한다.

⑤ 엔진을 점검할 때에는 가급적 엔진을 끄고, 식은 다음에 실시한다(화상예방).

⑥ 연료장치나 배터리 부근에서는 불꽃을 멀리 한다 (화재예방).

⑦ 배터리, **전기 배선을 만질 때에는 미리 배터리의 ⊖ 단자를 분리한다**(감전예방).

39. 올바른 운전 자세

① 운전자 상체 부분과 핸들 부분이 일치된 상태에서 주행한다.

② 반드시 가속페달과 브레이크(제동) 페달의 위치를 오른발을 중심으로 확인한다.

③ 가능한 등을 편 상태로 가까이 붙여서 앉아야 운전 시 집중력이 높아진다.

④ 사고 시 운전자의 목을 보호하기 위한 머리지지대 (헤드레스트)는 뒤통수 중앙에 위치하도록 조절한다.

40. LPG 자동차의 구성

① LPG(Liquefied Petroleum Gas) **연료탱크의 구성**

　㉠ **액면계** : 탱크내의 **연료량을 확인**할 수 있는 장치이다.

　㉡ **충전밸브**(녹색) : LPG 충전 시 여는 밸브로서 **과충전 방지밸브와 일체형으로 구성**되어 있다.

　㉢ **과충전방지밸브** : 충전밸브 내의 과충전방지밸브는 연료가 탱크 용적의 85% 정도 충전되었을 때 연료의 유입을 차단하는 역할을 한다.

② **연료차단밸브**(적색) : 연료를 수동으로 강제 차단하는 밸브로서 정비 시나 비상 시에 차단해야 한다.

③ **베이퍼라이저**(Vaporizer)

　㉠ LPG 차량은 기체연료의 사용으로 혹한 시에 시동성을 향상시킬 수 있으나 고속 영역에서는 엔진의 필요연료량을 탱크 내의 액체연료가 기체연료로의 변화가 적시에 일어나지 못하는 현상이 발생한다.

　㉡ 액체연료가 소정의 압력을 지닌 **기체연료로 전환시키는 역할**을 하며 이를 임의조정 하면 안된다.

④ **믹서**(Mixer) : 베이퍼라이저에서 기화된 **LPG를 공기와 혼합**하여 가장 적합한 혼합기체를 연소실에 공급하는 장치이다.

41. LPG 자동차의 장·단점

① **장 점**

　㉠ 연료비가 저렴하여 경제적이다.

　㉡ 엔진 관련 부품이 상대적으로 긴 수명을 가지고 있다.

　㉢ **엔진 소음이 적고 노킹 현상이 일어나지 않는다.**

　㉣ 비교적 깨끗한 연소로 유해가스가 감소한다.

　㉤ 가솔린 자동차에 비해 엔진 소음이 적다.

② **단 점**

　㉠ LPG 충전소가 많지 않아 충전이 불편하다.

　㉡ 혹한기에 시동이 불량하다.

　㉢ 가스누출 시 점화원에 의해 폭발의 위험성이 있다.

42. LPG의 특성

① 주성분은 **프로판**(C_3H_8)과 **부탄**(C_4H_{10}) 등으로 구성되었으며, 겨울에는 낮은 온도에서 쉽게 기화할 수 있도록 프로판의 비율을 높이는 것이 바람직하다.

② 액화나 기화가 쉽게 일어나며 발화하기 쉬워 취급상 특별한 주의가 필요하다.

③ 순수한 LPG는 **무색·무취·무미**이나 누설 시 이를 감지할 수 있도록 미량의 착취제를 첨가한다.

④ 액화시키면 부피가 매우 작아지므로 수송과 저장이 용이하다.

⑤ LPG는 기화하면 공기보다 무거우므로 누설이 되면 **낮은 부분에 고여 화재** 또는 폭발의 위험이 있다.

⑥ LPG는 연소 시 산소 소비량이 많으므로 사용 시에 환기에 주의해야 한다.

⑦ 옥탄가와 발열량이 높다.

43. 교통사고 발생시 응급조치 요령

① 연료계통의 누설을 점검해야 한다.

② 차체에 파손을 있을 때, 즉시 **LPG 스위치를「OFF」시키고 엔진을 정지시킨 후** 동행 승객을 대피시킨 다음, 기출밸브, 액출밸브, 충전밸브를 잠근다.

③ 누설이 많아 응급처치가 불가능할 때에는, 주변차량과 사람들의 접근을 막고 경찰서나 소방서에 연락하여 필요한 조치를 해야 한다.

44. 자동차 보험

① **대인배상 Ⅰ**(책임보험)**의 의무 가입대상** : ⅰ) 자동차관리법에 의하여 등록된 모든 자동차, ⅱ) 이륜자동차, ⅲ) 9종 건설기계 ➡ 피견인차량은 제외

② **가입하지 않는 경우**

　㉠ **벌금부과** : 미가입 자동차 운전 시 1년 이하의징역 또는 500만원 이하 벌금

ⓛ **과태료의 한도**(대당) : 대인Ⅰ과 대인Ⅱ은 100만원이고, 대물은 30만원이다.

③ **대인배상 Ⅱ** : 대인배상 Ⅰ로 배상되지 않은 금액을 보상하기 위한 보험이다.

④ **책임보험의 특성**

ㄱ 강제성 보험으로 의무가입 대상이다.

ㄴ 보험자의 계약인수가 의무화되어 있다.

ㄷ 피해자 구호를 위한 무면책 특성을 가진다..

ㄹ 계약해지가 제한된다.

ㅁ 피해자의 직접청구권을 인정한다.

ㅂ 고의로 인한 사고는 면책된다.

ㅅ 책임보험청구권은 압류 및 양도를 금지한다.

ㅇ 청구권 소멸시한은 3년이다.

⑤ **대물보상의 보상기준** : 2천만원까지는 의무적으로 가입

ㄱ **직접손해** : 수리비용, 교환가액

ㄴ **간접손해** : 대차료(30일 한도로 보상), 휴차료, 영업손실, 공제액

⑥ **자기차량(자차) 손해** : 피보험 자동차에 생긴 직접손해만 보상하며 대물배상에서 보상하는 대차료 및 휴차료는 보상하지 않는다.

45. 상황별 응급조치

ⓛ **가속페달을 힘껏 밟는 순간 '끼익'하는 소리 발생**:팬벨트 등이 이완되어 걸려 있는 풀리와의 미끄러짐 여부 점검

② **주행 시작 전 특이한 진동이 느껴질 때** : 플러그 배선의 빠짐 여부와 플러그 불량 여부 확인

③ **클러치를 밟고 있을 때 '달달달' 떨리는 소리와 함께 차체에서 신동이 빌생** : 클러치 릴리스 베어링 고장 여부 확인

④ **브레이크 페달을 밟아 징지하려 할 때 바퀴에서 '끼익'하는 소리 발생** : 브레이크 라이닝의 마모 정도나 라이닝의 결함 여부 확인

⑤ **운행 중 매우 심한 핸들의 흔들림 발생** : 전륜의 정열(휠 얼라이먼트)의 부조화 여부 및 바퀴의 휠 밸런스 확인

⑥ **주행 중 차량 하체의 흔들림 발생** : 바퀴의 휠 너트의 이완 및 바퀴의 공기 부족 확인

⑦ **험한 노면을 달릴 때 '딱각딱각'하는 소리나 '쿵쿵'하는 소리 발생** : 충격 완충장치인 쇽업소버의 고장 여부 확인

46. 자동차검사의 대상과 검사 유효기간

ⓛ **승용자동차 종합검사 유효기간**

ㄱ **차령이 4년 초과인 비사업용 자동차** : 2년

ㄴ **차령이 2년 초과인 사업용 자동차** : 1년

③ **승용자동차 정기검사 유효기간**

ㄱ **비사업용 승용자동차 및 피견인자동차** : 2년

ㄴ **사업용 승용자동차** : 1년(신조차로서 자동차관리법에 따른 신규검사를 받은 것으로 보는 자동차의 최초 검사유효기간은 2년)

47. 정기검사나 종합검사를 받지 아니한 경우 과태료

ⓛ **검사를 받아야 할 기간만료일부터 30일 이내인 때** : 과태료 4만원

② **검사 지연기간이 30일 초과 114일 이내인 경우** : 4만원에 31일째부터 계산하여 3일 초과시마다 2만원을 더한 금액

③ **검사 지연기간이 115일 이상인 경우** : 60만원

48. 심폐소생술

ⓛ **의식확인** : 양쪽 어깨를 가볍게 두드리며 안부를 말한 후 반응을 확인한다.

② **기도열기 및 호흡확인** : 머리를 젖히고 턱을 들어올린다. 5~10초 동안 "보고– 듣고– 느낌"의 과정을 거친다.

③ **인공호흡** : 가슴이 충분히 올라올 정도로 2회(1회당 1초간)를 실시한다.

④ **가슴압박 및 인공호흡 반복** : 30회의 가슴압박과 2회의 인공호흡을 반복한다(30 : 2).

49. 인공호흡방법과 가슴압박 방법

ⓛ **인공호흡 방법**

ㄱ 기도열기를 한 상태에서 이마에 얹은 손의 엄지와 검지로 코를 막는다.

ㄴ 환자의 입을 완전히 덮은 다음 1초 동안 가슴이 충분히 올라올 정도로 숨을 불어 넣는다.

ㄷ 코를 막았던 손과 입을 떼었다가 다시 불어 넣는다.

② **가슴압박 방법**

ㄱ 가슴 중앙(양쪽 젖꼭지 사이)에 두 손을 올려놓는다.

ㄴ 팔을 곧게 펴서 바닥과 수직이 되도록 한다.

ㄷ 4~5cm 깊이로 체중을 이용하여 압박과 이완을 반복한다.

ㄹ 분당 100회 속도로 강하고 빠르게 압박한다.

차 례

차 례

서울시 지도

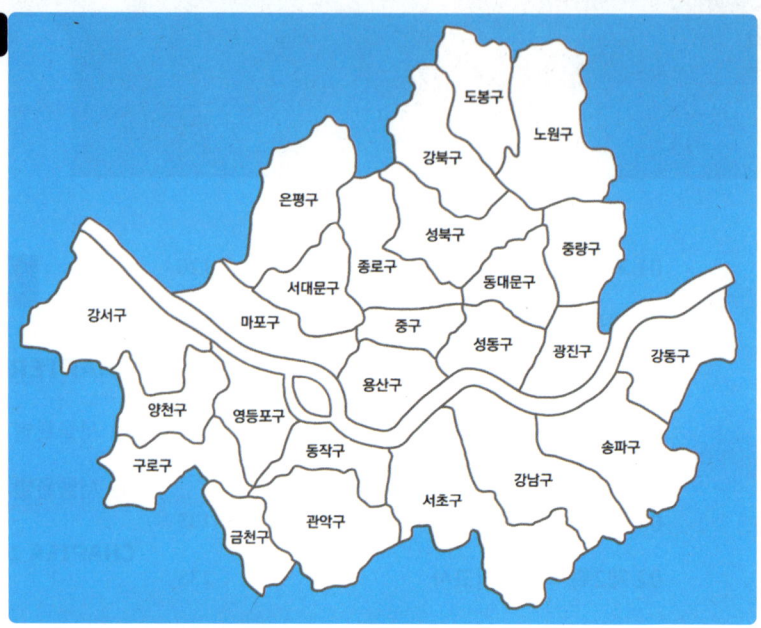

경기도 지도

인천시 지도

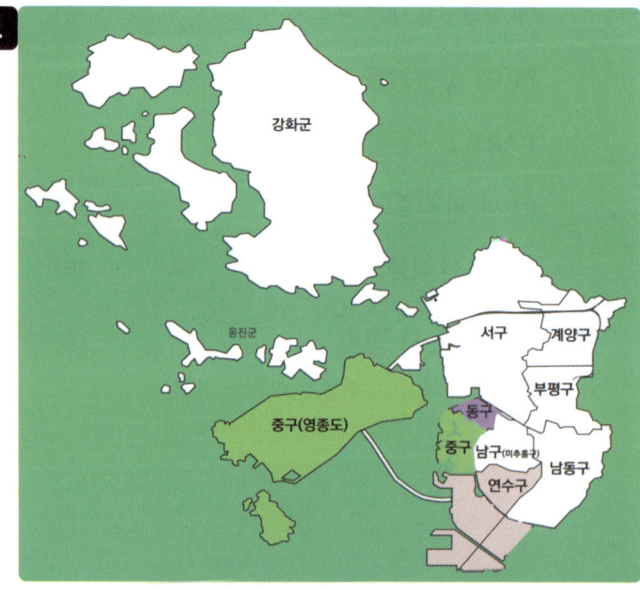

PART 1

교통 및 여객자동차운수사업법규

CHAPTER 1 — 여객자동차운수사업법

01 여객자동차운수사업법

❶ 총 론

(1) 여객자동차운수사업법(이하 '법명' 생략)**의 목적 ★**

이 법은 **여객자동차 운수사업에 관한 질서를 확립**하고 **여객의 원활한 운송**과 여객자동차운수사업의 **종합적인 발달을 도모**하여 공공복리를 증진하는 것을 목적으로 한다.

> ✿ 운수사업 : 운수사업의 질서확립과 종합적인 발달도모
> 여객 : 원활한 운송
> 궁극의 목적 : 공공복리의 증진

(2) 정의

1) **여객자동차운수사업** : 여객자동차운송사업, 자동차대여사업, 여객자동차터미널사업 및 여객자동차운송플랫폼사업이다.

2) **여객자동차운송사업** : 다른 사람의 수요에 응하여 자동차를 사용하여 유상(有償)으로 여객을 운송하는 사업이다.

3) **여객자동차운송플랫폼사업** : 사업여객의 운송과 관련한 다른 사람의 수요에 응하여 이동통신단말장치, 인터넷 홈페이지 등에서 사용되는 응용프로그램을 제공하는 사업이다. 📍 카카오택시

4) **관할 관청** : 관할이 정해지는 ⓤ토교통부장관, ⓤ도시권광역교통위원회나 ⓤ별시장·ⓤ역시장·ⓤ별자치시장·ⓤ지사 또는 ⓤ별자치도지사를 말한다.

> ✿ 두문자 : 국대특광특특도

5) **정류소** : 여객이 승차 또는 하차할 수 있도록 노선 사이에 설치한 장소를 말한다.

6) **택시 승차대** : 택시운송사업용 자동차에 승객을 승차·하차시키거나 승객을 태우기 위하여 대기하는 장소 또는 구역

❷ 여객자동차운송사업의 종류 및 구분

(1) 택시운송사업의 구분

1) **일반택시운송사업**

① **운행계통을 정하지 아니하고** 국토교통부령으로 정하는 사업구역에서 **1개의 운송계약**에 따라 국토교통부령으로 정하는 자동차를 사용하여 여객을 운송하는 사업이다.

② 이 경우 **경형·소형·중형·대형·모범형 및 고급형** 등으로 구분한다.

2) **개인택시운송사업**

① 운행계통을 정하지 아니하고 법으로 정한 사업구역에서 **1개의 운송계약**에 따라 자동차 1대를 사업자가 직접운전(사업자의 질병 등 영으로 정하는 사유가 있는 경우는 제외)하여 여객을 운송하는 사업이다.

② 경형·소형·중형·대형·모범형 및 고급형 등으로 구분한다.

(2) 국토교통부령으로 정하는 택시운송사업 자동차 ★★

1) **경형**

① **배기량 1,000cc 미만**의 승용자동차(승차정원 5인승 이하의 것만 해당)를 사용

② **길이 3.6m 이하**이면서 **너비 1.6m 이하**인 승용자동차(승차정원 5인승 이하의 것만 해당)를 사용

2) **소형 ★**

① **배기량 1,600cc 미만**의 승용자동차(승차정원 5인승 이하의 것만 해당)를 사용(경형 기준에 해당하는 자동차는 제외)

② **길이 4.7m 이하**이거나 **너비 1.7m 이하**인 승용자동차(승차정원 5인승 이하의 것만 해당)를 사용

3) **중형 ★**

① **배기량 1,600cc 이상**의 승용자동차(승차정원 5인승 이하의 것만 해당)를 사용

② **길이 4.7m 초과**이면서 **너비 1.7m를 초과**하는 승용자동차(승차정원 5인승 이하의 것만 해당)를 사용

✿ 배기량 1,600cc, 길이 4.7m 너비 1.7m를 기준으로 배기량 소형(미만·이하)과 중형(이상, 초과)을 암기하는 것이 좋습니다. 배기량은 미만↔이상, 길이와 너비는 이하↔초과가 짝지어짐을 유념해야 합니다. 이런 유형의 암기사항을 따로 정리하여 시험장 막판까지 가져가시면 좋습니다.

4) 대형

① 배기량 **2,000cc 이상**의 승용자동차(승차정원 6인승 이상 10인승 이하의 것만 해당)를 사용

② **배기량이 2,000cc 이상**이고 승차정원이 13인승 이하인 승합자동차

5) 모범형 : 배기량 **1,900cc 이상**의 승용자동차(승차정원 5인승 이하의 것만 해당)를 사용

6) 고급형 : 배기량 **2,800cc 이상**의 승용자동차를 사용

❸ 택시운송사업의 사업구역 ★★

(1) 택시운송사업의 사업구역

[특]별시·[광]역시·[특]별자치시·[특]별자치도 또는 [시]·[군] 단위로 한다. 다만, **대형 택시운송사업과 고급형 택시운송사업의 사업구역**은 [특]별시·[광]역시·[도] 단위로 한다.

✿ 택시사업구역은 [특광특특시군], 대형과 고급은 [특광도]

(2) 택시운송사업자가 해당 사업구역에서 하는 영업으로 보는 경우(다음의 어느 하나에 해당하는 경우)

1) 해당 사업구역에서 승객을 태우고 사업구역 밖으로 운행하는 영업이다.

2) 해당 사업구역에서 승객을 태우고 사업구역 밖으로 운행한 후 **해당 사업구역으로 돌아오는 도중에 사업구역 밖에서 승객을 태우고 해당사업구역에서 내리는** 일시적인 사업이다.

3) 주요교통시설이 소속 사업구역과 인접(국토교통부령으로 정하는 범위로 한정)하여 소속 사업구역에서 승차한 여객을 그 주요교통시설에 하차시킨 경우에는 주요교통시설 사업시행자가 여객자동차 운송사업의 사업구역을 표시한 승차대를 이용하여 소속 사업구역으로 가는 여객을 운송할 수 있다.

❹ 여객자동차운송사업 결격사유 ★★

다음의 어느 하나에 해당하는 자는 여객자동차운송사업의 면허를 받거나 등록을 할 수 없다(법인의 경우 그 임원 중에 해당하는 자가 있는 경우도 같다).

(1) **피성년후견인**

(2) **파산선고를** 받고 **복권**(復權)되지 아니한 자

(3) 여객자동차운수사업법을 위반하여 **징역 이상의 실형**(實刑)을 선고받고 그 집행이 끝나거나(집행이 끝난 것으로 보는 경우 포함) 면제된 날부터 **2년이** 지나지 아니한 자

(4) 여객자동차운수사업법을 위반하여 **징역 이상의 형**(刑)의 집행유예를 선고받고 그 **집행유예 기간 중에 있는** 자

(5) 여객자동차운송사업의 **면허나 등록이 취소된 후 그 취소일부터 2년이** 지나지 아니한자. 다만, "(1)"(피성년후견인) 또는 "(2)"(파산선고를 받고 복권되지 아니한 자)에 해당하여 면허나 등록이 취소된 경우는 제외한다.

운수사업에 사용되는 화물자동차 또는 건설기계 대여업에 사용되는 건설기계를 **운전한 경력이 5년 이상인 자**로서 면허신청 공고일 이전의 최종 운전종사일부터 계산하여 5년 이상 무사고로 운전한 경력이 있는 자

② 면허신청 공고일부터 계산하여 **과거 11년 동안 국내에서 다른 사람에게 고용되어** 자가용자동차, 자가용 화물자동차 또는 자가용 건설기계를 **운전한 경력이 10년 이상인 자**로서 면허신청 공고일 이전의 최종 운전종사일부터 계산하여 10년 이상 무사고로 운전한 경력이 있는 자

③ 국내에서 ①에 따른 운전경력과 ②에 따른 운전경력이 있는 자로서 **면허신청 공고일 이전의 최종 운전종사일부터 계산하여 과거 5년 이상 무사고로 운전한 경력**(자가용자동차, 자가용 화물자동차 및 자가용 건설기계의 무사고 운전경력은 그 기간을 2분의 1로 환산하여 합산)이 있고, 합산한 무사고 운전경력의 최초운전종사일부터 면허신청 공고일까지의 기간 중 운전업무에 종사하지 아니한 기간이 1년을 초과하지 아니하는 자

2) **면허신청 공고일부터 계산하여 과거 3년 동안 법 제26조에 따른 운수종사자의 준수사항을 위반**하여 같은 법에 따른 **과태료처분을 3회 이상 받은 사실이 없는 자**일 것

3) 면허신청 공고일부터 계산하여 과거 3년 동안 「도로교통법 시행규칙」에 따른 운전면허 행정처분 기준에 의하여 산출한 누산점수가 180점 이하일 것

(2) 개인택시운송사업의 면허를 받은 자가 사망한 경우

그 상속인은 법 제14조제2항에 따른 양도·양수의 인가를 받아 그 면허를 타인에게 양도할 수 있으며, 상속인 본인이 법 제14조제8항 및 제9항(인가 등)에 따른 요건을 갖추었을 때에는 법 제15조제1항에 따른 신고를 하고 그 사업을 직접 승계할 수 있다.

(3) 개인택시운송사업의 면허를 받은 자가 양도·양수의 인가를 받아 사업을 양도하려는 경우

면허를 받은 날부터 **5년**이 지나야 한다.

---

❺ 택시운송사업용 자동차의 표시 ★

(1) 표시사항

운송사업자는 여객자동차운송사업에 사용되는 **자동차의 바깥쪽**에 운송사업자의 명칭, 기호, 그 밖에 **국토교통부령으로 정하는 사항을 표시**하여야 한다(법 제17조).

(2) 국토교통부령으로 정하는 사항(규칙 제39조)

택시운송사업용 자동차[**대형(승합자동차를 사용하는 경우로 한정)** 및 고급형 택시운송사업용 자동차는 제외]의 경우에는 다음의 각 사항을 표시하여야 한다.

1) **자동차의 종류**(경형, 소형, 중형, 대형, 모범)
2) **관할관청**(특별시·광역시·특별자치시 및 특별자치도는 제외)
3) **운송가맹사업자 상호**(운송가맹점으로 가입한 개인택시운송사업자만 해당)
4) 그 밖에 시·도지사가 정하는 사항

(3) 외부에 항구적인 방법으로 표시

표시는 외부에서 알아보기 쉽도록 **차체 면에 인쇄하는 등 항구적인 방법으로 표시**하여야 하며, 구체적인 표시 방법 및 위치 등은 관할관청이 정한다.

❼ 교통사고 시의 조치 등

(1) 운송사업자의 조치 의무

운송사업자는 사업용 자동차의 고장, 교통사고 또는 천재지변으로 다음의 어느 하나에 해당하는 상황이 발생하는 경우 **국토교통부령으로 정하는 바에 따른 조치**를 하여야 한다(법 제19조제1항).

1) **사상자(死傷者)가 발생하는 경우** : 신속하게 유류품(遺留品)을 관리할 것
2) **사업용 자동차의 운행을 재개할 수 없는 경우** : 대체 운송수단을 확보하여 여객에게 제공하는 등 필요한 조치를 할 것 → 다만, 여객이 동의하는 경우는 그렇지 않다.

+ STUDY **국토교통부령으로 정하는 바에 따른 조치 ★**

- 신속한 응급수송수단의 마련
- 가족이나 그 밖의 연고자에 대한 신속한 통지
- 유류품의 보관
- 목적지까지 여객을 운송하기 위한 대체운송수단의 확보와 여객에 대한 편의제공
- 그 밖에 사상자의 보호 등 필요한 조치

(2) 교통사고 시 보고해야 할 사항 ★

운송사업자는 그 사업용 자동차에 다음의 어느 하나에 해당하는 사고(중대한 교통사고)가 발생한 경우 지체없이 **국토교통부장관 또는 시·도지사에게 보고**하여야 한다(제19조제1항).

1) **전복** 사고

2) **화재가 발생**한 사고

3) **사망자가 2명** 이상, 사망자 1명과 중상자 3명 이상, 중상자 6명 이상의 사람이 죽거나 다친 사고

⑶ 운송사업자의 보고의무 ★

1) 운송사업자는 중대한 교통사고가 발생하였을 때에는 **24시간 이내**에 사고의 일시·장소 및 피해사항 등 사고의 개략적인 상황을 관할 시·도지사에게 보고한다.

2) 그 후 **72시간 이내에 사고보고서**를 작성하여 **관할 시·도지사**에게 제출해야 한다(다만, 개인택시운송사업자의 경우에는 개략적인 상황보고를 생략할 수 있음).

⑧ 운송사업자의 준수사항

⑴ 일반택시 운송사업자가 운송수입금의 전액에 대하여 준수해야 할 사항 : 다만, 군(광역시의 군은 제외)지역의 일반택시운송사업자는 제외한다. ★

✿ 광역시의 군(郡)은 준수사항이 적용됩니다.

1) 1일 근무시간 동안 택시요금미터(운송수입금 관리를 위하여 설치한 확인 장치를 포함)에 기록된 **운송수입금의 전액을 운수종사자의 근무종료 당일 수납**할 것

2) **일정 금액의 운송수입금 기준액을 정하여 수납하지 않을 것**

3) **차량 운행에 필요한 제반경비**(주유비, 세차비, 차량수리비, 사고치리비 등을 포함)를 운수종사자에게 운송수입금이나 그 밖의 금전으로 충당하지 않을 것

4) 운송수입금 확인기능을 갖춘 **운송기록출력장치를 갖추고 운송수입금 자료를 보관**(보관기간은 **1년**)할 것 ★

5) 운송수입금 수납 및 운송기록을 **허위로 작성**하지 않을 것

⑵ 법에 따른 운수종사자의 요건을 갖춘 자만 운전업무에 종사하게 하여야 한다.

⑶ 여객이 착용하는 **좌석안전띠가 정상적으로 작동될 수 있는 상태를 유지**(여객이 6세 미만의 유아인 경우에는 유아보호용 장구를 장착할 수 있는 상태를 포함)하여야 한다. ★

⑷ 좌석안전띠 착용에 관한 교육

1) 운송사업자는 운수종사자에게 여객의 좌석안전띠 착용에 관한 교육을 하여야 한다.

2) 운송사업자는 운전업무 종사자격을 갖추고 여객자동차운송사업의 운전업무에 종사하고 있는 자에게 좌석안전띠 착용에 관한 교육을 직접 실시하거나 제58조제3항에 따른 교육실시기관(운수종사자 연수기관, 한국교통안전공단, 연합회 또는 조합)으로 하여금 실시하도록 할 수 있다. **교육 내용은 다음과 같다.**

   ① 여객의 좌석안전띠 착용에 관한 안내방법

   ② 여객의 좌석안전띠 착용에 관한 안내시기

3) **운송사업자**는 운수종사자에게 **매 분기 1회 이상 여객의 좌석안전띠 착용에 대한 교육을 실시**하되, 새로 채용한 운수종사자에게는 운전업무를 시작하기 전에 실시하여야 한다.

⑸ 일반택시운송사업 및 개인택시운송사업에 사용되는 자동차에 대하여는 운전석 및 그 옆 좌석에 에어백을 설치하여야 한다.

⑹ **운송사업자**(자동차 1대를 운송사업자가 직접 운전하는 특수여객자동차운송사업자 및 개인택시운송사업자는 제외)는 사업용 자동차를 운행하기 전에 대통령령으로 정하는 바에 따라 **운수종사자의 음주 여부를 확인하고 이를 기록**하여야 한다.

⑺ 확인한 결과 운수종사자가 음주로 안전한 운전을 할 수 없다고 판단되는 경우에는 해당 운수종사자가 차량을 운행하도록 하여서는 아니된다.

⑺ 운수종사자의 음주 여부 확인 및 기록

1) 운송사업자는 국토교통부장관이 정하여 **고시하는 성능을 갖춘 호흡측정기를 사용**하여 확인해야 한다.

2) 운송사업자는 1)에 따라 운수종사자의 음주 여부를 확인한 경우에는 해당 운수종사자의 성명, 측정일시 및 측정결과를 **변조가 불가능한 형태의 전자적 파일이나 서면으로 기록하여 3년 동안 보관·관리**하여야 한다.

⑨ 운수종사자의 준수사항 ★

(1) 운수종사자의 금지행위

1) 승차거부나 중도하차 : 정당한 사유 없이 여객의 승차(수요응답형 여객자동차운송사업의 경우 여객의 승차예약을 포함)를 거부하거나 여객을 중도에서 내리게 하는 행위(**구역 여객자동차운송사업 중 일반택시운송사업 및 개인택시운송사업은 제외**)

2) 부당한 운임 또는 요금을 받는 행위 : 구역 여객자동차운송사업 중 일반택시운송사업 및 개인택시운송사업은 제외한다.

3) 호객행위 : 일정한 장소에 오랜 시간 정차하여 여객을 유치(誘致)하는 행위

4) 개문발차 : 문을 완전히 닫지 아니한 상태에서 자동차를 출발시키거나 운행하는 행위

5) 여객이 승하차하기 전에 자동차를 출발시키거나 승하차할 여객이 있는데도 정차하지 아니하고 정류소를 지나치는 행위

6) 흡연행위 : 여객자동차운송사업용 자동차 안에서 흡연하는 행위

7) 휴식시간 미준수 : 휴식시간을 준수하지 아니하고 운행하는 행위

8) 택시요금미터를 임의로 조작 또는 훼손하는 행위

9) 그 밖에 안전운행과 여객의 편의를 위하여 운수종사자가 지키도록 국토교통부령으로 정하는 사항을 위반하는 행위

(2) 운송사업자의 운수종사자가 운송수입금의 전액에 대하여 준수해야 할 사항

1) 1일 근무시간 동안 택시요금미터에 기록된 **운송수입금의 전액**을 운수종사자의 근무종료 당일 운송사업자에게 납부할 것

2) 일정금액의 **운송수입금 기준액을 정하여** 납부하지 않을 것

(3) 운행기록증을 붙여야 하는 자동차를 운행하는 운수종사자는 신고된 운행기간 중 해당 **운행기록증**을 식별하기 어렵게 하거나, 그러한 자동차를 운행하여서는 아니 된다.

(4) 운수종사자는 차량의 출발 전에 **여객이 좌석안전띠를 착용하도록** 음성방송이나 말로 안내하여야 한다.

(5) 제21조제13항(안전운행과 여객의 편의 또는 서비스 개선 등을 위한 지도·확인에 대하여 운송사업자가 지켜야 할 사항) 및 제26조제1항제9호(그 밖에 안전운행과 여객의 편의를 위하여 운수종사자가 지키도록 법령으로 정하는 사항)에 따른 운송사업자 및 운수종사자의 준수사항은 별표 4와 같다(규칙 제44조제3항).

⑩ 여객자동차운수사업자 단체

(1) 조합의 사업(제53·55조)

1) 경영자 및 종사원의 **교육훈련**

2) 여객자동차운수사업의 건전한 발전과 여객자동차 운수사업자의 **공동 이익을 도모하는 사업**

3) 여객자동차 운수사업의 **진흥과 발전에 필요한 통계**의 작성·관리, 외국 자료의 수집 및 조사·연구 사업

4) 운수사업자의 **경영 개선을 위한 지도**에 관한 사항

5) 국가 또는 지자체로부터 위탁받은 업무의 처리

6) 위 각 사업에 따르는 사업

(2) 공제조합의 사업(제61·64조)

1) **조합원의 사업용자동차 사고**로 생긴 배상책임에 대한 공제

2) 조합원이 사업용자동차를 소유·사용·관리하는 동안 발생한 사고로 그 자동차에 생긴 손해에 대한 공제

3) **운수종사자가 조합원의 사업용자동차**를 소유·사용·관리하는 동안에 발생한 사고로 입은 **자기 신체의 손해**에 대한 공제

4) **공제조합에 고용된 자의 업무상 재해**로 인한 손실을 보상하기 위한 공제

5) 공동이용시설의 설치·운영 및 관리, 그 밖에 조합원의 **편의 및 복지 증진**을 위한 사업

6) 운수사업의 **경영 개선을 위한 조사·연구** 사업

7) 위의 각 사업으로서 정관으로 정하는 사업

02 운수종사자의 자격 등

❶ 택시운전종사자격의 요건 등(제24조 등)

(1) 여객자동차운송사업의 운전업무 종사자격 ★★

1) 여객자동차운송사업의 운전업무에 종사하려는 사람이 갖추어야 할 모든 요건(제24조제1·2항)

① 사업용 자동차를 운전하기에 적합한 운전면허를 보유하고 있을 것

② **20세 이상**으로서 해당 **운전경력이 1년 이상**일 것

③ 국토교통부장관이 정하는 운전적성에 대한 **정밀검사 기준**에 맞을 것

④ ①~③의 요건을 갖춘 사람은 **운전자격시험에 합격한 후 자격을 취득**하거나 **교통안전체험**에 관한 연구·교육시설에서 안전체험, 교통사고 대응요령 및 여객자동차운수사업법령등에 관하여 이론 및 실기교육(교통안전체험교육)을 이수하고 자격을 취득할 것

⑤ **시험 및 교육 실시기관** : 한국교통안전공단

(2) 여객자동차운송사업의 운전자격을 취득할 수 없는 사람(제24조 제3항) ★★

1) 다음의 어느 하나에 해당하는 죄를 범하여 금고(禁錮) 이상의 **실형을 선고받고 그 집행이 끝나거나**(집행이 끝난 것으로 보는 경우를 포함) **면제된 날부터 2년**이 지나지 아니한 사람

① 「특정강력범죄의 처벌에 관한 특례법」(제2조 제1항)에 따른 죄 **예** 살인죄, '강간 등 상해죄·치사죄'

② 「특정범죄 가중처벌 등에 관한 법률」(제5조의2부터 제5조의5까지, 제5조의8, 제5조의9 및 제11조)에 따른 죄 **예** i) 약취 또는 유인한 미성년자의 부모나 그 미성년자의 안전을 염려하는 사람의 우려를 이용하여 재물이나 재산상의 이득을 취득하거나 이를 요구한 죄, ii) 약취 또는 유인한 미성년자를 폭행·상해·감금 또는 유기하거나 그 미성년자에게 가혹 행위를 한 죄

③ 「마약류관리에 관한 법률」에 따른 죄 **예** 마약류 취급자가 아닌 자가 마약 또는 향정신성의약품을 소지, 소유, 사용, 운반, 관리, 수입, 수출, 제조, 조제, 투약, 수수, 매매, 매매의 알선 또는 제공하는 행위의 죄

④ 「형법」[제332조(제329조부터 제331조까지의 상습범으로 한정), 제341조에 따른 죄 또는 그 각 미수죄, 제363조]에 따른 죄 **예** 상습 절도죄, 장물의 취득·양도·운반 또는 보관 상습죄

2) 금고 이상의 형의 집행유예기간 : 1)의 어느 하나에 해당하는 죄를 범하여 금고 이상의 **형의 집행유예**를 선고받고 그 집행유예기간 중에 있는 사람

3) 자격시험일 전 5년간 다음 어느 하나에 해당하는 사람

① 「도로교통법」상 **음주 및 약물운전 등의 금지**(제93조제1항제1호부터 제4호)까지 해당하여 **운전면허가 취소**된 사람

② 「도로교통법」상 **무면허운전 등의 금지**(제43조)를 위반하여 운전면허를 받지 아니하거나 운전면허의 효력이 정지된 상태로 자동차등을 운전하여 벌금형 이상의 형을 선고받거나 같은 법 제93조제1항제19호(도로교통법의 명령 또는 처분을 위반한 경우)에 따라 **운전면허가 취소**된 사람

③ 운전 중 **고의 또는 과실로 3명 이상이 사망**(사고발생일부터 30일 이내에 사망한 경우를 포함)하거나 **20명 이상의 사상자**가 발생한 교통사고를 일으켜 「도로교통법」 제93조제1항제10호에 따라 **운전면허가 취소**된 사람

4) 자격시험일 전 3년간 다음의 어느 하나에 해당하는 사람

① 「도로교통법」 제93조제1항제1호(**음주운전**)에 해당하여 운전효력 **정지처분**

② 「도로교통법」 혹은 동조제1항제5호 및 제5호의2(**공동위험행위 및 난폭운전금지**)에 해당하여 운전면허 **취소처분**

✿ 5년과 3년을 확실하게 암기하시고, 나머지는 2년(형법이나 특별법상의 범죄)으로 생각하시면 좋겠습니다. 음주운전의 경우 취소처분은 5년, 정지처분은 3년을 숙지하셔야 합니다.

(3) 자격을 취득할 수 없는 경우(일반택시운송사업 또는 개인택시운송사업) ★

✿ 일정한 범죄의 경우 (2)의 경우와는 별도로 자격을 취득할 수 없는 기간을 규정하는 것입니다.

1) 다음의 어느 하나에 해당하는 죄를 범하여 금고 이상의 실형을 선고받고 그 집행이 끝나거나(집행이 끝난 것으로 보는 경우를 포함) 면제된 날부터

20년의 **범위**에서 범죄의 종류·죄질, 형기의 장단 및 재범위험성 등을 고려하여 대통령령으로 정하는 기간(각 범죄별로 기간을 달리하여 최소 4년, 최대 20년까지 제한)이 지나지 아니한 사람

① "(2) 1) ①~④"에 따른 죄

② 「성폭력범죄의 처벌 등에 관한 특례법」(제2조제1항제2호부터 제4호까지, 제3조부터 제9조까지, 제14조, 제14조의2, 제14조의3 및 제15조)에 따른 죄

③ 「아동·청소년의 성보호에 관한 법률」 제2조 제2호에 따른 죄

2) 1)에 따른 죄를 범하여 **금고 이상의 형의 집행유예를 선고받고** 그 **집행유예기간 중에 있는 사람**

❖ 국토교통부장관 또는 시·도지사는 위의 운전경력 및 해당하는 범죄경력을 확인하기 위하여 필요한 정보에 한하여 경찰청장에게 운전경력 및 범죄경력 자료의 조회를 요청할 수 있다.

(4) 정밀검사의 종류 ★★★

1) 신규검사

① **신규로 여객자동차 운송사업용 자동차를 운전**하려는 자

② 여객자동차 운송사업용 자동차 또는 「화물자동차 운수사업법」에 따른 화물자동차 운송사업용 자동차의 운전업무에 종사하다가 **퇴직한 자**로서 **신규검사를 받은 날부터 3년이 지난 후 재취업하려는 자**(다만, 재취업까지 무사고 운전한 경우는 제외)

③ 신규검사의 적합판정을 받은 자로서 **운전적성 정밀검사를 받은 날부터 3년 이내에 취업하지 아니한 자**(다만, 신규검사를 받은 날부터 취업일까지 무사고로 운전한 사람은 제외)

2) 특별검사

① **중상 이상의 사상(死傷)사고를** 일으킨 자

② **과거 1년간** 「도로교통법 규칙」에 따른 운전면허 행정처분기준에 따라 계산한 **누산점수가 81점 이상인 자**

③ 질병, 과로, 그 밖의 사유로 안전운전을 할 수 없다고 인정되는 자인지 알기 위하여 **운송사업자가 신청**한 자

3) 자격유지검사

① **65세 이상 70세 미만**인 사람(자격유지검사의 적

합판정을 받고 **3년**이 지나지 아니한 사람은 제외)

② **70세 이상**인 사람(자격유지검사의 적합판정을 받고 **1년**이 지나지 아니한 사람은 제외)

❖ 자격유지검사는 검사 대상이 된 날부터 3개월 이내에 받아야 한다.

❷ 택시운전자격의 취득(규칙 제50조~제56조)

(1) 택시운전자격시험

일반택시운송사업, 개인택시운송사업 및 **수요응답형** 여객자동차운송사업(승용자동차를 사용하는 경우만 해당)에 대한 자격시험

(2) 교통안전체험교육

이론 및 실기교육은 한국교통안전공단이 실시한다.

(3) 택시운전자격시험의 내용(규칙 제52조)

1) **택시운전 자격의 필기시험과목** : i) 교통 및 운수관련 법규, ii) 안전운행 요령, iii) 운송서비스 및 지리(地理)에 관한 사항

2) **합격자 결정** : 총점의 6할 이상을 얻을 것

---

03 택시자격시험 응시 및 특례

❶ 택시운전자격시험의 응시

(1) 응시원서의 제출

택시운전자격시험에 응시하려는 사람은 자격시험 응시원서(전자문서를 포함)를 한국교통안전공단에 제출해야 한다. 이 경우 한국교통안전공단은 행정정보의 공동이용을 통하여 다음의 각 사항을 확인해야 하며 **응시자가 확인에 동의하지 않는 경우에는 해당 서류를 첨부**하게 해야 한다.

1) 운전면허증   2) 운전경력증명서

❖ 운전적성 정밀검사 합격증명서의 제출은 필요하지 않다.

(2) 응시제한

법 제87조(운수종사자의 자격취소 등)에 따라 운전자격이 **취소된 날부터 1년**이 지나지 아니한 자는 운전자격시험에 응시할 수 없다. → 정기적성검사를 받지 아니하여 운전면허가 취소되어 운전자격이 취소된 경우에는 그렇지 않다.

❷ 운전자격시험의 특례

(1) 과목 면제

한국교통안전공단은 다음의 어느 하나에 해당하는 자에 대하여는 필기시험의 과목 중 **안전운행 요령 및 운송서비스의 과목**[아래 1)에 해당하는 자에 대하여는 운수 관련 법규 과목을 포함]에 관한 시험을 면제할 수 있다.

1) **택시운전자격을 취득한 자**가 운전자격증명을 발급한 일반택시운송사업조합의 관할구역 밖의 지역에서 택시운전업무에 종사하려고 운전자격시험에 다시 응시하는 자는 필기시험과목 중 "지리에 관한 사항"만 응시하면 된다.

2) 운전자격시험일부터 계산하여 **과거 4년간 사업용 자동차를 3년 이상 무사고로 운전**한 자

3) 「도로교통법」에 따른 **무사고운전자 또는 유공운전자의 표시장**을 받은 자

(2) 면제 시 증명서류제출

(1)에 따라 필기시험의 일부를 면제받으려는 자[(1)의 1)에 해당하는 자는 제외]는 응시원서에 증명할 수 있는 서류를 첨부하여 한국교통안전공단에 제출해야 한다.

❸ 운전자격의 등록 등

(1) 한국교통안전공단은 운전자격시험을 실시한 날부터 15일 이내에 해당 시험시행기관의 인터넷 홈페이지에 합격자를 공고하여야 한다.

(2) 운전자격시험에 합격한 사람은 합격자 발표일로부터 30일 이내에 운전자격증 발급신청서(전자문서 포함)에 **사진 1장**을 첨부하여 한국교통안전공단에 운전자격증의 발급을 신청하여야 한다.

(3) (2)에 따른 운전자격증 발급신청서를 받은 한국교통안전공단은 운전자격 등록대장에 그 사실을 적은 후 택시운전자격증 및 모바일 운전자격증을 **발급하여야** 한다.

❹ 운전자격증명 관리(규칙 제55조2 ~ 제57조)

(1) 운전업무 종사자격을 증명하는 증표의 발급

운송사업자 또는 운수종사자는 운전업무 종사자격을 증명하는 증표(이하 "운전자격증명")의 발급을 신청하려면 운전자격증명 발급신청서(전자문서로 된 신청서를 포함)에 사진 1장을 첨부하여 한국교통안전공단, 일반택시운송사업조합 또는 개인택시운송사업조합(이하 "운전자격증명 발급기관")에 제출해야 한다.

(2) 운전자격증 등의 정정 및 재발급(규칙 제56조)

1) **운전자격증 또는 운전자격증명**(이하 "운전자격증등")**의 기록사항에 착오가 있거나 변경된 내용이 있어 정정을 받으려는 사람** : 운전자격증(명) 정정신청서(전자문서를 포함)에 운전자격증등을 첨부하여 한국교통안전공단 또는 운전자격증명 발급기관에 그 정정을 신청해야 한다.

2) **운전자격증등을 잃어버리거나 헐어 못 쓰게 되어 재발급을 받으려는 사람** : 지체없이 운전자격증(명) 재발급신청서(전자문서를 포함)에 운전자격증등(헐어 못쓰게 된 경우만 해당)과 사진 1장을 첨부하여 한국교통안전공단 또는 운전자격증명 발급기관에 그 재발급을 신청해야 한다.

(3) 운전자격증명의 게시 및 관리(제24조의2) ★

1) **운전업무 종사자격 증표의 게시 의무** : 여객자동차운송사업의 운수종사자(운송사업자의 질병 등 국토교통부령으로 사유로 다른 사람에게 운전업무를 대신하게 하는 경우에는 해당 운전자를 말한다)는 제24조에 따른 **운전업무 종사자격을 증명하는 증표를 발급받아 해당 사업용 자동차 안에 항상 게시하여야 한다.**

2) **증표의 게시 위치**

① 운수종사자는 운전자격증명을 게시할 때에는 해당 사업용 안에 **승객이 쉽게 볼 수 있는 위치**에 본인의 운전자격증명을 항상 게시하여야 한다.

② **다만, 구역 여객자동차운송사업의 운수종사자 중** 대통령령으로 정하는 운수종사자는 운전자격증명을 **전자적매체·기기 등을 통한 방법**으로 게시할 수 있다.

+ STUDY **전자적 매체·기기 등으로 운전자격증명을 개시할 수 있는 운수종사자**

• 일반택시운송사업 중 **대형**(승합자동차를 사용하는 경우로 한정) **또는 고급형으로 구분된 사업**의 운수종사자

- 개인택시운송사업 중 대형(승합자동차를 사용하는 경우로 한정) 또는 고급형으로 구분된 사업의 운수종사자

3) 운수종사자가 퇴직하는 경우

① 운수종사자는 본인의 운전자격증명을 **운송사업자에게 반납**하여야 한다.

② 운송사업자는 이를 지체없이 해당 운전자격증명 **발급기관에 그 운전자격증명을 제출**하여야 한다.

4) 운전자격증명의 회수 · 폐기 : 관할관청은 운송사업자에게 **다음의 어느 하나**에 해당하는 사유가 생긴 경우에는 그 사람으로부터 운전자격증명을 **회수하여 폐기**한 후 운전자격증명 발급기관에 그 사실을 **지체 없이 통보**하여야 한다.

① 대리운전을 시킨 사람의 대리운전이 끝난 경우에는 그 **대리운전자**(개인택시운송사업자만 해당)

② 사업의 양도 · 양수인가를 받은 경우에는 그 **양도자**

③ 사업을 폐업한 경우에는 그 **폐업허가를 받은 사람**

④ 운전자격이 취소된 경우에는 그 **취소처분을 받은 사람**

❺ 택시운수종사자자격의 취소 등

(1) 운수종사자의 자격 취소 등(제87조) ★

1) 국토교통부장관 또는 시 · 도지사가 자격을 취소하거나 6개월 이내의 기간을 정하여 그 자격의 효력을 정지시킬 수 있는 경우

① **자격을 취소하거나 6개월 이내의 기간을 정하여 그 자격의 효력을 정지시킬 수 있는 경우**

㉠ 다음 어느 하나에 해당하는 경우(제6조 제1 ~ 4호)

- 피성년후견인
- 파산선고를 받고 복권(復權)되지 아니한 자
- 법(여객운수사업법)을 위반하여 징역 이상의 실형(實刑)을 선고받고 그 집행이 끝나거나(집행이 끝난 것으로 보는 경우를 포함) 면제된 날부터 2년이 지나지 아니한 자
- 법(여객운수사업법)을 위반하여 징역 이상의 형(刑)의 집행유예를 선고받고 그 집행유예 기간 중에 있는 자
- 여객자동차운송사업의 면허나 등록이 취소된 후 그 취소일부터 2년이 지나지 아니한 자[다만,

피성년후견인 또는 파산선고를 받고 복권(復權)되지 아니한 자에 해당하여 법 제85조제1항제8호에 따라 여객자동차운송사업의 면허나 등록이 취소된 경우는 제외]

㉡ **부정한 방법으로 자격을 취득한 경우**

㉢ **다음 운수종사자 준수사항을 지키지 아니한 경우**

- 정당한 사유 없이 승차(수요응답형 여객자동차운송사업의의 승차예약을 포함)를 거부하는 행위
- 일정한 장소에 오랜 시간 정차하여 여객을 유치(誘致)하는 행위
- 문을 완전히 닫지 아니한 상태에서 자동차를 출발시키거나 운행하는 행위
- 여객이 승하차하기 전에 자동차를 출발시키는 행위
- 여객자동차운송사업용 자동차 안에서 흡연하는 행위
- 택시요금미터를 임의로 조작 또는 훼손하는 행위
- 그 밖에 안전운행과 여객의 편의를 위하여 운수종사자가 지키도록 국토교통부령으로 정하는 사항을 위반하는 행위

㉣ **다음의 준수 사항을 위반하여 과태료 처분을 받은 날부터 1년 이내에 다시 3회 이상 위반한 경우**

- 1일 근무시간 동안 택시요금미터에 기록된 운송수입금의 전액을 운수종사자의 근무종료 당일 운송사업자에게 납부할 것
- 일정금액의 운송수입금 기준액을 정하여 납부하지 않을 것

㉤ **운행기록증**을 식별하기 어렵게 하거나, 그러한 자동차를 운행한 경우(제26조 제4항 위반)

㉥ 교통사고로 "사망자 2명 이상" 또는 "사망자 1명과 중상자 3명 이상" 또는 "중상 6명 이상"의 **사람을 죽거나 다치게 한 경우**

㉦ **운전업무와 관련하여 부정이나 비위**(非違) **사실이 있는 경우**

㉧ **여객자동차운수사업법**이나 여객자동차운수사업법에 따른 **명령 또는 처분을 위반**한 경우

② **자격을 취소하여야 하는 경우**(제87조제1항) ★

ⓐ 법 제24조 제3항 또는 제4항에 해당하게 된 경우(집행유예 기간이 만료된 날부터 2년이 지나지 아니한 사람을 포함) → 23쪽 02. 1. (2)와 (3)

ⓑ 교통사고와 관련하여 거짓이나 그 밖의 부정한 방법으로 보험금을 청구하여 금고 이상의 형을 선고받고 그 형이 확정된 경우

(2) 운전자격의 취소 및 효력정지의 처분기준(제87조 관련, 규칙 제59조 제1항 별표5) → 아래 04 참조

(3) 운전자격의 취소 및 효력정지 처분 관련 관할관청의 행정처리(규칙 제59조)

1) 관할관청은 운전자격의 취소 및 효력정지의 처분기준을 적용할 때 위반행위의 동기 및 횟수 등을 고려하여 처분기준의 2분의 1의 범위에서 경감하거나 가중할 수 있다.

2) 관할관청은 운전자격의 취소 및 효력정지의 처분을 하였을 때에는 그 사실을 처분대상자, 해당 시험기관에 통지하고 처분대상자에게 운전자격증등을 반납하게 하여야 한다.

3) 관할관청은 **2)에 따라** 운전자격증등을 반납받은 경우 운전자격 취소처분을 받은 자가 **반납한 운전자격증 등은 폐기**하고, 운전자격 **정지처분을 받은 사람이 반납한 운전자격증 등은 보관한 후** 자격**정지기간이 지난 후에 돌려주어야** 한다.

4) 3)에 따라 관할관청이 운전자격증등을 폐기한 경우 해당 시험시행기관은 운전자격등록을 말소하고 운전자격 등록대장에 그 사실을 적어야 한다.

04 운전자격 취소 등의 처분

❶ 취소 등의 처분에 대한 일반기준(택시운전자격)

(1) 위반행위가 둘 이상인 경우로서 그에 해당하는 각각의 처분기준이 다른 경우

1) 그 중 무거운 처분기준에 따른다.

2) **둘 이상의 처분기준이 모두 자격정지인 경우** : 각 처분기준을 합산한 기간을 넘지 아니하는 범위에서 무거운 처분기준의 2분의 1 범위에서 가중할 수 있다.

3) 이 경우 그 가중한 기간을 합산한 기간은 6개월을 초과할 수 없다.

(2) 위반행위의 횟수에 따른 행정처분의 기준

최근 1년간 같은 위반행위로 행정처분을 받은 경우 처분기준의 적용은 **같은 위반행위**에 대하여 **최초로 행정처분을 한 날을 기준**으로 한다.

(3) 처분관할관청은 자격정지처분을 받은 사람이 다음의 어느 하나에 해당하는 경우

처분관할관청은 가중사유 및 감경사유에 따른 처분을 2분의 1의 범위에서 늘리거나 줄일 수 있다. 이 경우 늘리는 경우에도 그 늘리는 기간은 6개월을 초과할 수 없다.

1) 가중 사유

① 위반행위가 사소한 부주의나 오류가 아닌 **고의나 중대한 과실**에 의한 것으로 인정되는 경우

② 위반의 내용 정도가 중대하여 **이용객에게 미치는 피해가 크다고** 인정되는 경우

2) 감경 사유

① 위반행위가 고의나 중대한 과실이 아닌 사소한 부주의나 오류로 인한 것으로 인정되는 경우

② 위반의 내용 정도가 경미하여 이용객에게 미치는 피해가 적다고 인정되는 경우

③ 위반행위를 한 사람이 처음 해당 위반행위를 한 경우로서 최근 5년 이상 해당 여객자동차 운송사업의 모범적인 운수종사자로 근무한 사실이 인정되는 경우

④ 그 밖에 여객자동차운수사업에 대한 정부 정책상 필요하다고 인정되는 경우

(4) 처분관할관청은 자격정지처분을 받은 사람이 정당한 사유 없이 기일 내에 운전자격증을 반납하지 아니할 때

1) 해당 처분을 2분의 1의 범위에서 가중하여 처분한다.

2) 가중처분을 받은 사람이 기일 내에 운전자격증을 반납하지 아니할 때에는 자격취소처분을 한다.

❷ 취소 등의 처분에 대한 개별기준(택시운전자격)

(1) 자격 취소 ★

1) **결격사유의 하나**(제6조 제1호에서 제4호)에 해당

2) **부정한 방법으로** 택시운전자격시험(제24조 제1항)에 따른 **택시운전자격을 취득**한 경우

3) 자격을 취득할 수 없는 **범죄행위**(제24조 제3항 또는 제4항)에 해당하게 된 경우

4) 운전업무와 관련하여 **택시운전자격증을 타인에게 대여**한 경우

5) 아래 **(7)의 1) ~ 3)까지 혹은 (8)의 1) ~ 4)의 어느 하나에 해당**하는 행위로 1년간 세 번의 과태료 또는 자격정지처분을 받은 사람이 같은 위반행위를 한 경우

6) 교통사고와 관련하여 **거짓이나 그 밖의 부정한 방법으로 보험금을 청구**하여 금고 이상의 형을 선고받고 그 형이 확정된 경우

7) 택시운전**자격정지의 처분기간 중** 택시운송사업 또는 플랫폼 운송사업을 위한 **운전업무에 종사한 경우**

8) 도로교통법 위반으로 사업용 자동차를 운전할 수 있는 **운전면허가 취소**된 경우

⑵ **자격정지 60일**

제11조에 따른 **중대한 교통사고로 사망자 2명 이상의 사상자를 발생**하게 한 경우

⑶ **자격정지 50일**

1) 영 제11조에 따른 중대한 교통사고로 **사망자 1명 및 중상자 3명 이상**의 사상자를 발생한 경우

2) **운송수입금 전액을 내지 않아 과태료처분**을 받은 사람이 그 과태료처분을 받은 날부터 1년 이내에 같은 위반행위를 4번 이상한 경우

⑷ **자격정지 40일**

영 제11조에 따른 중대한 교통사고로 **중상자 6명 이상**의 사상자를 발생하게 한 경우

⑸ **자격정지 30일**

개인택시운송사업자가 불법으로 **타인으로 하여금 대리운전**을 하게 한 경우

⑹ **자격정지 20일**

운송수입금 납입의무(제26조 제2항)를 위반하여 운송수입금 전액을 내지 아니하여 과태료처분을 받은 사람이 **그 과태료처분**을 받은 날부터 1년 이내에 같은 위반행위를 3번 이상한 경우

⑺ **자격정지 10일**(2차 이상은 자격정지 20일)

승차거부나 여객을 중도에서 하차시키는 행위(제26조 제1항)에 따른 금지행위 중 다음에 해당하는 행위로 과태료 처분을 받은 사람이 **1년 이내에 같은 위반행위**를 한 경우

1) 정당한 이유 없이 여객의 승차를 거부하거나 여객을 중도에서 내리게 하는 행위

2) 신고하지 않거나 미터기에 의하지 않은 부당한 요금을 요구하거나 받는 행위

3) 일정한 장소에서 장시간 정차하여 여객을 유치하는 행위

+ STUDY | **플랫폼운수종사자의 자격정지 10일인 경우**
(2차 이상은 자격정지 20일)

플랫폼운수종사자의 준수사항(제49조의8 제1항)에 따른 금지행위 중 다음의 어느 하나에 해당하는 행위로 과태료처분을 받은 사람이 **1년 이내에 같은 위반행위**를 한 경우

1) 정당한 이유 없이 여객을 중도에서 내리게 하는 행위

2) 신고한 운임 또는 요금이 아닌 부당한 운임 또는 요금을 받거나 요구하는 행위

3) 일정한 장소에서 장시간 정차하거나 배회하면서 여객을 유치하는 행위

4) 여객의 요구에도 불구하고 영수증 발급 또는 신용카드 결제에 응하지 않은 행위

⑻ **자격정지 5일**

1) 정당한 사유 없이 법 제25조에 따른 운수종사자의 교육과정을 마치지 않은 경우

2) 운행기록증을 식별하기 어렵게 하거나, 그러한 자동차를 운행한 경우

05 과태료

✿ 택시운송사업발전법이 특별법이므로 여객자동차운수사업에 대하여 택시운송사업발전법이 우선 적용됩니다(이곳에서는 학습의 편의를 위하여 여객자동차운수사업법상 과태료와 택시운송사업발전법상 과태료를 함께 다루었습니다). 그러므로 택시운송사업발전법이 적용되지 않는 것은 여객자동차운수사업법이 적용됩니다.

❶ 과태료 부과의 일반기준 (택시운송사업발전법)

(1) 하나의 행위가 둘 이상의 위반행위에 해당하는 경우

그 중 무거운 과태료의 부과기준에 따른다.

(2) 위반행위의 횟수에 따른 과태료 부과기준

1) 택시운송종사자 준수사항의 위반행위 중 법 제16조제1항제1호를 위반(승차거부나 여객의 중도하차)한 경우에는 최근 2년간, 그 밖의 위반행위의 경우에는 최근 1년간 같은 위반행위로 과태료 처분을 받은 경우에 적용한다.

2) 이 경우 위반횟수별 부과기준의 적용일은 위반행위에 대한 과태료처분일과 그 처분 후 다시 적발된 날로 한다.

(3) 과태료의 경감

부과권자는 다음의 어느 하나에 해당하는 경우에는 ❶에 따른 과태료 금액의 2분의 1의 범위에서 그 금액을 줄일 수 있다. → 다만, 과태료 체납 시 제외

1) 위반행위자가 「질서위반행위규제법 시행령」 제2조의2 제1항 각호(과태료 경감사유)의 어느 하나에 해당하는 경우

2) 위반행위가 사소한 부주의나 오류로 인한 것으로 인정되는 경우

3) 위반행위자가 법 위반상태를 시정하거나 해소하기 위하여 노력한 것으로 인정되는 경우

4) 그 밖에 위반행위의 성노, 동기와 그 결과 등을 고려하여 줄일 필요가 있다고 인정되는 경우

(4) 과태료의 가중

부과권자는 다음의 어느 하나에 해당하는 경우에는 ❷에 따른 과태료 금액의 2분의 1 범위에서 그 금액을 늘릴 수 있다. → 금액을 늘리는 경우에도 법 제23조에 따른 과태료 금액의 상한을 넘을 수 없다.

1) 위반의 내용·정도가 중대하여 이용객 등에게 미치는 피해가 크다고 인정되는 경우

2) 최근 1년간 같은 위반행위로 과태료 부과처분을 3회를 초과하여 받은 경우

3) 그 밖에 위반행위의 정도, 동기와 그 결과 등을 고려하여 늘릴 필요가 있다고 인정되는 경우

❷ 과태료 부과의 개별적 기준 ★

택시발전법상 위반 행위	여객자동차운수사업법상 위반행위	1회 위반
제12조제1항각호의 비용(운송비용의 전가 금지 등)을 **택시운수종사자에게 떠넘긴 경우**	1. 상속신고(제15조제1항)를 하지 않은 경우 2. 운송사업자의 준수사항(제21조제1항)을 위반한 경우 3. 자동차등록증과 자동차 등록번호판을 반납하지 않은 경우 (제89조제1항 위반) ✿ 두문자 : 상사등500	500만원
제17조제1항에 따른 서류제출을 하지 않거나 거짓 서류를 제출한 경우	1. 사고 시의 조치(제19조제1항)를 하지 않은 경우 2. 제24조제1항의 운수종사자의 요건을 갖추지 않고 여객자동차운송사업 또는 플랫폼운송사업의 운전업무에 종사한 경우 3. 안전운행을 위한 운수종사자의 준수사항(제26조제1항제9호)을 위반한 경우 → 시행규칙 별표 4 4. 운수종사자의 운송수입금의 전액납입 의무(제26조제2항)를 위반한 경우 ✿ 두문자 : 사운준수50	50만원
제17조제2항에 따른 검사를 정당한 사유 없이 거부·방해 또는 기피한 경우	×	50만원
제17조제1항에 따른 보고를 하지 않거나 거짓으로 한 경우	×	25만원
제16조제1항에 따른 택시운수종사자 준수사항을 위반한 경우 1. 승차거부, 중도하차 2. 부당운임 및 요금부과 3. 여객합승(플랫폼 일부 제외)	1. 사고 시의 보고를 하지 않거나 거짓 보고(제19조제2항) 2. 좌석안전띠가 정상적으로 작동될 수 있는 상태를 유지하지 않은 경우 3. 승차거부 또는 중도하차 시킨 경우(제26조제1항제1호), 부당한 운임 또는 요금 수령, 일정 장소에서 장시간 정차하여 여객을 유치(제3호) 및 문을 완전히 닫지 아니한 상태	20만원

4. **영**수증발급 및 카드결제 불응	에서 출발(**개**문발차)시키거나 운행(제5호)을 위반한 경우 ★ 4. 운수종사자에게 여객의 좌석안 전**띠** 착용에 관한 교육을 실 시하지 않은 경우(제21조제7항) ✿ 두문자 : **20승**/**개보장**/**부** **합띠**/**유하영**(20승 개보자하는 부찰 경우떠 유하영 유도선수)	
×	1. **50만원 3.**(안전운행을 위한 준 수사항) **이외의 준수사항**을 위 반한 경우 2. **증표 게시의무**(제24조의2 제1 항 또는 제2항)를 위반한 경우 (택시운전자격 미게시) ★	**10만원**
×	제26조제3항을 위반하여 차량 의 출발 전에 여객이 **좌석안전 띠를 착용하도록 안내하지 않 은 경우**	**3만원**

✿ 과태료의 경우에는 전략적으로 500만원, 50만원, 20만원이라
도 확실하게 암기하시는 것이 좋을 것 같습니다.

06 운수종사자의 교육 등

❶ 교육의 일반적 내용

(1) 운수종사자가 운전업무 개시 전 교육을 받아야 할 사항

1) 여객자동차운수사업 관계 법령 및 도로교통 관계
법령
2) 서비스의 자세 및 운송질서의 확립
3) 교통안전수칙(신규교육의 경우에는 대열운행, 졸음운
전, 운전 중 휴대폰 사용 등 교통사고 요인과 관련된
교통안전수칙을 포함)
4) 응급처치의 방법
5) 차량용 소화기 사용법 등 차량화재 발생 시 대응방법
6) 경제운전
7) 그 밖에 운전업무에 필요한 사항

(2) 운송사업자의 교육업무

(1)에 따라 운수종사자가 교육을 받는 데에 필요한 조

치를 하여야 하며, 그 교육을 받지 아니한 운수종사
자를 운전업무에 종사하게 하여서는 아니 된다.

(3) 시ㆍ도지사의 교육업무

(1)에 따른 교육을 효율적으로 실시하기 위하여 필요
하면 특별시ㆍ광역시ㆍ특별자치시ㆍ도ㆍ특별자치도(이
하 "시ㆍ도"라 한다)의 조례로 정하는 바에 따라 운수종
사자 연수기관을 직접 설립하여 운영하거나 지정할 수
있으며, 그 운영에 필요한 비용을 지원할 수 있다.

(4) 교육실시기관

운수종사자에 대한 교육은 운수종사자 연수기관, 한국
교통안전공단, 연합회 또는 조합(이하 "교육실시기관")
이라 한다.

(5) 교육훈련담당자

1) 운송사업자는 그의 운수종사자에 대한 교육계획의 수
립, 교육의 시행 및 일상의 교육훈련업무를 위하여
종업원 중에서 교육훈련 담당자를 선임하여야 한다.
2) 자동차 면허 대수가 **20대 미만**인 운송사업자의 경
우에는 교육훈련 담당자를 선임하지 아니할 수 있다.

(6) 교육실시기관의 보고 및 통보

1) 교육실시기관은 매년 11월 말까지 조합과 협의
하여 다음 해의 교육계획을 수립하여 시ㆍ도지
사 및 조합에 보고하거나 통보하여야 한다.
2) 그 해의 교육결과를 다음 해 1월말까지 시ㆍ도
지사 및 조합에 보고하거나 통보하여야 한다.

❷ 교육의 종류 ★★

구 분	교육대상자	교육 시간	주기
신규교육	새로 채용한 운수종사자(사 업용자동차를 운전하다가 퇴직 한 후 2년 이내에 다시 채용 된 사람은 제외)	16	
보수교육	무사고ㆍ무벌점 기간이 5년 이상 10년 미만인 운수종사자	4	격년
	무사고ㆍ무벌점 기간이 5년 미만인 운수종사자		매년
	법령위반 운수종사자	8	수시

	국제행사 등에 대비한 서비스 및 교통안전증진 등을 위하여 국토교통부장관 또는 시·도지사가 교육을 받을 필요가 있다고 인정하는 운수종사자	4	필요시
수시교육			

07 보칙 및 벌칙

❶ 택시운수사업에 사용되는 자동차의 차령 등

(1) 차령과 그 연장

1) 차령 및 운행거리 초과 운행금지 : 여객자동차 운수사업에 사용되는 자동차는 운수사업의 종류에 따라 '차령' 및 운행거리를 넘겨 운행하지 못한다.

2) 차령 연장 : 다만, 시·도지사는 해당 시·도의 여객자동차 운수사업용 자동차의 운행여건 등을 고려하여 안전성 요건이 충족되는 경우에는 **2년의 범위에서 차령을 연장**할 수 있다(제84조제1항).

(2) 차량충당연한

1) 차량충당연한의 기간 : 여객자동차 운수사업의 면허, 등록, 증차 또는 대폐차(代廢車 : 차령이 만료되거나 운행거리를 초과한 차량 등을 다른 차량으로 대체하는 것)에 충당되는 자동차는 자동차의 종류와 **여객자동차 운수사업의 종류에 따라 3년을 넘지 아니하는 범위**에서 대통령령으로 정하는 연한(이하 "차량충당연한") 이내로 하여야 한다.

2) 차량충당연한의 예외

① 여객자동차 운수사업에 사용되었던 자동차로서 본인이 소유한 자동차를 **도난, 횡령 또는 횡령 또는 편취 당한 경우**로 말소등록이 된 자동차를 여객자동차 운수사업자가 「자동차관리법」에 따른 **임시검사에 합격한 후 다시 등록하는 경우**(다만, 차령을 초과한 자동차는 제외)

② 「환경친화적 자동차의 개발 및 보급 촉진에 관한 법률」에 따른 **전기자동차 또는 같은 법에 따른 수소전기자동차의 배터리를 신규로 교체한 경우**. 다만, 차령을 초과한 자동차는 제외한다.

3) 대통령령으로 정하는 차량충당연한

① **차량충당연한** : 승용자동차는 1년, 승합자동차는 3년

② **차량충당연한의 기산일**

㉠ 제작연도에 등록된 자동차 : 최초의 신규등록일

㉡ 제작연도에 등록되지 아니한 자동차 : 제작연도의 말일

③ **시·도지사는 자동차의 제작·조립이 중단되거나 출고가 지연되는 등 부득이한 사유로 자동차를 공급하는 것이 현저히 곤란한 경우** : 6개월의 범위에서 1)에 따른 차령을 초과하여 운행하게 할 수 있다(제84조제3항).

(3) 사업용자동차의 차령(영 별표2) ★

사업의 구분		차 령
개인 택시	경형·소형	5년
	배기량 2,400cc 미만	7년
	배기량 2,400cc 이상	9년
	환경친화적 자동차	9년
일반 택시	경형·소형	**3년 6월**
	배기량 2,400cc 미만	**4년**
	배기량 2,400cc 이상	**6년**
	환경친화적 자동차	6년
플랫폼 운송 사업용	배기량 2,400cc 미만	4년
	배기량 2,400cc 이상	6년
	환경친화적 자동차	6년

❷ 과징금

(1) 과징금의 부과

1) **국토교통부장관, 시·도지사 또는 시장·군수·구청장**은 여객자동차 운수사업자가 제49조의6 제1항 또는 제85조제1항 각 호의 어느 하나에 해당하여 **사업정지 처분**을 하여야 한다.

2) 그 사업정지 처분이 그 여객자동차 운수사업을 이용하는 사람들에게 심한 불편을 주거나 공익을 해칠 우려가 있는 때에는 **그 사업정지 처분을 갈음하여 5천만원 이하의 과징금**을 부과·징수할 수 있다.

3) 과징금 통지를 받은 자는 **20일 이내**에 과징금을 지정된 수납기관에 내야 한다(부득이한 경우에는 그 사유가 없어진 날부터 7일이내 내야 함).

(2) 위반행위의 종류와 위반 정도에 따른 과징금 액수

위반내용	위반 횟수	일반 택시	개인 택시
• 면허 또는 허가를 받거나 등록한 업종의 범위·노선·운행계통·사업구역·업무범위 및 면허·허가기간(여객자동차운송사업 한정면허와 플랫폼운송사업 허가의 경우에만 해당) 등을 위반하여 사업을 한 경우(제4조, 제28조 또는 제49조의3)			
① 면허·허가를 받거나 등록한 업종의 범위를 벗어나 사업을 한 경우	1차	180	180
	2차	360	360
	3차 이상	540	540
② 여객자동차운송사업자가 면허를 받은 사업구역 외의 행정구역에서 사업을 한 경우	1차	40	40
	2차	80	80
	3차 이상	160	160
③ 면허 또는 허가를 받거나 등록한 차고를 이용하지 않고 차고지가 아닌 곳에서 밤샘주차를 한 경우. 다만, 예외 있음	1차	10	10
	2차	15	15
④ 신고를 하지 않거나 거짓으로 신고를 하고 개인택시를 대리운전하게 한 경우	1차		120
	2차		240
• 운임·요금의 신고 또는 변경신고를 하지 않거나 부당한 요금을 받은 경우 또는 1년에 3회 이상 6세 미만인 아이의 무상운송을 거절한 경우(제8조, 제49조의6 또는 제49조의13을 위반)			
① 운임 및 요금에 대한 신고 또는 변경신고를 하지 않고 운송을 개시한 경우	1차	40	20
	2차	80	40
	3차 이상	160	80
• 운수종사자의 자격요건을 갖추지 않은 사람을 운전업무에 종사하게 한 경우[제21조제2항(제49조의9에서 준용하는 경우를 포함)을 위반]	1차	360	360
	2차	720	720
• 자동차의 운전석 및 그 옆 좌석에 에어백을 설치하지 않은 경우[법 제21조제8항(법 제49조의9에서 준용하는 경우를 포함)을 위반]	1차	180	180
	2차	360	360
	3차 이상	540	540
• 법 제21조제13항(제49조의9에서 준용하는 경우를 포함)에 따른 준수 사항을 위반한 경우			
① 택시운송사업자가 미터기를 부착하지 않거나 사용하지 않고 여객을 운송한 경우(구간운임제 지역 제외)	1차	40	40
	2차	80	80
	3차 이상	160	160
② 자동차 안에 게시해야 할 사항을 게시하지 않은 경우	1차	20	20
	2차	40	40
③ 정류소에서 주차 또는 정차질서를 문란하게 한 경우	1차	20	20
	2차	40	40
④ 운송사업자가 속도제한장치 또는 운행기록계가 장착된 운송사업용 자동차를 해당 장치 또는 기기가 정상적으로 작동되지 않은 상태에서 운행한 경우	1차	60	60
	2차	120	120
	3차 이상	180	180
⑤ 차실에 냉방·난방장치를 설치하여야 할 자동차에 이를 설치하지 않고 여객을 운송한 경우	1차	60	60
	2차	120	120
	3차 이상	180	180
⑥ 운행하기 전에 점검 및 확인을 하지 않은 경우	1차	10	10
	2차	15	15
⑦ 차량 정비, 운전자의 과로 방지 및 정기적인 차량 운행 금지 등 안전수송을 위한 명령을 위반하여 운행한 경우	1차	20	20
	2차	40	40
⑧ 운송사업자가 차내에 운전자격증명을 항상 게시하지 않은 경우		10	10
⑨ 운송사업자(개인택시운송사업자 및 특수여객자동차운송사업자는 제외) 및 플랫폼운송사업자가 차량 운행 전에 운수종사자의 건강상태, 운행경로	1차	180	
	2차	360	
	3차 이상	540	

숙지 여부 등을 확인하지 않거나, 확인 결과 운수종사자가 질병·피로 또는 그 밖의 사유로 안전한 운전을 할 수 없다고 판단됨에도 해당 운수종사자로 하여금 차량을 운행하게 한 경우 또는 해당 운수종사자를 대신하여 대체 운수종사자를 투입(노선 여객자동차운송사업자만 해당)하지 않은 경우		
•운수종사자의 교육에 필요한 조치를 하지 않은 경우[제25조제2항(법49조의9에서 준용하는 경우를 포함)]	1차	30
	2차	60
	3차 이상	90

✿ "미게시"의 경우 운전자격증명의 미게시(10만원), **자동차 안 게시사항** 미게시(20만원)를 구분하여 암기하시면 좋겠습니다.

✿ ⅰ) 과징금 **10만원**(지정된 차고지가 아닌 곳에서 **밤**생주차, 운전자격증명 **미**게시, 운행하기 전 **점**검·확인을 하지 않은 경우)
→ 두문자 : **일방미점**

✿ ⅱ) 과징금 **20만원**(자동차 안 게시사항 **미**게시, 정류소 **안**전수송을 위한 명령 위반, **주**·정차 질서문란)
→ 두문자 : **이미안주**

✿ ⅲ) 과징금 **30만원**(운수종사자 **교**육 미조치)
→ 두문자 : **상교**

✿ ⅳ) 과징금 **40만원**(사업구역 외에서 **구**역에서 사업, **운**임·요금 미신고 운행, **미**터기 미부착 운행)
→ 두문자 : **사구운미**

✿ 두문자 정리 : **일방미점** / **이미안주** / **상교** / **사구운미** (일반(방)미 정심으로 이미 안주로 삼교(교), 사서 구운 미식)

ⅴ) 과징금 **60만원**(속도제한장치 또는 운행기록계, 냉·난방시설 미장착 운행)

ⅵ) 과징금 **180만원**(면허·허가의 업종을 벗어나 운행, 일반택시의 경우 운행전 운수종사자 상태 미확인, 에어백 미설치)

ⅶ) 과징금 **360만원**(택시운전자격없는 자를 운전업무에 종사하게 한 경우)

✿ 1차 위반을 정리했습니다. 모든 것을 외우면 좋지만, 위 중 몇 가지만을 확실하게 암기하여 시험장에 들어가시면 정답을 고르는데 도움을 받을 수 있습니다.

택시운송사업발전법

01 목적 및 정의

❶ 목적[택시운송사업의 발전에 관한 법률(이하 법명 생략) 제2조]

이 법은 택시운송사업의 발전에 관한 사항을 규정함으로써 택시운송**사업의 건전한 발전**을 도모하여 택시운수종사자의 복지 증진과 국민의 교통편의 제고에 이바지함을 목적으로 한다. ★

✿ 사업자(운송사업의 건전한 발전), 운수종사자(복지증진), 국민(교통편의 제고) 3주체를 위한 목적을 생각하시면 됩니다.

❷ 용어의 정의(제2조) ★

(1) 택시운송사업

1) 일반택시운송사업 : 운행계통을 정하지 않고 국토교통부령으로 정하는 사업구역에서 1개의 운송계약에 따라 국토교통부령으로 정하는 자동차를 사용하여 여객을 운송하는 사업이다.

2) 개인택시운송사업 : 운행계통을 정하지 않고 국토교통부령으로 정하는 사업구역에서 1개의 운송계약에 따라 령으로 정하는 자동차 1대를 사업자가 직접 운전(사업자의 질병 등 국토교통부령으로 정하는 사유가 있는 경우 제외)하여 여객을 운송하는 사업이다.

(2) 택시운송사업면허 : 택시운송사업을 경영하기 위하여 받은 면허를 말한다.

(3) 택시운송사업자 : 택시운송사업면허를 받아 택시운송사업을 경영하는 사람을 말한다.

(4) 택시운수종사자 : 운전업무 종사자격을 갖추고 택시운송사업의 운전업무에 종사하는 사람이다.

(5) 택시공영차고지 : 택시운송사업에 제공되는 차고지로서 특별시장·광역시장·특별자치시장·도지사·특별자치도지사 또는 시장·군수·구청장(자치구의 구청장)이 설치한 것이다.

(6) 택시운수종사자단체 : 택시운수종사자가 조직하는 대통령령으로 정하는 단체를 말한다.

(7) 택시공동차고지 : 택시운송사업에 제공되는 차고지로서 2인 이상의 일반택시운송사업자가 공동으로 설치 또는 임차하거나 「여객자동차 운수사업법」에 따른 조합 또는 같은 법에 따른 연합회가 설치 또는 임차한 차고지이다.

02 주요 법규의 내용

❶ 다른 법률과의 관계

(1) **택시운송사업에 관하여 다른 법률에 우선한다.**

(2) 이 법에서 정한 사항 외에는 「여객자동차운수사업법」에 따른다.

❷ 국가 등의 책무와 택시정책위원회

(1) 국가 등의 책무(제3조) : 국가 및 지방자치단체는 택시운송사업의 발전과 국민의 교통편의 증진을 위한 정책을 수립하고 시행해야 한다.

(2) 택시정책위원회(제5조)

1) 택시운송사업에 관한 중요 정책 등에 관한 사항을 심의하기 위하여 국토교통부장관 소속으로 택시정책위원회를 둔다.

2) **위원장 1명을 포함한 10명 이내의 위원**으로 구성한다. 심의사항은 다음과 같다.

① 택시운송사업의 면허제도에 관한 중요 사항

② 사업구역별 택시 총량에 관한 사항

③ 사업구역 조정 정책(사업구역의 지정 및 변경을 포함)에 관한 사항

④ **택시운수종사자의 근로여건 개선**에 관한 중요 사항

⑤ 택시운송사업의 서비스 향상에 관한 중요 사항

⑥ 기본계획의 수립 및 변경(경미한 사항의 변경은 제외)에 관한 사항

⑦ 그 밖에 택시운송사업에 관한 중요한 사항으로서 위원장이 회의에 부치는 사항

3) 국토교통부장관은 위원회의 구성 목적을 달성하였다고 인정하는 경우에는 위원회를 해산할 수 있다.

(3) 택시운송사업 발전 기본계획의 수립(제6조)

관계 중앙행정기관의 장 및 시·도지사의 의견을 들어 **5년 단위**의 택시운송사업 발전 기본계획을 **5년마다** 수립한다.

(4) 감차위원회(제11조, 시행령 제11조)

1) 사업구역을 관할하는 **시·도지사는 소속 시장·군수의 의견을 들어** 사업구역별 감차계획을 수립하고 시행하여야 한다.

2) 이 경우 **시·도지사와 소속 시장·군수는** 택시운송사업자의 감차보상금 산정 등 감차에 관한 사항을 심의하기 위하여 대통령령으로 정하는 바(시행령 제11조)에 따라 소속 공무원, 택시운송사업자, 전문가 등으로 구성된 **감차위원회**를 둔다.

(5) 사업구역의 지정·변경(제19조의2)

1) **국토교통부장관은** 위원회의 심의를 거쳐 택시운송사업의 사업구역을 지정하거나 변경할 수 있다.

2) 국토교통부장관은 1)에 따라 사업구역을 지정하거나 변경하려는 경우에는 **관련 지방자치단체의 장과 협의**하여야 하며, **주민이나 이해관계자의 의견을 청취**할 수 있다.

❸ 택시운송사업자 및 택시운수종사자

(1) 신규 택시운송사업면허의 제한 등(제10조)

1) 신규 택시운송사업면허를 받을 수 없는 사업구역

① 사업구역별 택시 **총량을 산정**하지 아니한 사업구역

② 국토교통부장관이 사업구역별 택시 **총량의 재산정**을 요구한 사업구역

③ 고시된 **사업구역별 택시 총량보다** 해당 사업구역 내의 **택시의 대수가 많은** 사업구역

2) 증차를 수반하는 사업계획의 변경 : 1)의 **①∼③까지의 사업구역**에서 일반택시운송사업자가 「여객자동차 운수사업법」에 따라 사업계획을 변경하고자 하는 경우 증차를 수반하는 사업계획의 변경은 할 수 없다.

(2) 택시운수종사자의 소정근로시간 산정(제11조2) ★

일반택시운송사업 택시운수종사자의 근로시간을 「근로기준법」 제58조(근로시간계산의 특례)에 따라 정할 경우 **1주간 40시간 이상**이 되도록 정하여야 한다.

(3) 운송비용 전가 금지 등(제12조) ★

1) 택시운송사업자가 운수종사자에게 부담시키지 않아야 할 비용[군(광역시의 군은 제외) 지역을 제외한 사업구역의 일반택시운송사업자를 말함]

① 택시구입비(신규차량을 택시운수종사자에게 배차하면서 추가 징수하는 비용 포함)

② 유류비 ③ 세차비

④ 택시운송사업자가 차량 내부에 붙이는 장비의 설치비 및 운영비

⑤ 그 밖에 택시의 구입 및 운행에 드는 비용으로서 대통령령으로 정하는 비용

✚ STUDY　국토교통부령으로 정하는 바에 따른 조치

사고로 인한 차량수리비, 보험료 증가분 등 교통사고 처리에 드는 비용(해당 교통사고가 음주 등 택시운수종사자의 고의·중과실로 인하여 발생한 것인 경우는 제외)(이하 '교통사고처리비'라 함).

2) 택시운송사업자는 소속 택시운수종사자가 아닌 사람(형식상이 근로계약에도 불구하고 실질적으로는 소속 택시운수종사자가 아닌 사람 포함)에게 택시를 제공하여서는 안 된다.

3) 시·도지사의 조사의무 : 시·도지사는 **1년에 2회 이상** 택시운송사업자가 1) 및 2)를 준수하고 있는지를 조사하고, 그 조사 내용과 조치결과를 국토교통부장관에게 보고하여야 한다.

(4) 택시운수종사자 복지기금의 설치(제15조)

1) 목적 : 택시운송사업자단체 또는 택시운수종사자단체는 택시운수종사자의 근로여건개선, 복지향상 등을 목적으로 설치할 수 있다.

2) 기금의 재원

① 액화석유가스를 연료로 사용하는 차량을 판매하여 발생한 수입 중 일부로서 택시운송사업자가 조성하는 수입금

② 출연금(개인·단체·법인으로부터의 출연금에 한정)

③ 복지기금운용 수익금

④ 그 밖에 대통령령으로 정하는 수입금 → 택시표시등 이용 광고사업에 따라 발생하는 광고 수입 중 택시운송사업자가 조성하는 수입금

3) 기금의 용도

① 택시운수종사자의 건강검진 등 건강관리 서비스 지원

② 택시운전종사자 자녀에 대한 장학사업

③ 기금의 관리·운용에 필요한 경비

④ 그밖에 택시운수종사자의 복지향상을 위하여 필요한 사업으로서 국토교통부장관이 정하는 사업

(5) 택시운수종사자의 준수사항 등(제16조) ★

1) 택시운수종사자의 금지행위

① 부당한 운임 또는 요금을 받는 행위

② 여객의 요구에도 불구하고 영수증 발급 또는 신용카드결제에 응하지 아니하는 행위(영수증발급기 및 신용카드결제기가 설치되어 있는 경우에 한정)

③ 여객을 합승하도록 하는 행위[다만, 「여객자동차운수사업법」에 따라 여객자동차플랫폼운송가맹사업의 면허를 받은 자 또는 여객자동차플랫폼운송중개사업의 등록을 한 자가 운송플랫폼(같은 법 제2조제7호에 따른 운송플랫폼을 말하며, 여객의 안전·보호조치 이행 등 국토교통부령으로 정하는 기준을 충족한 경우에 한정)을 통하여 합승을 중개하는 경우는 제외]

④ 정당한 사유 없이 여객의 승차를 거부하거나 여객을 중도에서 내리게 하는 행위

❹ 택시운행정보의 관리 등

(1) 운행기록장치와 택시요금미터를 활용한 정보수집

국토교통부장관 또는 시·도지사는 택시정책을 효율적으로 수행하기 위하여 운행기록장치와 택시요금미터를 활용하여 국토교통부령으로 정하는 정보를 수집·관리하는 택시 운행정보 관리시스템을 구축·운영할 수 있다.

+ STUDY 국토교통부령으로 정하는 정보

• 주행거리, 속도, 위치정보(GPS), 분당 회전 수(RPM), 브레이크신호, 가속도 등 운행기록장치에 기록된 정보

• 승차일시, 승차거리, 영업거리, 요금정보 등 택시요금미터에 기록된 정보

(2) 택시운행정보관리시스템을 구축·운영하기 위한 정보 수집·이용

국토교통부장관 또는 시·도지사는 택시 운행정보 관리시스템을 구축·운영하기 위한 정보를 수집·이용할 수 있다.

(3) 택시 운행정보 관리시스템의 공동이용

택시 운행정보 관리시스템으로 처리된 전산자료는 교통사고 예방 등 공공의 목적을 위하여 국토교통부령으로 정하는 바에 따라 공동 이용할 수 있다.

+ STUDY 국토교통부령으로 정하는 바에 따른 전산자료의 공동이용(규칙 제11조)

국토교통부장관 또는 시·도지사는 택시 운행정보 관리시스템으로 처리된 전체 자료를 택시운송사업자, 여객자동차 운수사업자 조합 및 연합회와 공동 이용할 수 있다.

CHAPTER 3 — 도로교통법

01 총칙

❶ 용어의 개념 정리[도로교통법(이하 법명 생략) 2조] ★

(1) 도로 :「도로법」에 따른 도로,「유료도로법」에 따른 유료도로,「농어촌도로정비법」에 따른 농어촌도로, 그 밖에 현실적으로 불특정 다수의 사람 또는 차마가 통행할 수 있도록 공개된 장소로서 안전하고 원활한 교통을 확보할 필요가 있는 장소를 말한다.

(2) 자동차전용도로 : 자동차만 다닐 수 있도록 설치된 도로이다.

(3) 고속도로 : 자동차의 고속운행에만 사용하기 위하여 지정된 도로이다.

(4) 차도(車道) ★ : 연석선(돌 등으로 이어진 선), 안전표지 또는 그와 비슷한 **인공구조물을 이용하여** 경계(境界)를 표시하여 모든 차가 통행할 수 있도록 설치된 도로의 부분이다.

(5) 중앙선

1) 차마의 통행 방향을 명확하게 구분하기 위하여 도로에 황색 실선이나 황색 점선 등의 안선표지로 표시한 신 또는 중앙분리대나 울타리 등으로 설치한 시설물이다.

2) 가변차로가 설치된 경우에는 신호기가 지시하는 진행방향의 가장 왼쪽에 있는 황색 점선이다.

(6) 차로 ★ : 차마가 한 줄로 도로의 정하여진 부분을 통행하도록 **차선**(車線)**으로 구분한 차도의 부분**이다.

(7) 차선 ★ : 차로와 차로를 구분하기 위하여 그 경계지점을 안전표지로 표시한 선이다.

(8) 보도 : 연석선, 안전표지나 그와 비슷한 **인공구조물로 경계를 표시하여 보행자**(유모차, 보행보조용 의자차, 노약자용 보행기 등 행정안전부령으로 정하는 기구·장치를 이용하여 통행하는 사람 및 실외이동로봇을 포함)

(9) 길가장자리구역 : 보도와 차도가 구분되지 아니한 도로에서 보행자의 안전을 확보하기 위하여 안전표지 등으로 경계를 표시한 도로의 가장자리 부분이다.

(10) 횡단보도 : 보행자가 도로를 횡단할 수 있도록 안전표지로 표시한 도로의 부분이다.

(11) 교차로 : '+'자로, 'T'자로나 그 밖에 둘 이상의 도로(보도와 차도가 구분되어 있는 도로에서는 차도)가 교차하는 부분이다.

(12) 회전교차로 : 교차로 중 차마가 원형의 교통섬(차마의 안전하고 원활한 교통처리나 보행자 도로횡단의 안전을 확보하기 위하여 교차로 또는 차도의 분기점 등에 설치하는 섬 모양의 시설을 말한다)을 중심으로 **반시계방향으로 통행**하도록 한 원형의 도로를 말한다.

(13) 안전지대 ★ : 도로를 횡단하는 **보행자나 통행하는 차마의 안전**을 위하여 안전표지나 이와 비슷한 인공구조물로 표시한 도로의 부분이다.

(14) 신호기 : 도로교통에 관하여 문자·기호 또는 등화를 사용하여 진행·정지·방향전환·주의 등의 신호를 표시하기 위하여 사람이나 전기의 힘으로 조작하는 장치이다.

(15) 안전표지 : 교통안전에 필요한 주의·규제·지시 등을 표시하는 표지판이나 도로의 바닥에 표시하는 기호·문자 또는 신 등이다.

(16) 차마 ★ : 다음의 차와 우마를 말한다.

1) 차

① **포함** : 자동차, 건설기계, 원동기장치자전거, 자전거, 사람 또는 가축의 힘이나 그 밖의 동력으로 도로에서 운전되는 것을 말하는 것이다.

② **제외** : 다만, 철길이나 가설된 선을 이용하여 운전되는 것, 유모차, 보행보조용 의자차, 노약자용 보행기, 실외이동로봇 등 행정안전부령으로 정하는 기구·장치는 제외한다(동력이 없는 손수레, 어린이가 이용하는 놀이기구, 도로의 보수·유지·공사작업에 사용하는 기구·장치도 제외).

2) **우마** : 교통이나 운수(運輸)에 사용되는 가축을 말한다.

(16) **자동차** : 철길이나 가설된 선을 이용하지 아니하고 **원동기를 사용하여 운전되는 차**(견인되는 자동차도 자동차의 일부로 봄)로서 다음의 차를 말한다.

 1) 「자동차관리법」에 따른 승용자동차, 승합자동차, 화물자동차, 특수자동차, 이륜자동차(다만, 원동기장치자전거 제외)

 2) 「건설기계관리법」에 따른 덤프트럭, 아스팔트살포기, 노상안정기, 콘크리트믹서트럭, 콘크리트펌프, 천공기(트럭 적재식) 등

(17) **긴급자동차** : 다음의 자동차로서 그 본래의 긴급한 용도로 사용되고 있는 자동차로 i) 소방차, ii) 구급차, iii) 혈액 공급차량, iv) 경찰용 자동차 중 범죄수사, 교통단속, 그 밖에 긴급한 경찰업무 수행에 사용되는 자동차 등

(18) **어린이통학버스** : 다음의 시설 가운데 어린이(13세 미만인 사람)를 교육 대상으로 하는 시설에서 어린이의 통학 등에 이용되는 자동차와 여객자동차운송사업의 한정면허를 받아 어린이를 여객대상으로 하여 운행되는 운송사업용 자동차

 1) 「유아교육법」에 따른 유치원 및 유아교육진흥원, 「초·중등교육법」에 따른 초등학교, 특수학교, 대안학교 및 외국인학교

 ② 「영유아보육법」에 따른 어린이집

 ③ 「학원의 설립·운영 및 과외교습에 관한 법률」에 따라 설립된 학원 및 교습소

 ④ 「체육시설의 설치·이용에 관한 법률」에 따라 설립된 체육시설

 ⑤ 「아동복지법」에 따른 아동복지시설(아동보호전문기관은 제외)

 ⑥ 「청소년활동 진흥법」에 따른 청소년수련시설

 ⑦ 「장애인복지법」에 따른 장애인복지시설(장애인 직업재활시설은 제외)

 ⑧ 「도서관법」에 따른 공공도서관

 ⑨ 「평생교육법」에 따른 시·도평생교육진흥원 및 시·군·구평생학습관

 ⑩ 사회복지시설 및 사회복지관(사회복지사업법상)

(19) **주차** ★ : 운전자가 승객을 기다리거나 화물을 싣거나 차가 고장 나거나 그 밖의 사유로 **차를 계속 정지 상태**에 두는 것 또는 운전자가 차에서 떠나서 즉시 그 차를 운전할 수 없는 상태에 두는 것을 말한다.

(20) **정차** ★ : 운전자가 **5분을 초과하지 아니하고** 차를 정지시키는 것으로서 주차 외의 정지 상태를 말한다.

(21) **운전** : 도로(술에 취한 상태에서의 운전금지, 과로한 때 등의 운전금지, 사고발생시의 조치 등은 도로 외의 곳을 포함)에서 차마 또는 노면전차를 그 **본래의 사용방법**에 따라 사용하는 것(조종을 포함)이다.

(22) **서행** ★ : 운전자가 **차를 즉시 정지시킬 수 있는 정도의 느린 속도로 진행**하는 것이다.

(23) **앞지르기** : 차의 운전자가 앞서가는 다른 차의 옆을 지나서 그 차의 앞으로 나가는 것을 말한다.

(24) **일시정지** : 차의 운전자가 그 차 또는 노면전차의 바퀴를 일시적으로 완전히 정지시키는 것을 말한다.

(25) **자전거등** : **자전거**(전기자전거 포함)와 개인형 이동장치를 말한다.

(26) **자동차등** : **자동차와 원동기장치자전거**를 말한다.

(27) **모범운전자** : 무사고운전자 또는 유공운전자의 표시장을 받거나 2년 이상 사업용 자동차 운전에 종사하면서 교통사고를 일으킨 전력이 없는 사람으로서 경찰청장이 정하는 바에 따라 선발되어 교통안전 봉사활동에 종사하는 사람을 말한다.

(28) **보행자우선도로** : 「보행안전 및 편의증진에 관한 법률」 제2조제3호에 따른 보행자우선도로를 말한다.

❷ 교통안전시설

◉ 신호 또는 지시

1) **교통안전시설과 경찰이나 보조자의 신호** : 도로를 통행하는 보행자와 차마의 운전자는 교통안전시설이 표시하는 신호 또는 지시와 다음의 어느 하나에 해당하는 사람의 신호나 지시를 따라야 한다.

 ① **경찰공무원** : i) 교통정리를 하는 경찰공무원(자치경찰공무원은 제외), ii) 자치경찰공무원

② **경찰보조자** : i) 모범운전자, ii) 군사훈련 시 부대의 이동을 유도하는 군사경찰, iii) 본래의 긴급한 용도로 운행하는 소방차·구급차를 유도하는 소방공무원

❖ 교통안전시설이 표시하는 신호 또는 지시와 경찰공무원(자치경찰공무원 포함)이나 경찰보조자의 신호가 서로 다른 경우 : 경찰공무원 등의 신호 또는 지시에 따라야 한다. ★

❖ 운전자가 신호를 하려는 지점(좌회전할 경우에는 그 교차로의 가장자리)에 이르기 전 30미터(고속도로에서는 100미터) 이상의 지점에 이르렀을 때에 신호기를 작동해야 한다. ★

2) 신호기가 표시하는 신호의 종류 및 신호의 뜻

① **차량신호등 중 원형등화** ★★

㉠ **녹색의 등화**

- 차마는 직진 또는 우회전할 수 있다.
- **비보호좌회전**표지 또는 비보호좌회전표시가 있는 곳에서는 좌회전할 수 있다.

㉡ **황색의 등화**

- 차마는 정지선이 있거나 횡단보도가 있을 때에는 그 직전이나 교차로의 직전에 정지하여야 하며, 이미 교차로에 차마의 일부라도 진입한 경우에는 신속히 교차로 밖으로 진행하여야 함
- 차마는 우회전할 수 있고 우회전하는 경우에는 보행자의 횡단을 방해하지 못함

㉢ **적색의 등화**

- 차마는 정지선, 횡단보도 및 교차로의 직전에서 정시하여야 한다.
- 차는 우회전하려는 경우 정지선, 횡단보도 및 교차로의 직전에서 정차한 후 신호에 따라 진행하는 **다른 차마의 교통을 방해하지 않고** 우회전할 수 있다.
- 위에도 불구하고 차마는 **우회전 삼색등이 적색의 등화**인 경우 우회전할 수 없다.

㉣ **황색등화의 점멸** : 차마는 다른 교통 또는 안전표지의 표시에 주의하면서 진행할 수 있다.

㉤ **적색등화의 점멸** : 차마는 정지선이나 횡단보도가 있을 때에는 그 직전이나 교차로 직전에 일시정지한 후 다른 교통에 주의하면서 진행할 수 있다.

② **차량신호등 중 사각형등화**

㉠ **녹색의 화살표의 등화** : 차마는 화살표로 지정한 차로로 진행할 수 있다.

㉡ **적색 ×표 표시등화** : 차마는 ×표가 있는 차로로 진행할 수 없다.

㉢ **적색 ×표 표시등화의 점멸** : 차마는 ×표가 있는 차로로 진입할 수 없고, 이미 차로의 일부라도 진입한 경우에는 신속히 그 차로 밖으로 진로를 변경하여야 한다.

✚ STUDY 신호등 배열 및 신호순서

❶ 4색 등화

(1) **배열순서** : 적색 → 황색 → 녹색화살표 → 녹색

(2) **신호순서** : 녹색 → 황색 → 적색 및 녹색화살표(좌회전 및 직진등화) → 적색 및 황색등화 → 적색등화의 순서

❷ 3색 등화

(1) **배열순서** : 적색 → 황색 → 녹색

(2) **신호순서** : 녹색(적색 및 녹색화살표)등화 → 황색등화 → 적색등화의 순서로 한다.

---

02 보행자 및 차마의 통행

❶ 보행자

(1) 보행자의 통행(제8조)

1) 보도와 차도가 구분된 도로 : 보행자는 언제나 보도로 통행하여야 하나. 다만, 차도를 횡단하는 경우, 도로공사 등으로 보도의 통행이 금지된 경우나 그 밖의 부득이한 경우에는 그렇지 않다.

2) 보도와 차도가 구분되지 아니한 도로 중 중앙선이 있는 도로(일방도로인 경우에는 차선으로 구분된 도로를 포함) : 길가장자리 또는 길가장자리구역으로 통행하여야 한다.

3) 도로의 전부분을 통행할 수 있는 경우 : 보행자는 다음의 어느 하나에 해당하는 곳에서는 도로의 전부분으로 통행할 수 있다. 이 경우 보행자는 고의로 차마의 진행을 방해하여서는 아니 된다.

① **보도와 차도가 구분되지 아니한 도로 중 중앙선이 없는 도로**(일방통행인 경우에는 차선으로 구분되지 아니한 도로에 한정)

② 보행자우선도로

4) **우측통행이 원칙** : 보행자는 보도에서는 우측통행을 원칙으로 한다.

(2) **차도를 통행할 수 있는 사람 또는 행렬**(제9조, 영 제7조)

1) **차도를 통행할 수 있는 경우** : 학생의 대열과 그 밖에 보행자의 통행에 지장을 줄 우려가 있다고 인정되는 경우에는 차도를 통행할 수 있다. 이 경우 차도의 우측으로 통행하여야 한다.

2) **차도를 통행할 수 있는 사람 또는 행렬**

① 말·소 등의 큰 동물을 몰고 가는 사람

② 보행자의 통행에 지장을 줄 우려가 있는 물건을 운반 중인 사람

③ 도로에서 청소나 보수 등 작업을 하고 있는 사람

④ 군부대나 그 밖에 이에 준하는 단체의 행렬

⑤ 기(旗) 또는 현수막 등을 휴대한 행렬

⑥ 장의(葬儀) 행렬

3) **사회적으로 중요한 행사를 하는 행렬등** : 시가를 행진하는 경우에는 도로의 중앙을 통행할 수 있다.

(3) **보행자의 도로횡단**(제10조)

1) **횡단보도, 지하도, 육교나 그 밖의 도로 횡단시설이 설치되어 있는 도로** : 보행자는 그곳으로 횡단하여야 한다. 다만, 지하도나 육교 등의 도로 횡단시설을 이용할 수 없는 지체장애인의 경우에는 다른 교통에 방해가 되지 아니하는 방법으로 도로 횡단시설을 이용하지 아니하고 도로를 횡단할 수 있다.

2) **횡단보도가 설치되어 있지 아니한 도로** : 보행자는 가장 짧은 거리로 횡단하여야 한다.

3) **모든 차의 앞이나 뒤로 횡단금지** : 보행자는 차와 노면전차의 바로 앞이나 뒤로 횡단하여서는 아니 된다. 다만, 횡단보도를 횡단하거나 신호기 또는 경찰공무원등의 신호나 지시에 따라 도로를 횡단하는 경우에는 그렇지 않다.

4) **횡단금지** : 보행자는 안전표지 등에 의하여 횡단이 금지되어 있는 도로의 부분에서는 그 도로를 횡단하여서는 아니 된다.

❷ 차마의 통행방법 ★★

(1) **차마의 통행**(제13조)

1) **보도와 차도가 구분된 도로**

① **차도통행** : 차마의 운전자는 보도와 차도가 구분된 도로에서는 차도를 통행한다.

② **도로 외의 곳으로 출입할 때** : 보도를 횡단하기 직전 일시정지하여 좌우를 살핀 후 보행자의 통행을 방해하지 아니하도록 횡단하여 통행할 수 있다.

2) **우측통행** : 차마의 운전자는 **도로**(보도와 차도가 구분된 도로에서는 차도)**의 중앙**(중앙선이 설치되어 있는 경우에는 그 중앙선) **우측 부분**을 통행하여야 한다.

3) **도로의 중앙이나 좌측을 통행할 수 있는 경우 ★**

① **도로가 일방 통행**인 경우

② 도로의 파손, 도로공사나 그 밖의 장애 등으로 도로의 **우측 부분을 통행할 수 없는 경우**

③ 도로의 **우측 부분의 폭이 6미터**가 되지 아니하는 도로에서 다른 차를 앞지르려는 경우. 다만, 도로의 좌측부분을 확인할 수 없는 경우, 반대 방향의 교통을 방해할 우려가 있는 경우, 안전표지 등으로 앞지르기를 금지하거나 제한하고 있는 경우에는 그렇지 않다.

④ 도로 우측 부분의 폭이 **차마의 통행에 충분하지 아니한 경우**

⑤ **가파른 비탈길의 구부러진 곳**에서 교통의 위험을 방지하기 위하여 시·도경찰청장이 필요하다고 인정하여 구간 및 통행방법을 지정하여 그 지정에 따라 통행하는 경우

4) **진입이 금지된 장소** : 차마의 운전자는 안전지대 등 안전표지에 의하여 진입이 금지된 장소에 들어가서는 아니 된다.

5) **자전거도로 또는 길가장자리 통행금지**

① **차마**(자전거등은 제외)의 운전자는 안전표지로 통행이 허용된 장소를 제외하고는 자전거도로 또는 길가장자리구역으로 통행하여서는 아니 된다.

② 다만, 「자전거이용활성화에 관한 법률」 제3조 제4호에 따른 **자전거 우선도로**의 경우에는 그렇지 않다. ❖ 자전거등 : 자전거와 개인형이동장치

6) 회전교차로 통행방법(제25조의2)

① 모든 차의 운전자는 회전교차로에서는 반시계 방향으로 통행하여야 한다.

② 모든 차의 운전자는 회전교차로에 **진입하려는 경우에는 서행하거나 일시정지**하여야 하며, 이미 진행하고 있는 다른 차가 있는 때에는 그 차에 진로를 양보하여야 한다.

③ ① 및 ②에 따라 회전교차로 통행을 위하여 손이나 방향지시기 또는 등화로써 신호를 하는 차가 있는 경우 그 뒤차의 운전자는 신호를 한 앞차의 진행을 방해하여서는 아니 된다.

(2) 차로에 따른 통행구분(규칙 제16조) ★★

차로가 설치되어 있는 경우 그 도로의 중앙에서 오른쪽으로 2 이상의 차로(전용차로가 설치되어 운용되고 있는 도로에서는 전용차로를 제외)가 설치된 도로 및 일방통행도로에 있어서 그 차로에 따른 통행차의 기준은 다음과 같다.

차로 구분			통행차
고속도로 이외 도로	왼쪽차로		**승용자동차**, 경형·소형·중형 승합자동차
	오른쪽 차로		**대형승합자동차**, 화물자동차, 특수자동차, 건설기계, 이륜자동차, 원동기장치자전거
고속도로	편도 2차로 이상	1차로	**앞지르기를 하려는 모든 자동차** (다만, 차량통행량 증가 등 도로상황으로 인하여 부득이하게 시속 80km 미만으로 통행할 수밖에 없는 경우에는 앞지르기를 하지 않더라도 통행할 수 있다.)
		2차로	건설기계를 포함한 모든 자동차
	편도 3차로 이상	1차로	**앞지르기를 하려는 승용자동차** 및 앞지르기를 하려는 경형·소형·중형 승합자동차(다만, 차량통행량 증가 등 도로상황으로 인하여 부득이하게 시속 80km 미만으로 통행할 수밖에 없는 경우에는 앞지르기를 하는 경우가 아니라도 통행할 수 있다.)
		왼쪽 차로	**승용자동차** 및 경형·소형·중형 승합자동차
		오른쪽 차로	**대형승합자동차**, 화물자동차, 특수자동차, 건설기계

3) 위 표에서 사용하는 용어의 의미

① **왼쪽차로**

㉠ **고속도로 외의 도로의 경우** : 차로를 반으로 나누어 1차로에 가까운 부분의 차로. 다만, 차로수가 홀수인 경우 가운데 차로는 제외

㉡ **고속도로의 경우** : 1차로를 제외한 차로를 반으로 나누어 1차로에 가까운 부분(다만, 1차로를 제외한 차로의 수가 홀수인 경우 그 중 가운데 차로는 제외)

② **오른쪽 차로**

㉠ **고속도로 외의 도로의 경우** : 왼쪽 차로를 제외한 나머지 차로

㉡ **고속도로의 경우** : 1차로와 왼쪽 차로를 제외한 나머지 차로

③ **모든 차는 위 지정된 차로의 오른쪽 차로로 통행할 수 있다.**

④ **앞지르기를 할 때**에는 위 통행기준에 지정된 차로의 왼쪽 바로 옆 차로로 통행할 수 있다.

⑤ 도로의 진·출입 부분에서 **진·출입하는 때와 정차 또는 주차한 후 출발하는 때**의 상당한 거리 동안은 이 기준에 따르지 아니할 수 있다.

⑥ 좌회전 차로가 2개 이상 설치된 교차로에서 좌회전하고자 하는 차는 그 설치된 좌회전 차로 내에서 고속도로 외의 도로의 통행기준에 따라 좌회전하여야 한다.

⑦ 차로의 순위는 도로의 중앙선쪽에 있는 차로부터 1차로로 한다. → 다만, 일반통행도로에서는 도로의 왼쪽부터 1차로로 한다.

⑧ 모든 차의 운전자는 통행하고 있는 차로부터 느린 속도로 진행하여 **다른 차의 정상적인 통행을 방해할 우려가 있는 경우** 통행하던 차로의 오른쪽 차로로 통행하여야 한다.

(3) 전용차로의 종류 및 통행할 수 있는 차 ★

1) 버스전용차로에서 통행할 수 있는 차

① **고속도로** : 9인승 이상 승용자동차 및 승합자동차 (승용자동차 또는 12인승 이하의 승합자동차는 6명 이상이 승차한 경우로 한정)

② **고속도로 외의 도로에서 통행할 수 있는 차**

ⓐ 36인승 이상의 대형승합자동차

ⓑ 36인승 미만의 사업용 승합자동차

ⓒ 증명서를 교부받아 어린이를 운송할 목적으로 운행 중인 어린이통학버스

ⓓ 대중교통수단으로 이용하기 위한 자율주행자동차로서 시험·연구 목적으로 운행하기 위하여 국토교통부장관의 임시운행허가를 받은 자율주행자동차

ⓔ 위에서 규정한 차 외의 차로서 도로에서의 원활한 통행을 위하여 시·도경찰청장이 지정한 다음의 어느 하나에 해당하는 승합자동차

- 노선을 지정하여 운행하는 통학·통근용 승합자동차 중 16인승 이상 승합자동차
- 국제행사 참가인원 수송 등 특히 필요하다고 인정되는 승합자동차0
- 관광숙박업자 또는 전세버스운송사업자가 운행하는 25인승 이상의 외국인 관광객 수송용 승합자동차(외국인 관광객이 승차한 경우만 해당)

2) 다인승 전용차로 ★ : 3인 이상 승차한 승용·승합자동차(다인승전용차로와 버스전용차로가 동시에 설치되는 경우에는 버스전용차로를 통행할 수 있는 차는 제외)

(4) 자동차의 속도(규칙 제19조) ★★

도로 구분		최고속도	최저속도
일반도로	주거·상업·공업지역	매시 50km 이내	제한없음
	지정한 노선 또는 구간의 일반도로	매시 60km 이내	
	편도 1차로	매시 60km 이내	
	편도 2차로 이상	매시 80km 이내	
고속도로	편도 2차로 이상	고속도로	• 매시 100km 이내 • 매시 80km(적재중량 1.5톤을 초과하는 화물자동차, 특수자동차, 위험물운반자동차, 건설기계)	매시 50km
		지정·고시한 노선 또는	• 매시 120km 이내 • 매시 90km 이내	
		구간의 고속도로	(적재중량 1.5톤을 초과하는 화물자동차, 특수자동차, 위험물운반자동차, 건설기계)	
	편도 1차로		매시 80km	매시 50km
자동차전용도로			매시 90km	매시 30km

(5) 이상 기후 시의 운행 속도 ★★★

이상기후 상태	운행 속도
• 비로 노면이 젖어 있는 경우 • 눈이 20mm 미만 쌓인 경우	최고속도의 20/100을 줄인 속도
• 폭우·폭설·안개 등으로 **가시거리가 100m 이내**인 경우 • 노면이 **얼어붙은 경우** • **눈이 20mm 이상 쌓인 경우**	최고속도의 50/100을 줄인 속도

❖ 가변형 속도제한표지로 최고속도를 정한 경우에는 이에 따라야 하며, 가변형 속도제한표지로 정한 최고속도와 그 밖의 안전표지로 정한 최고속도가 다를 때에는 가변형 속도제한표지에 따라야 한다.

(6) 안전거리의 확보 등(제19조)

1) 앞차와의 필요거리 확보 : 모든 차의 운전자는 앞차가 갑자기 정지하게 되는 경우 그 앞차와의 충돌을 피할 수 있는 필요한 거리를 확보하여야 한다.

2) 같은 방향으로 가고 있는 자전거등과 일정 거리 확보 : 자동차등의 운전자는 같은 방향으로 가고 있는 자전거등의 운전자에 주의하여야 하며, 그 옆을 지날 때에는 그 자전거등과의 충돌을 피할 수 있는 **필요한 거리를 확보**하여야 한다.

3) 진로변경을 하지 않아야 하는 경우 : 모든 차의 운전자는 차의 진로를 변경하려는 경우에 그 변경하려는 방향으로 오고 있는 다른 차의 정상적인 통행에 장애를 줄 우려가 있을 때에는 진로를 변경하여서는 아니 된다.

4) 급제동 자제 : 모든 차의 운전자는 위험방지를 위한 경우와 그 밖의 부득이한 경우가 아니면 운전하는 차를 갑자기 정지시키거나 속도를 줄이는 등의 급제동을 하여서는 아니 된다.

(7) 진로 양보의 의무(제20조)

1) **뒤차보다 느린 속도로 가려는 경우**(긴급자동차 제외) : 긴급자동차를 제외한 모든 차의 운전자는 뒤에서 따라오는 차보다 느린 속도로 가려는 경우에는 도로의 우측 가장자리로 피하여 진로를 양보하여야 한다(다만, 통행구분이 설치된 도로의 경우에는 그렇지 않음).

2) **좁은 도로에서 자동차가 서로 마주보고 진행할 때**(긴급자동차 제외) : 다음의 구분에 따른 자동차가 도로의 우측 가장자리로 피하여 진로를 양보하여야 한다. ★

① **비탈진 좁은 도로** : 자동차가 서로 마주보고 진행하는 경우에는 **올라가는 자동차**

✿ 내려가는 차는 후진이 어려우므로 우선권을 줄 것입니다.

② **비탈진 좁은 도로 외의 좁은 도로** : 사람을 태웠거나 물건을 실은 자동차와 동승자가 없고 물건을 싣지 아니한 자동차가 서로 마주보고 진행하는 경우에는 **동승자가 없고 물건을 싣지 아니한 자동차**

(8) 앞지르기 방법 등(제21조부터 제23조까지)

1) **좌측통행** : 모든 차의 운전자는 다른 차를 앞지르려면 앞차의 좌측으로 통행하여야 한다.

2) **앞지르려고 하는 모든 차의 운전자**는 반대방향의 교통과 앞차 앞쪽의 교통에도 주의를 충분히 기울여야 하며, 앞차의 속도·진로와 그 밖의 도로상황에 따라 방향지시기·등화 또는 경음기를 사용하는 등 안전한 속도와 방법으로 앞지르기를 하여야 한다.

3) **앞지르려는 차에 방해금지** : 모든 차의 운전자는 앞지르기를 하는 차가 있을 때에는 속도를 높여 경쟁하거나 그 차의 앞을 가로막는 등의 방법으로 앞지르기를 방해하여서는 아니 된다.

4) **앞지르기 금지** ★★

① 앞차의 좌측에 다른 차가 **앞차와 나란히 가고 있는 경우**

② **앞차**가 다른 차를 앞지르고 있거나 앞지르려고 하는 경우

③ 도로교통법이나 이 법에 따른 **명령에 따라 정지하거나 서행**하고 있는 차

④ 경찰공무원의 **지시에 따라 정지하거나 서행**하고 있는 차

⑤ **위험을 방지**하기 위하여 정지하거나 서행하고 있는 차

5) **앞지르기 금지 장소** ★

① 교차로　　② 터널 안　　③ 다리 위

④ 도로의 구부러진 곳, 비탈길의 고갯마루 부근 또는 가파른 비탈길의 내리막 등 시·도경찰청장이 도로에서의 위험을 방지하고 교통의 안전과 원활한 소통을 확보하기 위하여 필요하다고 인정하는 곳으로서 안전표지로 지정한 곳

(9) 철길 건널목의 통과(제24조) ★

1) **일시정지**

① 모든 차 또는 노면전차의 운전자는 철길 건널목을 통과하려는 경우에는 **건널목 앞에서 일시정지**하여 안전한지 확인한 후에 통과하여야 한다.

② **다만, 신호기 등이 표시**하는 신호에 따르는 경우에는 정지하지 아니하고 통과할 수 있다.

2) **철길건널목 진입금지 상황**

① 모든 차 또는 노면전차의 운전자는 **건널목의 차단기가 내려져 있거나 내려지려고 하는 경우**에는 그 건널목으로 들어가서는 아니 된다.

② 건널목의 **경보기가 울리고 있는 동안**에는 그 건널목으로 들어가서는 아니 된다.

3) **철길건널목 통과 시 고장이 난 경우**

① 모든 차 또는 노면전차의 운전자는 **건널목을 통과하다가 고장 등의 사유로 건널목 안에서** 차 또는 노면전차를 운행할 수 없게 된 경우에는 ②의 조치를 취해야 한다.

② 즉시 승객을 대피시키고 비상신호기 등을 사용하거나 그 밖의 방법으로 철도공무원 또는 경찰공무원에게 그 사실을 알려야 한다.

⑩ 교차로 통행방법 등(제25조 ~ 제27조) ★★

1) **교차로 통행방법**

① **우회전 방법** : 모든 차의 운전자는 교차로에서 우회선을 하려는 경우에는 미리 도로의 **우측 가장자리**를 서행하면서 **우회전**하여야 한다. 이

경우 우회전하는 차의 운전자는 신호에 따라 정지하거나 진행하는 보행자 또는 자전거등에 주의하여야 한다.

② **좌회전 방법** : 모든 차 또는 노면전차의 운전자는 교차로에서 좌회전을 하려는 경우에는 **미리 도로의 중앙선을 따라 서행**하면서 교차로의 중심 안쪽을 이용하여 좌회전하여야 한다.

③ **신호를 하는 차의 진행방해 금지** : 우회전이나 좌회전을 하기 위하여 손이나 방향지시기 또는 등화로써 신호를 하는 차가 있는 경우에 그 뒤차의 운전자는 신호를 한 앞차의 진행을 방해하여서는 아니 된다.

④ **교차로에 진입하지 않아야 하는 경우** : 모든 차 또는 노면전차의 운전자는 신호기로 교통정리를 하고 있는 교차로에 들어가려는 경우에는 진행하려는 진로의 앞쪽에 있는 차의 상황에 따라 교차로(정지선이 설치되어 있는 경우에는 그 정지선을 넘은 부분을 말함)에 **정지하게 되어 다른 차의 통행에 방해가 될 우려가 있는 경우**에는 그 교차로에 들어가서는 아니 된다.

2) 교통정리가 없는 교차로에서의 양보운전 ★

① **이미 교차로에 진입한 차에 양보** : 교통정리를 하고 있지 아니하는 교차로에 들어가려고 하는 차의 운전자는 **이미 교차로에 들어가 있는 다른 차가 있을 때에는** 그 차에 진로를 양보하여야 한다.

② **교통정리를 하고 있지 아니하는 교차로에 들어가려고 하는 차의 운전자**

㉠ 그 차가 통행하고 있는 도로의 폭보다 교차하는 **도로의 폭이 넓은 경우에는 서행**하여야 한다.

㉡ **폭이 넓은 도로로부터 교차로에 들어가려고 하는 다른 차가 있을 때에는** 그 차에 진로를 양보하여야 한다.

③ 교통정리를 하고 있지 아니하는 교차로에 동시에 들어가려고 하는 차의 운전자는 **우측도로의 차에 진로를 양보**하여야 한다.

④ 교통정리를 하고 있지 아니하는 교차로에서 좌회전하려고 하는 차의 운전자는 **그 교차로에서 직진하거나 우회전하려는 다른 차가 있을 때에는** 그 차에 진로를 양보하여야 한다.

3) 보행자의 보호

① 운전자는 보행자(자전거등에서 내려서 자전거를 끌고 통행하는 자전거등의 운전자를 포함)가 횡단보도를 통행하고 있거나 **통행하려고 하는 때**에는 보행자의 횡단을 방해하거나 위험을 주지 아니하도록 그 횡단보도 앞(정지선이 설치되어 있는 곳에서는 그 정지선)에서 일시정지 하여야 한다.

❖ 개정으로 과거 횡단보도를 통행하고 "있는" 보행자 보호 의무에서 횡단보도를 "횡단하고 있거나 횡단하려고 하는 보행자"도 보호범위에 포함되었다.

② 모든 차의 운전자는 교통정리를 하고 있는 교차로에서 좌회전 또는 우회전을 하려는 경우에는 신호기 또는 경찰공무원등의 신호 또는 지시에 따라 도로를 횡단하는 보행자의 통행을 방해하여서는 아니 된다.

③ 모든 차의 운전자는 교통정리를 하고 있지 아니하는 교차로 또는 그 부근의 도로를 횡단하는 보행자의 통행을 방해하여서는 아니 된다.

④ 모든 차의 운전자는 도로에 설치된 안전지대에 보행자가 있는 경우와 차로가 설치되지 아니한 좁은 도로에서 보행자의 옆을 지나는 경우에는 **안전한 거리를 두고 서행**하여야 한다.

⑤ 모든 차의 운전자는 보행자가 횡단보도가 설치되어 있지 아니한 도로를 횡단하고 있을 때에는 안전거리를 두고 일시정지하여 보행자가 안전하게 횡단할 수 있도록 하여야 한다.

⑥ 모든 차의 운전자는 **다음의 어느 하나에 해당하는 곳**에서 보행자의 옆을 지나는 경우에는 안전한 거리를 두고 서행하여야 하며, 보행자의 통행에 방해가 될 때에는 서행하거나 일시정지하여 보행자가 안전하게 통행할 수 있도록 하여야 한다.

㉠ 보도와 차도가 구분되지 아니한 도로 중 **중앙선이 없는 도로** ★

㉡ **보행자우선도로**　　　㉢ **도로 외의 곳**

⑦ 모든 차 또는 노면전차의 운전자는 **어린이 보호구역 내에 설치된 횡단보도 중 신호기가 설치되지 아니한 횡단보도 앞**(정지선이 설치된 경우에는 그 정지선을 말함)에서는 **보행자의 횡단 여부와 관계없이 일시정지**하여야 한다.

4) 보행자우선도로 : 시·도경찰청장이나 경찰서장은 보행자우선도로에서 보행자를 보호하기 위하여 필요하다고 인정하는 경우에는 차마의 통행속도를 시속 20킬로미터 이내로 제한할 수 있다.

⑾ 긴급자동차의 우선 통행 등(제29조부터 제30조까지)

1) 긴급자동차의 우선 통행

① 긴급자동차는 긴급하고 부득이한 경우에는 도로의 중앙이나 좌측 부분을 통행할 수 있다.

② 긴급자동차는 도로교통법이나 이 법에 따른 명령에 따라 정지하여야 하는 경우에도 불구하고 부득이한 경우에는 정지하지 아니할 수 있다.

③ 소방차·구급차·혈액 공급차량 등의 자동차 운전자는 해당 자동차를 그 본래의 긴급한 용도로 운행하지 아니하는 경우에는 「자동차관리법」에 따라 설치된 경광등을 켜거나 사이렌을 작동하여서는 아니 된다.

④ 다만, 대통령령으로 정하는 바에 따라 범죄 및 화재 예방 등을 위한 순찰·훈련 등을 실시하는 경우에는 그렇지 않다.

2) 긴급자동차에 대한 특례

① <u>긴급자동차에 대하여는 다음의 사항을 적용하지 아니한다.</u>

- i) 자동차의 속도 제한(다만, 긴급자동차에 대하여 **속도를 제한한 경우에는 속도제한 규정을 적용**), ii) 앞지르기 금지의 시기 및 장소, iii) 끼어들기의 금지, iv) 신호위반, v) 보도침범, vi) 중앙선침범, vii) 횡단 등의 금지, viii) 안전거리 확보, ix) 앞지르기방법, x) 정차 및 주차의 금지, xi) 주차금지 고장 등의 조치

⑿ 서행 또는 일시정지할 장소(제31조)

1) 서행해야 하는 장소 ★★

① 교통정리를 하고 있지 아니하는 교차로

② 도로가 구부러진 부근

③ 비탈길의 고갯마루 부근

④ 가파른 비탈길의 내리막

⑤ 시·도경찰청장이 필요하다고 인정하여 안전표지로 지정한 곳

✿ 두문자 : 교구고비지 (고기에 비지가 많다!)

2) 일시정지하여야 하는 장소 ★

① 교통정리를 하고 있지 아니하고 좌우를 확인할 수 없거나 교통이 빈번한 교차로

② 시·도경찰청장이 필요하다고 인정하여 안전표지로 지정한 곳

⒀ 정차 및 주차의 금지 등(제32조 ~ 제33조) ★★

1) 정차 및 주차의 금지 ★

① 교차로·횡단보도·건널목이나 보도와 차도가 구분된 도로의 보도(주차장법에 따라 차도와 보도에 걸쳐서 설치된 노상주차장은 제외)

② 교차로의 가장자리 또는 도로의 모퉁이로부터 5m 이내인 곳

③ 안전지대가 설치된 도로에서는 그 안전지대의 사방으로부터 **각각 10m 이내인 곳**

④ 버스여객자동차의 정류지(停留地)임을 표시하는 기둥이나 표지판 또는 선이 설치된 곳으로부터 **10m 이내인 곳**(다만, 버스여객자동차의 운전자가 그 버스여객자동차의 운행시간 중에 운행노선에 따르는 정류장에서 승객을 태우거나 내리기 위하여 차를 정차하거나 주차하는 경우에는 그렇지 않다)

⑤ 건널목의 가장자리 또는 횡단보도로부터 10m 이내인 곳

✿ 두문자 : 10m 안정건 (10m이면 안정권이지!!)

⑥ **다음의 곳으로부터 5미터 이내인 곳**

㉠ 소방용수시설 또는 비상소화장치가 설치된 곳

㉡ 소방시설로서 **대통령령으로 정하는 시설**이 설치된 곳

> **✚ STUDY　대통령령으로 정하는 시설**(시행령 제10조의3)
>
> 1. 옥내소화전설비(호스릴옥내소화전설비를 포함)·스프링클러설비등·물분무등소화설비의 송수구
>
> 2. 소화용수설비
>
> 3. 연결송수관설비·연결살수설비·연소방지설비의 송수구 및 무선통신보조설비의 무선기기 접속단자

㉢ 시·도경찰청장이 도로에서의 위험을 방지하고 교통의 안전과 원활한 소통을 확보하기 위하여 필요하다고 인정하여 지정한 곳

⑧ 시장등이 제12조제1항에 따라 **지정한 어린이보호구역**

2) 주차금지의 장소 ★

① **터널 안 및 다리 위**

② **다음의 곳으로부터 5미터 이내인 곳**

ㄱ **도로공사**를 하고 있는 경우에는 그 공사 구역의 양쪽 가장자리

ㄴ **다중이용업소의 영업장**이 속한 건축물로 소방본부장의 요청에 의하여 시·도경찰청장이 지정한 곳

③ **시·도경찰청장**이 도로에서의 위험을 방지하고 교통의 안전과 원활한 소통을 확보하기 위하여 **필요하다고 인정하여 지정한 곳**

3) 정차 또는 주차를 금지하는 장소의 특례 : 정차나 주차가 금지된 장소 중 시·도경찰청장이 안전표지로 구역·시간·방법 및 차의 종류를 정하여 정차나 주차를 허용한 곳에서는 정차하거나 주차할 수 있다.

⒁ **차의 등화**

1) 전조등·차폭등·미등과 그밖의 등화를 켜야 하는 경우
(제37조) ★★

① **밤**(해가 진 후부터 해가 뜨기 전까지)에 **도로에서 차를 운행하거나** 고장이나 그 밖의 부득이한 사유로 도로에서 차 또는 노면전차를 정차 또는 주차시키는 경우

② **안개가 끼거나 비 또는 눈이 올 때**에 도로에서 차를 운행하거나 고장이나 그 밖의 부득이한 사유로 도로에서 차 또는 노면전차를 정차 또는 주차하는 경우

③ **터널 안을 운행**하거나 고장 또는 그 밖의 부득이한 사유로 터널 안 도로에서 차 또는 노면전차를 정차 또는 주차하는 경우

2) 켜야 하는 등화(영 제19조부터 제20조까지) ★★

① **밤에 도로에서 차를 운행하는 경우**

ㄱ **자동차** : 자동차안전기준에서 정하는 ⟨전⟩조등, ⟨차⟩폭등, ⟨미⟩등, ⟨번⟩호등과 ⟨실⟩내조명등(실내조명등은 승합자동차와 여객자동차 운수사업법에 의한 여객자동차 운송사업용 승용자동차만 해당)

✿ **두문자** : ⟨전차미번실⟩(전차에 번호가 없는 방이 있다)

ㄴ **원동기장치자전거** : 전조등 및 미등

ㄷ **견인되는 차** : 미등·차폭등 및 번호등

② **도로에서 정차 또는 주차하는 경우**

ㄱ **자동차** : 자동차안전기준에서 정하는 ⟨차⟩폭등 및 ⟨미⟩등   ✿ **두문자** : ⟨차미⟩

ㄴ **이륜자동차 및 원동기장치자전거** : 미등(후부 반사기를 포함)

3) 전조등의 밝기를 줄이거나 불빛의 방향을 아래로 향하게 해야 하는 경우

① **밤에 서로 마주보고 진행할 때** : 전조등의 밝기를 줄이거나 불빛의 방향을 **아래로 향하게 하거나 잠시 전조등을 끌 것**. 다만, 도로의 상황으로 보아 마주보고 진행하는 차 또는 노면전차의 교통을 방해할 우려가 없는 경우에는 그렇지 않다.

② **밤에 앞차의 바로 뒤를 따라가는 때** : 전조등 불빛 방향을 아래로 향하게 하고, 전조등 불빛의 밝기를 함부로 조작하여 앞의 차 및 노면전차의 운전을 방해하지 아니할 것

③ **교통이 빈번한 곳에서 운행하는 때** : 모든 차 또는 노면전차의 운전자는 **전조등 불빛의 방향을 계속 아래로 유지**하여야 한다. 다만, 시·도경찰청장이 지정한 지역에서는 그렇지 않다.

⒂ **승차의 방법과 제한**(제39조, 영 제22조)

1) 안전기준을 넘지 않는 승차 : 모든 차 또는 노면전차의 운전자는 승차 인원에 관하여 대통령령으로 정하는 운행상의 안전기준을 넘어서 승차시켜서는 아니 된다. 다만, 출발지를 관할하는 경찰서장의 허가를 받은 경우에는 그렇지 않다

① **자동차의 승차인원** : 승차인원은 **승차정원 이내일 것**

② **화물자동차의 적재중량** : 구조 및 성능에 따르는 적재중량의 110퍼센트 이내일 것

2) 추락방지조치 : 모든 차의 운전자는 운전 중 타고 있는 사람 또는 타고 내리는 사람이 떨어지지 아니하도록 하기 위하여 문을 정확히 여닫는 등 필요한 조치를 하여야 한다.

3) **화물낙하 방지조치** : 모든 차의 운전자는 운전 중 실은 화물이 떨어지지 아니하도록 덮개를 씌우거나 묶는 등 확실하게 고정될 수 있도록 필요한 조치를 하여야 한다.

4) **영유아나 동물휴대 운전금지** : 모든 차의 운전자는 영유아나 동물을 안고 운전 장치를 조작하거나 운전석 주위에 물건을 싣는 등 안전에 지장을 줄 우려가 있는 상태로 운전하여서는 아니 된다.

5) **정비불량차의 운행금지** : 모든 차의 사용자, 정비책임자 또는 운전자는 「자동차관리법」, 「건설기계관리법」이나 그 법에 따른 명령에 의한 장치가 정비되어 있지 아니한 차(정비불량차)를 운전하도록 시키거나 운전하여서는 아니 된다.

03 운전자 및 고용주의 의무

❶ 운전 등의 금지(제43조부터 제45조까지)

(1) 무면허운전 등의 금지

누구든지 시·도경찰청장으로부터 운전면허를 받지 아니하거나 운전면허의 효력이 정지된 경우에는 자동차등을 운전하여서는 아니 된다.

(2) 술에 취한 상태에서의 운전금지 ★

1) 술에 취한 상태(혈중알코올농도가 **0.03% 이상**)에서 자동차 등을 운선하여서는 아니 된다.

2) 경찰공무원은 교통안전과 위험방지를 위하여 필요하다고 인정하거나, 인정할만한 상당한 이유가 있는 경우에는 운전자가 술에 취하였는지를 호흡조사로 측정할 수 있다. 이 경우 운전자는 경찰공무원의 측정에 응하여야 한다.

3) **혈액 채취 등의 방법으로 측정하는 경우** : 경찰공무원이 술에 취하였는지를 측정한 호흡조사 결과에 불복하는 운전자에 대하여는 그 운전자의 동의를 받아 혈액 채취 등의 방법으로 다시 측정할 수 있다.

(3) 공동 위험행위의 금지 및 난폭운전 금지

1) **공동 위험행위의 금지** : 자동차등의 운전자는 도로에서 2명 이상이 공동으로 2대 이상의 자동차등을 정당한 사유 없이 앞뒤로 또는 좌우로 줄지어 통행하면서 다른 사람에게 위해를 끼치거나 교통상의 위험을 발생하게 하여서는 아니 된다.

2) **난폭운전 금지** : 자동차등의 운전자는 다음의 각 행위(신호 또는 지시위반, 중앙선 침범 등) 중 둘 이상의 행위를 연달아 하거나, 하나의 행위를 지속 또는 반복하여 다른 사람에게 위협 또는 위해를 가하거나 교통상의 위험을 발생하게 하여서는 아니 된다.

❷ 모든 운전자의 준수사항 등(제46조, 제49조 등)

(1) 물웅덩이의 물 튀기는 행위

물이 고인 곳을 운행하는 때에는 고인 물을 튀게 하여 다른 사람에게 피해를 주는 일이 없도록 할 것

(2) 일시정지하여야 하는 경우 ★

1) 어린이가 보호자 없이 도로를 횡단하는 때, 어린이가 도로에 앉아 있거나 서 있을 때 또는 어린이가 도로에서 놀이를 할 때 등 어린이에 대한 교통사고의 위험이 있는 것을 발견한 경우

2) 앞을 보지 못하는 사람이 흰색 지팡이를 가지거나 장애인보조견을 동반하는 등의 조치를 하고 도로를 횡단하고 있는 경우

3) 지하도나 육교 등 도로 횡단시설을 이용할 수 없는 지체장애인이나 노인 등이 도로를 횡단하고 있는 경우

(3) 창유리의 투과율

1) **운전이 금지되는 자동차 창유리**(앞면, 좌우 옆면)**가시광선 투과율의 기준**

① **앞면 창유리** : 70% 미만

② **운전석 좌우 옆면 창유리** : 40% 미만

2) 요인(要人) 경호용, 구급용 및 장의용(葬儀用) 자동차는 투과율을 적용하지 않는다.

(4) 적합하지 않은 장치(자율주행자동차의 신기술을 위한 장치를 장착하는 경우는 제외)

1) 교통단속용 장비의 기능을 방해하는 장치를 한 차

2) **그 밖에 안전운전에 지장을 줄 수 있는 장치**(행정안전부령이 정하는 기준에 적합하지 아니한 장치)

① 경찰관서에서 사용하는 무전기와 동일한 주파수의 무전기

② 긴급자동차가 아닌 자동차에 부착된 경광등, 사이렌 또는 비상등

③ 자동차 및 자동차부품의 성능과 기준에 관한 규칙에서 정하지 아니한 것으로서 안전운전에 현저히 장애가 될 정도의 장치

(5) 도로에서의 시비·다툼

도로에서 자동차등 또는 노면전차를 세워둔 채 시비·다툼 등의 행위를 하여 다른 차마의 통행을 방해하지 아니할 것

(6) 운전석 이탈 시 잠금장치 작동

운전자가 운전석을 떠나는 경우에는 원동기를 끄고 제동장치를 철저하게 작동시키는 등 차의 정지 상태를 안전하게 유지하고 다른 사람이 함부로 운전하지 못하도록 필요한 조치를 할 것

(7) 안전확인 후 하차

운전자는 안전을 확인하지 아니하고 차 또는 노면전차의 문을 열거나 내려서는 아니 되며, 동승자가 교통의 위험을 일으키지 아니하도록 필요한 조치를 할 것

(8) 타인에 피해를 주는 소음발생행위 금지

1) 자동차등을 급히 출발시키거나 속도를 급격히 높이는 행위

2) 자동차등의 원동기의 동력을 차의 바퀴에 전달시키지 아니하고 원동기의 회전수를 증가시키는 행위

3) 반복적이거나 연속적으로 경음기를 울리는 행위

(9) 차내 소란행위 단속

운전자는 승객이 차 안에서 안전운전에 현저히 장해가 될 정도로 춤을 추는 등 소란행위를 하도록 내버려두고 차를 운행하지 아니할 것

(10) 운전 중 휴대용 전화(자동차용 전화를 포함) 사용금지의 예외 ★

1) **자동차 등이 정지**하고 있는 경우

2) **긴급자동차를 운전**하는 경우

3) 범죄 및 재해 신고 등 **긴급한 필요**가 있는 경우

4) 안전운전에 장애를 주지 아니하는 장치로서 **손으로 잡지 아니하고도 휴대용 전화**(자동차용 전화를 포함)를 사용할 수 있도록 해 주는 장치를 이용하는 경우

(11) 영상표시장치 ★

운전 중에는 방송 등 영상물을 수신하거나 재생하는 장치를 통하여 **운전자가 운전 중 볼 수 있는 위치에 영상이 표시되지 않도록** 해야 한다(다만, 정지하고 있는 경우나 지리·교통정보안내 영상운전 시 전후좌우를 볼 수 있도록 하는 영상은 제외).

(12) 운전 중 영상표시장치의 작동금지

자동차 등의 운전 중(자동차 등이 정지하고 있는 경우는 제외)에는 영상표시장치를 조작하지 아니할 것

(13) 그 밖에 시·도경찰청장이 지정·공고한 사항에 따를 것

❸ 특정 운전자의 준수사항(제50조, 규칙 제31조)

(1) 운전자와 동승자의 좌석안전띠를 맬 의무

1) 자동차(이륜자동차는 제외)의 운전자는 자동차를 운전하는 때에는 좌석안전띠를 매어야 한다.

2) 그 옆 좌석의 동승자에게도 좌석안전띠(영유아인 경우에는 유아보호용 장구를 장착한 후의 좌석안전띠)를 매도록 하여야 한다.

3) 좌석안전띠를 매지 아니하거나 동승자에게 좌석안전띠를 매도록 하지 않아도 되는 경우 ★

① 경호 등을 위한 경찰용자동차에 의하여 호위되거나 유도되고 있는 자동차를 운전하거나 승차하는 때

② 부상·질병·장애 또는 임신 등으로 인하여 좌석안전띠의 착용이 적당하지 아니하다고 인정되는 자가 자동차를 운전하거나 승차하는 때

③ 자동차를 후진시키기 위하여 운전하는 때

④ 신장·비만, 그 밖의 신체의 상태에 의하여 좌석안전띠의 착용이 적당하지 아니한 자가 자동차를 운전하거나 승차하는 때

⑤ 긴급자동차가 본래의 용도로 운행되는 때

⑥ 국민투표운동·선거운동 및 국민투표·선거관리 업무에 사용되는 자동차를 운전하거나 승차하는 때

⑦ 우편물 집배, 폐기물 수집 등 빈번히 승강하는 것을 필요로 하는 업무에 종사하는 자가 해당 업무를 위하여 자동차를 운전하거나 승차하는 때

⑧ 여객자동차운송사업용 자동차의 운전자가 승객의 주취·약물복용 등으로 좌석안전띠를 매도록 할 수 없거나 착용을 안내하였음에도 승객이 착용하지 않은 때

(2) 운송사업용자동차 운전자의 금지사항(3)은 사업용 승합자동차의 운전자에 한정)

1) 운행기록계가 설치되어 있지 아니하거나 고장 등으로 사용할 수 없는 운행기록계가 설치된 자동차를 운전하는 행위

2) 운행기록계를 원래의 목적대로 사용하지 아니하고 자동차를 운전하는 행위

3) 승차를 거부하는 행위

❹ 어린이통학버스(제51조~제53조의3, 영 제31조)

(1) 어린이통학버스의 특별보호 ★★

1) 어린이통학버스가 도로에 정차하여 어린이나 영유아가 타고 내리는 중임을 표시하는 점멸등 등의 장치를 작동 중일 때 : 어린이통학버스가 정차한 차로와 그 차로의 **바로 옆 차로로 통행하는 차의 운전자**는 **어린이통학버스에 이르기 전에 일시정지**하여 안전을 확인한 후 서행하여야 한다.

2) 1)의 경우 중앙선이 설치되지 아니한 도로와 편도 1차로 인 도로에서는 반대방향에서 진행하는 차의 운전자 : 어린이통학버스에 이르기 전에 일시정지하여 안전을 확인한 후 서행하여야 한다.

3) 모든 차의 운전자 : 어린이나 영유아를 태우고 있다는 **표시를 한 상태로 도로를 통행하는 어린이통학버스를 앞지르지 못한다.**

(2) 어린이통학버스로 신고하여 사용가능한 자동차

1) 어린이통학버스를 운영하려는 자는 미리 관할 경찰서장에게 신고하고 신고증명서를 발급받아야 하며, 발급받은 신고증명서를 어린이통학버스 안에 항상 갖추어야 한다.

2) 승차정원 9인승 이상의 자동차에 한하되, 그 자동

차는 도색·표지, 보험가입, 소유관계 등 대통령령으로 정하는 요건을 갖추어야 한다(여객자동차 운수사업법 제4조 제3항에 따른 한정면허를 받아 어린이를 여객대상으로 하여 운행되는 운송사업용 자동차는 제외).

(3) 어린이통학버스 운전자 및 운영자 등의 의무사항

1) 점멸등의 작동 등

① 어린이나 영유아가 타고 내리는 경우에만 점멸등 등의 장치를 작동하여야 한다.

② 어린이나 영유아를 태우고 운행 중인 경우에만 어린이 또는 영유아를 태우고 운행 중임을 표시하여야 한다.

2) 어린이 통학버스를 운전하는 사람

① 어린이나 영유아가 어린이 통학버스를 탈 때에는 승차한 모든 어린이나 영유아가 좌석안전띠(어린이나 영유아의 신체구조에 따라 적합하게 조절될 수 있는 안전띠)를 매도록 한 후에 출발하여야 한다.

② 내릴 때에는 보도나 길가장자리구역 등 자동차로부터 안전한 장소에 도착한 것을 확인한 후에 출발하여야 한다.

3) 어린이통학버스를 운영하는 자

① 어린이통학버스에 어린이나 영유아를 태울 때에는 성년인 사람 중 어린이통학버스를 운영하는 자가 지명한 보호자를 함께 태우고 운행하여야 한다.

② 동승한 보호자는 어린이나 영유아가 승차 또는 하차하는 때에는 자동차에서 내려서 어린이나 영유아가 안전하게 승하차하는 것을 확인하고 운행 중에는 어린이나 영유아가 좌석에 앉아 좌석안전띠를 매고 있도록 하는 등 어린이 보호에 필요한 조치를 하여야 한다.

4) 어린이 통학버스를 운영하는 자는 좌석안전띠 착용 및 **보호자 동승 확인 기록**(안전운행기록)**을 작성·보관**하고 매 분기 어린이 통학버스를 운영하는 시설을 감독하는 주무기관의 장에게 안전운행기록을 제출하여야 한다.

❺ 사고발생 시의 조치(제54조, 영 제32조)

(1) 사상자 구호 등 필요한 조치

차 또는 노면전차의 운전 등 교통으로 인하여 사람을 사상하거나 물건을 손괴한 경우(이하 '교통사고')에는 그 차의 운전자나 그 밖의 승무원은 즉시 정차하여 다음의 각 조치를 하여야 한다.

1) 사상자를 구호하는 등 필요한 조치

2) 피해자에게 인적사항(성명·전화번호·주소등)을 제공하여야 한다.

(2) 교통사고 발생내용 신고의무 ★

1) 교통사고가 발생한 차의 운전자나 그 밖의 승무원의 신고 : 경찰공무원이 현장에 있을 때에는 그 경찰공무원에게, 경찰공무원이 현장에 없을 때에는 가장 가까운 국가경찰관서(지구대·파출소 및 출장소를 포함)에 다음의 사항을 지체없이 신고하여야 한다.

① 사고가 일어난 곳

② 사상자 수 및 부상 정도

③ 손괴한 물건 및 손괴 정도

④ 그 밖의 조치사항 등

2) 예외 : 운행 중인 차만 손괴된 것이 분명하고 도로에서의 위험방지와 원활한 소통을 위하여 필요한 조치를 한 경우에는 그렇지 않다.

(3) 운전자나 승무원에 대한 대기명령

교통사고 신고를 받은 국가경찰관서의 경찰공무원은 부상자의 구호와 그 밖의 교통위험방지를 위하여 필요하다고 인정하면 경찰공무원(자치경찰공무원은 제외)이 현장에 도착할 때까지 신고한 운전자나 그 밖의 승무원에게 현장에서 대기할 것을 명할 수 있다.

(4) 필요한 조사 실시

1) 경찰공무원(자치경찰공무원은 제외)은 교통사고가 발생한 경우에는 대통령령으로 정하는 바에 따라 필요한 조사를 하여야 한다.

2) 사람이 사망하거나 상해를 입지 않은 교통사고로서 법령상 공소를 제기할 수 없는 경우 : ⑤~⑦까지의 사항에 대한 조사는 생략할 수 있다.

① 교통사고 발생일시 및 장소

② 교통사고 피해상황

③ 교통사고 관련자, 차량등록 및 보험가입 여부

④ 운전면허의 유효 여부, 술에 취하거나 약물을 투여한 상태에서의 운전 여부 및 부상자에 대한 구호조치 등 필요한 조치의 이행 여부

⑤ 운전자의 과실 유무

⑥ 교통사고 현장상황

⑦ 그 밖에 차량 또는 교통안전시설의 결함 등 교통사고 유발요인 및 운행기록장치 등 증거의 수집 등과 관련하여 필요한 사항

⑥ 사고발생 시 조치에 대한 방해의 금지

교통사고가 일어난 경우에는 누구든지 제54조(사고발생 시의 조치)에 따른 운전자 등의 조치 또는 신고행위를 방해하여서는 안 된다.

04 고속도로 운행과 교통안전

❶ 고속도로 및 자동차전용도로에서의 특례

(1) 갓길 통행금지 등(제60조, 규칙 제39조)

1) 갓길통행 금지

① 자동차의 운전자는 부득이한 사정이 있는 경우를 제외하고는 행정안전부령으로 정하는 차로에 따라 통행하여야 하며, 갓길(도로법에 따른 길어깨를 말함)로 통행하여서는 아니 된다.

② 긴급자동차와 고속도로 등의 보수·유지 등의 작업을 하는 자동차를 운전하는 경우와 차량정체 시 신호기 또는 경찰공무원등의 신호나 지시에 따라 갓길에서 자동차를 운전하는 경우에는 갓길통행이 가능하다.

2) 앞지르기 : 자동차의 운전자는 고속도로에서 다른 차를 앞지르려면 방향지시기, 등화 또는 경음기를 사용하여 지정한 차로로 안전하게 통행하여야 한다.

(2) 횡단·통행 등의 금지 등(제62조 ~ 제63조)

1) 횡단, 유턴 또는 후진의 금지

① **원칙** : 자동차의 운전자는 그 차를 운전하여 고속도로 또는 자동차전용도로를 횡단하거나

유턴 또는 후진하여서는 아니 된다.

② **예외** : 다만, 긴급자동차 또는 도로의 보수·유지 등의 작업을 하는 자동차 가운데 고속도로 또는 자동차전용도로에서의 위험을 방지·제거하거나 교통사고에 대한 응급조치작업을 위한 자동차로서 그 목적을 위하여 반드시 필요한 경우에는 그렇지 않다.

2) **자동차**(이륜자동차는 긴급자동차만 해당) **외의 차마의 운전자 또는 보행자** : 고속도로 또는 자동차전용도로를 통행하거나 횡단하여서는 아니 된다.

(3) 고속도로 등에서의 정차 및 주차의 금지(제64조)

1) **원칙** : 고속도로 또는 자동차전용도로에서 차를 정차하거나 주차시켜서는 아니 된다.

2) **예외** : 고속도로 또는 자동차전용도로에서 차를 정차 또는 주차시킬 수 있는 경우 ★

① 법령의 규정 또는 경찰공무원(자치경찰공무원은 제외)의 지시에 따르거나 위험을 방지하기 위하여 일시 정차 또는 주차

② 정차 또는 주차할 수 있도록 안전표지를 설치한 곳이나 정류장에서 정차 또는 주차시키는 경우

③ 고장이나 그 밖의 부득이한 사유로 길가장자리 구역(갓길을 포함)에 정차 또는 주차

④ 통행료를 내기 위하여 통행료를 받는 곳에서 정차하는 경우

⑤ 도로의 관리자가 고속도로 또는 자동차전용도로를 보수·유지 또는 순회하기 위하여 정차 또는 주차시키는 경우

⑥ 경찰용 긴급자동차가 고속도로 또는 자동차전용도로에서 범죄수사, 교통단속이나 그 밖의 경찰임무를 수행하기 위하여 정차 또는 주차시키는 경우

⑦ 소방차가 고속도로등에서 화재진압 및 인명 구조·구급 등 소방활동, 소방지원활동 및 생활안전활동을 수행하기 위하여 정차 또는 주차시키는 경우

⑧ 경찰용 긴급자동차 및 소방차를 제외한 긴급자동차가 사용 목적을 달성하기 위하여 정차 또는 주차시키는 경우

⑨ 교통이 밀리거나 그 밖의 부득이한 사유로 움직일 수 없을 때에 고속도로 또는 자동차전용도로의 차로에 일시 정차 또는 주차시키는 경우

(4) 고장 등의 조치(제66조, 규칙 제40조) ★

1) **고장자동차의 표지 설치** : 자동차의 운전자는 고장이나 그 밖의 사유로 고속도로 등에서 자동차를 운행할 수 없게 되었을 때에는 고장자동차의 표지를 설치하여야 한다.

2) 위의 고장자동차를 고속도로등(고속도로 또는 자동차전용도로)이 아닌 다른 곳으로 옮겨 놓는 등의 필요한 조치를 하여야 한다.

3) **자동차의 운전자는 고장자동차의 표지를 설치하는 경우** : 그 자동차의 **후방에서 접근하는 자동차의 운전자가 확인할 수 있는 위치**에 설치하여야 한다.

4) **야간** : 고장자동차의 표지와 함께 사방 500m 지점에서 식별할 수 있는 적색의 섬광신호·전기제등 또는 불꽃신호를 추가로 설치하여야 한다.

(5) 운전자의 고속도로 등에서의 준수사항(제67조, 규칙 제41조)

고속도로 등을 운행하는 자동차의 운전자는 교통의 안전과 원활한 소통을 확보하기 위하여 **고장자동차의 표지를 항상 비치**하며, 고장이나 그 밖의 부득이한 사유로 자동차를 운행할 수 없게 되었을 때에는 자동차를 도로의 우측 가장자리에 정지시키고 행정안전부령으로 정하는 바에 따라 그 표지를 설치하여야 한다.

② 특별교통안전교육 ★

(1) 특별교통안전 의무교육(제73조, 영 제38조)

1) **특별교통안전 의무교육을 받아야 할 사람**

① <u>운전면허 취소처분을 받은 사람으로서 운전면허를 다시 받으려는 사람</u>(아래는 ㉠과 ㉡은 제외)

㉠ 적성검사를 받지 아니하거나 그 적성검사에 불합격한 경우

㉡ 운전면허를 받은 사람이 자신의 운전면허를 실효(失效)시킬 목적으로 시·도경찰청장에게 자진하여 운전면허를 반납하는 경우(단, 실효시키려는 운전면허가 취소처분 또는 정지처분의 대상이거나 효력정지 기간 중인 경우는 제외)

② 술에 취한 상태에서의 운전, 공동위험행위, 난

폭운전, 운전 중 고의 또는 과실로 교통사고를 일으킨 경우, 자동차 등을 이용하여 특수상해, 특수폭행, 특수협박 또는 특수손괴를 위반하는 행위에 해당하여 운전면허효력 정지처분을 받게 되거나 받은 사람으로서 그 정지기간이 끝나지 아니한 사람

③ 운전면허 취소처분 또는 운전면허효력 정지처분이 면제된 사람으로서 면제된 날부터 1개월이 지나지 아니한 사람

④ 운전면허효력 정지처분을 받게 되거나 받은 초보운전자로서 그 정지기간이 끝나지 아니한 사람

(2) 특별교통안전 권장교육(제73조, 영 제38조)

1) 권장교육의 대상자 : 다음의 어느 하나에 해당하는 사람이 시·도경찰청장에게 신청하는 경우에는 대통령령으로 정하는 바에 따라 특별교통안전 권장교육을 받을 수 있다. → 이 경우 권장교육을 받기 전 1년 이내에 해당 교육을 받지 아니한 사람에 한정한다. ★

① 교통법규 위반 등 ❷ (1) 1) ② 및 ④ 외의 사유로 인하여 운전면허효력 정지처분을 받게 되거나 받은 사람

② 교통법규 위반 등으로 인하여 운전면허효력 정지처분을 받을 가능성이 있는 사람

③ ❷ (1) 1) ②~④에 해당하여 특별교통안전 의무교육을 받은 사람

④ 운전면허를 받은 사람 중 교육을 받으려는 날에 65세 이상인 사람

2) 특별교통안전 의무교육과 특별교통안전 권장교육의 내용 : 다음의 사항에 대하여 강의·시청각교육 또는 현장체험교육 등의 방법으로 <u>3시간 이상 48시간 이하</u>로 각각 실시한다.

① 교통질서

② 교통사고와 그 예방

③ 안전운전의 기초

④ 교통법규와 안전

⑤ 운전면허 및 자동차관리

⑥ 그외 교통안전의 확보를 위하여 필요한 사항

3) 75세 이상인 사람으로서 운전면허를 받으려는 사

람은 시험에 응시하기 전에, **운전면허 갱신일에 75세 이상인 사람**은 운전면허증 갱신기간 이내에 교통안전교육을 받아야 한다.

4) 특별교통안전 의무교육 및 특별교통안전 권장교육(이하 특별교통안전교육)은 도로교통공단에서 실시한다.

05 운전면허 및 범칙금

❶ 운전면허 종별 운전할 수 있는 차의 종류

(1) 제1종 대형면허

1) 승용자동차, 승합자동차, 화물자동차

2) 건설기계

① 덤프트럭, 아스팔트살포기, 노상안정기

② 콘크리트믹서트럭, 콘크리트펌프, 천공기(트럭적재식)

③ 콘크리트믹서트레일러, 아스팔트콘크리트재생기

④ 도로보수트럭, 3톤 미만의 지게차

3) 특수자동차[대형·소형견인차 및 구난차는 제외]

4) 원동기장치자전거

(2) 제1종 보통면허 ★

1) 승용자동차

2) 원동기장치자전거

3) 승차정원 15인 이하의 승합자동차

4) 적재중량 12톤 미만의 화물자동차

5) 건설기계(도로를 운행하는 3톤 미만의 지게차에 한정)

6) 총중량 10톤 미만의 특수자동차(구난차 등은 제외)

✿ **두문자** : 오승이화삼지영특(오승이와 이화가 삼지로 약속하고 영특한 아들을 낳았다.)

(3) 제2종 보통면허 ★

1) 승용자동차

2) 원동기장치자전거

3) 승차정원 10인 이하의 승합자동차

4) 적재중량 4톤 이하 화물자동차

5) 총중량 3.5톤 이하의 특수자동차(구난차 등은 제외)

+ STUDY 운전면허를 받을 수 없는 사람(제82조)

❶ 18세 미만인 사람

❷ **교통상의 위험과 장해를 일으킬 수 있는 정신질환자 또는 뇌전증 환자** : 치매, 조현병, 조현정동장애, 양극성 정동장애(조울병), 재발성 우울장애 등의 정신질환 또는 정신발육지연, 뇌전증 등으로 인하여 정상적인 운전을 할 수 없다고 해당 분야 전문의가 인정하는 사람

❸ **듣지 못하는 사람**(제1종 운전면허 중 대형면허 · 특수면허만 해당), **앞을 보지 못하는 사람**(한쪽 눈만 보지 못하는 사람의 경우에는 제1종 운전면허 중 대형면허 · 특수면허만 해당)**이나 다리, 머리, 척추, 그 밖의 신체의 장애로 인하여 앉아 있을 수 없는 사람** → 다만, 신체장애 정도에 적합하게 제작 · 승인된 자동차를 사용하여 정상적인 운전을 할 수 있는 경우는 제외

❹ **양쪽 팔의 팔꿈치관절 이상을 잃은 사람이나 양쪽 팔을 전혀 쓸 수 없는 사람** → 다만, 본인의 신체장애 정도에 적합하게 제작된 자동차를 이용하여 정상적인 운전을 할 수 있는 경우에는 그렇지 않다.

❺ **마약 · 대마, 향정신성의약품 또는 알코올 중독자** : 마약 · 대마 · 향정신성의약품 또는 알코올 관련 장애 등으로 인하여 정상적인 운전을 할 수 없다고 해당 분야 전문의가 인정하는 사람

❻ **제종 대형면허 또는 제종 특수면허를 받으려는 경우** : 19세 미만이거나 자동차(이륜자동차는 제외)의 운전경험이 1년 미만인 사람

❷ 자동차 운전에 필요한 적성의 기준(영 제45조)

(1) **시력**(교정시력을 포함) ★

1) **제종 운전면허** : 두 눈을 동시에 뜨고 잰 시력이 0.8 이상이고 두 눈의 시력이 각각 0.5 이상일 것[다만, 한쪽 눈을 보지 못하는 사람이 보통면허를 취득하려는 경우에는 다른 쪽 눈의 시력이 0.8 이상이고, 수평시야가 120도 이상이며, 수직시야가 20도 이상이고, 중심시야 20도 내 암점(暗點) 또는 반맹(半盲)이 없어야 함.]

2) **제2종 운전면허** : 두 눈을 동시에 뜨고 잰 시력이 0.5 이상일 것. **다만,** 한쪽 눈을 보지 못하는 사람은 **다른 쪽 눈의 시력이 0.6 이상일 것**

(2) **붉은색 · 녹색 및 노란색을 구별할 수 있을 것** ★

(3) **55데시벨**(보청기를 사용하는 사람은 40데시벨)**의 소리를 들을 수 있을 것** : 제1종 운전면허 중 대형면허 또는 특수면허를 취득하려는 경우에만 적용한다.

(4) **정상적인 운전을 할 수 없는 신체상 · 정신상 장애** : 조향장치나 그 밖의 장치를 뜻대로 조작할 수 없는 등 정상적인 운전을 할 수 없다고 인정되는 신체상 또는 정신상의 장애가 없을 것. → 다만, 보조수단이나 신체장애 정도에 따라 적합하게 제작 · 승인된 자동차를 사용하여 정상적인 운전을 할 수 있다고 인정되는 경우에는 그렇지 않다.

+ STUDY 운전면허취득 응시기간의 제한

다음에 해당하는 사람은 규정된 기간이 지나지 아니하면 운전면허를 받을 수 없다.

❶ **운전면허가 취소된 날**(무면허운전 금지 등을 위반한 경우 그 위반한 날)**부터 5년**

(1) 음주운전 금지, 과로 · 질병 · 약물의 영향과 그 밖의 사유로 정상적으로 운전하지 못할 우려가 있는 상태에서 운전금지, 공동위험행위의 금지 규정(무면허금지 등 위반 포함)을 위반하여 **사람을 사상한 후 구호조치 및 사고발생에 따른 신고를 하지 아니한 경우**

(2) **음주운전금지**를 위반(무면허운전금지 등 위반 포함)하여 운전을 하다가 사람을 **사망**에 이르게 한 경우

❷ **운전면허가 취소된 날부터 4년** : 무면허운전 금지 등, 음주운전 금지, 과로한 때의 운전금지, 공동위험행위의 금지 규정에 따른 **사유가 아닌 다른 사유로** 사람을 사상한 후 **사상자 구호조치 및 사고발생에 따른 신고의무를** 하지 않은 경우

❸ **운전면허가 취소된 날부터 3년** : 음주운전 또는 경찰공무원의 음주측정을 위반하여 운전을 하다가 2회 이상 교통사고를 일으킨 경우

❹ **그 위반한 날부터 3년** : 자동차 및 원동기장치자전거를 이용하여 범죄행위를 하거나 다른 사람의 자동차 및 원동기장치자전거를 훔치거나 빼앗은 사람이 **무면허운전 금지 규정을 위반**하여 그 자동차 및 원동기장치자전거를 운전한 경우

❺ **운전면허가 취소된 날부터 2년**(무면허운전금지 등을 위반한 경우 위반한 날부터 2년)

(1) 음주운전 또는 경찰공무원의 **음주측정을 2회 이상 위반**(무면허운전금지 등 포함)

(2) 음주운전 또는 경찰공무원의 음주측정을 위반(무면허운전금지 등을 위반 포함)하여 **교통사고를 일으킨 경우**

(3) **공동위험행위의 금지**를 2회 이상 위반(무면허운전금지 등 위반 포함)한 경우

(4) 운전면허를 받을 자격이 없는 사람이 운전면허를 받거나, 거짓이나 그 밖의 부정한 수단으로 운전면허를 받은 경우 또는 운전면허효력의 정지기간 중 운전면허증 또는 운전면허증을 갈음하는 증명서를 발급받은 사실이 드러난 경우

(5) 다른 사람의 자동차 등을 훔치거나 빼앗은 경우

(6) 다른 사람이 부정하게 운전면허를 받도록 하기 위하여 운전면허시험에 대신 응시한 경우

❻ **그 위반한 날부터 2년** : 무면허운전 금지규정을 3회 이상 위반하여 자동차를 운전한 경우

❼ **그 위반한 날부터 1년** : 무면허운전 등의 금지 또는 운전면허를 받을 수 없는 기간 동안 운전금지, 공동위험행위의 금지를 위반하여 자동차 및 원동기를 운전한 경우(다만, 사람을 사상한 후 필요한 조치 및 신고를 하지 아니한 경우에는 그 위반한 날부터 5년)

❽ **운전면허가 취소된 날부터 1년**

(1) (1)에서 (7)의 규정이 아닌 사유로 운전면허가 취소된 경우 운전면허가 취소된 날부터 1년간 운전면허를 받을 수 없다.

(2) **예외** : 적성검사를 받지 아니하여 운전면허가 취소된 경우에는 응시가 가능하다.

❖ 운전면허효력 정지처분을 받고 있는 경우에는 그 정지기간 동안 응시가 제한된다.

---

❸ 운전면허의 정지 · 취소처분 기준 (규칙 제91조)

(1) 벌점의 종합관리

1) **누산점수의 관리** : 법규위반 또는 교통사고로 인한 벌점은 행정처분기준을 적용하고자 하는 당해 위반 또는 사고가 있었던 날을 기준으로 하여 **과거 3년간의 모든 벌점을 누산하여 관리**한다.

2) **무위반 · 무사고기간 경과로 인한 벌점 소멸** : 처분벌점이 40점 미만인 경우에, 최종의 위반일 또는 사고일로부터 위반 및 사고 없이 1년이 경과한 때 그 처분벌점은 소멸한다.

3) 벌점 공제

① **인적 피해 있는 교통사고를 야기하고 도주한 차량의 운전자를 검거하거나 신고하여 검거하게 한 운전자**(교통사고의 피해자가 아닌 경우로 한정) : 검거 또는 신고할 때마다 40점의 특혜점수를 부여한다.

② **경찰청장이 정하여 고시하는 바에 따라 무위반 · 무사고 서약을 하고 1년간 이를 실천한 운전자** : 실천할 때마다 10점의 특혜점수를 부여한다.

③ **개별기준 적용에 있어서의 벌점 합산**(법규위반으로 교통사고 야기) : 법규위반으로 교통사고를 야기한 때에는 **정지처분 개별기준 중 다음의 각 벌점을 모두 합산**한다.

ㄱ 도로교통법이나 이 법에 의한 명령을 위반한 때(사고의 원인이 된 법규위반이 둘 이상인 경우에는 그 중 중한 것 하나만 적용)

ㄴ 교통사고를 일으킨 때 사고결과에 따른 벌점과 조치 등 불이행에 따른 벌점

(2) 벌점 등 초과로 인한 운전면허의 취소 · 정지

1) **벌점 · 누산점수 초과로 인한 면허 취소** : 1회의 위반 · 사고로 인한 벌점 또는 연간 누산점수가 다음 표의 벌점 또는 누산점수에 도달한 때에는 그 운전면허를 취소한다.

기 간	벌점 또는 누산점수
1년간	121점 이상
2년간	201점 이상
3년간	271점 이상

2) **벌점 · 처분벌점 초과로 인한 면허 정지** : 운전면허 정지처분은 1회의 위반 · 사고로 인한 벌점 또는 처분벌점이 40점 이상이 된 때부터 결정하여 집행하되, 원칙적으로 1점을 1일로 계산하여 집행한다.

(3) 취소처분 개별기준 ★

1) **교통사고를 일으키고 구호조치를 하지 아니한 때** : 교통사고로 사람을 죽게 하거나 다치게 하고, 구호조치를 하지 아니한 때

2) **술에 취한 상태에서 운전한 때**

① 술에 취한 상태의 기준(혈중알코올농도 0.03% 이상)을 넘어서 운전을 하다가 교통사고로 사람을

죽게 하거나 다치게 한 때

② **술에 만취한 상태**(혈중알코올농도 0.08% 이상)에서 운전한 때

③ 2회 이상 술에 취한 상태의 기준을 넘어 운전하거나 술에 취한 상태의 측정에 불응한 사람이 다시 술에 취한 상태(혈중알코올농도 0.03% 이상)에서 운전한 때

3) **술에 취한 상태에서 측정에 불응한 때** : 술에 취한 상태에서 운전하거나 술에 취한 상태에서 운전하였다고 인정할만한 상당한 이유가 있음에도 불구하고 경찰공무원의 측정 요구에 불응한 때

4) **다른 사람에게 운전면허증 대여**(도난, 분실 제외)

① 면허증 소지자가 타인에게 면허증을 대여하여 운전하게 한 때

② 면허취득자가 다른 사람의 면허증을 대여받거나 그 밖에 부정한 방법으로 입수한 면허증으로 운전한 때

5) **결격사유에 해당**

① 교통상의 위험과 장해를 일으킬 수 있는 정신질환자 또는 뇌전증환자로서 영 제42조 제1항에 해당하는 사람

② 앞을 보지 못하는 사람(한쪽 눈만 보지 못하는 사람의 경우에는 제1종 운전면허 중 대형면허·특수면허로 한정)

③ 듣지 못하는 사람(제1종 운전면허 중 대형면허·특수면허로 한정)

④ 양 팔의 팔꿈치 관절 이상을 잃은 사람 또는 양 팔을 전혀 쓸 수 없는 사람(다만, 본인의 신체장애 정도에 적합하게 제작된 자동차를 이용하여 정상적으로 운전할 수 있는 경우에는 그렇지 않음)

⑤ 다리, 머리, 척추 그 밖의 신체장애로 인하여 앉아 있을 수 없는 사람

⑥ 교통상의 위험과 장해를 일으킬 수 있는 마약, 대마, 향정신성 의약품 또는 알코올 중독자로서 해당 분야 전문의가 정상적인 운전을 할 수 없다고 인정하는 사람

6) **약물을 사용한 상태에서 자동차 등을 운전한 때** : 약물(마약·대마·향정신성 의약품 및 「유해화학물질 관리법 시행령」에 따른 환각물질)의 투약·흡연·섭취

·주사 등으로 정상적인 운전을 하지 못할 염려가 있는 상태에서 자동차 등을 운전한 때

7) **공동위험행위** : 공동위험행위로 구속된 때(제46조제1항)

8) **난폭운전** : 난폭운전으로 구속된 때(제46조3을 위반)

9) **정기적성검사 불합격 또는 정기적성검사기간 1년 경과** : 정기적성검사에 불합격하거나 적성검사기간 만료일 다음 날부터 적성검사를 받지 아니하고 1년을 초과한 때

10) **수시적성검사 불합격 또는 수시적성검사 기간 경과** : 수시적성검사에 불합격하거나 수시적성검사 기간을 초과한 때

11) **운전면허 행정처분기간 중 운전행위**

12) 허위 또는 부정한 수단으로 운전면허를 받은 경우

13) 등록 또는 임시운행허가를 받지 아니한 자동차를 운전한 때

14) **자동차 등을 이용하여 형법상 특수상해 등을 행한 때** (보복운전) : 자동차 등을 이용하여 형법상 특수상해, 특수협박, 특수손괴를 행하여 구속된 때

15) 다른 사람을 위하여 운전면허시험에 응시한 때

16) **운전자가 단속 경찰공무원 등에 대한 폭행을 한 때** : 경찰공무원 등 및 시·군·구 공무원을 폭행하여 형사입건된 때

17) **연습면허 취소사유가 있었던 경우** : 제1종 보통 및 제2종 보통면허를 받기 이전에 연습면허의 취소사유가 있었던 때(연습면허에 대한 취소절차 진행 중 제1종 보통 및 제2종 보통면허를 받은 경우 포함)

(4) 정지처분 개별기준 ★

1) **도로교통법이나 도로교통법의 명령을 위반한 때**

위반사항	벌점
·**술에 취한 상태의 기준을 넘어서 운전한 때** (혈중알코올농도 0.03퍼센트 이상 0.08퍼센트 미만) ·**자동차 등을 이용하여 형법상 특수상해 등(보복운전)을 하여 입건된 때**	100
·속도위반(80km/h 초과 100km/h 이하)	80
·속도위반(60km/h 초과 80km/h 이하)	60

• 정차·주차위반에 대한 조치**불**응(단체에 소속되거나 다수인에 포함되어 경찰공무원의 3회 이상의 이동명령에 따르지 아니하고 교통을 방해한 경우에 한함) • **공**동위험행위로 형사입건된 때 • **안**전운전의무위반(단체에 소속되거나 다수인에 포함되어 경찰공무원의 3회 이상의 안전운전 지시에 따르지 아니하고 타인에게 위험과 장해를 주는 속도나 방법으로 운전한 경우에 한함) • 승객의 차내 **소**란행위 방치운전 • **난**폭운전으로 형사입건된 때 • 출석기간 또는 범칙금 납부기간 만료일부터 60일이 경과될 때까지 **즉**결심판을 받지 아니한 때 ✿ 두문자 : **불공안소란즉40**(불공안에서 소란(난)을 피워 즉결심판 40에 처해졌다)	40
• **회**전교차로 통과방법위반(통행방법 위반에 한정) • 속도위반(**4**0km/h 초과 60km/h 이하) • **어**린이 통학버스 특별보호 위반 • **어**린이 통학버스 운전자의 의무위반(좌석안전띠를 매도록 하지 아니한 운전자는 제외) • 고속도로 버스**전**용차로·다인승전용차로 **통**행위반 • **통**행구분 위반(중앙선 침범에 한함) • 운전면허증 등의 제시의무위반 또는 운전자 신원확인을 위한 경찰공무원의 질문에 **불**응 • **철길**건널목 통과방법위반 • 고속도로·자동차전용도로 **갓길**통행 ✿ 두문자 : **회사어어/전통불/철길갓길/30**(회사 어어가 전통불을 들고 철길갓길을 걸어 벌점 30점을 부과하였다)	30
• 신호·지시위반 • 속도위반(20km/h 초과 40km/h 이하) • 속도위반(어린이 보호구역 안에서 오전 8시부터 오후 8시까지 사이에 제한속도를 20km/h 이내에서 초과한 경우에 한정) • 앞지르기 금지시기·장소위반 • 적재 제한 위반 또는 적재물 추락 방지 위반 • 운전 중 휴대용 전화 사용 • 운전 중 운전자가 볼 수 있는 위치에 영상 표시 • 운전 중 영상표시장치 조작 • 운행기록계 미설치 자동차 운전금지 등의 위반	15
• 통행구분 위반(보도침범, 보도 횡단방법 위반) • 지정차로 통행위반(진로변경 금지장소에서의 진로변경 포함) • 일반도로 전용차로 통행위반 • 안전거리 미확보(진로변경 방법위반 포함) • 앞지르기 방법위반 • 보행자 보호 불이행(정지선위반 포함)	10

2) 자동차 등의 운전 중 교통사고를 일으킨 때

① **인적피해 교통사고**

  ㉠ **사망 1명마다** : 사고발생 시부터 72시간 이내에 사망한 때 → 벌점 90점

  ㉡ **중상 1명마다** : 3주 이상의 치료를 요하는 의사의 진단이 있는 사고 → 벌점 15점

  ㉢ **경상 1명마다** : 3주 미만 5일 이상의 치료를 요하는 의사의 진단이 있는 사고 → 벌점 5점

  ㉣ **부상신고 1명마다**(벌점 2점) : 5일 미만의 치료를 요하는 의사의 진단이 있는 사고 → 벌점 2점

② **교통사고 야기 시 조치 불이행**

  ㉠ **벌점 15점 : 교통사고를 일으킨 후** i) 도주한 때(물적피해), ii) 사상자를 구호하는 등의 조치를 하지 아니하였으나 그 후 자진신고를 한 때

  ㉡ **벌점 30점** : 고속도로, 특별시·광역시 및 시의 관할구역과 군(광역시의 군을 제외)의 관할구역 중 경찰관서가 위치하는 리 또는 동 지역에서 3시간(그 밖의 지역에서는 12시간) 이내에 자진신고를 한 때

  ㉢ **벌점 60점** : ㉡에 따른 시간 후 48시간 이내에 자진신고를 한 때

❖ 교통사고 발생 원인이 불가항력이거나 피해자의 명백한 과실인 때는 행정처분을 하지 아니한다.

❖ 자동차 등 대 사람 교통사고의 경우 쌍방과실인 때는 그 벌점을 2분의 1로 감경한다.

❖ 자동차 등 대 자동차 등 교통사고의 경우에는 그 사고원인 중 중한 위반행위를 한 운전자만 적용한다.

❖ 교통사고로 인한 벌점산정에 있어서 처분받을 운전자 본인의 피해에 대하여는 벌점을 산정하지 아니한다.

❺ 범칙행위 및 범칙금액

(1) **범칙금액**(승용자동차 등) ★★ (　　)는 승합자동차등

위반사항	범칙금
• **속도위반**(60km/h 초과) • 어린이통학버스 운전자의 의무위반(좌석 안전띠를 매지 않는 경우 제외) • 인적사항 제공의무 위반(주·정차된 차만 손괴한 것이 분명한 경우에 한정)	**12만원** (13만원)
• **속도위반**(40km/h 초과 60km/h 이하) • 어린이통학버스 특별보호 위반 • 승객의 차내 소란행위 방치 운전	**9만원** (10만원)
안전표지가 설치된 곳에서의 정차·주차 금지 위반	**8만원** (9만원)
• **철길**건널목 통과방법 위반 • 고속도로·자동차전용도로 **갓길** 통행 • 운행기록계 **미**설치 자동차운전금지 등의 위반 • **신**호·지시 위반 • 횡단보도 **보**행자 횡단방해(어린이 보호구역에서의 일시정지 위반을 포함) • **보**행자전용도로 통행 및 통행방법 위반 • 운전 중 운전자가 볼 수 있는 위치에 **영**상 표시 • 운전 중 **영**상표시장치 조작 • **앞**지르기 방법 위반 • **앞**지르기 금지시기·장소 위반 • **긴**급자동차에 대한 양보·일시정지 위반 • **긴**급한 용도나 그 밖에 허용된 사항 외에 경광등이나 사이렌 사용 • 어린이·앞을 보지 못하는 사람(**맹**인) 등의 보호위반 • 승차인원 초과·승객 또는 승하차자 **추**락방지조치위반 • **회**전교차로 통행방법 위반 • 고속도로버스**전**용차로·다인승전용차로 통행 위반 • **중**앙선 침범·통행구분 위반 • 속도위반(20km/h 초과 **4**0km/h 이하) • 운전 중 **휴**대용전화 사용 • 횡단·**유**턴·후진 위반	**6만원** (7만원)

✿ 두문자 : **철길갓길** / **미신** / **보영앞긴** / **맹추** / **회전중사** / **휴유** / **6만**[**철길갓길** 미신(美神) 보영앞 2배로 긴장한 맹추 회전중사는 한숨을 휴유하고 쉰 후 6만원을 납부하였다.!!]

→ 두문자는 6만원만 만들었습니다. 6만원이라도 확실하게 암기하시면 시험장에서 정답을 찾는데 큰 도움이 됩니다. 두문자는 그 내용을 자꾸 떠올려 암기하셔야 합니다.

위반사항	범칙금
• 돌, 유리병, 쇳조각, 그 밖에 도로에 있는 사람이나 차마를 손상시킬 우려가 있는 물건을 던지거나 발사하는 행위 • 도로를 통행하고 있는 차마에서 밖으로 물건을 던지는 행위	**5만원** (모든 차마 동일)
• 통행금지·제한 위반 • 일반도로 전용차로 통행 위반 • 고속도로·자동차전용도로 안전거리 미확보 • **앞지르기의 방해금지 위반** • **교차로 통행방법 위반** • **교차로에서의 양보운전 위반** • **회전교차로 진입·진행방법 위반** • 보행자 통행방해 또는 보호 불이행 • **정차·주차금지** 위반(안전표지가 설치된 곳에서의 정차·주차금지 위반은 제외) • **주차금지 위반** • **정차·주차방법 위반** • **정차·주차위반에 대한 조치 불응** • 적재제한위반·적재물 추락방지위반 • 영유아나 동물을 안고 운전하는 행위 • 안전운전의무 위반 • 도로에서의 시비·다툼 등으로 인한 차마의 통행방해행위 • 급발진, 급가속, 엔진 공회전 또는 반복적·연속적인 경음기 울림으로 인한 소음 발생 행위 • 고속도로 지정차로 통행 위반 • 고속도로·자동차전용도로에서 **정차·주차금지 위반** 혹은 고장 등의 조치 불이행 • 고속도로 진입 위반	**4만원** (5만원)

✿ **범칙금액 Tip** : 교차로 위반(단, 회전교차로는 6만원)이나 주·정차위반은 4만원이 대부

위반행위	승용	승합
붙이라는 것을 참고하시면 좋겠습니다. 앞지르기는 대부분 6만원(단, 앞지르기 방해금지 위반만 4만원)입니다.	**4만원**(5만원)	
• 혼잡 완화조치 위반 • 지정차로 통행위반·차로너비보다 넓은 차 통행금지 위반(진로변경금지 장소에서의 진로변경을 포함) • **속도위반(20km/h 이하)** • 진로변경방법 위반 • 급제동금지 위반 • 끼어들기금지 위반 • 서행의무 위반 • 일시정지 위반 • 방향전환·진로변경 및 회전교차로 진입·진출 시 신호 불이행 • 운전석 이탈 시 안전 확보 불이행 • 동승자 등의 안전을 위한 조치 위반 • 좌석안전띠 미착용 • 시·도경찰청 지정·공고사항 위반	**3만원**(승합자동차도 동일)	
택시의 합승(장기주차·정차하여 승객을 유치하는 경우로 한정)·**승차거부·부당요금징수행위, 최저속도 위반, 일반도로 안전거리 미확보, 등화점등·조작불이행**(안개가 끼거나 비 또는 눈이 올 때는 제외), **불법부착장치 차 운전**(교통단속용 장비의 기능을 방해하는 차의 운전은 제외), **사업용 승합자동차의 승차거부**	**2만원**(승합자동차도 동일)	

(2) 어린이보호구역 및 노인장애인보호구역의 과태료 부과기준[승용자동차등 기준 ( )는 승합차등차] ★★★

위반행위 및 범칙금액	과태료 금액	범칙 금액
1. 신호·지시 위반	**13만원**(14)	**12만원**(13) 6만원(일반구역)
2. 횡단보도 보행자 횡단 방해	×	
3. 속도위반		
• 60km/h 초과	**16만원**(17)	**15만원**(16) 12(일반구역)
• 40km/h 초과 60km/h 이하	**13만원**(14)	**12만원**(13) 9(일반구역)
• 20km/h 초과 40km/h 이하	**10만원**(11)	**9만원**(10) 6(일반구역)
• 20km/h 이하	**7만원**(동일)	**6만원**(동일) 3(일반구역)

위반행위 및 범칙금액	과태료 금액	범칙 금액
4. 정차·주차 금지 위반		4(일반구역)
• 어린이보호구역의 위반	**12만원**(13)	**12만원**
• 노인·장애인보호구역의 위반	**8만원**(9)	**8만원**(9)
5. 주차 금지 위반		4(일반구역)
• 어린이보호구역		**12만원**
• 노인·장애인보호구역		**8만원**
6. 정차·주차방법 위반		4(일반구역)
• 어린이보호구역		**12만원**
• 노인·장애인보호구역		**8만원**
7. 정차·주차위반에 대한 조치 불응		4(일반구역)
• 어린이보호구역		**12만원**
• 노인·장애인보호구역		**8만원**(9)

1. **승합자동차등**(승합자동차, 4톤 초과 화물자동차, 특수자동차, 건설기계 및 노면전차)
2. **승용자동차등**(승용자동차 및 4톤 이하 화물자동차)

✿ **속도위반 암기법** : 승용차의 범칙금 15만원 을 기준으로 속도가 낮아짐에 따라 3만원씩, 차감하면 됩니다. 범칙금의 기준금액만 확실하게 암기하시길 바랍니다. 그리고 범칙금 금액에서 1만원을 더하면 과태료 금액이 되고, 3을 차감하면 일반 범칙금액이 됩니다.

✿ **과태료와 범칙금의 개념** : 과태료는 운전자가 아닌 '차량의 소유주(혹은 고용주)'에게 부과되는 금액으로 기한 내에 납부하지 않으면 가산금이 부과됩니다. 그래도 계속 납부하지 않으면 압류처분을 합니다. 하지만, 과태료를 내면 따로 처벌이나 불이익이 없으므로 벌점이 따로 부과되지 않습니다(과속 카메라 등 기계적 단속장비로 적발). 범칙금은 '운전자'에게 부과되는 벌금으로 벌점도 함께 부과됩니다(보통 단속 경찰관이 직접 적발).

06 안전표지

❶ 안전표지(규칙 제8조, 별표 6)의 총론

(1) 개념

안전표지란 도로교통의 안전을 위하여 각종 주의·규제·지시 또는 보조사항을 표지판이나 도로의 노면에 표시하는 기호·문자 또는 선으로 도로사용자에게 알리는 표지를 말한다.

(2) 안전표지의 설치 장소

1) 발광형 안전표지 설치 장소(안개 잦은 곳, 야간교통사고가 많이 발생하거나 발생가능성이 높은 곳, 도로의 구조로 인하여 가시거리가 충분히 확보되지 않은 곳 등)

2) **가변형 속도제한표지 설치 장소**(비·안개·눈 등으로 교통사고의 우려가 높은 곳, 교통혼잡이 잦은 곳 등)

❷ 안전표지(규칙 제8조) ★★★

(1) 내용

1) **안전표지의 개념** : 주의·규제·지시 등을 표시하는 **표지판**이나 도로의 바닥에 표시하는 **노면표시**를 말한다.

2) **노면표시** : 주의·규제·지시 등의 내용을 노면에 기호·문자 또는 선으로 알리는 표시이다.

3) **노면표시의 각종 선의 의미** : 점선은 허용, 실선은 제한, 복선은 의미의 강조를 나타낸다.

(2) 종류

1) **주의표지** : 도로상태가 위험하거나 도로 또는 그 부근에 위험물이 있는 경우에 필요한 안전조치를 할 수 있도록 이를 도로사용자에게 알리는 표지이다.

2) **규제표지** : 도로교통의 안전을 위하여 각종 제한·금지 등의 **규제를 하는 경우**에 이를 도로사용자에게 알리는 표지이다.

3) **지시표지** : 도로의 통행방법·통행구분 등 도로교통의 안전을 위하여 **필요한 지시**를 하는 경우에 도로사용자가 이에 따르도록 알리는 표지이다.

4) **보조표지** : 주의표지·규제표지 또는 지시표지의 주 **기능을 보충**하여 도로사용자에게 알리는 표지이다.

5) **노면표시** : 도로교통이 안전을 위하여 각종 주의·규제·지시 등의 내용을 노면에 기호·문자 또는 선으로 도로사용자에게 알리는 표지이다.

✿ 암기법 : 주의표지는 '위험', 규제표지는 '규제', 지시표지는 '지시', 보조표지는 '보충'이라는 말이 들어갑니다.

✿ 교재 가이드의 2페이지에 있는 안전표지 그림을 숙지 하세요.

(3) 노면표시의 기본색상 내용

1) **황색** : 반대방향의 교통류분리 또는 도로이용의 제한 및 지시를 말한다(중앙선표시, 노상장애물 중 도로중앙장애물표시, 주차금지표시, 정차·주차금지 표시 및 안전지대표시).

2) **청색** : 지정방향의 교통류 분리 표시를 말한다 (버스전용차로표시 및 다인승차량 전용차선표시).

3) **적색** : 어린이보호구역 또는 주거지역 안에 설치하는 속도제한표시의 테두리선에 사용한다.

4) **백색** : 동일방향의 교통류 분리 및 경계 표시

✚ STUDY **노면표시 각종 선의 의미**

❶ **도로 중앙 황색 실선**(이중실선 포함) : 넘어서는 안되는 중앙선(중앙선 침범 적용)

❷ **도로 중앙 황색 점선** : 2차선 왕복도로에 있으며 추월을 위해 잠시 넘어갈 수 있으나 되돌아가야 함

❸ **백색** : 실선(차선 변경 금지), 점선(차선 변경 가능) ★

❹ **도로 가에 있는 황색 실선** : 원칙상 주·정차 금지이나 상황에 따라 주차 허용

❺ **도로 가에 있는 황색 점선** : 정차는 가능

❻ **도로 가에 있는 황색 이중실선** : 주·정차 금지

01 처벌의 특례

❶ 총론

(1) 목적[교통사고처리특례법(이하 법명칭 생략) 제1조]

업무상과실 또는 중대한 과실로 교통사고를 일으킨 운전자에 관한 형사처벌 등의 특례를 정함으로써 **교통사고로 인한 피해의 신속한 회복을 촉진**하고 국민생활의 편익을 증진함을 목적으로 한다.

(2) 교통사고의 조건

1) 차에 의한 사고

2) 피해의 결과 발생(사람의 사상이나 물건 손괴 등)

3) 교통으로 인하여 발생한 사고

(3) 교통사고로 처리되지 않는 경우

1) 명백한 자살이라고 인정되는 경우

2) 확정적인 고의 범죄에 의해 타인을 사상하거나 물건을 손괴한 경우

3) 건조물 등이 떨어져 운전자 또는 동승자가 사상한 경우

4) 축대 등이 무너져 운행 중인 차량이 손괴되는 경우

5) 사람이 건물, 육교 등에서 추락하여 운행 중인 차량과 충돌 또는 접촉하여 사상한 경우

6) 기타 안전사고로 인정되는 경우

(4) 특례의 적용

1) **인적 · 물적 피해를 야기한 경우** : 원래는 인적피해 야기 시 형법 제268조(업무상과실 · 중과실치사상죄)를 적용하고, 물적피해 야기 시 도로교통법 제151조(과실재물손괴죄)를 적용해야 한다.

2) **교통사고처리특례법상 특례 적용** : 차의 교통으로 업무상과실치상죄 또는 중과실치상죄와 다른 사람의 건조물이나 그 밖의 재물을 손괴한 죄를 범한 운전자에 대하여는 **피해자의 명시적인 의사에 반하여 공소를 제기할 수 없다**는 의미이다.

❷ 특례 배제의 경우(특례를 배제하고 처벌하는 경우) ★

(1) 차의 운전자가 업무상과실치상죄 또는 중과실치상죄를 범하고도 피해자를 구호하는 등의 조치를 하지 아니하고 도주하거나 피해자를 사고 장소로부터 옮겨 유기하고 도주한 경우

(2) 음주운전을 하고 음주측정 요구에 따르지 아니한 경우(운전자가 채혈 측정을 요청하거나 동의한 경우는 제외)

(3) 보험 또는 공제에 가입된 경우의 특례 적용

1) **교통사고를 일으킨 차가 보험 또는 공제에 가입된 경우** : 교통사고처리특례법상의 특례적용 사고가 발생한 경우에 운전자에 대하여 공소를 제기할 수 없다.

2) **보험 또는 공제에 가입되어 있어도 공소를 제기할 수 있는 경우**(특례의 적용배제)

① '교통사고처리특례법상 **특례 적용이 배제되는 사고**'에 해당하는 경우

② 피해자가 신체의 상해로 인하여 **생명에 대한 위험이 발생하거나 불구 또는 불치나 난치**의 질병이 생긴 경우

③ 보험계약 또는 공제계약이 **무효**로 되거나 해지되거나 계약상의 **면책 규정** 등으로 인하여 보험회사, 공제조합 또는 공제사업자의 보험금 또는 공제금 **지급의무가 없어진 경우**

(4) 사고운전자가 형사처벌 대상이 되는 경우 ★★★

1) 사망사고

2) 차의 교통으로 업무상과실치상죄 또는 중과실치상죄를 범하고 피해자를 구호하는 등의 조치를 하지 아니하고 도주하거나, 피해자를 사고장소로부터 옮겨 유기하고 도주한 경우

3) 차의 교통으로 업무상과실치상죄 또는 중과실치상죄를 범하고 음주측정 요구에 불응한 경우(운전자가 채혈 측정을 요청하거나 동의한 경우는 제외)

4) 신호 · 지시 위반 사고

5) 중앙선침범 사고, 횡단, 유턴 또는 후진 중 사고

6) 과속(20km/h 초과) 사고

7) 앞지르기의 방법·금지시기·금지장소 또는 끼어들기의 금지 위반하거나 고속도로에서의 앞지르기 방법 위반 사고

8) 철길건널목 통과방법 위반 사고

9) 횡단보도에서 보행자 보호의무 위반 사고

10) 무면허 운전중 사고

11) 주취·약물복용 운전중 사고

12) 보도침범, 통행방법 위반 사고

13) 승객추락방지의무 위반 사고

14) 어린이보호구역 내 어린이 보호의무 위반 사고

15) 민사상 손해배상을 하지 않은 경우

16) 자동차의 화물이 떨어지지 아니하도록 필요한 조치를 하지 아니하고 운전한 경우

17) 중상해(생명에 대한 위협, 불구, 불치나 난치의 질병) 사고를 유발하고 형사상 합의가 안 된 경우

18) 사고운전자 가중처벌(특정범죄 가중처벌 등에 관한 법률 제5조의3, 제5조의11)

① **사고운전자가 피해자를 구호하는 등의 조치를 하지 아니하고 도주한 경우**

㉠ **피해자를 사망에 이르게 하고 도주하거나, 도주 후에 피해자가 사망한 경우** : 무기 또는 5년 이상의 징역

㉡ **피해자를 상해에 이르게 한 경우** : 1년 이상의 유기징역 또는 500만원 이상 3천만원 이하의 벌금

② **사고운전자가 피해자를 사고 장소로부터 옮겨 유기하고 도주한 경우**

㉠ **피해자를 사망에 이르게 하고 도주하거나, 도주 후에 피해자가 사망한 경우** : 사형, 무기 또는 5년 이상의 징역

㉡ **피해자를 상해에 이르게 한 경우** : 3년 이상의 유기징역

③ **위험운전 치사상의 경우**

㉠ **음주 또는 약물의 영향으로 정상적인 운전이 곤란한 상태에서 자동차**(원동기장치자전거 포함)**를 운전하여 사람을 사망에 이르게 한 경우** : 무기 또는 3년 이상의 징역

㉡ **음주 또는 약물의 영향으로 정상적인 운전이 곤란한 상태에서 자동차**(원동기장치자전거 포함)**를 운전하여 사람을 상해에 이르게 한 경우** : 1년 이상 15년 이하의 징역 또는 1천만원 이상 3천만원 이하의 벌금

02 특례 배제의 세부 유형

법 제3조(처벌의 특례) 제2항의 단서 규정에 의하여 피해자의 명시한 의사에 반하여 공소를 제기할 수 없다는 반의사불벌죄의 특례적용이 배제되는 중대 법규위반 교통사고를 좀 더 자세히 살펴보면 다음과 같다.

❶ 사망사고

(1) 사망사고 의의

1) 교통사고에 의한 사망은 교통사고가 주된 원인이 되어 교통사고 발생 시부터 **30일 이내에 사람이 사망**한 사고를 말한다.

2) 도로교통법령상 교통사고 발생 후 **72시간 내 사망하면 벌점 90점의 부과**되며, 교통사고처리특례법상 형사적 책임이 부과된다.

(2) 성립요건

1) 장소적 요건 : 모든 장소(도로교통법 : 도로상으로 한정, 교통사고처리특례법 : 모든 장소로 확대)

2) 운전자 과실

① 운전자로서 요구되는 **업무상 주의의무**를 소홀히 한 과실이다.

② 운행목적이 아닌 **작업 중 과실**이나 과실을 논할 수 없는 경우는 성립하지 않는다.

3) 피해자 요건

① 운행 중인 자동차에 충격되어 사망한 경우

② 피해자의 자살 등 고의사고는 성립하지 않는다.

❷ 도주(뺑소니) 사고

(1) 도주(뺑소니)가 성립하는 경우 ★★

1) 피해자 사상 사실을 인식하거나 **예견됨에도** 가버린 경우

2) 피해자를 사고현장에 **방치**한 채 가버린 경우

3) 현장에 도착한 경찰관에게 **거짓**으로 진술한 경우

4) 사고운전자를 **바꿔치기** 하여 신고한 경우

5) 사고운전자가 연락처를 **거짓**으로 알려준 경우

6) 피해자가 이미 사망하였다고 사체 **안치 후송 등의 조치 없이** 가버린 경우

7) 피해자를 병원까지만 후송하고 계속 치료를 받을 수 있는 **조치 없이** 가버린 경우

8) 쌍방 업무상 과실이 있는 경우에 발생한 사고로 **과실이 적은 차량이 도주한 경우**

9) 자신의 의사를 제대로 표시하지 못하는 **나이 어린 피해자**가 '괜찮다'라고 하여 조치 없이 가버린 경우

(2) 도주(뺑소니)가 아닌 경우 ★★

1) 피해자가 부상사실이 없거나 **극히 경미**하여 구호조치가 필요하지 않아 **연락처를 제공**하고 떠난 경우

2) 사고운전자가 **심한 부상을 입어 타인에게 의뢰**하여 피해자를 후송 조치한 경우

3) **사고 장소가 혼잡**하여 불가피하게 일부 진행 후 정지하고 되돌아와 조치한 경우

4) 사고운전자가 **급한 용무로 인해 동료에게 사고처리를 위임**하고 가버린 후 동료가 사고 처리한 경우

5) 피해자 일행의 **구타·폭언·폭행**이 두려워 현장을 이탈한 경우

6) 사고운전자가 **자기 차량 사고**에 대한 조치 없이 가버린 경우

❸ 신호·지시 위반 사고

(1) 신호위반 사고 사례

1) 신호가 변경되기 전에 출발하여 인적피해를 야기한 경우

2) 황색 주의신호에 교차로에 진입하여 인적피해를 야기한 경우

3) 신호내용을 위반하고 진행하여 인적피해를 야기한 경우

4) 적색 차량신호에 진행하다 정지선과 횡단보도 사이에서 보행자를 충격한 경우

(2) 지시위반 사고 사례

통행금지, 진입금지, 일시정지, 자동차통행금지의 규제표지 등을 위반한 경우

통행금지

진입금지

일시정지

(3) 성립요건

항목	내용	예외사항
장소적 요건	• 신호기가 설치되어 있는 교차로나 횡단보도 • 경찰공무원 등의 수신호 지역 • **규제표지가 설치**된 구역 (통행금지, 진입금지, 일시정지)	• 진행방향에 신호기가 설치되어 있지 않은 경우 • 신호기의 고장이나, 황색 점멸신호등의 경우 • **규제표지 외의 표지판**이 설치된 구역
피해자 요건	신호·지시위반 차량에 충돌되어 인적 피해를 입은 경우	대물피해만 입은 경우
운전자 과실	• 고의적 과실 • 의도적 과실 • 부주의에 의한 과실	• 불가항력적 과실 • 만부득이한 과실
시설물 설치 요건	특별시장·광역시장·제주특별자치도지사 또는 시장·군수(광역시의 군수 제외)가 설치한 신호기나 교통안전표지	아파트 단지 등 특정구역 내부의 소통과 안전을 목적으로 자체적으로 설치된 경우는 제외(설치권한이 없는 자가 설치)

(4) 신호·지시위반 사고에 따른 행정처분

승용자동차의 범칙금 6만원, 벌점 15점

❹ 중앙선침범 사고

(1) 중앙선침범의 한계

1) 사고의 예방목적으로 차체의 일부라도 걸치면 중앙선침범이 적용된다.

2) 피해자는 인적피해를 입은 경우에 성립한다.

(2) 중앙선 침범의 적용(현저한 부주의) ★★

1) 중앙선침범으로 형사입건되는 경우

① 커브 길에서 과속으로 인한 중앙선침범의 경우

② 빗길에서 과속으로 인한 중앙선침범의 경우

③ 졸다가 뒤늦은 제동으로 중앙선을 침범한 경우

④ 잡담 또는 통화 등의 부주의로 중앙선을 침범한 경우

2) 중앙선침범을 적용할 수 없는 경우(만부득이한 사유)

① 사고를 피하기 위해 급제동하다 중앙선을 침범한 경우

② 위험을 회피하기 위해 중앙선을 침범한 경우

③ 빙판길 또는 빗길에서 미끄러져 중앙선을 침범한 경우(제한속도 준수)

3) 중앙선 침범 사고에 따른 행정처분

① **중앙선 침범** : 승용자동차의 범칙금 6만원, 벌점 30점

② **고속도로 · 자동차전용도로 횡단 · 유턴 · 후진 위반** : 승용자동차의 범칙금 6만원

⑤ 속도위반(20km/h 초과) 과속 사고 ★★

교통사고처리특례법상의 과속이란 도로교통법상 규정된 **법정속도와 지정속도를 20㎞/h 초과**된 경우를 말한다.

항 목	내 용	예외사항
장소적 요건	도로법에 따른 도로, 유료도로법에 따른 도로, 농어촌도로 정비법에 따른 농어촌도로, 그 밖에 현실적으로 불특정 다수의 사람 또는 차마의 통행을 위하여 공개된 장소로서 안전하고 원활한 교통을 확보할 필요가 있는 장소	불특정 다수의 사람 또는 차마의 통행을 위하여 공개된 장소가 아닌 곳에서의 사고
피해자 요건	과속 차량(20km/h 초과)에 충돌되어 인적피해를 입은 경우	• 제한속도 20km/h 이하 과속차량에 충돌되어 인적피해를 입은 경우 • 제한속도 20km/h 초과 차량에 충돌되어 대물피해만 입은 경우
운전자 과실	제한속도 20km/h를 초과하여 과속으로 운행 중에 사고가 발생한 경우 등	• 제한속도 20km/h 이하로 과속하여 운행중 사고를 야기한 경우 • 제한속도 20km/h 초과하여 과속운행 중 대물피해만 입은 경우
시설물 설치요건	안전표지 중 규제표지(최고속도 제한표지), 노면표시(속도제한표시, 어린이 보호구역안 속도제한표시)	과속이 적용되지 않는 표지 • 규제표지(서행표지) • 보조표지(안전속도표지) • 노면표시(서행표시)

⑥ 앞지르기의 방법 · 금지위반 사고

(1) 앞지르기 방법 · 금지위반 사고적용 법규

1) 앞지르기 방법(도로교통법 제21조)

2) 앞지르기 금지의 시기 및 장소(도로교통법 제22조)

3) 끼어들기의 금지(도로교통법 제23조)

4) 갓길 통행금지 등(도로교통법 제60조제2항)

(2) 앞지르기 금지위반 행위 ★★

1) 앞차의 좌측에 다른 차가 앞차와 나란히 가고 있을 때 앞지르기

2) 앞차가 다른 차를 앞지르고 있거나 앞지르고자 할 때 앞지르기

3) 경찰공무원의 지시를 따르거나 위험을 방지하기 위해 정지 또는 서행하고 있는 앞차 앞지르기

4) 앞지르기 금지 장소에서의 앞지르기

5) 실선의 중앙선침범 앞지르기

6) 앞지르기 방법 위반행위

7) 앞차의 우측 앞지르기

8) 2개 차로 사이로 앞지르기

❖ 피해자는 앞지르기 방법 · 금지 위반 차량에 충돌하여 인적피해를 입은 경우에 성립한다. 대물피해만 입은 경우 성립하지 않는다.

(3) 행정처분

1) **앞지르기 방법 위반** : 승용자동차의 범칙금 6만원, 벌점 10점

2) **앞지르기 금지시기 · 장소위반** : 승용자동차의 범칙금 6만원, 벌점 15점

3) **앞지르기 방해금지 위반** : 승용자동차의 범칙금 4만원

⑦ 보행자 보호의무 위반 사고

(1) 보행자 보호의무위반 사고의 성립요건

항 목	내 용	예외사항
장소적 요건	횡단보도 내	보행신호가 적색등화일 때의 횡단보도
피해자 요건	횡단보도를 횡단하고 있는 보행자가 충돌되어 인적피해를 입은 경우	• 보행신호가 적색등화일 때 횡단을 시작한 보행자를 충돌한 경우 • 횡단보도를 건너는 것이 아니라 횡단보도 내

		에 누워 있거나, 교통정리를 하거나, 싸우고 있거나, 택시를 잡고 있거나 등 보행의 경우가 아닌 때에 충돌한 경우
운전자 과실	• 횡단보도를 건너고 있는 보행자를 충돌한 경우 • 횡단보도 전에 정지한 차량을 추돌하여 추돌된 차량이 밀려나가 보행자를 충돌한 경우 • **보행신호가 녹색등화일 때 횡단보도를 진입하여 건너고 있는 보행자를 보행신호가 녹색등화의 점멸 또는 적색등화로 변경된 상태에서 충돌한 경우**	• 적색등화에 횡단보도를 진입하여 건너고 있는 보행자를 충돌한 경우 • 횡단보도를 건너다가 신호가 변경되어 중앙선에 서 있는 보행자를 충돌한 경우 • **횡단보도를 건너고 있을 때 보행신호가 적색등화로 변경되어 되돌아가고 있는 보행자를 충돌한 경우** • **녹색등화가 점멸되고 있는 횡단보도를 진입하여 건너고 있는 보행자를 적색등화에 충돌한 경우**
시설물 설치 요건	시·도경찰청장이 설치한 횡단보도	아파트 단지나 학교, 군부대 등 특정구역 내부의 소통과 안전을 목적으로 권한이 없는 자에 의해 설치된 경우는 제외

(2) 보행자의 여부 ★★

1) 횡단보도 보행인인 경우 ★★

① 횡단보도를 걸어가거나, 원동기장치자전거나 자전거를 끌고 가는 사람

② 횡단보도에서 원동기장치자전거나 자전거를 타고 가다 이를 세우고 한발은 페달에 다른 한발은 지면에 서 있는 사람

④ 세발자전거를 타고 횡단보도를 건너는 어린이

⑤ 손수레를 끌고 횡단보도를 건너는 사람

2) 횡단보도 보행자가 아닌 경우(성립 ×)

① 횡단보도에서 원동기장치자전거나 자전거를 타고 가는 사람

② 횡단보도에 누워 있거나, 앉아 있거나, 엎드려 있는 사람

③ 횡단보도 내에서 교통정리를 하고 있는 사람

④ 횡단보도 내에서 택시를 잡고 있는 사람

⑤ 횡단보도 내에서 화물 하역작업을 하고 있는 사람

⑥ 보도에 서 있다가 횡단보도 내로 넘어진 사람

(3) 횡단보도로 인정되는 경우와 아닌 경우 ★

1) 횡단보도 노면표시가 있으나 횡단보도표지판이 설치되지 않은 경우 → 횡단보도 ○

2) 횡단보도 노면표시가 포장공사로 반은 지워졌으나, 반이 남아 있는 경우 → 횡단보도 ○

3) 횡단보도 노면표시가 완전히 지워지거나, 포장공사로 덮여진 경우 → 횡단보도 ×

❽ 철길건널목 통과방법 위반 사고

(1) 철길 건널목의 종류　　✿ 두문자 : **2경교**/**3교**

1) **1종 건널목** : 차단기, 건널목경보기 및 교통안전표지가 설치되어 있는 경우

2) **2종 건널목** : **경**보기와 건널목 **교**통안전표지만 설치하는 건널목

3) **3종 건널목** : 건널목 **교**통안전표지만 설치하는 건널목

(2) 철길건널목 통과방법위반 사고의 성립요건

항 목	내 용	예외사항
장소적 요건	철길건널목	역구내의 철길건널목
피해자 요건	철길건널목 통과방법 위반 사고로 인적피해를 입은 경우	철길건널목 통과방법 위반 사고로 대물피해만 입은 경우
운전자 과실	**1. 철길건널목 통과방법 위반 과실** • 철길건널목 전에 일시정지 불이행 • 안전미확인 통행중 사고 • 차량이 고장난 경우 승객대피, 차량이동 조치 불이행 **2. 철길건널목 진입금지** • 차단기가 내려져 있는 경우 • 차단기가 내려지려고 하는 경우	• 철길건널목 신호기 · 경보기 등의 고장으로 일어난 사고 ✤ 신호기 등이 표시하는 신호에 따르는 때에는 일시정지하지 아니하고 통과할 수 있다.

	• 경보기가 울리고 있는 경우

(2) 행정처분

1) 철길건널목 통과방법 위반 : 승용자동차의 범칙금 6 만원, 벌점 30점

❾ 무면허 운전 사고

(1) 무면허 운전의 의의

도로에서 운전면허를 받지 아니하고 운전하는 행위를 말하므로 조수석에서 차안의 기기를 만지는 도중 핸드브레이크가 풀려 시동이 걸리지 않은 채 10m 미끄러져 내려가다 사고가 발생한 경우는 무면허 운전이 아니다.

(2) 무면허 운전의 유형 ★

1) 운전면허를 취득하지 않고 운전하는 행위

2) 운전면허 적성검사기간 만료일로부터 1년간의 취소유예기간이 지난 면허증으로 운전하는 행위

3) 운전면허 취소처분을 받은 후에 운전하는 행위

4) 운전면허 정지 기간 중에 운전하는 행위

5) 제2종 운전면허로 제1종 운전면허를 필요로 하는 자동차를 운전하는 행위

6) 제1종 대형면허로 특수면허가 필요한 자동차를 운전하는 행위

7) 운전면허시험에 합격한 후 운전면허증을 발급받기 전에 운전하는 행위

8) 무면허로 운전하는 자동차에 충돌되어 대물피해를 입은 경우(성립 ×)

9) 운전면허 취소사유가 발생한 상태이지만 취소처분을 받기 전에 운전하는 경우(성립 ×)

❿ 음주운전 · 약물복용 운전사고

(1) 음주운전인 경우 ★

1) 불특정 다수인이 이용하는 도로와 특정인이 이용하는 주차장 또는 학교 경내 등에서의 음주운전 : 형사처벌 대상이다(단, 특정인만이 이용하는 장소에서의 음주운전으로 인한 운전면허 행정처분은 불가함).

2) 공개되지 않은 통행로에서의 음주운전도 처벌 대상 : 공장이나 관공서, 학교, 사기업 등의 정문 안쪽 통행로와 같이 문, 차단기에 의해 도로와 차단되고 별도로 관리되는 장소의 통행로에서의 음주운전도 처벌 대상이다.

3) 호텔, 백화점, 고층건물, 아파트 내 주차장 안의 통행로뿐만 아니라 주차선 안에서 음주운전도 처벌 대상이다.

4) 혈중알코올농도 0.03% 미만은 처벌이 불가하다.

(2) 주취 · 약물복용 운전 중 사고의 성립요건 ★

항 목	내 용	예외사항
피해자 요건	음주운전 자동차에 충돌되어 **인적피해**를 입은 경우	음주운전 자동차에 충돌되어 **대물피해**를 입은 경우(보험에 가입되어 있다면 공소권 없음으로 처리)
장소적 요건	• 불특정 다수의 사람 또는 차마의 통행을 위하여 공개된 장소로서 안전하고 원활한 교통을 확보할 필요가 있는 장소 • 공개되지 않은 통행로로 문, 차단기에 의해 **도로와 차단되고 별도로 관리되는 장소** • **주차장 또는 주차선 안**	✦ 도로교통법 개정으로 도로가 아닌 곳에서의 음주운전도 처벌 대상이다. ✦ 도로가 아닌 곳에서의 음주운전은 형사처벌의 대상이나, 운전면허에 대한 행정처분 대상은 아니다.
운전자 과실	• 음주한 상태에서 자동차를 운전하여 일정거리 운행한 경우 • **혈중알코올농도가 0.03% 이상**인 상태에서 음주측정에 불응한 경우 • **주차장 또는 주차선 안에서 운전**하는 경우	• **혈중알코올농도가 0.03%인 미만**인 상태에서 음주측정에 불응한 경우

⓫ 보도침범 · 보도횡단방법 위반 사고

(1) 보도침범에 해당

보도에 차마가 들어서는 과정, 보도에 차마가 차체가 걸치는 과정, 보도에 주차시킨 차량을 전진 또는 후진시키는 과정에서 통행 중인 보행자와 충돌한 경우

(2) 보도횡단방법 위반 사고

차마의 운전자는 도로에서 도로 외의 곳에 출입하기 위해서는 보도를 횡단하기 직전에 일시 정지하여 보행자의 통행을 방해하지 아니하도록 되어 있으나 이를 위반하여 **보행자와 충돌하여 인적피해**를 야기한 경우

(3) 행정처분

승용자동차의 범칙금은 6만원, 벌점은 10점이다.

⑫ 승객추락 방지의무 위반 사고(개문발차 사고)

(1) 승객추락방지의무에 해당 여부 ★

1) 승객추락방지의무에 해당하는 경우

① 문을 연 상태에서 출발하여 타고 있는 승객이 추락한 경우

② 승객이 타거나 또는 내리고 있을 때 갑자기 문을 닫아 문에 충격된 승객이 추락한 경우

2) 승객추락방지의무에 해당하지 않는 경우

① 승객이 임의로 차문을 열고 상체를 내밀어 차 밖으로 추락한 경우

② 운전자가 사고방지를 위해 취한 급제동으로 승객이 차 밖으로 추락한 경우

(2) 행정처분

승용자동차의 범칙금 6만원, 벌점 10점

(3) 승객추락방지의무위반의 성립요건

항 목	내 용	예외사항
피해자 요건	탑승 승객이 개문되어 있는 상태로 출발한 차량에서 추락하여 피해를 입은 경우	적재되어 있는 화물의 추락 사고는 제외
운전자 과실	차의 문이 열려 있는 상태로 출발하는 행위	차량이 정지하고 있는 상태에서의 추락은 제외

⑬ 보호구역 내 어린이 보호의무 위반 사고의 성립요건

항 목	내 용	예외사항

장소적 요건	어린이보호구역으로 지정된 장소	어린이보호구역이 아닌 장소
피해자 요건	어린이가 상해를 입은 경우	성인이 상해를 입은 경우
운전자 과실	어린이에게 상해를 입힌 경우	성인에게 상해를 입힌 경우

01 여객자동차운수사업은 여객자동차운송사업, 자동차대여사업, (　　) 및 (　　)이 있다.

02 관할관청은 **국토교통부장관**, (　　)나 특별시장·광역시장·특별자치시장·도지사 또는 특별자치도지사를 말한다.

03 다른 사람의 수요에 응하여 자동차를 사용하여 **유상**으로 여객을 운송하는 사업은 (　　)이다.

04 **소형택시**운송사업은 배기량 (　　)cc 미만이고, **중형택시**는 배기량 (　　)cc 이상, **대형택시**는 (　　)cc 이상의 승용자동차이다.

05 중형택시는 길이 (　　)m 이하, 너비 (　　)m 이하인 승용자동차이다.

06 해당 사업구역에서 승객을 태우고 **사업구역 밖으로 운행한 후** 해당 사업구역으로 돌아오는 도중에 사업구역 밖에서 승객을 태우고 (　　)구역에서 내리는 일시적인 영업은 해당 사업구역에서 하는 영업이다.

07 **피성년후견인**은 결격사유이나, **피한정후견인**은 결격사유가 아니다.

해설 징역 이상의 실형을 선고받고 그 집행이 끝나거나(끝난 경우로 보는 경우 포함)_면제된 날부터 **2년이 지나지** 아니한 자가 결격사유이다. 선고유예는 결격사유가 아니다.

08 교통사고 시 지체없이 보고 하여야 할 사고로는 **전복**사고, **화재**가 발생한 사고, 사망자 (　　)명 이상, 사망자 1명과 중상자 (　　)명 이상, 중상자 (　　)명 이상이 다친 사고이다.

09 택시운송사업용 자동차의 종류로는 (　　), 소형, 중형, (　　), 모범이 있다.

10 특별시·광역시의 경우 자동차의 바깥쪽에 관할관청을 표시하지 않아도 된다.

해설 특별시·광역시·특별자치시 및 특별자치도의 경우에는 택시의 바깥쪽에 관할관청을 표시하지 않아도 된다.

11 운송사업자는 운수종사자에게 매 (　　) 1회 이상 여객의 좌석안전띠 착용에 대한 교육을 실시하여야 한다.

12 **자격유지검사의 대상자**는 (　　)인 사람(자격유지검사의 적합판정을 받고 3년이 지나지 아니한 사람은 제외)과 (　　)인 사람(자격유지검사의 적합판정을 받고 1년이 지나지 아니한 사람은 제외)이다.

13 (　　) 이상의 사상사고를 일으킨 자는 운전정밀 특별검사를 받아야 한다.

해설 이밖에도 과거 1년간 벌점의 **누산점수가 81점 이상인** 사람과 **운송사업자가 안전운전의 우려 대상자를 신청한** 경우가 정밀특별검사의 대상이다.

14 (　　)세 이상으로서 해당 운전경력이 (　　)년 이상이어야 여객자동차운송사업의 운전업무에 종사할 수 있다.

15 택시요금체계는 (**기본요금 + 거리·시간요금 + 심야할증**) 등으로 이루어져 있다.

해설 심야할증요금은 대부분의 지역이 23:00 ~ 04:00에 적용된다(서울시는 22:00 ~ 04:00 적용). 여기에 심야심층할증요금도 적용된다. 할증시간이 시험에 출제되는 경우도 있으니 택시시험의 지역별로 세부 할증요금을 확인하시길 바랍니다.

---

01 여객자동차터미널사업, 여객자동차운송플랫폼사업　**02** 대도시권광역교통위원회　**03** 여객자동차운송사업　**04** 1,600, 1,000, 2,000　**05** 4.7, 1.7　**06** 해당 사업　**08** 2, 3, 6　**09** 경형, 대형　**11** 분기　**12** 65세 이상 70세 미만, 70세 이상　**13** 중상　**14** 20, 1

16 관할관청은 대리운전이 끝난 그 (　　)(개인택시의 경우), 사업의 양도·양수 시 (　　), 운송사업의 (　　)는 운전자격이 **취소된 사람**의 운전자격증명을 **회수·폐기**해야 한다.

17 i) 교통사고 시 조치를 하지 않거나, ii) 운수종사자 요건을 갖추지 않은 경우, iii) 운송수입금 전액 납입의무 불이행, iv) 운수종사자의 안전운행을 위한 준수의무를 준수하지 않은 경우 과태료 (　　)만원이 부과된다.

18 운수종사자가 **퇴직하는 경우** (　　)**에게** 운전자격증명을 **반납**하여야 하며, **운송사업자는 해당 운전자격증명** (　　)**에** 그 운전자격증명을 **제출하여야** 한다.

해설 퇴직의 경우와 달리 **취소처분**을 받은 자가 반납한 운전자격증은 **폐기**하고, **정치처분**을 받은 자가 반납한 경우에는 **보관한 후** 정지기간이 지난 후에 돌려주어야 한다.

19 중대한 교통사고로 **사망자 2명** 이상의 사상자를 발생한 경우에는 자격정지 (　　)**일**, **사망자 1명 및 중상자 3명** 이상의 사상자가 발생하면 자격정지 (　　)**일**, 중상자 **6명 이상이 발생**한 경우 자격정지 (　　)**일**에 처한다.

20 택시운전자가 차량의 출발 전에 여객이 좌석 **안전띠를 착용하도록 안내하지 않은 경우**는 과태료 (　　)만원을, 택시운전자격(증표)를 승객이 볼 수 있는 곳에 **게시하지 않은 경우**에는 과태료 (　　)만원을 부과한다.

21 **택시운수사업법**은 운수사업에 관한 (　　)를 확립하고, (　　)의 원활한 운송과 운수사업의 종합적인 발달을 도모하여 (　　)를 증진하는 것을 목적으로 한다.

22 **무사고·무벌점 기간이 10년 미만** 운수종사자는 (　　) 4시간의 보수교육을 받는다.

해설 무사고·무벌점 기간이 **5년 미만인 경우는 매년** 4시간의 보수교육을 받는다.

23 **법령위반 운수종사자**는 (　　)시간의 보수교육을 (　　)로 받는다.

24 새롭게 채용한 운수종사자는 (　　)시간의 **신규교육**을 받는다.

25 **시·도지사**는 안정성 요건이 갖춰진 경우 (　　)년의 범위에서 **차령을 연장**할 수 있고, **차령충당**은 (　　)년을 넘지 않는 범위 내에서 할 수 있다.

26 일반택시의 경형·소형의 차령은 (　　)이고, 배기량 2,400cc 미만의 차령은 (　　)년 이다.

해설 배기량 2,400cc 이상의 일반택시와 환경친화적자동차(일반택시)의 차령은 6년이다.

27 **차량운행 전**에 운수종사자의 건강이 좋지 않거나 운행경로를 숙지하지 않은 사람을 확인하지 않은 경우는 과징금 (　　)만원, **면허를 받은 사업구역 외**의 행정구역에서 사업을 한 경우는 (　　)만원의 과징금을 부과한다.

해설 구별할 사항으로 **면허나 등록한 업종의 범위를 벗어난 경우**에는 180만원의 과징금을 부과한다.

28 국토법상 주거·상업지역 및 공업지역 **이외의 도로**에서는 제한속도는 매시 (　　)km 이내이나 편도 2차로 이상의 도로에서는 매시 (　　)km 이내이다.

해설 주거·상업지역 및 공업지역은 매시 50km 이내이다.

29 택시기사가 승차거부 혹은 여객합승, 영수증발급 및 신용카드의 결제를 거부한 경우 과태료 금액은 (　　)만원이다.

해설 부당한 운임 또는 요금을 받은 경우에도 20만원의 과태료를 부과할 수 있다.

---

16 대리운전자, 양도자, 폐업자　**17** 50　**18** 운송사업자, 발급기관　**19** 60, 50, 40　**20** 3, 10　**21** 질서, 고객, 공공복리　**22** 격년으로
23 8, 수시　**24** 16　**25** 2, 3　**26** 3년 6월, 4년　**27** 180, 40　**28** 60, 80　**29** 20

30 운수종사자의 운송수입금의 전액납입의무를 위반한 경우에는 ( )만원의 과태료를, 좌석 안전띠가 정상적으로 작동될 수 있는 상태를 유지하지 않은 경우는 ( )만원의 과태료가 부과된다.

31 모든 택시운송사업 택시운수종사자의 근로시간을 근로기준법 제58조(근로시간계산의 특례)에 따라 정할 경우 1주간 ( )시간 이상이 되도록 정하여야 한다.

32 택시운송사업자가 운수종사자에게 부담시키지 않아야 할 비용으로는 택시구입비, ( ), ( ), 차량 내부의 설치비 및 운영비 등이 있다.

33 승차거부, 여객합승, 개문발차, 카드결제에 불응한 경우의 **과태료**는 ( )만원이다.

[해설] 운전자 개인에게 부과되는 범칙금(도로교통법상)은 택시의 합승, 승차거부, 부당요금징수행위, 등화점등 불이행 행위의 경우에 2만원이다. 과태료는 차의 소유주에 부과되는 행정처분으로 시험장에서 과태료를 물어보는 것인지 범칙금을 물어보는지를 구별하셔야 합니다.

34 택시정책위원회는 위원장 1명을 ( )한 ( ) 명 이내의 위원으로 구성한다.

35 차마가 한 줄로 도로의 정하여진 **부분**을 통행하도록 차선으로 구분한 것은 ( )이다.

36 차로와 차로를 구분하기 위하여 그 경계지점을 안전표지로 표시한 선은 ( )이다.

37 ( )는 **연석선, 안전표지나 그와 비슷한 인공구조물을 이용**하여 경계를 표시하여 모든 차가 통행할 수 있도록 설치한 도로의 부분이다.

38 도로의 우측 부분의 폭이 ( )m가 되지 아니하는 도로에서 다른 차를 앞지르려는 경우 도로의 중앙이나 좌측을 통행할 수 있다.

39 ( )는 운전자가 차에서 떠나서 즉시 그 차를 운전할 수 없는 상태에 두는 것을 말한다.

40 ( )는 운전자가 ( )분을 초과하지 아니하는 **주차 외의 정지상태**를 말한다.

41 운전자가 신호를 하려는 지점(좌회전할 경우에는 그 교차로의 가장자리)에 이르기 전 ( )미터 이상의 지점에 이르렀을 때에 신호기를 작동해야 한다.

[해설] 참고로 **고속도로에서는 100미터 이상의 지점**에 이르렀을 때 신호기를 작동해야 한다.

42 신호기가 황색의 등화인 경우 차마가 교차로를 통과하기 전이라면 ( )하여야 한다.

[해설] 만일 이미 교차로에 차마의 일부라도 진입한 경우에는 신속히 교차로 밖으로 진행하여야 한다.

43 속도제한장치 또는 운행기록계, 냉·난방시설을 미장착하고 운행한 경우 ( )만원의 **과징금**이 부과된다.

44 편도 3차로 이상의 고속도로에서 택시의 지정차로는 ( )이다.

[해설] 1차로는 앞지르기를 하려는 승용자동차 및 앞지르기 하려는 경형·소형·중형 승합자동차의 지정차로이다.

45 60km **초과**한 속도위반은 벌점 ( ), 40km **초과** 60km **이하**는 벌점 ( ), 20km **초과** 40km **이하**는 벌점 ( )이다.

46 택시의 **편도 2차로 이상의 일반도로에서**의 최고속도는 80km/h 이내로 운행해야 하며 최저속도는 ( ).

47 승용자동차는 편도 2차로 이상의 고속도로에서는 매시 ( )km, 자동차전용도로에서는 매시 ( )km가 최고속도이다.

[해설] **최저속도는 고속도로에서는 50km/h 이상, 자동차전용도로에서는 30km 이상**으로 운행해야 한다.

30 50, 20 **31** 40 **32** 유류비, 세차비 **33** 20 **34** 포함, 10 **35** 차로 **36** 차선 **37** 차도 **38** 6 **39** 주차
40 정차, 5 **41** 30 **42** 교차로의 직전에 정지 **43** 60 **44** 왼쪽차로 **45** 60점, 30점, 15점 **46** 제한이 없다. **47** 100, 90

48 교통정리를 하고 있지 아니하는 교차로를 동시에 진입하려고 하는 차의 운전자는 ( ) 도로의 차에 진로를 양보한다.

49 교통정리를 하고 있지 않는 교차로를 들어가려고 하는 차의 운전자는 폭이 ( ) 도로로부터 교차로에 들어가려고 하는 다른 차가 있는 경우에는 그 차에 진로를 양보한다.

50 운전면허 갱신일에 ( )세 이상인 사람은 운전면허 갱신기간 이내에 교통안전교육을 받아야 한다.

51 일반택시 택시운수종사자의 자격요건을 갖추지 않은 사람을 운전업무에 종사하게 한 경우 과태료는 ( )만원이다.

52 야간에 택시가 도로에서 운행하는 경우에 켜야 하는 등화로는 ( )이다.

53 혈중알코올농도 ( )% 이상에서는 자동차를 운전하면 안된다.

54 술에 만취한 상태는 혈중알코올농도 ( )% 이상에서 운전한 때이다.

55 **제1종 보통면허를 가진 사람**은 승용자동차, 승차정원 ( )인 이하의 승합자동차, 적재중량 ( )톤 미만의 화물자동차, 3톤 미만의 지게차, 총중량 ( )톤 미만의 특수자동차 등을 운전할 수 있다.

56 **제2종 보통면허를 가진 사람**은 승용자동차, 승차정원 ( )인 이하의 승합자동차, 적재중량 ( )톤 이하의 화물자동차, 총중량 ( )톤 이하의 특수자동차 등을 운전할 수 있다.

57 1년간 ( )점 이상, 2년간 ( ) 이상의 벌점이나 누산점수인 경우 면허가 취소된다.

58 어린이통학버스가 도로에 정차하여 어린이나 영유아가 타고 내리는 중임을 표시하는 점멸등을 작동 중인 경우에 바로 옆차로의 운전자는 ( )한 후 ( )해야 한다.

59 야간에 도로에서 택시가 정차 또는 주차하는 경우 ( )을 켜야 한다.

60 노면이 얼어붙거나, 안개로 가시거리가 100m 이내인 경우 최고속도의 ( )/100을 줄인 속도로 운행해야 한다.

61 비로 노면이 젖어 있는 경우 또는 눈이 ( )mm 미만 쌓인 경우 ( )/100을 감속한다.

62 앞지르기 금지장소로는 ( ), ( ), ( ), 구부러진 도로, 고갯마루, 내리막 등 시·도경찰청장이 안전표지로 지정한 곳이다.

63 보행자의 옆을 지날 때에 **보행자의 통행에 방해가 될 때에는 서행하거나 일시정지하여야 할 장소**로는 보도·차도가 구분되지 않는 ( )이 없는 도로, ( ), 도로 외의 곳이다.

64 야간에 고장이나 그 밖의 사유로 자동차를 운행할 수 없는 경우에는 사방 ( )미터 지점에서 식별할 수 있는 적색의 섬광신호·전기제등 또는 불꽃신호를 설치해야 한다.

65 특별교통안전 의무교육과 권장교육은 ( )시간 이상 ( )시간 이하로 각각 실시한다.

66 **제1종 운전면허를 받으려는 사람**은 두 눈을 뜨고 잰 시력이 ( ) 이상이고, 두 눈의 시력이 각각 ( ) 이상이어야 한다.

67 고속도로에서 버스전용차로를 통행할 수 있는 차는 ( )인승 이상 승용자동차 및 승합자동차이다.

---

48 우측 **49** 넓은 **50** 75 **51** 360 **52** 전조등, 차폭등, 미등, 번호등과 실내조명등 **53** 0.03 **54** 0.08 **55** 15, 12, 10 **56** 10, 4, 3.5 **57** 121, 201 **58** 일시정지, 서행 **59** 차폭등, 미등 **60** 50 **61** 20, 20 **62** 교차로, 터널 안, 다리 위 **63** 중앙선, 보행자전용도로 **64** 500 **65** 3, 48 **66** 0.8, 0.5 **67** 9

68 다인승 전용차로를 통행할 수 있는 자동차는 ( )인 이상 승차한 승용·승합자동차이다.

69 **일반도로의 편도 2차로 이상**은 매시 ( )km 이내이고 최저속도의 경우는 제한이 없지만, **편도 1차로의 고속도로**의 경우는 매시 ( )km 이고 최저속도는 ( )km 이다.

해설 **고속도로 편도 2차로 이상**에서는 최고속도는 매시 100km 이내이고, 최저속도는 50km 이다.

70 듣지 못하거나 한쪽 눈을 보지 못하는 사람은 ( )면허와 특수면허를 취득할 수 없다.

71 무면허운전 금지규정을 3회 이상 위반하여 자동차를 운전한 경우 그 취소된 날부터 ( )년 동안 운전면허를 받을 수 없다.

72 무면허운전 금지, 음주운전금지, 과로한 때의 운전금지, 공동위험행위의 금지 규정에 따른 **사유가 아닌 다른 사유로 사람을 사상**한 후 구호조치 및 신고의무를 하지 않은 경우 운전면허가 취소된 날부터 ( )년간 운전면허를 받을 수 없다.

73 승용차의 보행자전용도로 통행방법의 위반은 범칙금이 ( )만원이나, 보행자의 통행방해 또는 보호 불이행의 범칙금은 ( )만원이다.

74 승용차의 앞지르기 방법 위반, 금시시기·장소위반은 범칙금 ( )만원이나, 앞지르기 방해금지 위반은 ( )만원이다.

75 승용차의 교차로의 통행방법 위반행위와 주·정차 관련 위반행위의 범칙금은 ( )만원이다.

해설 **승용차의 교차로 관련 위반 범칙금**은 회전교차로 통행방법 위반(6만원)과 회전교차로 진입·진출 시 신호불이행(3만원)을 제외하고 **모두 4만원**이다. 그리고 **주차·정지 위반 금지 위반**의 경우는 안전표지가 설치된 곳에서의 주·정차 금지 위반이 8만원이고, 나머지 대부분은 4만원이다.

76 **고속도로 외의 도로**에서는 차로를 반으로 나누어 1차로에 가까운 부분의 차로를 ( )차로라고 한다. 이때 차로가 홀수인 경우 가운데 차로는 ( )한다.

77 3차로 이상의 고속도로에서 택시의 통행차로는 ( )와 ( )이다.

78 어린이보호구역의 정차·주차금지 위반의 범칙금은 ( )만원이다.

해설 어린이보호구역에서의 **신호·지시위반**과 **횡단보도보행자의 횡단 방해**의 범칙금도 12만원이다.

79 신호·지시위반, 운전 중 영상표시장치 조작 및 휴대전화 사용의 범칙금은 ( )만원이다.

80 도로상태가 위험하거나 도로 또는 그 부근에 위험물이 있는 경우에 필요한 안전조치를 할 수 있도록 이를 도로사용자에게 알리는 표지는 무엇인가? ( )

81 도로가의 황색점선은 ( ) 가능, 도로가의 황색 이중실선은 ( )가 금지된다.

82 노면표시의 점선은 ( ), 실선은 ( ), 복선은 ( )를 나타낸다.

83 도로교통의 안전을 위하여 각종 제한·금지 등의 규제를 하는 경우에 이를 사용자에게 알리는 표시는 ( )이다.

84 **노면표시의 기본색상**으로 반대방향의 교통류 분리 또는 도로이용의 제한 및 지시의 노면표시의 색상은 ( )이고, 지정방향의 교통류 분리 표시의 색상은 ( )이다.

해설 **황색**은 중앙선표시, 노상장애물 중 도로중앙장애물표시, 주차금지표시, 정차·주차금지 표시, 안전지대표시에 사용되고, **청색**은 버스전용차로 및 다인승차량 전용차선표시에 사용된다.

---

68 3　69 80, 80, 50　70 제1종 대형　71 2　72 4　73 6, 4　74 6, 4　75 4　76 왼쪽, 제외　77 1차로, 왼쪽차로
78 12　79 6　81 정차, 주·정차　80 주의표지　81 정차, 주·정차　82 허용, 제한, 의미의 강조　83 규제표지　84 황색, 청색

85 사고운전자가 피해자를 사망에 이르게 하고 도주하거나, 도주 후에 사망한 경우에는 ( ) 또는 ( )년 이상의 징역에 처할 수 있다.

> **해설** 위의 경우에 **피해자를 상해**에 이르게 하고 **도주**한 경우에는 1년 이상의 유기징역 또는 500만원 이상 3천만원 이하의 벌금에 처한다.

86 도주(뺑소니) 사고가 <u>아닌</u> 것을 모두 고르면?

> ㄱ. 사고운전자를 바꿔치기하여 신고
>
> ㄴ. 급한 용무로 동료에게 사고처리를 위임하고 간 경우
>
> ㄷ. 10세의 어린이의 "괜찮다"는 말을 듣고 그냥 간 경우
>
> ㄹ. 피해자 일행의 구타나 폭행이 두려워 현장을 이탈한 경우
>
> ㅁ. 사고운전자가 자기차량 사고에 대한 조치없이 가버린 경우
>
> ㅂ. 부상사실이 극히 경미하여 연락처만 제공한 경우

87 황색 주의신호에 교차로에 진입하여 인적피해를 야기한 경우 신호위반 사고가 ( ).

88 다음 중 중앙선침범이 적용되는 것을 모두 고르면?

> ㄱ. 커브길에서 과속으로 인한 중앙선침범의 경우
>
> ㄴ. 위험을 회피하기 위해 중앙선을 침범한 경우
>
> ㄷ. 졸다가 뒤늦은 제동으로 중앙선을 침범한 경우
>
> ㄹ. 제한속도를 초과하여 운전하다가 빙판길 또는 빗길에 미끄러져 중앙선을 침범한 경우
>
> ㅁ. 사고를 피하기 위해 급제동하다 중앙선을 침범한 경우

89 철안전기준을 넘는 화물을 적재한 차량은 너비 30cm, 길이 50cm 이상의 ( )색 헝겊으로 된 표지를 달아야 한다.

90 횡단보도 보행자가 <u>아닌</u> 경우를 모두 고르면?

> ㄱ. 횡단보도에서 자전거를 끌고 가는 사람
>
> ㄴ. 횡단보도 내에서 택시를 잡고 있는 사람
>
> ㄷ. 손수레를 끌고 횡단보도를 건너는 사람
>
> ㄹ. 보도에 서 있다가 횡단보도 내로 넘어진 사람

91 **중앙선 침범과 철길건널목 통과방법 위반**의 행정처분은 범칙금 ( )만원, 벌점 ( )점이다.

92 운전면허 취소의 사유가 있은 후 그 취소처분 전에 운전하는 행위는 무면허운전이 아니다.

> **해설** 운전면허 취소처분을 받은 후에 운전하는 것이 무면허운전이다.

93 교통사고처리특례법상의 과속이란 도로교통법상 규정된 법정속도와 지정속도를 ( )km/h 초과된 경우를 말한다.

94 횡단보도를 건너다가 신호가 변경되어 중앙선에 서 있는 보행자를 충돌한 경우 보행자 보호의무위반 사고가 성립( ).

95 법정속도와 지정속도를 15km/h를 초과한 과속차량에 충돌되어 인적피해를 입은 경우는 속도위반 과속사고가 성립( ).

> **해설** 20km 이하이므로 인적피해를 입히더라도 속도위반 과속사고가 성립하지 않는다.

96 **규제속도**는 도로교통법에 따른 도로별 최고·최저속도인 ( )속도와 시·도경찰청장에 의한 지정속도인 ( )속도가 있다.

97 택시의 중앙선침범·통행구분 위반의 경우 범칙금은 ( )만원이다.

98 택시의 신호지시위반과 운전 중 휴대전화 사용의 경우 범칙금은 ( )만원이다.

99 택시의 앞지르기 방법위반의 범칙금 ( )만원, 앞지르기 금지시기·장소위반 ( )만원, 앞지르기 방해금지위반 ( )만원이다.

100 택시운전자격을 미게시한 경우의 **과태료**는 ( )만원이고, 자동차 안에 게시하여야 할 사항을 게시하지 않은 경우의 **과징금**(1차)은 ( )만원이다.

---

85 무기, 5 **86** ㄴ, ㄹ, ㅁ, ㅂ **87** 성립한다 **88** ㄱ, ㄷ, ㄹ **89** 빨간 **90** ㄴ, ㄹ **91** 6, 30 **93** 20 **94** 성립하지 않는다 **95** 성립하지 않는다 **96** 법정, 제한 **97** 6 **98** 6 **99** 6, 6, 4 **100** 10, 20

PART 1 단원별 적중모의고사

01 제1회 적중모의고사

01 다른 사람의 수요에 응하여 자동차를 사용하여 유상으로 여객을 운송하는 사업으로 옳은 것은?

① 여객자동차운수사업

② 여객자동차운송사업

③ 여객자동차운송플랫폼사업

④ 여객자동차터미널사업

02 택시운송사업자가 영업을 하는 경우에 해당 사업구역에서 하는 영업으로 보는 경우가 **아닌** 것은?

① 다른 사업구역에서 승객을 태우고 해당 사업구역으로 운행하는 영업

② 해당 사업구역에서 승객을 태우고 사업구역 밖으로 운행하는 영업

③ 해당 사업구역에서 승객을 태우고 사업구역 밖으로 운행한 후 해당 사업구역으로 돌아오는 도중에 사업구역 밖에서 승객을 태우고 해당 사업구역에서 내리는 일시적인 영업

④ 소속 사업구역과 인접한 주요교통시설에서 사업구역을 표시한 승차대를 이용하여 해당 사업구역으로 가는 여객을 운송하는 영업

03 여객자동차운송사업의 운전업무 종사자격을 취득할 수 있는 사람은?

① 특수강도를 범하고 금고 이상의 실형을 선고받고 그 집행이 끝나거나 면제된 날부터 1년이 지나지 않은 사람

② 자격시험일 3년 전 도로교통법상 음주운전에 해당하여 운전면허가 취소된 사람

③ 배임죄를 범하고 금고 이상의 실형을 선고받고 그 집행이 끝나거나 면제된 날부터 1년이 지난 사람

④ 마약류관리에 관한 법률을 위반하여 실형을 선고받고 집행이 끝난 후 2년이 지나지 않은 사람

해설 ① 그 집행이 끝나거나 면제된 날부터 **2년이 지나지 않으면** 택시운전자격을 취득할 수 없다(위의 기간이 지나더라도 여객자동차운송사업법 제24조 제4항에 규정된 기간을 지나지 않으면 자격을 취득할 수 없다).

② 음주운전으로 운전면허가 취소된 사람은 자격시험일 전 **5년간** 자격을 취득할 수 없다.

④ 마약류관리에 관한 법률을 위반하여 실형을 선고받고 집행이 끝난 후 **2년이 지나야** 자격을 취득할 수 있다.

04 다음 중 택시운전 자격취소 사유가 **아닌** 것은?

① 여객자동차운송사업의 결격사유에 해당하는 경우

② 교통사고와 관련하여 거짓이나 부정한 방법으로 보험금을 정구하여 금고 이상의 형이 확정된 경우

③ 택시운전자격정지 처분기간 중 택시운전업무에 종사한 경우

④ 중대한 교통사고로 중상자 6명 이상의 사상자를 발생하게 한 경우

해설 ④ 자격취소가 아니라 자격정지 40일에 해당한다.

01 ② **02** ① **03** ③ **04** ④

05 배기량 2,400cc 미만의 사업용 일반택시의 차령은?

① 3년 6개월   ② 3년

③ 4년   ④ 6년

해설 ① 경형·소형 일반택시.
④ 배기량 2,400cc 이상이나 전기자동차의 차령

06 택시의 경우 어린이보호구역에서 정차·주차금지의 위반과 신호·지시위반 경우에 범칙금은 각각 얼마인가?

① 12만원   –   12만원

② 11만원   –   12만원

③ 12만원   –   13만원

④ 9만원   –   12만원

07 다음 택시운송발전사업법의 내용으로 틀린 것은?

① 택시정책위원회는 위원장 1인을 포함하여 10인 이내의 위원으로 구성한다.

② 택시운송사업자는 택시구입비, 유류비, 세차비, 교통사고처리비용 등을 택시운수종사자에게 부담시켜서는 안 된다.

③ 택시운수종사자의 근로시간을 근로기준법에 따라 정할 경우 1주간 38시간 이상이 되도록 정하여야 한다.

④ 국토교통부장관 또는 시·도지사는 택시운행정보관리시스템을 구축·운영하기 위한 정보를 수집·이용할 수 있다.

해설 ③ 1주간 40시간 이상이 되도록 정하여야 한다.

08 차마의 통행에 대한 설명으로 틀린 것은?

① 차마의 운전자는 도로 외의 곳으로 출입할 때 보도를 횡단하기 직전에 일시정지한다.

② 도로가 일방통행인 경우 도로의 중앙이나 좌측부분을 통행할 수 있다.

③ 「자전거 이용 활성화에 관한 법률」에 따른 자전거 우선도로의 경우에는 차마의 통행이 가능하다.

④ '자전거등'이란 자전거와 이륜자동차를 말한다.

해설 ④ 이륜자동차는 "자동차등"에 포함된다. "자전거등"은 자전거와 개인형이동장치를 말한다.

09 다음의 각 설명을 바르게 짝지어 놓은 것은?

> ㄱ. 차로와 차로를 구분하기 위하여 그 경계지점을 안전표지로 표시한 선
>
> ㄴ. 차마가 한 줄로 도로의 정하여진 부분을 통행하도록 차선으로 구분한 차도의 부분

	ㄱ	ㄴ
①	차선	차로
②	중앙선	차로
③	차선	보도
④	차도	차선

10 다음 중 차가 아닌 것은?

① 건설기계

② 삼륜차

③ 말이 끄는 마차

④ 보행보조용 의자차

해설 ④ 사람 또는 가축의 힘이나 그밖의 동력으로 도로에서 운전되는 것은 차(車)이나 철길이나 가설된 선을 이용하여 운전되는 것과 유모차와 보행보조용 의자차는 제외된다.

05 ③   **06** ①   **07** ③   **08** ④   **09** ①   **10** ④

11 차마의 통행에 대한 설명으로 틀린 것은?

① 자동차가 도로 외의 곳으로 출입하고자 하는 경우 보도를 횡단하기 전에 일시정지한다.

② 모든 차로는 지정된 차로보다 오른쪽에 있는 차로로 통행할 수 있다.

③ 택시의 경우 승객을 태우거나 내려주기 위해 전용차로를 일시 통행할 수 있다.

④ 다인승전용차로는 택시가 통행할 수 없는 도로이다.

해설 ④ 다인승전용차로는 **3인 이상 승차한 승용·승합자동차**(다인승전용차로와 버스전용차로가 동시에 설치되는 경우에는 버스전용차로를 통행할 수 있는 차는 제외)가 통행할 수 있는 차로이다.

12 고속도로에서 택시의 지정된 통행차로로 틀린 것은?

① 고속도로외의 도로에서는 왼쪽 차로

② 고속도로 편도 2차로에서는 2차로

③ 고속도로 편도 3차로 이상에서는 1차로

④ 고속도로외의 도로에서는 왼쪽차로이나, 오른쪽차로로 통행할 수 있다.

해설 ③ 편도 3차로에서는 왼쪽차로가 통행차로이다. 1차로는 앞지르기를 하려는 차가 대상이다.

13 최고속도의 50/100을 감속해야 하는 이상 기후가 아닌 것은?

① 폭설, 안개 등으로 가시거리가 100m 이내인 경우

② 노면이 얼어붙은 경우

③ 눈이 20mm 이상 쌓인 경우

④ 비가 내려 노면이 젖어 있는 경우

해설 ④ 20/100을 감속해야 하는 경우이다.

14 진로양보의무에 대한 설명으로 틀린 것은? (긴급자동차 제외)

① 뒤에서 따라오는 차보다 느린 속도로 가려는 경우에는 양보해야 한다.

② 비탈진 좁은 도로에서 서로 마주보고 진행할 경우 내려가는 자동차가 진로를 양보해야 한다.

③ 비탈진 좁은 도로 외의 좁은 도로에서 물건을 실은 자동차와 마주친 경우에는 물건을 싣지 않은 자동차가 진로를 양보한다.

④ 비탈진 좁은 도로 외의 좁은 도로에서 사람을 태운 승용차와 마주친 경우에는 동승자가 없는 자동차가 진로를 양보한다.

해설 ② 비탈진 좁은 도로에서 긴급자동차 외의 자동차가 서로 마주보고 진행할 경우 올라가는 자동차가 진로를 양보해야 한다.

15 정차 및 주차가 금지되는 장소가 아닌 것은?

① 교차로·횡단보도·건널목이나 보도와 차도가 구분된 도로의 보도

② 교차로의 가장자리 또는 도로의 모퉁이로부터 5m에 위치한 곳

③ 안전지대가 설치된 도로에서 그 안전지대의 사방으로부터 각각 20m 이내인 곳

④ 건널목의 가장자리 또는 횡단보도로부터 10m 이내인 곳

해설 ③ 안전지대의 사방으로부터 각각 10m 이내인 곳

①, ②, ④ 이외에 버스여객자동차의 정류지임을 표시하는 기둥이나 표지판 또는 선이 설치된 곳으로부터 10m 이내인 곳이 정차 및 주차가 금지되는 장소이다.

11 ④ **12** ③ **13** ④ **14** ② **15** ③

16 운전자의 준수사항에 대한 설명으로 틀린 것은?

① 자동차 앞면 창유리의 가시광선의 투과율은 70% 미만이고, 옆면 창유리는 40% 미만이어야 한다.

② 요인 경호용, 구급용 및 장의용 자동차는 가시광선 투과율의 규제를 받지 않는다.

③ 자동차 등이 정지하거나 긴급자동차를 운전하는 경우에 휴대용 전화사용이 가능하다.

④ 운전자가 운전 중에 볼 수 없는 위치에 영상이 표시되는 장치의 설치는 금지된다.

해설 ④ 운전자가 볼 수 있는 위치에 영상이 표시되지 아니하도록 하여야 한다.

17 안전표지가 설치된 곳에서의 정차·주차금지 위반의 경우 범칙금은?

① 12만원   ② 8만원

③ 6만원   ④ 4만원

18 교통사고처리특례법이 적용되지 않는 보도침범사고의 성립요건에 대한 설명으로 틀린 것은?

① 보도와 차도 구분이 없는 도로에서는 성립하지 않는다.

② 피해자가 자전거, 오토바이를 타고 가던 중 보도에서 인적사고가 난 경우에도 성립한다.

③ 고의적 과실이거나 현저한 부주의에 의한 과실을 요한다.

④ 시설물은 보도설치의 권한이 있는 행정관서에서 설치 관리하는 보도여야 한다.

해설 ② 피해자가 자전거 또는 원동기장치자전거를 타고 가던 중 사고는 제차로 간주되어 보도침범사고에서 제외된다.

19 어린이보호구역 내에서 매시 60킬로미터로 주행 중 어린이를 다치게 한 경우의 처벌로 맞는 것은?

① 피해자가 형사처벌을 요구할 경우에만 형사 처벌된다.

② 피해자의 처벌 의사에 관계없이 형사처벌된다.

③ 종합보험에 가입되어 있는 경우에는 형사 처벌되지 않는다.

④ 피해자와 합의하면 형사처벌되지 않는다.

해설 어린이 보호구역 내에서 주행 중 어린이를 다치게 한 경우 피해자의 처벌 의사에 관계없이 형사 처벌된다.

20 특례법이 배제되는 중앙선 침범이 적용되는 사례가 아닌 것은?

① 좌측도로나 건물 등으로 가기 위해 회전하며 중앙선을 침범하여 발생한 사고

② 커브길 과속운행으로 중앙선을 침범한 사고

③ 제한속력 내 운행 중 미끄러지면서 중앙선을 침범한 사고

④ 중앙선을 침범하거나 걸친 상태로 계속 진행하다가 발생한 사고

해설 ③ 제한속력을 넘어 과속으로 운전하다 미끄러져 중앙선을 침범한 사고가 중앙선 침범이 적용된다.

02 | 제2회 적중모의고사

01 여객자동차운수사업법의 목적이 아닌 것은?

① 여객자동차운수사업의 질서확립

② 사회적 운수기업의 육성

③ 여객의 원활한 운송

④ 공공복리의 증진

해설 ①·③·④ 이외에도 '여객자동차 운수사업의 종합적인 발달 도모'가 목적에 해당한다.

16 ④   17 ②   18 ②   19 ②   20 ③ ┃ 01 ②

02 여객자동차운송사업의 운전업무 종사하려는 사람이 자격을 갖추어야 할 모든 요건에 속하지 않는 것은?

① 20세 이상으로 해당 운전경력이 2년 이상일 것

② 사업용 자동차를 운전하기에 적합한 운전면허를 보유하고 있을 것

③ 여객자동차운수 관계법령과 지리 숙지도 등에 관한 시험에 합격한 후 자격을 취득할 것

④ 운전적성에 대한 정밀검사기준에 적합할 것

해설 ① 20세 이상으로 해당 운전경력이 1년 이상일 것을 요한다.

03 운전적성 정밀검사 중 신규검사를 받아야 하는 자가 아닌 것은?

① 여객자동차 운송사업용 자동차 운전업무에 종사하다가 퇴직한 자로서 신규검사를 받은 날부터 3년이 지난 후 재취업하려는 자

② 중상 이상의 사상사고를 일으킨 자

③ ①의 경우 재취업일까지 무사고운전을 한 자는 신규검사를 받지 않아도 된다.

④ 신규검사의 적합판정을 받았지만 검사를 받은 날부터 3년 이내에 취업하지 아니한 자

해설 ②의 경우는 운전정밀 특별검사를 받아야 한다.

04 택시운전 중에 영상표시장치를 조작하거나 휴대용전화를 사용한 경우의 범칙금은?

① 8만원 ② 6만원

③ 5만원 ④ 4만원

05 여객자동차운수사업법상 과태료금액이 50만원이 아닌 것은?

① 사고 시의 조치를 하지 않은 경우

② 운수종사자의 요건을 갖추지 않고 여객자동차운송사업 또는 플랫폼운송사업의 운전업무에 종사한 경우

③ 안전운행을 위한 운수종사자의 준수사항을 위반한 경우

④ 사고 시의 보고를 하지 않거나 거짓보고한 경우

해설 ④의 경우는 과태료 20만원이다.

06 택시운송사업의 여객자동차운송사업의 종류는?

① 노선 여객자동차운송사업

② 구역 여객자동차운송사업

③ 수요응답형 여객자동차운송사업

④ 여객자동차운송가맹사업자

07 택시를 타는 손님에게 행선지를 물어보는 시기는?

① 손님이 승차한 후에 물어본다.

② 손님이 승차하기 전에 물어본다.

③ 운행하면서 물어본다.

④ 손님의 목적지와는 상관없이 자신의 목적지를 우선한다.

08 특별교통안전 의무교육을 받아야 하는 사람이 아닌 것은?

① 운전면허 취소처분을 받은 사람으로서 운전면허를 다시 받으려는 사람

② 교통법규 위반 등으로 인하여 운전면허효력 정지처분을 받을 가능성이 있는 사람

③ 음주운전으로 면허효력 정지처분을 받은 사람으로서 그 정지기간이 끝나지 않은 사람

④ 운전면허효력 정지처분을 받은 초보운전자로서 그 정지기간이 끝나지 않은 사람

해설 ② 특별교통안전 '권상교육'을 받을 대상자이다.

02 ① **03** ② **04** ② **05** ④ **06** ② **07** ① **08** ②

09 운전면허 취소처분의 기준으로 틀린 것은?

① 교통사고로 사람을 죽게 하거나 다치게 하고 구호조치를 하지 아니한 때

② 술에 취한 상태의 의심에도 불구하고 경찰공무원의 측정 요구에 불응한 때

③ 면허증 소지자가 다른 사람에게 면허증을 대여하여 운전하게 한 때

④ 다리, 머리, 척추 그 밖의 신체장애로 인하여 서 있을 수 없는 사람

해설 ④ 다리, 머리, 척추 그 밖의 신체장애로 인하여 앉아 있을 수 없는 사람이 운전면허 취소처분의 기준이다.

10 교통법규 위반시 벌점이 가장 많은 범칙행위는?

① 난폭운전으로 형사입건된 때

② 40km 초과 60km 이하의 속도위반

③ 고속도로·자동차전용도로 갓길통행

④ 사람이나 차마를 손상시킬 우려가 있는 물건을 던지거나 발사하는 행위

해설 ① 벌점 40점, ②·③ 벌점 30점, ④ 벌점 10점

11 '길 가장자리 구역'에 대한 설명으로 틀린 것은?

① 경계표시를 한다.

② 보도와 차도가 구분되지 아니한 도로에 설치한다.

③ 도로에 포함되지 않는다.

④ 보행자의 안전 확보를 위해 설치한다.

해설 길가장자리 구역이란 보도와 차도가 구분되지 아니한 도로에서 보행자의 안전을 위하여 안전표지 등으로 경계를 표시한 도로의 가장자리 부분을 말한다.

12 다음 ( )에 들어갈 적당한 말은?

> 택시운전자는 휴식을 취하기 위하여 택시를 ( ) 시키고 편의점에 들어가서 음료수를 구입하고 마신 후 차를 운행하였다.

① 주차   ② 일시정지

③ 정차   ④ 서행

해설 주차는 운전자가 승객을 기다리거나 화물을 싣거나 차가 고장 나거나 그 밖의 사유로 차를 계속 정지 상태에 두는 것 또는 운전자가 차에서 떠나서 즉시 그 차를 운전할 수 없는 상태에 두는 것이다.

13 편도 4차로 자동차전용도로에서 택시가 통행할 수 있는 차로에 대한 설명으로 틀린 것은?

① 앞지르기를 하는 경우에는 1차로로 통행할 수 있다.

② 왼쪽차로가 지정차로이다.

③ 오른쪽차로로도 통행할 수 있다.

④ 앞지르기를 하려는 경우에는 1차로만 가능하다.

해설 ④ 앞지르기는 지정된 차로보다 왼쪽 바로 옆 차로로 통행할 수 있다.

14 도로교통법상 앞지르기 금지장소이면서 동시에 서행운전을 하여야 하는 곳에 해당되는 경우는?

① 신호등이 없는 교차로에 진입한 자동차

② 소방용 기계·기구가 설치된 곳

③ 터널 안 및 다리 위

④ 횡단보도로부터 10m 이내인 곳

해설 ① 앞지르기 금지, 서행장소
② 주차금지장소
③ 주차금지장소 및 앞지르기 금지장소
④ 주·정차 금지장소

09 ④ 10 ① 11 ③ 12 ① 13 ④ 14 ①

15 서행 및 일시정지 등에 관한 설명으로 틀린 것은?

① 서행이란 차가 즉시 정지할 수 있는 속도로 진행하는 것이다.

② 황색의 등화인 경우 차마는 정지선, 횡단보도 및 교차로의 직전에서 정지한다.

③ '일시정지'는 자동차가 멈추어 얼마간의 시간 동안만 정지상태를 유지하는 것이다.

④ 모든 차의 운전자는 교통정리를 하고 있으나 교통이 빈번한 교차로에서는 일시정지한다.

해설 ④ 교통정리를 하지 있지 아니하고 좌우를 확인할 수 없거나 교통이 빈번한 교차로에서는 일시정지한다.

16 택시를 야간에 도로에 정차 또는 주차하는 경우에 켜야 하는 등화는?

① 전조등, 차폭등, 미등 및 실내조명등

② 차폭등 및 전조등

③ 전조등, 차폭등 및 미등

④ 차폭등 및 미등

해설 참고로 도로에서 야간에 차를 운행하는 경우에는 전조등, 차폭등, 미등, 번호등과 실내조명등을 켜야 한다.

17 운전면허 행정처분으로서의 벌점이 가장 많은 경우는?

① 인적교통사고로 3주 이상의 치료를 요하는 의사의 진단이 있는 사고

② 교통사고로 물적피해가 발생한 교통사고를 일으킨 후 도주한 때

③ 공동위험행위로 형사입건 된 때

④ 60km 초과의 속도위반

해설 ① · ② 벌점 15점, ③ 벌점 40점, ④ 벌점 60점

18 교통사고처리특례법의 적용에 대한 설명으로 틀린 것은?

① 차의 운전자가 업무상과실치사상죄를 범해도 피해자의 의사에 반하여 공소를 제기할 수 없다는 것을 말한다.

② 사망이나 도주사고에 대해서는 특례를 적용하지 않는다.

③ 신호 · 지시위반 차량에 충돌되어 인적피해를 입힌 경우에는 특례를 적용하지 않는다.

④ 중앙선침범 차량에 충돌되어 대물피해만 입힌 경우에도 특례가 적용되지 않는다.

해설 ④ 중앙선침범 차량에 충돌되어 인적피해를 입힌 경우에 특례가 적용되지 않는다. 물적피해는 특례가 적용된다.

19 교통사고운전자를 가중처벌하는 경우에 대한 설명으로 틀린 것은?

① 피해자를 사망에 이르게 하고 도주하거나, 도주 후에 피해자가 사망한 경우

② 피해자를 상해에 이르게 하고 구호하는 등의 조치를 하지 않고 도주한 경우

③ 피해자를 상해에 이르게 하고 사고 장소로부터 옮겨 유기하고 도주한 경우

④ 약물의 영향으로 정상적인 운전이 곤란한 상태에서 자동차를 운전하여 재물을 손괴한 경우

해설 ④ 특정범죄 가중처벌 등에 관한 법률상 음주 또는 약물의 영향으로 정상적인 운전이 곤란한 상태에서 자동차를 운전하여 **사람을 상해**나 **사망에 이르게 한** 경우 가중처벌 된다.

15 ④ 16 ④ 17 ④ 18 ④ 19 ④

20 철길건널목의 통과방법위반으로 인한 교통사고로 교통사고처리특례가 배제되는 경우는?

① 철길건널목 통과방법 위반 사고로 대물피해만 입힌 경우

② 철길건널목 신호기·경보기 등의 고장으로 일어난 인적피해사고

③ 신호기 등이 표시하는 신호에 따라 일시정지 않고 통과하다 일어난 인적피해사고

④ 철길건널목의 차단기가 내려지려고 하는 경우에 통과하다 일어난 인적피해사고

03 제3회 적중모의고사

01 배기량 2,400cc 이상의 일반택시 차령은?

① 3년 6개월　　　② 4년

③ 6년　　　　　　④ 9년

02 택시운전자의 위반행위에 부과되는 20만원의 과태료 대상이 <u>아닌</u> 것은?

① 승차거부나 여객을 중도에 내리게 하는 행위

② 일정한 장소에서 오랜 시간 정차하면서 여객을 유치하는 행위

③ 자동차 안에서 흡연하는 행위

④ 문을 완전히 닫지 않은 상태에서 출발한 경우

해설 자동차 안에서 흡연하는 경우 과태료 10만원이 부과된다.

03 노면 표시 각종 선의 의미에 대한 설명으로 <u>틀린</u> 것은?

① 백색 실선 : 차선변경 금지

② 백색 점선 : 차선변경 가능

③ 도로가의 황색 점선 : 주차 가능

④ 도로가의 황색 이중 실선 : 주·정차 금지

해설 ③ 도로가의 황색 점선은 '정차'가 가능하다는 의미이다.

04 어린이보호구역에서 제한속도를 10km/h를 초과하여 운행한 경우 부과되는 과태료 금액은?

① 8만원　　　　　② 7만원

③ 10만원　　　　④ 13만원

해설 참고로 범칙금은 6만원이다.

05 정차·주차금지 위반의 경우 범칙금은?

① 6만원　　　　　② 5만원

③ 4만원　　　　　④ 3만원

해설 주·정차관련 위반의 경우는 안전표지가 설치된 곳에서의 정차·주차금지 위반(6만원)을 제외하고는 대부분이 4만원이다.

06 관할관청이 운전자격증명을 회수하여 폐기하여야 하는 대상자가 <u>아닌</u> 것은?

① 대리운전을 시킨 사람의 대리운전이 끝난 경우에는 그 대리운전자(개인택시운송사업자)

② 사업의 양도·양수인가를 받은 경우에는 그 양도자 및 양수자

③ 사업을 폐업한 경우에는 그 폐업허가를 받은 사람

④ 운전자격이 취소된 경우에는 그 취소처분을 받은 사람

해설 ② 양도자 및 양수자가 아니라 양도자이다.

07 경형·소형 일반택시 승용자동차의 차령은?

① 3년 6개월　　　② 4년

③ 6년　　　　　　④ 9년

해설 일반택시 배기량 2400cc 이상은 6년, 개인택시 배기량 2400cc 이상과 전기자동차는 9년이다.

20 ④ ▌ 01 ③　02 ③　03 ③　04 ②　05 ③　06 ②　07 ①

08 운수종사자의 교육시간에 대한 설명으로 틀린 것은?

① 새로 채용한 운수종사자의 경우 교육시간은 16시간이다.

② 무사고·무벌점 기간이 5년 이상 10년 미만인 운수종사자는 격년으로 4시간의 보수교육을 받는다.

③ 법령위반 운수종사자는 16시간의 보수교육을 수시로 받는다.

④ 국제행사 등에 대비한 서비스 및 교통안전 증진을 위하여 4시간의 수시교육을 필요할 때에 받는다.

해설 ③ 법령위반 운수종사자는 8시간의 보수교육을 수시로 받는다.

09 연석선, 안전표지 또는 인공구조물을 이용하여 경계를 표시하여 모든 차가 통행할 수 있도록 설치된 도로의 부분을 무엇이라고 하는가?

① 차로　　　　② 중앙선

③ 차도　　　　④ 차선

10 차마가 도로의 중앙이나 좌측부분을 통행할 수 있는 경우가 아닌 것은?

① 도로가 혼잡 상태인 경우

② 도로가 일방통행인 경우

③ 도로 우측 부분의 폭이 차마의 통행에 충분하지 아니한 경우

④ 가파른 비탈길의 구부러진 곳에서 시·도 경찰청장이 통행방법을 지정한 경우

해설 ① 도로의 혼잡만의 사유로 도로의 중앙이나 좌측부분을 통행할 수 없다. 도로의 파손, 도로공사나 그밖의 장애 등으로 도로의 우측 부분을 통행할 수 없는 경우가 도로의 중앙이나 좌측 부분을 통행할 수 있는 경우이다.

11 보행자의 통행방법에 대한 설명으로 틀린 것은?

① 보도와 차도가 구분되지 아니한 중앙선이 있는 도로에서는 길가장자리 또는 길가장자리구역으로 통행하여야 한다.

② 보도와 차도가 구분되지 아니한 도로 중 중앙선이 없는 도로에서는 도로의 전부분을 통행할 수 있다.

③ 기(旗) 또는 현수막 등을 휴대한 행렬은 차도를 통행할 수 있다.

④ 보행자우선도로에서는 우측통행을 하여야 한다.

해설 ④ 보행자전용도로에서 보행자는 도로의 전부분을 통행할 수 있다.

12 진로를 변경할 때 안전한 운전방법으로 옳은 것은?

① 변경하고자 하는 차로의 후속차가 접근하고 있을 때 양보할 필요는 없다.

② 변경하고자 하는 차로의 후속차와 거리가 있을 때 감속하면서 진로를 변경한다.

③ 변경하고자 하는 차로의 후속차와 거리가 있을 때 속도를 유지한 채 진로를 변경한다.

④ 변경하고자 하는 차로의 후속차가 접근하고 있을 때 신속하게 진로를 변경한다.

해설 ③ 후속 차와 거리가 있을 때 **속도를 유지한 채 진로를 변경**하고, 접근하고 있을 때는 속도를 늦추어 뒤차를 먼저 통과시킨다.

08 ③　09 ③　10 ①　11 ④　12 ③

13 교통정리가 없는 교차로에서 동시에 교차로에 진입할 때의 양보운전에 대한 설명으로 옳은 것은?

① 동시에 진입하려고 하는 경우에는 좌측도로에서 진입하는 차에 진로를 양보한다.

② 좌회전하려고 하는 경우에는 직진하는 차보다 통행우선권이 있다.

③ 선진입 적용은 먼저 교차로에 진입한 차가 선진입한 후 여러 사정을 확인하여 확정한다.

④ 도로의 폭이 넓은 도로에서 진입하려고 하는 경우에는 도로의 폭이 좁은 도로로부터 진입하는 차에 진로를 양보한다.

해설 ① 동시에 진입하려고 하는 경우에는 **우측도로에서 진입하는 차**에 진로를 양보한다.
② 좌회전하려고 하는 경우에는 **직진거나 우회전하려는 차**에 진로를 양보한다.
④ 교통정리를 하고 있지 아니하는 교차로에 들어가려고 하는 차의 운전자는 그 차가 통행하고 있는 도로의 폭보다 교차하는 도로의 폭이 넓은 경우에는 서행하여야 하며, 폭이 넓은 도로로부터 교차로에 들어가려고 하는 다른 차가 있을 때에는 그 차에 진로를 **양보**하여야 한다.

14 급경사로에 주차할 경우 안전한 방법으로 옳은 것은?

① 연석이 있는 경우 내리막길에서는 연석의 반대방향으로 핸들을 유지한다.

② 내리막길에 주차를 하는 경우 차량 앞바퀴를 벽 또는 연석을 향하도록 돌려놓는다.

③ 주차 브레이크를 확실히 채우면 되고 굄목을 사용할 필요는 없다.

④ 연석이 있는 경우 오르막길에서는 연석 방향으로 핸들을 유지한다.

해설 내리막길에서는 연석 방향으로 핸들을 유지하고, 오르막길에서는 연석 반대방향으로 핸들을 유지하는 것이 안전하다.

15 자동차에서 좌석안전띠를 매지 아니하거나 동승자에게 좌석안전띠를 매도록 하지 않아도 되는 경우가 <u>아닌</u> 것은?

① 자동차를 후진시키기 위하여 운전하는 때

② 신체의 상태에 의하여 좌석안전띠의 착용이 적당하지 아니하다고 인정되는 경우

③ 운전자가 승객의 주취·약물복용 등으로 좌석안전띠를 매도록 할 수 없을 때

④ 긴급자동차가 그 본래의 용도 이외로 운행되고 있는 때

해설 ④ 긴급자동차가 그 본래의 용도로 운행되고 있는 때가 좌석안전띠를 매지 않아도 되는 때이다.

16 교통사고가 발생한 경우 운전자나 그 밖의 승무원이 경찰공무원이나 가까운 국가경찰관서에 신고하는 사항이 <u>아닌</u> 것은?

① 사고가 일어난 곳

② 사상자 수 및 부상 정도

③ 사고가 일어난 시간 및 상황

④ 그 밖의 조치사항 등

해설 ③ 신고사항이 아니다. '손괴한 물건 및 손괴 정도'가 신고사항이다.

17 일반도로에서 운전자가 신호를 하는 시기로 옳은 것은?

① 행위를 하려는 지점에 이르기 전 10m 이상

② 행위를 하려는 지점에 이르기 전 20m 이상

③ 행위를 하려는 지점에 이르기 전 30m 이상

④ 행위를 하려는 지점에 이르기 전 40m 이상

해설 고속도로에서는 100m 이상의 지점이다.

13 ③ **14** ② **15** ④ **16** ③ **17** ③

18 교통사고처리특례법이 적용되지 않는 중대법규 위반 교통사고가 <u>아닌</u> 것은?

① 철길건널목 통과방법을 위반하여 인명피해가 난 경우

② 보행자보호의무 위반하여 인명피해가 난 경우

③ 무면허운전사고를 위반하여 인명피해가 난 경우

④ 법정속도를 10km 초과한 속도위반으로 인명피해가 난 경우

해설 ④ 20km 초과 속도위반으로 인명피해가 난 경우가 특례법이 적용되지 않는 중대법규위반 교통사고이다.

19 교통사고처리특례법이 배제되는 신호·지시위반 사고의 성립요건에 속하지 <u>않는</u> 것은?

① 고의나 부주의에 의한 과실로 인한 사고

② 특별시장·광역시장 등이 설치한 신호기나 안전표지의 시설물이 존재하는 경우

③ 신호·지시위반 차량에 충돌되어 인적피해를 입힌 경우

④ 아파트단지 등의 특정구역의 소통과 안전을 위하여 설치된 신호기가 존재하는 경우

해설 ④ 특정구역 내부의 소통과 안전을 위하여 설치된 신호기상에서는 신호·지시위반이 성립하지 않는다.

20 특례가 배제되는 과속사고가 성립하는 경우는?

① 제한속도 10km를 초과한 과속차량에 충돌되어 인적손해를 입은 경우

② 제한속도 20km 초과하여 운행 중 대물피해만 입힌 경우

③ 불특정 다수의 사람 또는 차마의 통행을 위하여 공개된 장소가 아닌 곳에서의 사고

④ 가변형 속도제한표지에 따른 최고속도에서 20km를 초과한 경우

해설 제한속도 20km를 초과하고, 공개된 장소 그리고 대인피해가 발생해야 성립한다.

---

04 제4회 적중모의고사

01 택시운송사업의 구분으로서 배기량 1,600cc 미만의 승용자동차를 사용하는 택시운송사업은?

① 경형   ② 소형

③ 중형   ④ 대형

해설 ① 경형 : 배기량 1,000cc 미만의 승용자동차
③ 중형 : 배기량 1,600cc 이상의 승용자동차
④ 대형 : 배기량 2,000cc 이상의 승용자동차

02 여객운송사업의 결격사유로 틀린 것은?

① 피성년후견인

② 파산선고를 받고 복권되지 않은 자

③ 여객자동차운수사업법을 위반하여 징역 이상의 실형을 받고 그 집행이 끝나거나 면제된 날부터 3년이 지나지 않은 자

④ 여객자동차운송사업의 면허나 등록이 취소된 후 그 취소일부터 2년이 지나지 않은 자

해설 ③ 집행이 끝나거나 면제된 날부터 2년이 지나지 않은 자

03 사업용 자동차가 교통사고로 사상자가 발생한 경우 운송사업자의 조치사항이 <u>아닌</u> 것은?

① 신속한 응급조치수단의 마련

② 대체 운송수단의 확보

③ 유류품의 보관

④ 사고 주변상황의 통제

해설 ④ 주변상황의 통제는 조치사항에 포함되지 않는다.
①, ②, ③ 이외에 i) 가족이나 그 밖의 연고자에 대한 신속한 통지, ii) 그밖의 사상자의 보호 등 필요한 조치가 있다.

---

04 택시를 운전할 수 있는 자격요건으로 틀린 것은?

① 1종 보통운전면허 이상 소지자

② 시험접수일 현재 연령이 20세 이상일 것

③ 운전경력이 1년 이상인 사람

④ 운전적성정밀검사에서 적합판정을 받은 사람

해설 ① 2종 보통운전면허 이상 소지자가 자격요건이다.

05 택시의 운임과 직접 관련이 없는 것은?

① 거리   ② 속도   ③ 시간   ④ 구역

해설 15km/h 이하의 속도이면 시간을 기준으로, 15km/h 이상의 속도면 거리를 기준으로 요금을 계산한다.

06 여객자동차운송사업의 운전업무에 종사하려면 갖추어야 할 모든 요건이 아닌 것은?

① 사업용 자동차를 운전하기에 적합한 운전면허를 보유하고 있을 것

② 택시운전자격시험에 합격할 것

③ 운전적성 정밀검사의 기준에 맞을 것

④ 20세 이상으로서 해당 운전경력이 1년 이상일 것

해설 택시운전자격시험에 합격하는 것만으로는 안 되고, 합격 후 택시운전자격을 취득해야 한다. 그리고 택시운전자격시험을 통하지 않고 교통안전체험교육을 통한 택시운전자격의 취득도 가능하다.

07 속도위반 시 벌점을 설명한 것으로 옳은 것은?

① 80km/h 초과 100km/h 이하의 속도위반을 한 경우 - 100점

② 60km/h 초과의 속도위반을 한 경우 - 80점

③ 40km/h 초과 60km/h 이하의 속도위반을 한 경우 - 40점

④ 20km/h 초과 40km/h 이하의 속도위반을 한 경우 - 15점

해설 ① 80km/h 초과 100km/h 이하의 속도위반을 한 경우 - 벌점 80점

② 60km/h 초과의 속도위반을 한 경우 - 벌점 60점, 범칙금 13만원

③ 40km/h 초과 60km/h 이하의 속도위반을 한 경우 - 벌점 30점, 범칙금 10만원

④ 20km/h 초과 40km/h 이하의 속도위반을 한 경우 - 벌점 15점, 범칙금 7만원

08 도로교통법상 '차로'를 설치할 수 있는 곳은?

① 교차로   ② 횡단보도

③ 다리 위   ④ 철길 건널목

해설 교차로, 철길건널목, 횡단보도는 차로를 설치할 수 없다.

09 택시운전자가 어린이를 태우고 있다는 표시를 하고 도로를 통행하는 어린이 통학버스를 앞지르기 한 경우 몇 점의 벌점이 부과되는가?

① 10점   ② 15점

③ 30점   ④ 40점

해설 어린이 통학버스 특별보호를 위반하거나 어린이통학버스 운전자가 의무위반(좌석안전띠를 매도록 하지 아니한 운전자는 제외)은 벌점 30점이 부과된다.

10 다음 중 '정차'에 해당하는 것은?

① 택시 정류장에서 손님을 태우기 위해 10분 이상 정지 상태에서 승객을 기다리는 경우

② 운전자가 황색등화에 정지선 앞으로 서서히 진행하는 경우

③ 신호 대기를 위해 정지한 경우

④ 차를 천천히 운행하면서 보행자와 보조를 맞추는 경우

해설 정차라 함은 운전자가 5분을 초과하지 아니하고 차를 정지시키는 것으로서 주차 외의 정지 상태를 말한다.

04 ① 05 ④ 06 ② 07 ④ 08 ③ 09 ③ 10 ③

11 앞지르기 방법 등에 대한 설명으로 틀린 것은?

① 모든 차의 운전자는 다른 차를 앞지르려면 앞차의 좌측으로 통행하여야 한다.

② 앞차의 좌측에 다른 차가 앞차와 나란히 가는 경우에는 앞차를 앞지르지 못한다.

③ 도로교통법에 따른 명령에 따라 정지하거나 서행하고 있는 차를 앞지르기 하지 못한다.

④ 모범운전자의 지시로 서행하고 있는 차를 앞지르기 하지 못한다.

해설 ④ 경찰공무원(제22조 제1항 2호)의 지시에 따라 정지하거나 서행하고 있는 차를 앞지르기 하지 못한다. 모범운전자는 '경찰보조자'이다.

12 도로교통법상 서행하여야 할 장소가 아닌 것은?

① 교통정리를 하고 있는 교차로

② 도로가 구부러진 부근의 안전표지로 지정한 곳

③ 가파른 비탈길의 내리막의 안전표지로 지정한 곳

④ 비탈길의 고갯마루 부근의 안전표지로 지정한 곳

해설 ① 교통정리를 하고 있지 아니하는 교차로가 서행하여야 할 장소이다.

13 택시가 좌회전하기 위해 정체된 교차로에 진입하여 일명 '꼬리 물기' 행위를 하였을 때의 위반 행위는?

① 교차로 통행방법 위반

② 안전운전 의무 위반

③ 앞지르기 방해 금지 위반

④ 혼잡 완화 조치 위반

해설 모든 차의 운전자는 신호기에 의하여 교통정리가 행하여지고 있는 교차로에 들어가려는 때에는 진행하고자 하는 진로의 앞쪽에 있는 차의 상황에 따라 교차로에 정지하게 되어 다른 차의 통행에 방해가 될 우려가 있는 경우에는 그 교차로에 들어가서는 아니 된다.

14 어린이통학버스에 대한 설명으로 틀린 것은?

① 어린이통학버스가 정차한 경우 바로 옆 차로의 택시운전자는 반드시 일시정지한 후 서행해야 한다.

② 중앙선이 없거나, 편도 1차로인 도로에서 반대방향에서 진행하는 차의 운전자는 어린이통학버스에 이르기 전 일시정지한다.

③ 모든 차의 운전자는 어린이나 영유아를 태우고 있다는 표시를 한 상태의 어린이 통학버스를 앞지르지 못한다.

④ 어린이통학버스로 신고하여 사용할 수 있는 자동차는 승차정원 9인승 이상의 자동차에 한한다.

해설 ① 어린이통학버스가 도로에 정차하여 영유아가 타고 내리는 중임을 표시하는 점멸등을 작동 중일 때에 그에 이르기 전 일시정지하는 것이다.

15 보험 또는 공제에 가입된 경우에도 공소를 제기할 수 있는 경우가 아닌 것은?

① 교통사고처리특례법상 특례 적용이 배제되는 사고에 해당하는 경우

② 피해자가 신체의 상해로 인하여 경상(輕傷)을 입은 경우

③ 피해자가 신체의 상해로 인하여 불구(不具) 또는 불치(不治)나 난치(難治)의 질병이 생긴 경우

④ 보험계약 또는 공제계약이 무효로 되거나 해지되어 보험금 또는 공제금의 지급의무가 없어진 경우

해설 ② 피해자가 신체의 상해로 인하여 생명의 위험이 발생한 경우가 공소를 제기할 수 있는 경우이다.

---

11 ④ **12** ① **13** ① **14** ① **15** ②

16 특별교통안전교육의 내용이 <u>아닌</u> 것은?

① 교통법규와 안전　　　② 교통정책

③ 교통사고와 그 예방　　④ 자동차관리

해설 ② 특별교통안전교육의 내용에 교통정책은 포함되지 않는다. 특별교통안전 의무교육 및 특별교통안전 권장교육은 강의·시청각교육 또는 현장체험교육 등의 방법으로 3시간 이상 48시간 이하로 각각 실시한다.

17 교통사고를 일으킨 운전자가 종합보험이나 공제조합에 가입되어 있어 교통사고처리특례법의 특례가 적용되는 경우로 옳은 것은?

① 보행자가 자동차전용도로로 진입하여 통행하여 경상의 교통사고를 일으킨 경우

② 교통사고로 사람을 사망에 이르게 한 경우

③ 교통사고를 야기한 후 부상자 구호를 하지 않은 채 도주한 경우

④ 신호위반으로 중상의 교통사고를 일으킨 경우

해설 ②·③·④는 보험 또는 공제에 가입한 경우에도 공소를 제기할 수 있으나 ①은 교통사고처리특례법의 특례가 배제되는 사유가 아니다.

18 음주운전에 대한 설명으로 틀린 것은?

① 문이나 차단기에 의하여 도로와 차단되는 비공개의 통행로에서의 음주운전도 처벌대상이 된다.

② 술을 마시고 주차장 또는 주차선 안에서 운전하는 것은 처벌대상이 아니다.

③ 술을 마시고 운전을 하여도 혈중알코올농도 0.03% 이상에 해당하지 않으면 음주운전이 아니다.

④ 도로가 아닌 곳에서의 음주운전도 형사처벌의 대상이다.

해설 ② 술을 마시고 주차장 또는 주차선 안에서 운전하는 것도 음주운전의 처벌 대상이다.

19 교통사고처리특례법상 도주사고가 성립하지 <u>않는</u> 경우는?

① 사고운전자가 연락처를 거짓으로 알려준 경우

② 교통사고 현장이 너무 혼잡하여 도저히 정지할 수 없어 일부 진행하다 정지하고 다시 돌아와 조치한 경우

③ 피해자가 이미 사망하여 사체 안치 후송 등 조치없이 가버린 경우

④ 운전자를 바꿔치기 하여 신고한 경우

20 앞지르기 방법·금지위반 사고로 교통사고처리특례가 배제되는 경우가 <u>아닌</u> 것은?

① 앞지르기 금지 장소에서 발생한 사고로 인적피해를 입힌 경우

② 앞지르기 방법·금지위반 차량에 충돌되어 피해자가 인적피해를 입은 경우

③ 불가항력적인 상황에서 앞지르기 하다 인적피해가 발생한 경우

④ 앞차의 좌측에 다른 차가 앞지르고 있거나 앞지르고자 할 때 앞지르다 인적피해가 발생한 경우

16 ② 17 ① 18 ② 19 ② 20 ③

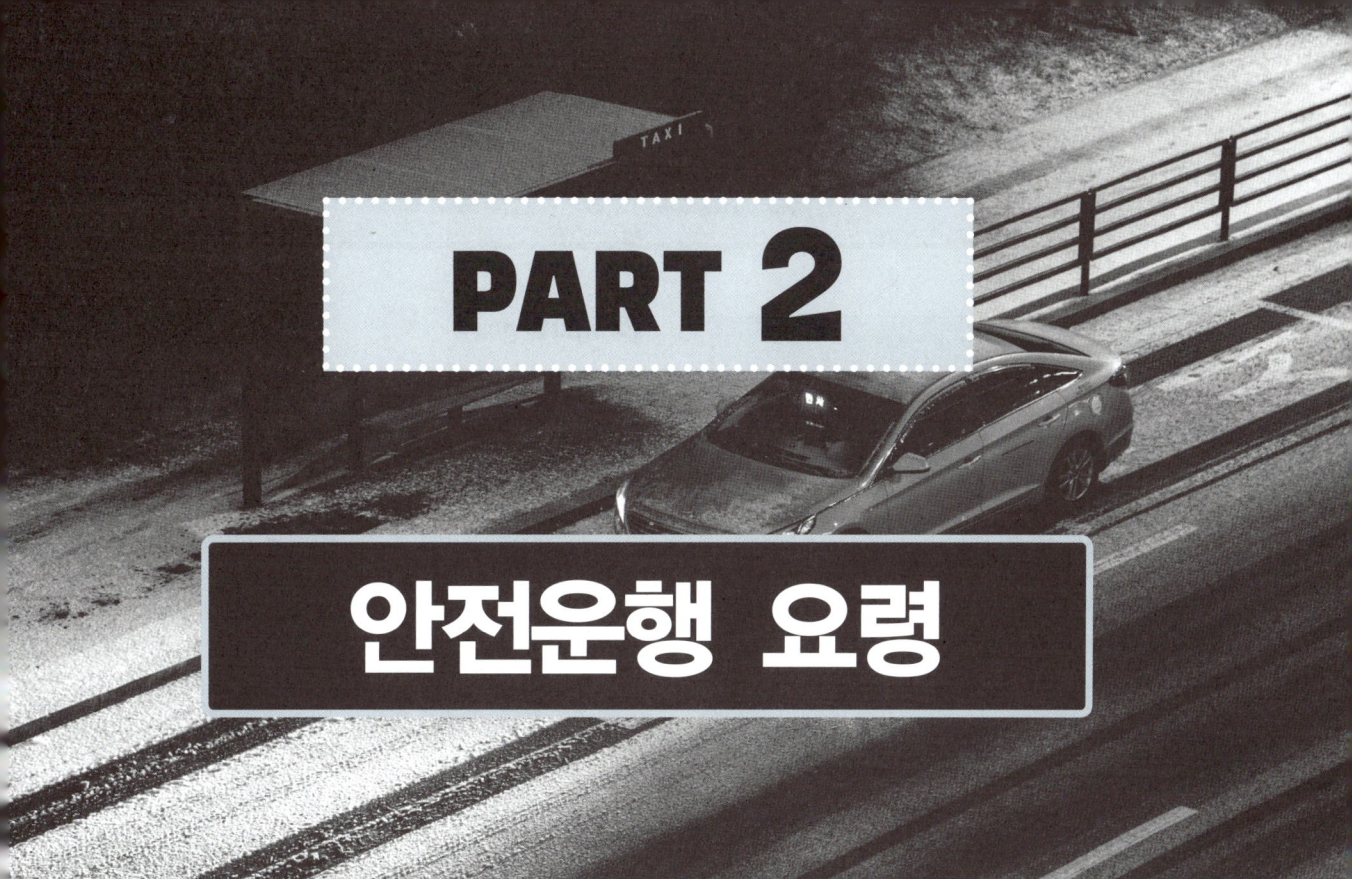

PART 2

안전운행 요령

CHAPTER 1 — 안전운행 일반론

01 운전특성과 시각특성

❶ 운전특성

(1) 인지판단조작

1) 확인 – 예측 – 판단 – 조작의 과정을 반복

① 자동차를 운행하고 있는 운전자는 교통상황을 알아 차리고(확인), 운전 중에 확인한 정보를 모아 사고가 발생할 수 있는 지점을 예측한다(예측).

② 예측 후 어떻게 자동차를 움직여 운전할 것인가를 결정하고(판단), 그 결정에 따라 자동차를 움직이는 운전행위(조작)에 이르는 과정을 수없이 반복하면서 운전을 한다.

2) 운전자 요인에 의한 교통사고 : 위 네 가지 과정의 어느 특정한 과정 또는 둘 이상의 연속된 과정의 결함에서 비롯된다.

3) 결함순 : 운전자 요인에 의한 교통사고 중 **확인**(인지)**과정의 결함에 의한 사고가 절반 이상**으로 가장 많으며, 이어서 판단과정의 결함, 조작과정의 결함 순이다.

4) 인적요인의 변화 : 차량요인, 도로환경요인 등 다른 요인에 비하여 변화시키거나 수정이 상대적으로 매우 어렵다.

(2) 운전자의 정보처리과정

1) 감각기관의 수용기로부터 입수되는 차량 내·외의 교통정보(운전정보)는 **구심성 신경**을 통하여 정보처리부분인 뇌로 전달된다.

2) 전달된 교통정보는 당해 운전자의 지식·경험·사고·판단을 바탕으로 의사결정과정을 거쳐 다시 **원심성 신경**을 통해 효과기(운동기)로 전달되어 운전조작행위가 이루어진다.

3) 이런 과정은 매우 짧게 행해지며, 동시에 수정·보완되는 **피드백**(Feed-Back) 과정을 끊임없이 반복되며 이 정도는 개인마다 다르다.

❷ 시각특성 ★★

(1) 시각 일반

1) 시각의 중요성

① 운전자는 운전 중 필요 정보를 얻기 위해 다른 감각보다 시각에 대부분 의존한다.

② 앞을 볼 수 있다고 하여 자동차 운전에 필요한 시각적인 적성을 다 갖춘 것은 아니다.

2) 운전과 관련되는 시각의 특성 ★

① 운전자는 운전에 필요한 정보의 대부분을 시각을 통하여 획득한다.

② 속도가 **빨라질수록** 시력은 **떨어진다**.

③ 속도가 빠를수록 시야의 범위가 **좁아진다**.

④ 속도가 빠를수록 전방주시점은 **멀어진다**.

(2) 정지시력

정지시력이란 아주 밝은 상태에서 1/3인치(0.85cm) 크기의 글자를 20피트(6.10m) 거리에서 읽을 수 있는 사람의 시력을 말한다.

(3) 시력기준(도로교통법 시행령 제45조)

우리나라 도로교통법령에 정한 시력은 교정시력을 포함하여 다음과 같다. ★

1) 제1종 운전면허에 필요한 시력 : "두 눈을 동시에 뜨고 잰 시력이 0.8 이상, 양쪽 눈의 시력이 각각 0.5 이상"이어야 한다.

2) 제2종 운전면허에 필요한 시력 : "두 눈을 동시에 뜨고 잰 시력이 0.5 이상 다만, 한쪽 눈을 보지 못하는 사람은 다른 쪽 눈의 시력이 0.6 이상"이어야 한다.

3) 붉은색, 녹색 및 노란색을 구별할 수 있어야 한다.

(4) 동체시력 ★

1) 개념 : 동체시력이란 움직이는 물체(자동차, 사람 등) 또는 움직이면서(운전하면서) 다른 자동차나 사람 등의 물체를 보는 시력을 말한다.

2) 동체시력의 특성

① 동체시력은 물체의 **이동속도가 빠를수록** 상대적으로 저하된다.

② 동체시력은 **연령이 높을수록** 저하된다.

③ 동체시력은 장시간 운전에 의한 **피로상태**에서도 저하된다.

(5) 야간시력 ★

1) 야간의 시력저하

① 해질 무렵이 가장 운전하기 힘든 시간이다.

② 전조등을 비추어도 주변의 밝기와 비슷하기 때문에 의외로 다른 자동차나 보행자를 보기가 어렵다.

2) 야간시력과 주시대상

① **사람이 입고 있는 옷 색깔의 영향**

㉠ 무엇인가 있다는 것을 인지하기 쉬운 옷 색깔은 **흰색**, 엷은 황색의 순이며 흑색이 가장 어려움

㉡ **무엇인가가 사람**이라는 것을 확인하기 쉬운 옷 색깔은 **적색**, 백색의 순이며 흑색이 가장 어려움

㉢ 주시대상인 **사람이 움직이는 방향**을 알아맞히는 데 가장 쉬운 옷 색깔은 **적색**이며 흑색이 가장 어려움

② **통행인의 노상위치와 확인거리** : 야간에는 대향차량의 전조등에 의한 **현혹현상**(눈부심 현상)으로 중앙선상의 통행인을 우측 갓길에 있는 통행인보다 확인하기 어렵다.

③ **야간운전 주의사항**

㉠ 운전자가 눈으로 확인할 수 있는 시야의 범위가 좁아짐

㉡ 마주 오는 차의 전조등 불빛에 현혹되는 경우 물체식별이 어려워짐

㉢ 마주 오는 차의 전조등 불빛으로 눈이 부실 때는 시선을 약간 오른쪽으로 돌려 눈부심을 방지해야 함

㉣ 술에 취한 사람이 차도에 뛰어드는 경우에 주의

㉤ 전방이나 좌우 확인이 어려운 신호등 없는

교차로나 커브길 진입 직전에는 전조등(상향과 하향을 2~3회 변환)으로 자기 차가 진입하고 있음을 알려 사고를 방지

㉥ 보행자와 자동차의 통행이 빈번한 도로에서는 항상 전조등의 방향을 하향으로 하여 운행

(6) 명순응과 암순응 ★

1) 암순응

① 일광 또는 조명이 밝은 조건에서 **어두운 조건으로 변할 때** 사람의 눈이 **그 상황에 적응**하여 시력을 회복하는 것을 말한다.

② 낮시간에 터널 밖을 운행하던 운전자가 갑자기 어두운 터널 안으로 주행하는 순간 일시적으로 일어나는 운전자의 심한 시각장애를 말한다.

③ 시력회복이 명순응에 비해 매우 느리다.

2) 명순응

① 일광 또는 조명이 **어두운 조건에서 밝은 조건으로 변할 때** 사람의 눈이 그 상황에 적응하여 시력을 회복하는 것을 말한다.

② 암순응과는 반대로 어두운 터널을 벗어나 밝은 도로로 주행할 때 운전자가 일시적으로 주변의 눈부심으로 인해 물체가 보이지 않는 시각장애를 말한다.

③ 상황에 따라 다르나 **명순응에 걸리는 시간은 암순응보다 빨라 수초~1분에 불과**하다.

(7) 심시력

1) 전방에 있는 **대상물까지의 거리를 목측하는 것을 심경각**이라고 하며, 그 기능을 **심시력**이라고 한다.

2) 심시력의 결함은 입체공간 측정의 결함으로 인한 교통사고를 초래할 수 있다.

(8) 시야 ★

1) 시야와 주변시력

① **시야의 개념** : 정지한 상태에서 눈의 초점을 고정시키고 양쪽 눈으로 볼 수 있는 범위를 시야라고 한다.

② **정상적인 시력을 가진 사람의 시야범위** : 180°~200°이다.

③ 시야 범위 안에 있는 대상물이라 하더라도 시축에서 벗어나는 시각(視角)에 따라 시력이 저하된다.

④ 주행 중인 운전자는 전방의 한 곳에만 주의를 집중하기보다는 **시야를 넓게 갖도록 하고 주시점을 적절하게 이동**시켜야 한다.

⑤ 한 쪽 눈의 시야는 좌·우 각각 **약 160° 정도**이며 양쪽 눈으로 색채를 식별할 수 있는 범위는 **약 70°**이다.

2) 속도와 시야

① 시야의 범위는 **자동차 속도에 반비례하여 좁아진다.**

② 정상시력을 가진 운전자의 정지하는 때 시야범위는 **약 180~200°**이지만, 매시 40km로 운전 중이라면 그의 시야범위는 약 100°, 매시 70km면 약 65°, 매시 100km면 약 40°로 **속도가 높아질수록 시야의 범위는 점점 좁아진다.**

3) 주의의 정도와 시야 : 어느 특정한 곳에 주의가 집중되었을 경우의 시야범위는 집중의 정도에 비례하여 좁아진다.

(9) 주행시공간(走行視空間)의 특성

1) 속도가 빨라질수록 주시점은 멀어지고 시야는 좁아진다.

2) 속도가 빨라질수록 가까운 곳의 풍경(근경)은 더욱 흐려지고 작고 복잡한 대상은 잘 확인되지 않는다.

02 도로요인과 교통사고

❶ 도로요인

(1) 도로구조와 안전시설

1) **도로구조** : 도로의 선형, 노면, 차로수, 노폭, 구배 등에 관한 것이다.

2) **안전시설** : 신호기, 노면표시, 방호울타리 등 도로의 안전시설에 관한 것을 포함한다.

(2) 도로의 4가지 조건

형태성, 이용성, 공개성, 교통경찰권

❷ 차로, 길어깨, 교량과 교통사고

(1) 차로수와 교통사고

차로수와 사고율의 관계는 일반적으로 차로수가 많으면 사고가 많다.

(2) 차로폭과 교통사고

일반적으로 횡단면의 **차로폭이 넓을수록 교통사고예방의 효과**가 있다.

(3) 길어깨(갓길)의 역할 ★

1) 고장차가 본선차도로부터 대피할 수 있고, 사고 시 교통의 혼잡을 방지하는 역할을 한다.

2) 교통의 안전성과 쾌적성에 기여한다.

3) 유지관리 작업장이나 지하매설물에 대한 장소로 제공된다.

4) 보도 등이 없는 도로에서는 보행자 등의 통행 장소로 제공된다.

(4) 교량과 교통사고 ★

교량의 폭, 교량 접근부 등이 교통사고와 밀접한 관계에 있다.

1) 교량 접근로의 폭에 비하여 교량의 폭이 좁을수록 사고가 더 많이 발생한다.

2) 교량의 접근로 폭과 교량의 폭이 같을 때 사고율이 가장 낮다.

3) 교량의 접근로 폭과 교량의 폭이 서로 다른 경우에도 교통통제시설, 즉 안전표지, 시선유도표지, 교량끝단의 노면표시를 효과적으로 설치함으로써 사고율을 현저히 감소시킬 수 있다.

03 방어운전 및 상황별 운전

❶ 안전운전과 방어운전

(1) 개념의 정리 ★

1) **안전운전** : 운전자가 자동차를 그 본래의 목적에 따라 운행함에 있어서 운전자 자신이 위험한 운전을 하거나 **교통사고를 유발하지 않도록 주의**하여 운전하는 것을 말한다.

2) 안전운전과 방어운전은 별도의 개념이 아니라 어느 것 하나라도 소홀하면 교통사고가 발생할 수 있다.

3) 방어운전

① 위험한 상황을 만들지 않고 운전하는 것

② 위험한 상황에 직면했을 때는 이를 **효과적으로 회피**할 수 있도록 운전하는 것

(2) 안전운전의 5가지 기본기술

1) 운전 중에 전방을 멀리 본다.

① <u>전방을 멀리 본다는 것</u> : 직진, 회전, 후진 등에 관계없이 항상 진행 방향 멀리 바라보는 것을 말한다. 가능한 한 시선은 전방 먼 쪽에 두되, 바로 앞 도로 부분을 내려다보지 않도록 한다. **일반적으로 20~30초 전방**까지 본다(20 ~ 30초 전방이란 도시에서는 대략 시속 40km ~ 50km의 속도에서 교차로 하나 이상의 거리를 말하며, 고속도로와 국도 등에서는 대략 시속 80km ~ 100km의 속도에서 약 500m ~ 800m 앞의 거리를 살피는 것).

② 전방을 멀리 볼 경우 운전자는 좌우를 더 넓게 관찰할 수 있다.

2) 전체적인 조망(전체적으로 파악하는 것의 의미)

① 교통상황을 폭넓게 전반적으로 확인해야 한다는 것을 말한다.

② 모든 상황을 여유 있는 포괄적으로 바라보고 핵심이 되는 상황만 반복, 확인해서 보는 것을 말한다.

③ 이때 중요한 것은 어떤 특정한 부분에 사로잡혀 다른 것을 보는 것을 놓쳐서는 안 된다는 것이다.

3) 눈을 계속해서 움직이는 것의 의미

① 운전자가 특정 차량대열 만을 약 2초 정도만 계속해서 바라볼 경우, 그 운전자의 시선과 시야는 이미 고정되어 다른 것을 놓치게 된다.

② 좌우를 살피는 운전자는 움직임과 사물, 조명을 파악하지만 시선이 한 방향에 고정된 운전자는 주변에서 다른 위험 사태가 발생하더라도 파악할 수 없다.

4) 다른 사람들이 자신을 볼 수 있게 한다.

① 회전을 하거나 차로 변경을 할 경우에 다른 사람이 미리 알 수 있도록 신호를 보내야 한다.

② **시내주행 시 30m 전방, 고속도로 주행 시 100m 전방**에서 방향지시등을 켠다.

③ 추월이나 진로변경시 앞차의 속도·진로와 그 밖의 도로상황에 따라 방향지시기·등화 또는 경음기(警音機)를 사용하여 알려야 한다.

5) 차가 빠져나갈 공간을 확보

① 운전자는 주행 시 앞·뒤 뿐만 아니라 좌·우로 안전 공간을 확보하도록 노력해야 한다.

② 좌·우로 차가 빠져나갈 공간이 없을 때에는 앞차와의 차간거리를 더 확보해야 한다.

❷ 방어운전의 기본기술과 방법

(1) 총론

1) 방어운전이란 용어는 미국의 전미안전협회(NSC) 운전자 개선 프로그램에서 비롯한 것이다.

2) 타인의 부정확한 행동과 악천후 등에 관계없이 사고를 미연에 방지하는 운전을 의미한다.

3) 방어운전은 자신과 다른 사람을 위험한 상황으로부터 보호하는 기술이다.

4) 방어운전은 운전 실수를 예방하기 위한 방법으로서 위험의 **인지, 방어의 이해**, 제시간내의 **정확한 행동**이라는 3단계 과정을 핵심요소로 한다.

(2) 기본적인 사고유형의 회피

1) 교통사고의 구분

① **예방할 수 있었던 사고** : 교통사고의 90% 이상은 사실상 운전자가 당시에 합리적으로 행동했다면 예방 가능했던 사고라는 것이 방어운전의 전제이다.

② **예방할 수 없었던 사고** : 합리적으로 운전하더라도 사고를 예방할 수 없는 사고이다.

2) 사고유형별 교통사고의 회피

① **정면충돌사고의 회피방법** : 정면 충돌사고는 직선로, 커브 및 좌회전 차량이 있는 교차로에서 주로 발생한다.

㉠ 전방의 도로상황을 파악하여 내 차로로 들어오거나 앞지르려고 하는 차나 보행자에 주의한다.

ⓛ 정면으로 마주칠 때 **핸들조작의 기본적 동작
은 오른쪽으로 한다.** 상대 운전자 또한 자신
의 차로 쪽으로 방향을 틀 것이기 때문이다.

ⓒ 오른쪽으로 방향을 조금 틀어 공간을 확보한다.

ⓔ 필요하다면 차도를 벗어나 길 가장자리 쪽으
로 주행한다.

ⓜ 속도를 줄여 주행거리와 충격력을 줄인다.

② **후미 추돌사고의 회피방법**

㉠ 제동등, 방향지시기 등을 단서로 앞차의 운전
자가 어떻게 행동할 지를 살핀다.

ⓛ 앞차 너머의 상황을 살핌으로서 앞차 운전자
의 갑작스런 행동으로 인해 자신이 위협받게
되는 상황을 파악한다.

ⓒ 앞차와 최소한 3초 정도의 충분한 추종거리
를 유지한다.

ⓔ 상대보다 더 빠르게 속도를 줄이는 것이 방
어운전의 기본 자세이다.

③ **단독사고의 회피방법**

㉠ 과로를 피하고 심신이 안정된 상태에서 운전
해야 한다.

ⓛ 낯선 곳 등의 주행에 있어서는 사전에 주행
정보를 수집하여 여유 있는 주행이 가능하도
록 해야 한다.

④ **미끄러짐 사고회피방법**

㉠ 눈이나 비가 올 때 등에 주로 발생한다.

ⓛ 노면에 차들이 흘린 기름 등과 빗물 등이 결합
되면 미끄러지기 쉬우므로 이러한 곳을 주의한다.

ⓒ 젖은 교량 위나 도로의 웅덩진 부분이 영하
의 기온으로 떨어질 때 쉽게 결빙될 수 있다.

ⓔ **눈, 비 등이 오는 날씨 상황에서 주의상황**

• 수시로 브레이크 페달을 작동해서 제동이 제
대로 되는지를 살펴본다.

• 제동상태가 나쁠 경우 도로 조건에 맞춰 속
도를 낮춘다.

⑤ **차량 결함 사고의 대처방법**

㉠ 차의 앞바퀴가 터지는 경우 핸들을 단단하게 잡
고, 의도한 방향을 유지한 다음 속도를 줄인다.

ⓛ 뒷바퀴의 바람이 빠져 한쪽으로 미끄러지는
것을 느끼면 **핸들 방향을 그 방향으로 틀어주
며 대처**한다.

ⓒ **브레이크의 고장**

• 브레이크 베이퍼록 현상으로 페달이 푹 꺼진
경우라면 브레이크 페달을 반복해서 계속 밟
으며 유압계통에 압력이 생기게 한다.

• 만일 브레이크 유압계통이 터진 경우라면 빠
르고 세게 밟아(계속 여러 차례 밟으면 브레이크액
모두 빠져나갈 수 있음) 속도를 줄이는 순간 변속
기 기어를 저단으로 바꾸어 엔진브레이크로
속도를 감속한 후 안전한 장소에 정차한다.

• 브레이크를 계속 밟아 열이 발생하여 브레이
크가 듣지 않는 페이딩 현상이 일어난다면
차를 멈추고 브레이크가 식을 때까지 기다려
야 한다.

⑥ 햇빛 등으로 눈부신 경우는 선글라스를 쓰거
나 선바이저를 사용한다.

(3) 시인성 그리고 시간과 공간의 관리

1) 시인성

① **개념** : 시인성은 자신이 도로의 장애물 등을
확인하는 능력과 다른 운전자나 보행자가 자신
을 볼 수 있게 하는 능력이다. 교통상의 위험은
보통 운전자의 시야를 가리는 장애물 뒤에 숨
어있다.

② **시야 장애물의 정리**

㉠ 앞좌석의 대시보드나 뒷좌석의 트렁크 상단에
올려놓은 각종 장식물이나 물건을 정리한다.

ⓛ 후사경을 이용한 경우의 사각범위에 주의한다.

ⓒ 지저분한 유리창과 전조등을 청소한다.

③ **시인성을 높이기 위한 방법**

㉠ **운전하기 전의 준비**

• 차량 내·외부의 청소 및 점검

• 후사경과 사이드 미러 및 운전석의 높이의 조정

• 선글라스, 점멸등, 창 닦게 등을 준비

• 후사경의 장식물이나 시야를 가리는 차내의
장애물을 정리

ⓒ **운전 중 행동**

- 낮에도 흐린 날 등에는 하향(변환빔) 전조등을 켠다.
- 자신의 의도를 다른 도로이용자에게 분명히 전달함으로써 자신의 시인성을 최대화 할 수 있다.

2) 시간을 다루는 법

① **주행속도를 조절하는 것은 바로 시간을 다루는 가장 중요한 방법**

ⓐ 차를 정지시켜야 할 때 필요한 **시간과 거리는 속도의 제곱에 비례**한다.

ⓑ 마찬가지로 앞지르기하는데 요구되는 시간과 거리는 자신의 차와 다른 차가 얼마나 빠르게 주행하는가에 좌우된다.

ⓒ 도로상의 위험을 발견하고 운전자가 반응하는 시간은 문제 발견(인지) 후, 0.5초에서 0.7초 정도가 걸린다.

ⓓ **공주거리** : ⓒ의 시간 동안 차는 계속해서 앞으로 나아가게 되는 거리를 공주거리라고 한다.

ⓔ **제동거리** : 이때 브레이크가 듣기 시작하여 차가 설 때까지 가는 거리를 제동거리라 한다.

ⓕ **정지거리** : 문제를 인식하고 반응하는 동안 진행한 거리(공주거리)에 제동거리를 더한 거리이다.

- 정지거리 = 지각거리(확인, 예측, 판단 시간 약 1초) + 반응거리(행동시간 약 0.7초) + 제동거리

② **시간을 효율적으로 다루는 몇 가지 기본 원칙 ★**

ⓐ **안전한 주행경로 선택을 위해 주행 중 20~30초 전방을 탐색한다**(20~30초 전방은 도시에서는 40~50km의 속도로 400m 정도의 거리이고, 고속도로 등에서는 80~100km의 속도로 800m 정도의 거리임).

ⓑ 위험 수준을 높일 수 있는 **장애물이나 조건을 12~15초 전방까지 확인**한다(12~15초 전방의 장애물은 도시에서는 200m 정도의 거리, 고속도로 등에서는 400m 정도의 거리임).

- 시간을 다루는 데 특히 중요한 것은 앞차를 뒤따르는 추종거리이다. 운전자가 앞차가 갑자기 멈춰서는 것 등을 발견하고 회피를 할 수 있기 위해서는 **적어도 2~3초 정도의 거리가 필요**하다.

3) 공간을 다루는 법

① 방어운전자라면 운전시간 내내 안전하게 행동할 수 있는 충분한 공간을 확보하는 것을 기본 목표로 한다.

② **공간을 다루기 위하여 필요한 사항**

ⓐ 속도와 시간, 거리 관계를 항상 염두에 둔다.

ⓑ 차를 빠르게 주행하면 할수록 그만큼 정지에 필요한 시간은 많아진다.

ⓒ 정지거리는 속도의 제곱에 비례한다. 속도를 2배 높이면 정지에 필요한 거리는 4배 필요하다. **예** 건조한 도로를 50km의 속도로 주행할 때 필요한 정지거리는 13m 정도이므로, 100km에서는 52m(4×13) 정도이다.

③ **차 주위의 공간을 평가하고 조절**

ⓐ **주변 차들과의 완충공간 또는 안전공간을 두면서 운전하는 경우** : 긴급사태가 발생할 경우에도 핸들을 틀어 피할 여지가 생긴다.

ⓑ **공간을 다루는 기본적인 요령**

- 앞차와 적정한 추종거리를 유지한다. 앞차와의 거리를 적어도 **2~3초 정도 유지**한다.
- 도로노면이 고르지 않거나 비가 오면 추종거리는 **3초 이상**으로 늘려 잡는 것이 좋다.
- **또한 빙판길이나 눈이 쌓인 도로**를 주행하거나 비가 몹시 내리는 상황에서 주행할 때는 그 간격을 **5~6초**로 늘려 잡는 것이 좋다.
- **뒤차와도 2초 정도의 거리**를 유지하는 것이 필요한데 뒤차가 후미에 바짝 붙는 경우 그 차가 앞서가도록 길을 터주는 것이 안전하다.
- 가능하면 좌우의 차량과도 차 한대 길이 이상의 거리를 유지한다.
- 차의 앞뒤나 좌우로 공간이 충분하지 않을 때는 공간을 증가시켜야 한다. **예** 자신의 차가 다른 차에 둘러 싸여 있으면 속도를 조절하여 그 군집으로부터 벗어난다.

5) 젖은 도로 노면을 다루는 법 ★

① 노면의 마찰력이 가장 낮아지는 시점은 **비오기 시작한지 5~30분 이내**이다.

② 빗길은 더욱 앞차와의 차간거리를 충분히 벌려야 하고 속도규정을 지켜야 한다.

③ 비가 많이 오게 되면 이번에는 **수막현상**을 주의해야 한다.

④ 수막현상은 속도가 높을수록 쉽게 일어난다. 특히 빗물이 고인 도로 상에서 갑자기 회전 또는 정지를 하는 경우 시속 70km 정도의 주행 속도에서도 수막현상이 발생한다.

⑤ **빗물이 고인 곳을 벗어난 후 주행 시**

㉠ 브레이크가 원활히 작동하지 않을 경우에는 **브레이크를 여러 번 나누어 밟아** 마찰열로 브레이크 패드나 라이닝의 물기를 제거한다.

㉡ 저단기어로 엔진 브레이크 상태를 만든 후 왼발로 브레이크 페달에 저항이 걸릴 정도로 밟고, 오른발은 가속페달을 밟아 물기를 제거한다.

(4) 앞지르기 방법과 방어운전

1) 앞지르기는 가장 위험한 행위 : 앞지르기는 교통사고의 원인이 되기 때문에 무리한 앞지르기를 하거나 함부로 앞지르기해서는 안 된다.

① **앞지르기 순서 및 방법 주의사항**

㉠ 앞지르기 금지장소 여부를 확인한다.

㉡ 전방의 안전을 확인하는 동시에 후사경으로 좌측 및 좌후방을 확인한다.

㉢ 좌측 방향지시등을 켠다.

㉣ 최고속도의 제한범위 내에서 가속하여 진로를 서서히 좌측으로 변경한다.

㉤ 차가 일직선이 되었을 때 방향지시등을 끈 다음 앞지르기 당하는 차의 좌측을 통과한다.

㉥ 앞지르기 당하는 차를 후사경으로 볼 수 있는 거리까지 주행한 후 우측 방향 지시등을 켠다.

㉦ 진로를 서서히 우측으로 변경한 후 차가 일직선이 되었을 때 방향지시등을 끈다.

② **앞지르기할 때 발생하기 쉬운 사고 유형**

㉠ 최초 진로를 변경할 때에는 동일방향 좌측 후속 차량 또는 나란히 진행하던 차량과의 충돌

㉡ 중앙선을 넘어 앞지르기할 때에는 반대 차로에서 횡단하고 있는 보행자나 주행하고 있는 차량과의 충돌

㉢ 앞지르기를 하고 있는 중에 앞지르기 당하는 차량이 좌회전하려고 진입하면서 발생하는 충돌

㉣ 앞지르기를 시도하기 위해 앞지르기 당하는 차량과의 근접주행으로 인한 후미 추돌

㉤ 앞지르기한 후 주행차로로 재진입하는 과정에서 앞지르기 당하는 차량과의 충돌

③ **앞지르기할 때의 방어운전 ★**

㉠ **자신의 차가 다른 차를 앞지르기 할 때**

• 앞지르기에 필요한 속도가 그 도로의 최고속도 범위 이내일 때 앞지르기를 시도한다(과속은 금물이다).

• 앞지르기에 필요한 충분한 거리와 시야가 확보되었을 때 앞지르기를 시도한다.

• 앞차가 앞지르기를 하고 있는 때는 앞지르기를 시도하지 않는다.

• 앞차의 오른쪽으로 앞지르기하지 않는다.

• 점선으로 되어있는 중앙선을 넘어 앞지르기하는 때에는 대향차의 움직임에 주의한다.

㉡ **다른 차가 자신의 차를 앞지르기 할 때**

• 앞지르기를 시도하는 차가 원활하게 주행차로로 진입할 수 있도록 속도를 줄여준다. 앞지르기를 시도하는 차가 안전하고 신속하게 앞지르기를 완료할 수 있도록 함으로써 자신의 차와의 충돌 위험을 줄일 수 있기 때문이다.

• `앞지르기 금지 장소 등에서도 앞지르기를 시도하는 차가 있다는 사실을 항상 염두에 두고 방어운전을 한다.

❸ 상황별 운전

(1) 이면도로 ★★

1) 이면도로의 위험성

① 주변에 주택 등의 밀집으로 동네길, 학교 앞 도로로 보행자의 횡단이나 통행이 많다.

② 길가에서 뛰노는 어린이들이 많아 어린이들과의 접촉사고가 발생할 가능성이 높다.

2) 이면도로 운전법

① 이면도로에서 안전하게 운전하려면 항상 위험

을 예상하면서 속도를 낮추고 운전해야 한다.

② 특히 어린이 보호구역에서는 시속 30킬로미터 이하로 운전해야 한다.

③ **보행자의 출현 등 돌발 상황에 대비한 방어운전**

㉠ 차량의 속도를 줄인다.

㉡ 자동차나 어린이가 갑자기 출현할 수 있다는 생각을 가지고 운전한다.

㉢ 언제라도 곧 정지할 수 있는 마음의 준비를 갖춘다.

④ **위험한 대상물은 계속 주시**

㉠ 돌출된 간판 등과 충돌하지 않도록 주의한다.

㉡ 위험스럽게 느껴지는 자동차나 자전거, 손수레, 보행자 등을 발견하였을 때에는 그의 움직임을 주시하면서 운행한다.

• 자전거나 이륜차가 통행하고 있을 때에는 통행공간을 배려하면서 운행한다.

• 자전거나 이륜차의 갑작스런 회전 등에 대비한다.

• 주·정차된 차량이 출발하려고 할 때에는 감속하여 안전거리를 확보한다.

(2) 커브길

1) 커브길의 특성

① 지방도에는 커브길이 많다. 자동차가 커브를 돌 때에는 차체에 원심력이 작용한다.

② 자동차의 **원심력은 속도의 제곱에 비례**하여 크게 작용한다.

③ **커브의 반경이 짧을수록 커지므로** 속도를 높이면 높일수록 원심력은 한층 더 높아지고 전복사고의 위험도 그만큼 커진다.

2) 커브길의 방어운전 ★

① **슬로우-인, 패스트-아웃**(Slow-In, Fast-Out) : 커브길에 진입할 때에는 속도를 줄이고, 진출할 때에는 속도를 높이라는 의미이다.

② **아웃-인-아웃**(Out-In-Out) : 차로 바깥쪽에서 진입하여 안쪽, 바깥쪽 순으로 통과하라는 뜻이다.

③ 커브길에 진입하기 전에 경사도나 도로의 폭을 확인하고 **가속페달에서 발을 떼어 엔진브레이크가 작동되도록** 속도를 줄인다.

④ 엔진 브레이크만으로 속도가 충분히 줄지 않

으면 풋 브레이크를 사용하여 회전 중에 더이상 감속하지 않도록 줄인다.

⑤ 감속된 속도에 맞는 기어로 변속한다.

⑥ 회전이 끝나는 부분에 도달하였을 때에는 핸들을 바르게 한다.

⑦ 가속 페달을 밟아 속도를 서서히 높인다.

2) 커브길 주행 시의 주의 사항

① 부득이한 경우가 아니면 급핸들 조작이나 급가속 급제동은 하지 않는다.

② 회전 중에 발생하는 **가속은 원심력을 증가시켜** 도로이탈의 위험이 발생하고, **감속은** 차량의 무게중심이 한쪽으로 쏠려 **차량의 균형이 쉽게 무너질 수 있다.**

④ 중앙선을 침범하거나 도로의 **중앙선으로 치우친 운전을 하지 않는다.** 항상 반대 차로에 차가 오고 있다는 것을 염두에 두고 주행차로를 준수하며 운전한다.

⑤ 시력이 볼 수 있는 범위(시야)가 제한되어 있다면 주간에는 경음기, 야간에는 전조등을 사용하여 내 차의 존재를 반대 차로 운전자에게 알린다.

⑥ 급커브길 등에서의 앞지르기는 대부분 규제표지 및 노면표시 등 안전표지로 금지하고 있으나, 금지표지가 없어도 전방의 안전이 확인인 되는 경우에는 절대 하지 않는다.

⑦ 겨울철 커브길은 노면이 얼어있는 경우가 많으므로 사전에 충분히 감속하여 안전사고가 발생하지 않도록 주의한다.

(3) 언덕길의 방어운전

1) 내리막길에서의 방어운전

① 내리막길을 내려갈 때에는 엔진 브레이크로 속도를 조절하는 것이 바람직하다.

② **엔진 브레이크를 사용 효과 ★**

㉠ 브레이크 의존운전에서 벗어나 브레이크 과열을 예방한다.

㉡ 페이드(Fade) 현상 및 베이퍼 록(Vapour lock) 현상을 예방하여 운행 안전도를 높일 수 있다.

③ 도로의 내리막이 시작되는 시점에서 브레이크를 힘껏 밟아 브레이크를 점검한다(브레이크에 이상이 있다면 내려가지 말고 도로 가장자리로 안전하게 세움).

④ 내리막길은 반드시 변속기 저속기어로 자동변속기는 수동모드의 저속기어상태로 엔진 브레이크로 속도를 줄여 감속운전 한다.

⑤ 커브길을 주행할 때와 마찬가지로 경사길 주행 중간에 불필요하게 속도를 줄이거나 급제동하는 것은 주의해야 한다.

⑥ 비교적 경사가 가파르지 않은 긴 내리막길을 내려갈 때에 운전자의 시선은 먼 곳을 바라보고, 무심코 가속 페달을 밟아 순간 속도를 높일 수 있으므로 주의해야 한다.

2) 오르막길에서의 안전운전 및 방어운전

① 정차할 때는 앞차가 뒤로 밀려 충돌할 가능성이 있으므로 **충분한 차간거리를 유지**한다.

② **오르막길의 정상 부근은 시야가 제한되는 사각지대**로, 반대차로의 차량이 앞에 다가올 때까지보이지 않을 수 있으므로 서행하며 위험에 대비한다.

③ 정차해 있을 때에는 가급적 풋 브레이크와 핸드 브레이크를 동시에 사용한다.

④ 뒤로 미끄러지는 것을 방지하기 위해 정지하였다가 출발할 때에 핸드 브레이크를 사용하면 도움이 된다.

⑤ 오르막길에서 부득이하게 앞지르기 할 때에는 **힘과 가속이 좋은 저단 기어를 사용**하는 것이 안전하다.

⑥ 언덕길에서 올라가는 차량과 내려오는 차량이 교차할 때에는 내려오는 차량에게 통행 우선권이 있으므로 올라가는 차량이 양보하여야 한다.

(4) 야간운전 ★

1) 해가 저물면 곧바로 전조등을 점등할 것

2) 주간보다 속도를 낮추어 주행할 것(가시거리가 100m 이내인 경우에 최고속도를 50% 정도 감속)

3) 야간에 흑색이나 감색의 복장을 입은 보행자는 발견하기 곤란하므로 보행자의 확인에 더욱 세심한 주의를 기울일 것

4) 실내를 불필요하게 밝게 하지 말 것

5) 가급적 전조등이 비치는 곳 끝까지 살필 것

6) 주간보다 안전에 대한 여유를 크게 가질 것

7) 대향차의 전조등을 바로 보지 말 것

8) 자동차가 교행할 때에는 조명장치를 하향 조정할 것

9) 장거리 운행할 때에는 운행계획을 세워 적시에 휴식을 취할 것

10) 불가피한 경우가 아니면 노상에 주·정차를 하지 말 것

11) 문제가 발생했을 때 정차시는 여러 가지 안전조치를 취할 것

12) 운전 시 흡연을 하지 말 것

13) 술에 취한 사람이 차도에 뛰어드는 경우를 조심할 것

14) 전조등이 비추는 범위의 앞쪽까지 살핀다.

15) 밤에 앞차의 바로 뒤를 따라갈 때에는 전조등 불빛의 방향을 아래로 향하게 한다.

16) 선글라스를 착용하고 운전하지 않는다.

17) **앞차의 미등만 보고 주행하지 않는다.** 앞차의 미등만 보고 주행하게 되면 도로변에 정지하고 있는 자동차까지도 진행하고 있는 것으로 착각하게 되어 위험을 초래하게 된다.

(5) 안개길 운전 ★★

1) 가시거리가 100m 이내인 경우에는 최고속도를 50% 정도 감속하여 운행한다.

2) **전조등, 안개등 및 비상점멸표시등**을 켜고 운행한다.

3) 앞차와의 차간거리를 충분히 확보하고, 앞차의 제동이나 방향지시등의 신호를 예의 주시하며 운행한다.

4) **앞을 분간하지 못할 정도의 짙은 안개로 운행이 어려울 때**

① **차를 안전한 곳에 세우고 잠시 기다린다.**

② 이때에는 지나가는 차에게 내 차량의 위치를 알릴 수 있도록 **미등과 비상점멸표시등을 점등**시켜 충돌사고 등이 발생하지 않도록 조치한다.

5) 커브길 등에서는 경음기를 울려 자신이 주행하고 있다는 것을 알린다.

04 도로별 안전운전

❶ 시가지 안전운전 ★

우리나라 대부분의 시가지도로는 급격하게 차량이 증가하고 주정차난 등으로 인한 교통체증이 심각하다.

(1) 시가지에서의 시인성, 시간, 공간의 관리

1) 시인성 다루기

① 1~2블록 전방의 상황과 길의 양쪽 부분을 모두 탐색한다.

② 조금이라도 어두울 때는 하향(변환빔) 전조등을 켜도록 한다.

③ 예정보다 빨리 회전하거나 한쪽으로 붙을 때는 자신의 의도를 신호로 알린다.

④ 전방 차량 후미의 등화에 지속적으로 주의하여, 제동과 회전여부 등을 예측한다.

⑤ 주의표지나 신호에 대해서도 감시를 늦추지 말아야 한다. 또한 긴급차량의 사이렌 소리나 점멸등에 대해서도 주의한다.

⑥ **빌딩이나 주차장 등의 입구나 출구**는 가까이 접근해도 잘 볼 수 없으므로 주의한다.

2) 시간 다루기

① 속도를 낮춘다.

② 항상 사고를 회피하기 위해 멈추거나 핸들을 틀 준비를 한다.

③ 액셀에서 발을 떼고, 브레이크를 밟을 준비를 함으로서 갑작스런 위험상황에 대비한다.

④ 다른 운전자와 보행자가 반응할 수 있도록 항상 사전에 자신의 의도를 신호로 표시한다.

⑤ 도심교통상의 운전, 특히 러시아워에 있어서는 여유시간을 가지고 주행하도록 한다.

3) 공간 다루기

① 교통체증으로 근접한 상황이라도 앞차와는 2초 정도의 거리를 둔다.

② 다른 차 뒤에 멈출 때 앞차의 6~9m 뒤에 멈추도록 한다. 뒤에서 2~3대의 차가 다가와 멈추면 그때 가볍게 앞으로 나가도록 한다.

③ 다른 차로로 진입할 공간의 여지를 남겨둔다.

④ 항상 앞차가 앞으로 나간 다음 앞으로 움직인다.

⑤ 주차한 차에서 나오는 사람의 여부와 그 차의 갑작스런 움직임에 주의하기 위해 주차한 차와 여유 공간을 남긴다.

⑥ 다차로 도로에서 다른 차의 바로 옆 사각으로 주행하는 것을 피한다. 그 차의 앞으로 나가든가 뒤로 빠진다.

⑦ 대향차선의 차와 자신의 차 사이에는 가능한 한 많은 공간을 유지한다.

(2) 시가지 교차로에서의 방어운전 ★

교차로에 접근하면서 먼저 왼쪽과 오른쪽을 살펴보면서, 교차 방향 차량을 관찰하면서, 동시에 오른발은 브레이크 페달 위에 갖다놓고 밟을 준비를 한다. 그 다음에는 다시 왼쪽을 살핀다.

1) 교차로에서의 방어운전

① 신호는 눈으로 직접 확인한 후 선신호에 따라 진행하는 차가 없는지 확인하고 출발한다.

② 신호에 따라 진행하는 경우에도 신호를 무시하고 갑자기 달려드는 차 또는 보행자가 있다는 사실에 주의한다.

③ 좌・우회전 시 방향지시등을 정확히 점등한다.

④ 성급한 우회전은 횡단하는 보행자와 충돌할 위험이 증가한다.

⑤ 통과하는 앞차를 맹목적으로 따라가면 신호를 위반할 가능성이 높다.

⑥ 교통정리가 없고 좌・우를 확인할 수 없거나 교통이 빈번한 교차로에 진입할 때에는 '일시정지'하여 안전을 확인한 후 출발한다.

⑦ 내륜차에 의한 사고에 주의

㉠ 우회전할 때에는 뒷바퀴로 자전거나 보행자를 치지 않도록 주의한다.

㉡ 좌회전할 때에는 정지해 있는 차와 충돌하지 않도록 주의한다.

2) 교차로 황색신호에서의 방어운전

① 황색신호일 때에는 멈출 수 있도록 감속하여 접근한다.

② 황색신호일 때 모든 차는 정지선 바로 앞에 정지하여야 한다.

③ 이미 교차로 안으로 진입하여 있을 때 황색신호로 변경된 경우에는 신속히 교차로 밖으로 빠져 나간다.

④ 교차로 부근에는 무단 횡단하는 보행자 등 위험요인이 많으므로 **돌발상황에 대비**한다.

⑤ **가급적 딜레마구간에 도달하기 전에 속도를 줄여** 신호가 변경되면 바로 정지할 수 있도록 준비한다.

❷ 지방도로에서의 안전운전

지방도로는 대부분 왕복 2차로의 양방 통행로이다. 커브와 언덕이 많고, 도로는 콘크리트에서부터 자갈길에까지 다양하며, 화물차, 농기계 등 저속 차량이 많이 다니므로 앞지르기를 할 필요성도 느끼게 하여 이로 인한 사고가 많다.

⑴ 지방도로에서의 시인성, 시간, 공간의 관리

1) 시인성 다루기

① 주간에도 하향(변환빔) 전조등을 켠다. 야간에 주위가 한산한 경우 상향(주행빔) 전조등을 켜도 좋다.

② 도로상 또는 주변에 차, 보행자 또는 동물과 장애물 등이 있는지를 살피며, 20~30초 앞의 상황을 탐색한다.

③ 문제를 야기할 수 있는 **전방 12~15초의 상황을 확인**하며, 속도를 줄여 운행한다.

④ 큰 차를 너무 가깝게 따라감으로써 잠재적 위험원에 대한 시야를 차단당하는 일이 없도록 한다.

⑤ 회전하거나, 차를 길가로 붙일 때, 앞지르기를 할 때 등에서는 자신의 의도를 신호로 나타낸다.

2) 시간 다루기

① 천천히 속도를 조절하면서, 움직이는 차를 주시한다.

② 교차로 특히 교통신호등이 설치되어 있지 않은 곳일수록 속도를 줄인다.

③ 낯선 도로를 운전할 때는 여유시간이 있는 것이 좋으므로 미리 갈 노선을 계획한다.

④ 자갈길, 지저분하거나 도로노면의 표시가 잘

보이지 않는 도로에서는 속도를 줄인다.

⑤ 도로 상에 또는 도로 근처에 있는 동물에 접근하거나 이를 통과할 때, 동물이 주행로를 가로질러 건너갈 때는 속도를 줄인다.

3) 공간 다루기

① 전방을 확인하거나 회피핸들조작을 하는 능력에 영향을 미칠 수 있는 속도로 추종거리와 회피공간을 항상 확인한다.

② 다른 차량이 바짝 뒤에 따라붙을 때 앞으로 나아갈 수 있도록 가능한 한 충분한 공간을 확보해 준다. 만일 앞에 차가 있다면 추종거리를 증가시킨다.

③ 왕복 2차선 도로상에서는 자신의 차와 대향차 간에 가능한 한 충분한 공간 유지한다.

④ 앞지르기를 완전하게 할 수 있는 전방이 훤히 트인 곳이 아니면 어떤 오르막길 경사로에서도 앞지르기를 해서는 안 된다.

⑵ **철길건널목 방어운전 ★**

철길건널목의 주요 사고 요인은 차단기가 있는 건널목에서 운전자가 차단기나 경보음을 무시하고 통과하거나 일시 정지하여 안전 확인을 하지 않고 통과하다 발생하므로 다음을 주의한다.

1) 철길건널목에서의 방어운전

① 철길건널목에 접근할 때에는 **속도를 줄여** 정지선에 멈출 수 있도록 접근한다.

② 건널목 정지선에 일시정지 후 안전여부를 확인하여야 하며, 차단기가 내려져 있거나 또는 내려지고 있을 때, 경보음이 울리고 있을 때, 건널목 건너편이 혼잡하여 건널목을 완전히 통과할 수 없게 될 우려가 있을 때에는 진입하지 않는다.

③ **건널목 건너편 여유 공간을 확인**한 후에 통과한다.

④ 시동이 꺼지지 않도록 **가속페달을 조금 힘주어 밟아 통과**하고, 수동변속기의 경우에는 기어변속 과정에서 시종이 꺼질 수 있으므로 **가급적 기어변속을 하지 않고 통과**한다.

2) 철길건널목 통과 중에 시동이 꺼졌을 때의 조치방법

① 즉시 동승자를 대피시키고, 차를 건널목 밖으로 이동시키기 위해 노력한다.

② 철도공무원, 건널목 관리원이나 경찰에게 알리고 지시에 따른다.

③ 건널목 내에서 움직일 수 없을 때에는 열차가 오고 있는 방향으로 뛰어가면서 옷을 벗어 흔드는 등 기관사에게 위급상황을 알려 열차가 정지할 수 있도록 안전조치를 취한다.

❸ 고속도로 안전운전

고속도로에서 차간거리를 100m를 두고 달렸다고 가정하면 그 차가 100m에 도달하는 시간은 약 3.5초가 된다. 전방주시 태만으로 일컫는 2초간 인지를 못했다면 자동차의 물리적 정지거리로 나머지 1.5초라는 시간에 갑자기 멈출 수 없는 상황이라 대형사고의 위험성이 있다.

⑴ 고속도로 교통사고 특성과 안전운행

1) 고속도로는 빠르게 달리는 도로의 특성상 치사율이 높다.

2) 단조롭고 지루하지 않게 탑승자는 즐거운 대화를 유도한다.

3) **200km이상 운전을 자제하고, 2시간 운행 시 15분 휴식, 4시간 이상 운전 시 30분간 휴식**한다.

4) 인지나 감각이 늦거나 졸음 오는 듯 느끼면 바로 휴게소나 졸음쉼터 휴식을 취한다.

5) 운전자 전방주시 태만과 졸음운전으로 인한 2차(후속)사고 발생 가능성이 높다.

6) 고속도로는 장거리 통행이 많고 특히 엉업용 차량(화물차, 버스) 운전자의 장거리 운행으로 인한 과로로 졸음운전이 발생할 가능성이 매우 높다.

7) 대형차량의 안전운전 불이행으로 대형사고가 발생하고, 화물차의 적재불량과 과적은 도로상에 낙하물을 발생시키고 교통사고의 원인이 된다.

8) 운전 중 휴대폰 사용, DMB 시청 등 기기사용 증가로 인해 전방 주시에 소홀해지고 이로 인한 교통사고 발생가능성이 더욱 높아지고 있다.

9) 도로의 특성상 지정차로를 준수하는 운행이 필수고 승용차나 소형차는 대형차의 틈에 끼어서 하는 주행은 경계해야 한다.

⑵ 고속도로에서의 시인성, 시간 공간의 관리

1) 시인성 다루기

① 20~30초 전방을 탐색해서 도로주변에 차량, 장애물, 동물, 보행자 등이 없는가를 살핀다.

② 진출입로 부근의 위험이 있는지에 대해 주의한다.

③ 주변에 있는 차량의 위치를 파악하기 위해 자주 후사경과 사이드미러를 보도록 한다.

④ 차로 변경이나, 고속도로 진입, 진출 시에는 진행하기에 앞서 항상 자신의 의도를 신호로 알린다.

⑤ 가급적이면 하향(변환빔) 전조등을 켜고 주행한다.

⑥ 가급적 대형차량이 전방 또는 측방 시야를 가리지 않는 위치를 잡아 주행한다.

⑦ 속도제한이 있음을 알게 하거나 진출로가 다가왔음을 알려주는 도로표지를 신경써야 한다.

2) 시간 다루기

① 확인, 예측, 판단 과정을 이용하여 12~15초 전방 안에 있는 위험상황을 확인한다.

② 항상 속도와 추종거리를 조절해서 비상시에 멈추거나 회피핸들 조작을 하기 위한 적어도 4~5초의 시간을 가져야 한다.

③ **고속도로 등에 진입 시에는 항상 본선 차량이 주행 중인 속도로 차량의 대열에 합류하려고 해야** 한다.

④ 고속도로를 빠져나갈 때는 **속도를 낮추지 말고 가능한 한 빨리 진출 차로로 들어가야** 한다.

⑤ 가깝게 몰려다니는 차 사이에서 주행하는 것을 피하기 위해 속도를 조절하도록 한다.

⑥ 차의 속도를 유지하는 데 어려움을 느끼는 차를 주의해서 살핀다.

⑦ 주행하게 될 고속도로 및 진출입로를 확인하는 등 사전에 주행경로 계획을 세운다.

3) 공간 다루기

① 자신과 다른 차량이 주행하는 속도, 도로, 기상조건 등에 맞도록 차의 위치를 조절한다.

② 다른 차량과의 합류시, 차로변경시, 진입차선을 통해 고속도로로 들어갈 때, 적어도 4초의 간격을 허용하도록 한다.

③ 차로를 변경하기 위해 핸들을 점진적으로 튼다.

④ 만일 여러 차로를 가로지를 필요가 있다면 **매 번 신호를 하면서 한 번에 한 차로씩** 옮겨간다.

⑤ 차들이 고속도로에 진입해 들어 올 여지를 준다. 만일 옆 차로가 비었을 경우는 진입램프에 접근하기 전에 차로를 변경한다.

⑥ **차 뒤로 바짝 붙는 차량이 있을 경우**는 안전한 경우에 한해 다른 차로로 변경하여 앞으로 가게 한다.

⑦ 앞지르기를 마무리 할 때 앞지르기 한 차량의 앞으로 너무 일찍 들어가지 않도록 한다.

⑧ 트럭이나 기타 폭이 넓은 차량을 앞지를 때는 일반 차량과 달리 그 차량과의 사이에 측면의 공간이 좁아진다는 점을 유의할 필요가 있다.

⑨ **고속도로의 차로수가 갑자기 줄어드는 장소를 조심**한다. 특히 교량, 터널 등 차로가 줄어드는 곳에서는 속도를 줄이고 조심스럽게 진입한다.

(3) 고속도로 진출입부에서의 방어운전 ★

고속도로를 진입하려면 세심한 주의 사항이 요구된다. 본선에서 주행하는 자동차의 질주 속도는 위협적이고 진입한 차량은 세심한 주의를 하여 본선에 진입해야 한다. 진출입부에서는 다음을 주의한다.

1) 진입부에서의 안전운전

① 본선 진입의도를 방향지시등으로 알린다.

② **본선 진입 전 충분히 가속**하여 본선 차량의 교통흐름을 방해하지 않도록 한다.

③ 진입을 위한 가속차로 끝부분에서 감속하지 않도록 주의한다.

④ 고속도로 본선을 저속으로 진입하거나 진입 시기를 잘못되면 추돌사고 등 교통사고가 발생할 수 있다.

2) 진출부에서의 안전운전

① 본선 진출의도를 다른 차량에게 방향지시등으로 알린다.

② 진출부 진입 전에 본선 차량에게 영향을 주지 않도록 주의한다.

③ 본선 차로에서 천천히 진출부로 진입하여 출구로 이동한다.

(4) 고속도로 안전운전 방법

1) 전방주시 : 운전자는 앞차의 뒷부분만 봐서는 안되며 앞차의 전방까지 시야를 두면서 운전한다.

2) 진입은 안전하게 천천히, 진입 후 가속은 빠르게 : 고속도로에 진입할 때는 방향지시등으로 진입 의사를 표시한 후 진입한 후에는 빠른 속도로 가속해서 교통흐름에 방해가 되지 않도록 한다.

3) 주변 교통흐름에 따라 적정속도 유지 : 주변차량들과 다른 속도로 주행하면 다른 차량의 운행과 교통흐름을 방해할 수 있기 때문에 최고속도 하에서 적정 속도를 유지해야 한다.

4) 주행차로로 주행 : 느린 속도의 앞차를 추월할 경우 앞지르기 차로를 이용하며 추월이 끝나면 주행차로로 복귀한다.

5) 전 좌석 안전띠 착용 : 교통사고를 예방하기 위해 전 좌석 안전띠를 착용해야 하며 고속도로 및 자동차 전용도로는 전 좌석 안전띠 착용이 의무이다.

(5) 교통사고 및 고장 발생 시 대처 요령 ★

1) 2차사고의 방지

① 2차 사고는 선행 사고나 고장으로 정차한 차량 또는 사람(선행차량 탑승자 또는 사고 처리자)을 후방에서 접근하는 차량이 재차 충돌하는 사고를 말한다.

② **2차사고 예방 안전행동요령**

㉠ 신속히 비상등을 켜고 다른 차의 소통에 방해가 되지 않도록 갓길로 차량을 이동시킨다 (트렁크를 열어 위험을 알리는 것도 좋은 방법).

㉡ 운전자와 탑승자가 차량 내 또는 주변에 있는 것은 매우 위험하므로 가드레일(방호벽) 밖 등 안전한 장소로 대피한다.

㉢ 후방에서 접근하는 차량의 운전자가 쉽게 확인할 수 있도록 고장자동차의 표지(안전삼각대)를 한다. 야간에는 적색 섬광신호·전기제등 또는 불꽃신호를 추가로 설치한다.

㉣ 경찰관서, 소방관서 또는 한국도로공사 콜센터(1588 ~ 2504)로 연락하여 도움을 요청한다.

2) 부상자의 구호

① 사고 현장에 의사, 구급차 등이 도착할 때까지 부상자에게는 가제나 깨끗한 손수건으로 지혈하는 등 응급조치를 한다.

② 함부로 부상자를 움직여서는 안 되며, 특히 두부에 상처를 입었을 때에는 움직이지 말아야 한다.

③ 단, 2차사고의 우려가 있을 경우에는 안전한 장소로 이동시킨다.

④ 경찰공무원등에게 신고

㉠ 사고를 낸 운전자는 사고 발생 장소, 사상자 수, 부상 정도, 그 밖의 조치상황을 경찰공무원이 현장에 있을 때에는 경찰공무원에게, 경찰공무원이 없을 때에는 가장 가까운 경찰관서에 신고한다.

㉡ 사고발생 신고 후 사고 차량의 운전자는 경찰공무원이 말하는 부상자 구호와 교통안전상 필요한 사항을 지켜야 한다.

+ STUDY 고속도로 2504 긴급견인서비스

• 고속도로 본선, 갓길에 멈춰 2차사고가 우려되는 소형차량을 안전지대(휴게소, 영업소, 쉼터 등)까지 견인하는 제도로 한국도로공사에서 비용을 부담한다.

• **대상차량** : 승용차, 16인 이하 승합차, 1.4톤 이하 화물차
[1588-2504(한국도로공사 콜센터)]

---

3) 도로 터널구간 안전운전

① 도로터널 화재의 위험성

㉠ 터널에서 화재가 발생할 경우, 연기질식에 의한 다수의 인명피해가 발생 될 수 있다.

㉡ 대형차량 화재시 약 1,200℃까지 온도가 상승하여 구조물에 심각한 피해를 유발하게 된다.

② 터널 안전운전 수칙

㉠ 터널 진입 전 입구 주변에 표시된 도로정보를 확인한다.

㉡ 터널 진입 시 라디오를 켠다.

㉢ 선글라스를 벗고 라이트를 켠다.

㉣ 교통신호를 확인하고, 안전거리를 유지한다.

㉤ **차선을 바꾸지 않는다.**

㉥ 비상시를 대비하여 피난연결통로, 비상주차대 위치를 확인한다.

③ 터널 내 화재 시 행동요령

㉠ 운전자는 차와 함께 터널 밖으로 신속히 이동한다.

㉡ 터널 밖으로 이동이 불가능한 경우 최대한 갓길 쪽으로 정차한다.

㉢ **엔진을 끈 후 키를 꽂아둔 채 신속하게 하차**한다.

㉣ 비상벨을 누르거나 비상전화로 화재발생을 알려줘야 한다.

㉤ 사고 차량의 부상자에게 도움을 준다.

㉥ 터널에 비치된 소화기나 설치되어 있는 소화전으로 조기 진화를 시도한다.

㉦ 조기 진화가 불가능할 경우 젖은 수건 등으로 코와 입을 막고 낮은 자세로 화재 연기를 피해 유도등을 따라 신속히 터널 외부로 대피한다.

---

05 계절별 운전

❶ 계절별 운전 ★

(1) 봄 철

1) 계절과 기상특성

① 겨울이 끝나고 초봄에 접어들 때는 겨우내 얼어있던 땅이 녹아 지반이 약해지는 해빙기이다.

② 날씨가 온화해짐에 따라 사람들의 활동이 활발해지는 계절이다.

③ 발달된 양쯔 강 기단이 동서방향으로 위치하여 이동성 고기압으로 한반도를 통과하면 장기간 맑은 날씨가 지속되며, 봄 가뭄이 발생한다.

④ 푄현상으로 경기 및 충청지방으로 고온 건조한 날씨가 지속된다.

⑤ 시베리아기단이 한반도에 겨울철 기압배치를 이루면 꽃샘추위가 발생한다.

⑥ 저기압이 한반도에 영향을 주면 **약한 강우를 동반한 지속성이 큰 안개가 자주 발생**한다.

⑦ 중국에서 발생한 모래먼지에 의한 황사현상이 자주 발생하여 운전자의 시야에 지장을 초래한다.

⑧ 낮과 밤의 일교차가 커지는 일기변화로 인해 환절기 환자가 급증하는 시기로 건강에 유의해야 한다.

3) 교통사고 위험요인 : 보행자의 통행 및 교통량이 증가하고 특히 입학시즌을 맞이하여 어린이 관련 교통사고가 많이 발생한다.

① **도로조건**
  ㉠ 이른 봄에는 일교차가 심해 새벽에 결빙된 도로가 발생할 수 있다.
  ㉡ 날씨가 풀리면서 겨우내 얼어있던 땅이 녹아 도로의 균열이나 낙석 위험이 크다.
  ㉢ 지반이 약한 도로의 가장자리를 운행할 때에는 도로변의 붕괴 등에 주의해야 한다.
  ㉣ 황사현상에 의한 모래바람은 운전자 시야 장애요인이 되기도 한다.

② **운전자**
  ㉠ 기온이 상승함에 따라 긴장이 풀리고 몸도 나른해진다.
  ㉡ 춘곤증에 의한 전방주시태만 및 졸음운전은 사고로 이어질 수 있다.
  ㉢ 보행자 통행이 많은 장소(주택가, 학교주변, 정류장) 등에서는 무단횡단하는 보행자 등 돌발상황에 대비하여야 한다.

③ **보행자**
  ㉠ 추웠던 날씨가 풀리면서 통행하는 보행자가 증가하기 시작한다.
  ㉡ 교통상황에 대한 판단능력이 떨어지는 어린이와 신체능력이 약화된 노약자들의 보행이나 교통수단이용이 증가한다.

4) 안전운행 및 교통사고 예방
① **교통 환경 변화**
  ㉠ 춘곤증이 발생하는 봄철 안전운전을 위해서 과로한 운전을 하지 않도록 유의한다.
  ㉡ 해빙기 산악도로 및 하천도로 등을 주행하는 운전자는 노면상태 파악에 신경을 써야 한다.
  ㉢ 포장도로 곳곳에 파인 노면은 차량 주행 시 사고를 유발하므로 사전 정보 파악을 위해 노력한다.

② **주변 환경 대응**
  ㉠ 포근하고 화창한 기후조건은 보행자나 운전자의 집중력을 떨어트린다.
  ㉡ 신학기를 맞이하여 학생들의 보행인구가 늘어난다.
  ㉢ 본격적인 행락철을 맞이하여 교통수요가 많아지고 통행량이 증가한다.

② **춘곤증**
  ㉠ 봄이 되면 낮의 길이가 길어짐에 따라 활동 시간이 늘어나지만 휴식·수면시간이 줄어든다.
  ㉡ 봄철 영양소를 충분히 섭취하지 못하면 영양상의 불균형으로 춘곤증이 나타나기 쉽다.
  ㉢ 춘곤증의 예방을 위하여 운행 중에는 스트레칭 등으로 긴장된 근육을 풀어주는 것이 좋다.

5) 자동차관리 : 봄철은 해빙기라는 계절적 변화에 착안하여 기본적인 사항에 대한 점검을 실시한다.

① **세차**
  ㉠ 겨울철 제설작업용 염화칼슘을 제거하기 위해 세차할 때는 차량 및 차체 하부 구석구석을 씻어 주는 것이 좋다.
  ㉡ 창문, 화물적재함 등을 활짝 열어 겨우내 찌들은 먼지와 이물질 등은 제거하고, 고압 물세차를 1회 정도는 반드시 해주는 것이 좋다.

② **월동장비 정리**
  ㉠ 스노타이어, 체인 등 월동 장비는 물기 등을 제거하여 통풍이 잘 되는 곳에 보관한다.
  ㉡ 스노타이어는 변형되지 않도록 가급적 휠에 끼워 건조하고 공기가 잘 통하는 곳에 보관한다.
  ㉢ 체인은 녹방지제를 뿌리고 이물질을 제거하여 통풍이 잘 되는 곳에 보관한다.

③ **배터리 및 오일류 점검**
  ㉠ 배터리 액이 부족하면 증류수 등을 보충해 준다.
  ㉡ 배터리 본체는 물걸레로 깨끗이 닦아주고, 배터리 단자는 칫솔이나 쇠 브러시로 이물질을 깨끗이 제거한 후 단단히 조여 준다.
  ㉢ 추운 날씨로 인해 엔진오일이 변질될 수 있기 때문에 엔진오일 상태를 점검한다.

④ **기타 점검**

  ㉠ 전선의 피복이 벗겨졌는지, 소켓 부분은 부식되지 않았는지 등을 점검하여 화재가 발생하지 않도록 낡은 배선 및 부식된 부분은 교환한다.

  ㉡ 작은 누수라도 방치할 경우 엔진 전체를 교환할 수 있기 때문에 겨우내 냉각계통에서 부동액이 샜는지 확인한다.

  ㉢ 에어컨을 작동시켜 정상적으로 작동되는지와 에어컨 가스가 누출되었는지, 에어컨 벨트가 손상되었는지 점검한다.

(2) 여름철

1) 계절 특성

  ① 6월 말부터 7월 중순까지 많은 비가 내리고, 장마 이후에는 무더운 날이 지속된다.

  ② 저녁 늦게까지 무더운 현상이 지속되는 열대야 현상이 나타나기도 한다.

2) 기상 특성

  ① 시베리아기단과 북태평양기단의 경계를 나타내는 한대전선대가 형성될 경우 장마가 발생한다.

  ② 국지적으로 집중호우가 발생한다.

  ③ 북태평양 기단(氣團)의 영향으로 습기가 많고, 온도가 높은 무더운 날씨가 지속된다.

  ④ 따뜻하고 습한 공기가 차가운 지표면이나 수면 위를 이동해 오면 밑 부분이 식어서 생기는 **이류안개가 번번히 발생하며, 연안이나 해상에서 주로 발생**한다 ★

  ⑤ 저위도에서 형성된 열대저기압이 태풍으로 발달하여 한반도까지 접근한다.

  ⑥ 열대야 현상이 발생하여 운전자들의 주의집중이 곤란하고, 쉽게 피로해지기 쉽다.

3) 교통사고 위험요인

  ① <u>도로조건</u>

  ㉠ 갑작스런 악천후 및 무더위 등으로 운전자의 시각적 변화와 긴장·흥분·피로감이 복합적 요인으로 작용하여 교통사고를 일으킬 수 있으므로 기상 변화에 잘 대비하여야 한다.

  ㉡ 장마와 더불어 소나기 등으로 젖은 노면과 물

웅덩이 등은 빙판길 못지않게 미끄러우므로 급제동 등이 발생하지 않도록 주의해야 한다.

  ② <u>운전자</u>

  ㉠ 불쾌지수가 높아져 적절히 대응하지 못하면 주행 중에 변화하는 교통상황을 인지가 늦어지고, 판단이 부정확해질 수 있다.

  ㉡ 수면부족과 피로로 인한 졸음운전 등도 집중력 저하 요인으로 작용한다.

  ㉢ <u>불쾌지수가 높으면 나타날 수 있는 현상</u>

  • 차량 조작이 둔하고, 난폭운전을 하기 쉽다.

  • 사소한 일에도 언성을 높이고, 잘못을 전가하려는 신경질적인 반응을 보이기 쉽다.

  • 불필요한 경음기 사용, 감정에 치우친 운전으로 사고 위험이 증가한다.

  • 스트레스로 인한 운전장애, 두통, 소화불량 등 신체 이상이 나타날 수 있다.

  ③ <u>보행자</u>

  ㉠ 장마철은 우산을 받치고 보행함에 따라 전·후방 시야를 확보하기 어렵다.

  ㉡ 무더운 날씨 및 열대야 등으로 피로가 쌓일 수 있다.

  ㉢ 불쾌지수가 높아지면 위험한 상황에 대한 인식이 둔해지고, 교통법규를 무시하려는 경향이 강하게 나타날 수 있다.

  ④ <u>안전 운행 및 교통사고 예방</u>

  ㉠ <u>뜨거운 태양 아래 장시간 주차하는 경우</u> : 기온이 상승하면 차량의 실내온도는 뜨거운 양철 지붕 속과 같이 뜨거우므로 출발하기 전에 창문을 열어 실내의 더운 공기를 환기시킨 다음 운행하는 것이 좋다.

  ㉡ <u>주행 중 갑자기 시동이 꺼졌을 경우</u>

  • 기온이 높은 날에 연료계통(파이프 내)에 엔진의 고온으로 끓어서 증기가 발생해 파이프 내에 기포가 발생하여 연료 공급이 단절되면 운행 도중 엔진이 저절로 꺼지는 현상이 발생할 수 있다.

  • 자동차를 길 가장자리 통풍이 잘되는 그늘진 곳으로 옮긴 다음 열을 식힌 후 재시동을 건다.

ⓒ 비가 내리고 있을 때 주행하는 경우 : 건조한 도로에 비해 노면과의 마찰력이 떨어져 미끄럼에 의한 사고가 발생할 수 있으므로 충분한 감속 운행을 한다.

⑤ **자동차관리** : 여름철에는 무더위와 장마, 그리고 휴가철을 맞아 장거리 운전하는 경우가 있다는 계절적인 특징이 있으므로 이에 대한 대비를 한다.

㉠ **냉각장치 점검** : 여름철에는 무더운 날씨로 인해 엔진이 과열되기 쉬우므로 냉각수의 양은 충분한지, 냉각수가 새는 부분은 없는지, 팬벨트의 장력은 적절한지를 수시로 확인해야 한다.

㉡ **와이퍼의 작동상태 점검** : 와이퍼가 정상적으로 작동되는지, 유리면과 접촉하는 와이퍼 블레이드가 닳지 않았는지, 노즐의 분출구가 막히지 않았는지, 노즐의 분사 각도는 양호한지 그리고 워셔액은 충분한지 등을 점검한다.

㉢ **타이어 마모상태 점검**
- 타이어가 많이 마모되었을 때에는 빗길에 잘 미끄러지고, 제동거리도 길어지며, 고인 물을 통과할 때 수막현상이 발생하여 사고 위험이 높아진다.
- 노면과 접촉하는 **트레드 홈 깊이가 최저 1.6mm** 이상이 되는지 확인하고, 적정공기압을 유지하도록 한다. ★

㉣ **차량 내부의 습기 제거**
- 차량 내부에 습기가 있는 경우에는 습기를 제거하여 차체의 부식이나 악취발생을 방지한다.
- 폭우 등으로 물에 잠긴 차량은 각종 배선의 수분을 완전히 제거하지 않은 상태에서 시동을 걸면 전기장치의 합선이나 퓨즈가 단선될 수 있으므로 우선적으로 습기를 제거해야 한다. 습기를 제거할 때에는 배터리를 분리한 후 작업한다.

㉤ **에어컨 관리**
- 차가운 바람이 적게 나오거나 나오지 않을 때에는 엔진룸 내의 팬 모터가 작동되는지 확인한다.
- 모터가 돌지 않는다면 퓨즈가 단선되었는지, 배선에 문제가 있는지, 통풍구에 먼지가 쌓여 통로가 막혔는지 점검한다.

- 에어컨은 압축된 냉매가스가 순화하면서 주위로부터 열을 빼앗는 원리로 냉매 가스가 부족하면 냉각능력이 떨어지고 압축기 등 다른 부품에 영향을 주게 되므로 냉매가스의 양이 적절한지 점검한다.
- 에어컨을 오랫동안 사용하지 않으면 압축기(Compressor) 내부가 산화되어 부식되기 쉽다.

㉥ **기타 자동차관리**
- **전기배선** : 여름철 외부의 높은 온도와 엔진룸의 열기로 배선테이프의 접착제가 녹아 테이프가 풀리면 전기장치에 고장이 발생할 수 있으므로 엔진룸 등의 연결부위의 배선테이프 상태를 점검한다. 전선의 피복이 벗겨져 있을 때 습도가 높으면 누전이 발생하여 화재로 이어질 수 있다.
- **브레이크** : 여름철 장거리 운전 뒤에는 브레이크 패드와 라이닝, 브레이크액 등을 점검하여 제동거리가 길어지는 현상을 방지하여야 한다.
- **세차** : 해수욕장 또는 해안 근처는 소금기가 강하고, 이 소금기는 금속의 산화작용을 일으키기 때문에 해안 부근을 주행한 경우에는 세차를 통해 소금기를 제거해야 한다.

(3) 가을철

1) 계절 특성

① 천고마비의 계절인 가을은 아침저녁으로 선선한 바람이 불어 즐거운 느낌을 주기도 하지만, **심한 일교차**로 건강을 해칠 수도 있다.

② 맑은 날씨가 계속되고 기온도 적당하여 행락객 등에 의한 교통수요와 명절 귀성객에 의한 통행량이 많이 발생한다.

2) 기상 특성

① 가을공기는 고위도지방으로부터 이동해 오면서 뜨거워지므로 **대체로 건조하고, 대기 중에 떠다니는 먼지가 적어 깨끗**하다.

② 큰 일교차로 지표면에 접한 **공기가 냉각되어 안개**(복사안개)**가 발생**하며 대부분 육지의 새벽이나 늦은 밤에 발생하여 아침에 해가 뜨면 사라진다.

③ 해안안개는 해수온도가 높아 수면으로부터 증

발이 잘 일어나고, 습윤한 공기는 육지로 이동하여 야간에 냉각되면서 생기는 **이류안개가 빈번히 형성**된다. 특히 하천이나 강을 끼고 있는 곳에서는 짙은 안개가 자주 발생한다

3) 교통사고 위험요인

① **도로조건** : 추석절 귀성객 등으로 전국 도로가 교통량이 증가하여 지·정체가 발생하지만 다른 계절에 비하여 도로조건은 비교적 양호한 편이다.

② **운전자** : 추수철 국도 주변에는 **저속으로 운행하는 경운기·트랙터 등**의 통행이 늘고, 단풍 등 주변 환경에 관심을 가지게 되면 집중력이 떨어져 교통사고 발생가능성이 존재한다.

③ **보행자** : 맑은 날씨, 곱게 물든 단풍, 풍성한 수확 등 계절적 요인으로 인해 교통신호 등에 대한 주의집중력이 분산될 수 있다.

4) 안전운행 및 교통사고 예방

① **이상기후 대처**

㉠ 안개 속을 주행할 때 갑자기 감속하면 뒤차에 의한 추돌이 우려되며, 반대로 감속하지 않으면 앞차를 추돌하기 쉬우므로 **안개 지역을 통과할 때에는 처음부터 감속 운행**한다.

㉡ **늦가을에 안개가 끼면 기온차로 인해 노면이 동결되는 경우**에는 엔진브레이크를 사용하여 감속한 다음 풋 브레이크를 밟아야 하며, 핸들이나 브레이크를 급히게 조작하지 않도록 주의한다

② **보행자에 주의하여 운행**

㉠ 보행자는 기온이 떨어지면 몸을 움츠리는 등 행동이 부자연스러워 교통상황에 대한 대처 능력이 떨어진다.

㉡ 보행자의 통행이 많은 곳을 운행할 때에는 보행자의 움직임에 주의한다.

③ **행락철 주의** : 행락철인 계절특성으로 각급 학교의 소풍, 회사나 가족단위의 단풍놀이 등 **단체여행의 증가**로 주차장 등이 혼잡하고, 운전자의 주의력이 산만해질 수 있으므로 주의해야 한다.

④ **농기계 주의** ★

㉠ 추수시기를 맞아 경운기 등 농기계의 빈번한 도로운행은 교통사고의 원인이 되기도 한다.

㉡ 농촌마을에 인접한 지방도로 등에서는 농지로부터 도로로 나오는 농기계에 주의한다.

㉢ 도로변 가로수 등에 가려 간선도로로 진입하는 경운기를 보지 못하는 경우가 있으므로 주의한다.

㉣ 경운기는 자체 소음으로 자동차가 뒤에서 접근하고 있다는 사실을 모르고 갑자기 진행방향을 변경하는 경우가 발생할 수 있다.

㉤ 운전자는 경운기와의 안전거리를 유지하고, 접근할 때에는 경음기를 울려 자동차가 가까이 있다는 사실을 알려주어야 한다.

5) 자동차관리

① **세차 및 곰팡이 제거**

㉠ 바닷가 등을 운행한 차량은 바닷가의 염분이 차체를 부식시키므로 깨끗이 씻어내고 페인트가 벗겨진 곳은 녹이 슬지 않도록 조치한다.

㉡ 도어와 트렁크를 활짝 열고, 진공청소기 및 곰팡이제거제 등을 사용하여 차 내부 바닥에 쌓인 먼지 및 곰팡이를 제거한다.

② **히터 및 서리제거 장치 점검**

㉠ 여름내 사용하지 않았던 히터는 작동시켜 정상적으로 작동되는지 확인한다.

㉡ 기온이 낮아지면 유리창에 서리가 끼게 되므로 열선의 연결부분이 이탈하지 않았는지, 열선이 정상적으로 작동하는지 점검한다.

③ **장거리 운행 선 점검사항** : 장거리 운행, 추석절 귀성객 등을 운송할 때에는 출발 전에 차량에 대한 점검을 철저히 한다.

㉠ **타이어 공기압**은 적절한지, 타이어에 파손된 부위는 없는지, 예비타이어는 이상 없는지 점검한다.

㉡ **엔진룸 도어**를 열어 냉각수와 브레이크액의 양을 점검하고, 엔진오일의 양 및 상태 등에 대한 점검을 병행하며, 팬벨트의 장력은 적정한지 점검한다.

㉢ **전조등 및 방향지시등**과 같은 각종 램프의 작동여부를 점검한다.

㉣ 운행 중에 발생하는 고장이나 점검에 필요한 **휴대용 작업등 예비부품 등**을 준비한다.

(4) 겨울철

1) 계절 특성

① 겨울철은 **차가운 대륙성 고기압의 영향**으로 북서 계절풍이 불어와 날씨는 춥고 눈이 많이 내린다.

② 교통의 3대요소인 사람, 자동차, 도로환경 등 모든 조건이 다른 계절에 비하여 열악한 계절이다.

2) 기상 특성

① 한반도는 **북서풍이** 강하고, **공기가 매우 건조**하다.

② **겨울철 안개**는 서해안에 가까운 내륙지역과 찬 공기가 쌓이는 분지지역에서 주로 발생하며, **빈도는 적으나 지속시간이 긴 편이다.**

③ 대도시지역은 연기, 먼지 등 오염물질이 올라 갈수록 기온이 상승되어 있는 기층 아래에 쌓여서 **옅은 안개가 자주** 나타난다.

④ 기온이 급강하고 한파를 동반한 눈이 자주 내리며, 눈길, 빙판길, 바람과 추위는 운전에 악영향을 미치는 기상특성을 보인다.

3) 교통사고 위험요인

① **도로조건**

㉠ 겨울철에는 적은 양의 눈이 내려도 바로 빙판길이 될 수 있기 때문에 자동차간의 충돌·추돌 또는 도로 이탈 등의 사고가 발생할 수 있다.

㉡ 도로의 노면이 평탄하고 안전해 보이지만 실제로는 빙판길인 구간이나 지점을 접할 수 있다.

② **운전자**

㉠ 한 해를 마무리하는 시기로 사람들의 마음이 바쁘고 들뜨기 쉬우며, 각종 모임 등에서 마신 술이 깨지 않은 상태에서 운전할 가능성이 있다.

㉡ 추운 날씨로 방한복 등 두꺼운 옷을 착용하고 운전하는 경우에는 움직임이 둔해져 위기 상황에 민첩한 대처능력이 떨어지기 쉽다.

③ **보행자**

㉠ 겨울철 보행자는 추위와 바람을 피하고자 두꺼운 외투, 방한복 등을 착용하고 앞만 보면서 목적지까지 최단거리로 이동하려는 경향이 있다.

㉡ 날씨가 추워지면 보행자가 확인해야 할 사항을 소홀히 하거나 생략하여 사고에 직면하기 쉽다.

4) 안전운행 및 교통사고 예방

① **출발할 때** : 도로 노면에 눈이 쌓였거나 결빙되어 미끄러운 곳에서 출발하고자 할 때 차가 나가지 못하고 헛바퀴가 돌아 위험에 처할 수도 있다.

㉠ 도로가 미끄러울 때에는 부드럽게 천천히 출발하면서 도로 상태를 느끼도록 한다.

㉡ **미끄러운 길에서는 기어를 2단에 넣고 출발하**는 것이 구동력을 완화시켜 바퀴가 헛도는 것을 방지할 수 있다.

㉢ 핸들이 한쪽 방향으로 꺾여 있는 상태에서 출발하면 앞바퀴의 회전각도로 인해 바퀴가 헛도는 결과를 초래할 수 있으므로 **앞바퀴를 직진 상태로 변경한 후 출발**한다.

㉣ **체인은 구동바퀴에 장착**하고, 과속으로 심한 진동 등이 발생하면 체인이 벗겨지거나 절단될 수 있으므로 주의한다.

② **주행할 때** : 미끄러운 도로에서의 제동할 때에는 정지거리가 평소보다 2배 이상 길어지므로 충분한 차간거리 확보 및 감속운행이 요구되며, 다른 차량과 나란히 주행하지 않도록 주의한다.

㉠ 미끄러운 도로를 운행할 때에는 돌발 사태에 대처할 수 있는 시간과 공간이 필요하므로 보행자나 다른 차량의 움직임을 주시한다.

㉡ 주행 중에 차체가 미끄러질 때에는 **핸들을 미끄러지는 방향으로 틀어주면** 스핀(Spin)현상을 방지할 수 있다.

㉣ 눈이 내린 후 타이어자국이 나 있을 때에는 **앞 차량의 타이어자국 위를 달리면 미끄러짐을 예방**할 수 있으며, 기어는 2단 혹은 3단으로 고정하여 **구동력을 바꾸지 않은 상태에서 주행**하면 미끄러움을 방지할 수 있다.

㉤ 미끄러운 오르막길에서는 앞서가는 자동차가 정상에 오르는 것을 확인한 후 올라가야 하며, 도중에 정지 없이 밑에서부터 탄력을 받아 **일정한 속도로 기어변속 없이 한 번에 올라가야** 한다

㉥ 주행 중 노면의 동결이 예상되는 그늘진 장소는 주의해야 한다. 햇볕을 받는 남향 쪽의 도로보다 북쪽 도로는 동결되어 있는 경우가 많다.

ⓢ **교량 위·터널 근처는 동결되기 쉬운 대표적인 장소로** 교량은 지면에서 떨어져있어 열기를 쉽게 빼앗기고, 터널 근처는 지형이 험한 곳이 많아 동결되기 쉬우므로 감속 운행한다.

ⓞ **커브길 진입 전에는 충분히 감속해야 하며,** 햇빛·바람·기온 차이로 커브길의 입구와 출구 쪽의 노면 상태가 다르므로 도로 상태를 확인하면서 운행하여야 한다.

③ **장거리 운행 시**

ㄱ 장거리를 운행할 때에는 목적지까지의 운행계획을 평소보다 여유 있게 세워야 하며, 도착지·행선지·도착시간 등을 승객에게 고지하여 기상악화나 불의의 사태에 신속히 대처할 수 있도록 한다.

ㄴ 월동 비상장구는 항상 차량에 싣고 운행한다.

5) 자동차관리 : 차량관리에 각별히 유의하지 않으면 사고의 위험성이 커진다.

① **월동장비 점검**

ㄱ 유리에 끼인 성에를 제거할 수 있도록 스크레치를 비치한다.

ㄴ 스노타이어 또는 차량의 타이어에 맞는 체인 구비하고, 체인의 절단이나 마모 부분은 없는지 점검한다.

② **냉각장치 점검**

ㄱ 냉각수의 동결을 방지하기 위해 부동액의 양 및 짐도를 점검히어 엔진과 라디에이터에 지명적인 손상을 방지한다.

ㄴ 냉각수를 점검할 때에는 뜨거운 냉각수에 손을 데일 수 있으므로 엔진이 완전히 냉각될 때까지 기다렸다가 점검한다.

③ **정온기**(온도조절기, thermostat) **상태 점검**

ㄱ 정온기는 실린더헤드 물 재킷 출구 부분에 설치되어 냉각수의 온도에 따라 냉각수 통로를 개폐하여 **엔진의 온도를 알맞게 유지**하는 장치이다.

ㄴ 즉 엔진이 차가울 때는 냉각수가 라디에이터로 흐르지 않도록 차단하고, 실린더 내에서만 순환되도록 하여 **엔진의 온도가 빨리 적정온도에 도달**하도록 한다.

ㄷ 정온기가 고장으로 열려 있다면 엔진의 온도가 적정수준까지 올라가는데 많은 시간이 필요함에 따라 **엔진의 워밍업 시간이 길어지고, 히터의 기능이 떨어지게 된다.**

✿ 도로별 안전운행과 계절별 운전은 시험에 출제되나, 상식적으로 이해하면 시험에서 충분하게 대응할 수 있습니다. 특히 앞지르기, 우천·안개 시 운전, 계절별 안개 등에 대한 설명을 숙지하세요.

06 경제운전

경제운전은 연료 소모율을 낮추고, 공해배출을 최소화하며, 방어운전으로 위험운전을 하지 않음으로 안전운전의 효과를 가져오고자 하는 운전방식이다.

❶ 경제운전의 기본적인 방법

(1) 급가속(가속 페달은 부드럽게)을 피한다.

(2) 급제동이나 급한 운전을 피한다.

(3) 불필요한 공회전을 피한다.

(4) 일정한 차량속도(정속주행)를 유지한다.

❷ 경제운전의 효과 ★

(1) 연비의 고효율(경제운전)

(2) 차량 구조장치 내구성 증가(차량관리비, 고장수리비, 타이어 교체비 등의 감소)

(3) 공해배출 등 환경문제의 감소효과

(4) 고장수리 작업 및 유지관리 작업 등의 시간 손실 감소효과

(5) 방어운전 효과

(6) 운전자 및 승객의 스트레스 감소 효과

✿ 전기자동차 : 큐알코드의 내용은 전기자동차를 간단하게 설명한 내용입니다. 시험범위에는 포함되지 않으나 이미 전기자동차가 일반화되어 있어서, 수록하였습니다. 운행에 도움이 되셨으면 좋겠습니다.

❶ 경제운전의 요인

(1) 도심 교통상황에 따른 요인

1) **경제운전에 불리한 조건** : 도심은 운전자들이 바쁘고 가·감속 및 잦은 브레이크 작동에 자동차 연비도 증가한다.

2) **불필요한 가속과 브레이크를 덜 밟는 운전행위** : 도심 운전에서 멀리 200~300m를 예측하는, 2개 이상의 교차로 신호등을 관찰하는 것도 경제운전이다.

3) **교통상황을 미리 예측하여 대응하는 운전 방식** : 경제운전방식은 부드러운 가속, 제동의 최소화, 예측운전, 정속주행 등의 방식이다.

4) **퓨얼컷 기능을 활용한 경제운전** : 복잡한 시내운전도 앞차와의 차간거리를 속도에 맞게 유지하면 **퓨얼컷 기능을 살려 경제운전**을 할 수 있다.

❖ 퓨얼컷(Fuel Cut) : 주행하다가 가속 페달을 밟고 있던 발을 떼었을 때, ECU가 가속페달의 신호에 따라 스스로 연료를 차단시키는 작업으로 경제운전의 핵심이다.

(2) 도로조건

1) 일정 제한속도를 유지하면서 가장 하향으로 안정된 엔진 RPM을 유지하는 것이 연비에 좋다.

2) 젖은 노면은 구름저항, 경사도는 구배저항을 증가시켜 연료소모를 증가시킨다.

(3) 기상조건

1) 고속운전에서 차창을 열고 달리지 않는다.

2) 더운 날 에어컨의 작동은 연비에 좋지 않은 것은 사실이나 중형차 이상은 엔진의 여유출력이 커서 연비에 큰 영향을 주지 않을 수 있다.

❷ 경제운전의 실천요령 ★

(1) **시동을 걸때 클러치를 반드시 사용** : 클러치를 밟고 시동을 걸 경우 연료소모가 줄어들고 내구성에 좋다.

(2) 시동을 걸 때나 시동 직후에 습관적으로 가속페달을 밟는 것은 불필요한 연료만 낭비한다.

(3) **시동 직후 급가속이나 급출발을 삼감** : 엔진이 정상 온도가 되기 전에 급가속을 시키거나 급출발을 하게 되면 배기가스가 과다하게 발생되어 엔진 각 부분에 손상을 주며, 엔진의 수명도 단축되게 된다.

(4) **급출발, 급제동 삼가하고 교차로 선행신호등 주지**

1) 여유있는 출발과 제동

2) 전방의 신호체계를 감지하면서 운전

3) **경제속도로 정속주행**

4) **적절한 시기에 변속** : 엔진의 회전수가 적당하도록 기어 변속을 해야 한다. 경제운전을 위해서는 반드시 저단 기어 상태에서 차를 멈출 필요는 없으며, **가능한 빨리 고단기어로 변속하는 것이 좋으며, 기어변속을 꼭 순차적으로 해야 하는 것은 아니다.**

5) **타이어 공기압력을 적절히 유지** : 타이어 공기압력은 연비절약과 안전운전에 가장 핵심이다. 봄, 여름 가을, 겨울 어떠한 이유(즉 온도가 높고 낮음, 빗길, 눈길 등)에서 공기압을 낮추는 것은 바람직하지 않다.

6) **정기적인 엔진 점검** : 정기적으로 점검을 해 최적의 엔진 상태를 유지해야 효과적인 연료절감을 기대할 수 있다.

7) **경제적인 주행코스(내비게이션) 정보를 선택** : 교통 정보로 막히는 도로는 피해서 주행하여야 하며, 잘 모르는 길은 물어서 주행하는 것도 경제운전이다.

(5) 경제운전과 방어운전

방어운전은 사고를 회피하는 것은 물론 연료소비 감소 (경제운전) 효과가 있다.

CHAPTER 2 — 자동차 구조 및 특성

01 동력전달 장치

❶ 동력발생장치와 자동차 엔진

(1) 에너지의 발생과 자동차의 구동

1) 열에너지와 기계적 에너지 : 실린더 내에 혼합기를 흡입, 압축하여 전기점화나 고온에 의한 자기착화로 연소시켜 열에너지를 얻으며, 이 열에너지는 피스톤을 움직여 기계적 에너지를 얻는다.

2) 운동에너지 : 즉, 기관은 열에너지를 만들고 이를 기계적 에너지로 변화시켜 바퀴까지 전달되어 운동에너지로 자동차가 주행하게 된다.

3) 엔진 : 열기관이고 연소기관이며 열에너지가 동력으로 이용되는 효율은 30 ~ 40% 가량이다.

(2) 동력의 종류에 따른 자동차분류

1) 가솔린(휘발유) 기관 자동차(gasoline engine car) : 오토(otto) 기관을 원동기로 하는 자동차로 압축점화 방식의 휘발유 연소기관이다.

2) 디젤(경유)기관 자동차(diesel engine car) : 디젤기관을 원동기로 하는 자동차로서 압축착화 연소방식의 저속 경유자동차로 버스, 트럭 능 상용(商用)차에 널리 사용하고 있으며 현새는 고속용 소형승용차에 사용되고 있다.

3) 액화가스 기관 자동차[Liquefied Petroleum Gas(LPG) car]

① 보통 엘피지 차로 불리는 자동차이며, 메탄·에탄·프로판·부탄 등 탄화수소 화합물의 액화석유가스(LPG)와 천연가스인 LNG(Liquefied Natural Gas)를 연료로 한다.

② 불꽃점화 연소방식의 오토(otto) 기관을 그대로 사용한다.

4) 하이브리드 자동차(hybrid car)

① 전기 자동차는 지속적 전기에너지 공급이 부족하기 때문에 휘발유 기관을 병용하는 복합기관(전기차 & 엔진)의 자동차이다.

② 출발이나 시내의 저속운전에는 전기를 이용한 모터 주행을 하고, 보통 때는 휘발유 기관을 사용한다.

③ 최고속도를 낼 때는 전기모터와 휘발유 기관을 같이 사용하는 방식이다.

④ 휘발유기관의 작동 시나 감속 시에 충전이 되므로 외부충전이 필요 없다.

⑤ CO, HC, NOₓ(질소산화물)가 1/10로 감소되고 탄산가스(CO_2)가 1/2로 감소되며 경제적·친환경적 운행이 된다.

5) 전기 자동차(electric motor vehicle)

① 전동기(motor)를 원동기로 하는 자동차로, 축전지에 충전한 전기를 사용한다.

② 현재의 축전지는 무게가 무겁고 충전 시간이 많이 걸리는 단점이 있다.

③ 고용량의 배터리가 개발·보급되면서 전기차 시장이 세계적 급격한 발전으로 팽창되고 있다.

④ 소형·경량·고성능의 배터리가 개발되고 획기적인 전원 장치가 실용화 되면 머지않아 내연기관 자동차를 대체하게 될 것이다.

6) 수소 자동차

① 수소 연료가 연료전지를 통해 전기를 발생하고 발생된 진기로 구동전동기를 가동시켜 동력을 발생하는 전기자동차 이다.

② 연료전지 외에 전기자동차와 같은 시스템으로 전기자동차에 비해 수소충전에 소비되는 시간이 짧고 친환경 무공해 경제적 연료방식이다.

③ 동력원엔진(내연기관)이 없어 전기자동차와 유사한 구조이나, 전국에 충전인프라가 부족한 실정이다.

❷ 동력전달장치

(1) 동력발생장치와 농력전달장치

1) 동력발생장치(엔진) : 자동차의 주행과 주행에 필

요한 보조장치들을 작동시키기 위한 동력을 발생시키는 장치이다.

2) **동력전달장치** : 동력발생장치에서 발생한 동력을 주행상황에 맞는 적절한 상태로 변화를 주어 바퀴에 전달하는 장치이다.

(3) 클러치

1) 개념

① 클러치는 수동변속기 자동차에 적용되는 구조로서 엔진의 동력을 변속기에 전달하거나 차단하는 역할을 한다.

② 엔진 시동을 작동시킬 때나 기어를 변속할 때에는 동력을 끊고, 출발할 때에는 엔진의 동력을 서서히 연결하는 일을 한다.

2) 클러치의 구비조건

① 냉각이 잘 되어 과열하지 않아야 한다.

② 구조가 간단하고, 다루기 쉬우며 고장이 적어야 한다.

③ 회전력 단속작용이 확실하며, 조작이 쉬워야 한다.

④ 회전부분의 평형이 좋아야 한다.

⑤ 회전관성이 적어야 한다.

(4) 수동변속기와 자동변속기

1) 수동변속기 : 변속기는 변하는 구동력에 대응하기 위해 엔진과 추진축 사이에 설치되어 엔진의 출력을 자동차 주행속도에 알맞게 회전력과 속도로 바꾸어서 구동바퀴에 전달하는 장치를 말한다.

2) 자동변속기(수동변속기와 비교한 장·단점)

① **장점**

㉠ 기어변속이 자동으로 이루어져 운전이 편리하다.

㉡ 발진과 가·감속이 원활하여 **승차감**이 좋다.

㉢ 조작 미숙으로 인한 시동 꺼짐이 없다.

㉣ 유체가 댐퍼 역할을 하기 때문에 **충격이나 진동이 적다.**

② **단점**

㉠ 구조가 복잡하고 가격이 비싸다.

㉡ 차를 밀거나 끌어서 시동을 걸 수 없다.

㉢ 연료소비율이 약 10% 정도 많아진다.

③ **자동변속기의 오일 색깔** ★

㉠ **정상** : 투명도가 높은 붉은 색

㉡ **갈색** : 가혹한 상태에서 사용되거나, 장시간 사용한 경우

㉢ **투명도가 없어지고 검은 색을 띨 때** : 자동변속기 내부의 클러치 디스크의 마멸분말에 의한 오손, 기어가 마멸된 경우

㉣ **니스 모양으로 된 경우** : 오일이 매우 높은 고온에 노출된 경우

㉤ **백색** : 오일에 수분이 다량으로 유입된 경우

④ **구성 부품과 기능**

㉠ **토크 컨버터** : 기관의 회전력을 변속기에 전달

  • **역할** : 유체 커플링 역할, 토오크 증대

  • **구성** : 펌프(구동축), 터빈(피동축), 스테이터

㉡ **클러치 및 브레이크** : 운전자의 선택레버 위치에 따라 유압 작동하여 입력축의 구동력을 유성기어에 전달

㉢ **유성기어** : 클러치 및 브레이크에 작동 요소에 의하여 구동되며 1~4단 및 후진변속하여 바퀴로 회전력을 전달

㉣ **전자제어 장치** : 운행상태에 알맞은 정보를 TCU로 입력하여 솔레노이드 밸브를 구동하여 클러치 및 브레이크에 들어가는 유압을 조절

❸ 주행장치

엔진에서 발생한 동력이 최종적으로 바퀴에 전달되어 자동차가 노면 위를 달리게 되는데, 주행장치에는 휠과 타이어가 속한다.

(1) 휠(wheel)

1) 휠은 타이어와 함께 차량의 중량을 지지하고 구동력과 제동력을 지면에 전달하는 역할을 한다.

2) 휠은 무게가 가볍고 노면의 충격과 측력에 견딜 수 있는 강성이 있어야 한다.

3) 타이어에서 발생하는 열을 흡수하여 대기 중으로 잘 방출시켜야 한다.

(2) 타이어 ★

1) 타이어의 역할

① 휠의 림에 끼워져 회전하며 자동차가 달리거나 멈추는 것을 원활히 한다.

② 자동차의 중량을 떠받쳐 준다.

③ 충격을 흡수해 승차감을 좋게 한다.

④ 자동차의 진행방향을 전환시킨다.

2) 타이어 마모에 영향을 주는 요소

① 공기압

ⓐ 공기압이 규정 압력보다 낮은 경우

- 트레드 접지면에서의 운동이 커져서 마모가 빨라진다.
- 타이어의 공기압이 낮으면 승차감은 좋아지나, 숄더 부분에 마찰력이 집중되기 때문에 수명이 짧아지게 된다.

ⓑ 공기압이 높은 경우 : 승차감은 나빠지며 트레드 중앙부분의 마모가 촉진된다.

② 하중 : 하중이 커지면 타이어의 굴신이 심해져서 트레드의 접지 면적이 증가하여 트레드의 미끄러짐 정도도 커져서 마모를 촉진하게 된다.

③ 속도 : 속도가 증가하면 타이어의 온도도 상승하여 트레드 고무의 내마모성이 저하된다.

④ 커브 : 차가 커브를 돌 때는 원심력이 작용하므로 이에 대항하기 위하여 타이어에 활각을 주게 되는데 활각이 크면 마모는 많아진다.

⑤ 브레이크 : 브레이크를 밟는 횟수가 많을수록 또는 브레이크를 밟기 직전의 속도가 빠를수록 타이어의 마모량은 커진다.

⑥ 노면

ⓐ 포장된 도로에서 타이어 수명이 100%라면 비포장도로에서의 수명은 60%에 해당된다.

ⓑ 비포장도로에서 운행할 경우 노면에 알맞는 주행을 하여야 마모를 줄일 수 있다.

3) 수막현상(Hydroplaning) ★★

① 개념 : 물에 젖은 노면을 고속주행 시 타이어는 그루브(타이어 홈) 사이에 있는 물을 배수하는 기능이 감소되어 물의 저항에 의해 노면으로부터 떠올라 물위를 미끄러지듯이 되는 현상을 말한다.

② 수막현상의 결과

ⓐ 자동차는 관성력만으로 활주하게 된다.

ⓑ 제동력은 물론 모든 타이어는 본래의 운동기능이 소실되어 버려 핸들로 자동차를 통제할 수 없게 된다.

③ 수막현상의 예방

ⓐ 고속으로 주행하지 않는다.

ⓑ 마모된 타이어를 사용하지 않는다.

ⓒ 공기압을 조금 높게 한다.

ⓓ 배수효과가 좋은 타이어를 사용한다.

02 현가장치

❶ 개념

현가장치는 차량의 무게를 지탱하여 차체가 직접 차축에 얹히지 않도록 해주며 도로 충격을 흡수하여 운전자와 화물에 더욱 유연한 승차를 제공한다.

❷ 유형 ★

(1) 판스프링(Leaf spring)

1) 유연한 금속층이 스프링의 중앙이 차축에 놓여 승차감이 나쁘나 내구성이 크다.

2) 주로 화물차에 사용한다.

(2) 코일 스프링(Coil spring)

1) 각 차륜에 내구성이 강한 금속 나선을 놓은 것으로 코일의 상단은 차체에 부착되고 하단은 차륜에 간접적으로 연결된다.

2) 승용자동차에 주로 사용된다.

(3) 비틀림 막대 스프링(Torsion bar spring)

1) 뒤틀림에 의한 충격을 흡수하며, 뒤틀린 후에도 원형을 되찾는 특수금속으로 제조된다.

2) 도로의 돌출과 함몰에 신축하거나 비틀려 차륜이 아래위로 움직이는 한편 차체는 수평을 유지하도록 해준다.

(4) 공기 스프링(Air spring)

1) 공기의 탄성을 이용하여 유연하며, 노면으로부터의 작은 진동도 흡수할 수 있다.

2) 구조가 복잡하고 제작비가 비싸 주로 **버스와 같은 대형차량**에 사용된다.

(5) 충격흡수장치[쇽업소버 ; Shock absorber] ★

1) 노면의 진동을 흡수하여 **승차감을 향상**시킨다.

2) 타이어와 노면의 접착성을 향상시켜 커브길이나 빗길에 **차가 튀거나 미끄러지는 현상을 방지**한다.

(6) 스태빌라이저 ★

1) 좌·우 바퀴가 서로 다르게 상·하 운동을 할 때 작용하여 **차체의 기울기를 감소시켜** 준다.

2) 커브길에서 원심력으로 차체가 기울어지는 것을 감소시켜 **롤링**(좌·우 진동)**하는 것을 방지**한다.

❸ 현가장치 관련 현상

(1) 노즈 다운, 노즈 업(Nose down, Nose up)

1) **노즈 다운** : **자동차를 제동할 때** 바퀴는 정지하려 하고 차체는 관성에 의해 이동하려는 성질 때문에 앞 범퍼 부분이 내려가는 현상을 말하며, 다이브(Dive) 현상이라고도 한다.

2) **노즈 업** : **자동차가 출발할 때** 구동 바퀴는 이동하려 하지만 차체는 정지하고 있기 때문에 앞 범퍼 부분이 들리는 현상을 말하며, 스쿼트(Squat) 현상이라고도 한다.

(2) 선회 특성과 방향 안정성

1) 일반적으로 **언더 스티어링**(앞바퀴의 사이드슬립 각도가 뒷바퀴의 사이드슬립 각도보다 클 때)의 자동차가 방향 안정성이 크다.

2) **아스팔트 포장 도로를 장시간 고속 주행할 경우** : 옆 방향의 바람에 대한 영향이 적은 언더 스티어링이 유리하다.

❹ 내륜차와 외륜차 ★★

(1) 앞바퀴의 안쪽과 뒷바퀴의 안쪽과의 차이를 내륜차(內輪差)라 하고 바깥 바퀴의 차이를 외륜차(外輪差)라고 한다.

(2) 대형차일수록 이 차이는 크다.

(3) 자동차가 **전진 중 회전할 경우에는 내륜차에 의해, 또 후진 중 회전할 경우에는 외륜차에 의한** 교통사고의 위험이 있다.

03 조향장치

❶ 개 념

조향장치는 자동차의 진행 방향을 **운전자가 의도하는 바에 따라서 임의로 조작할 수 있는** 장치이다.

❷ 구비조건 ★

(1) 조작이 쉽고 방향전환이 원활해야 한다.

(2) 주행 중의 충격에 영향을 받지 않아야 한다.

(3) 핸들조작이 용이하도록 앞바퀴 정렬이 잘되어 있어야 한다(앞바퀴 정렬에는 토우인, 캠버, 캐스터 등이 포함).

(4) 조향 핸들의 회전과 바퀴 선회 차이가 크지 않아야 한다.

(5) 수명이 길고 정비하기 쉬워야 한다.

❸ 조향장치 고장원인

(1) 조향 핸들이 무거운 원인

1) 타이어의 공기압이 부족하다.
2) 조향기어의 톱니바퀴가 마모되었다.
3) 조향기어 박스 내의 오일이 부족하다.
4) 앞바퀴의 정렬 상태가 불량하다.
5) 타이어의 마멸이 과다하다.

(2) 조향 핸들이 한쪽으로 쏠리는 원인

1) 타이어의 공기압이 불균일하다.
2) 앞바퀴의 정렬 상태가 불량하다.
3) 쇽업소버의 작동 상태가 불량하다.
4) 허브 베어링의 마멸이 과다하다.

❹ 조향장치의 구성요소 ★★★

(1) 캠버(Camber)

1) 이것은 앞바퀴가 하중을 받았을 때 아래로 벌어지는 것을 방지한다.

2) 타이어 접지면의 중심과 킹핀의 연장선이 노면과 만나는 점과의 거리인 옵셋을 적게 하여 **핸들 조작을 가볍게** 한다.

3) 수직방향 하중으로 **앞차축 휨을 방지**한다.

(2) 토우인(Toe-in)

1) 개념 : 앞바퀴를 위에서 보았을 때 **앞쪽이 뒤쪽보다 좁은 상태**를 말한다. 그리고 타이어의 마모를 방지하기 위해 있는 것인데 바퀴를 원활하게 회전시켜서 핸들의 조작을 용이하게 한다.

2) 기능

① 주행 중 타이어가 바깥쪽으로 벌어지는 것을 방지

② **토아웃을 방지하여 타이어의 마모를 방지**

③ 캠버에 의해 토아웃 되는 것을 방지

(3) 캐스터(Caster)

1) 자동차를 옆에서 보았을 때 차축과 연결되는 킹핀의 중심선이 약간 뒤로 기울어져 있는 것을 말한다.

2) 조향을 하였을 때 직진방향으로 되돌아오려는 **복원력을 준다.**

3) 주행 시 **앞바퀴에 방향성**(진행하는 방향으로 향하세 하는 것)을 **부여**한다.

(4) 조향축(킹핀 경사각)

1) 캠버와 함께 조향핸들의 **조작을 가볍게** 한다.

2) 캐스터와 함께 앞바퀴에 **복원성을 부여**하여 직진방향으로 쉽게 돌아가게 한다.

3) 앞바퀴의 시미 현상(바퀴가 좌·우로 흔들리는 현상)을 일으키지 않도록 한다.

✿ **두문자 : 캠벌가휨/캐복방/토마토/조가복시**(캠벌가휨우 캐복방에서 토마토를 먹으면서 조가복시(씨)와 수다를 떨었다)
→ 시험에 자주 출제되는 주제입니다. 각 장치의 기능이 헛갈리고 잘 외워지지 않아 두문자를 만들어 봤습니다. 글자별로 내용을 떠올리면서 암기하시길 바랍니다.

---

04 제동장치

❶ 주차 브레이크

(1) 차를 주차 또는 정차시킬 때 사용하는 제동장치로 주로 손으로 조작한다(핸드브레이크라 함).

(2) 일부는 발로 조작하는 경우도 있으며, 뒷바퀴 좌·우가 고정된다.

(3) 주차브레이크로는 센터 브레이크(외부수축식)와 휠브레이크(내부확장식)가 있다.

❷ 풋 브레이크

(1) **브레이크액의 압축** : 주행 중에 발로써 조작하는 주 제동장치로서 브레이크 페달을 밟으면 페달의 바로 앞에 있는 **마스터 실린더 내의 피스톤이 작동하여 브레이크액이 압축**된다.

(2) **브레이크액의 휠실린더로 전달** : 압축된 브레이크액은 **파이프를 따라 휠 실린더로 전달**된다.

(3) **브레이크 라이닝과 드럼** : 휠 실린더의 피스톤에 의해 브레이크 라이닝을 밀어주어 타이어와 함께 회전하는 드럼을 잡아 멈추게 한다.

❸ 엔진브레이크

(1) 배기 브레이크, 와전류 브레이크와 함께 감속브레이크에 속한다.

(2) 가속 페달을 놓거나 저단기어로 바꾸어 엔진 브레이크를 작동하면 속도가 저하된다.

(3) 구동바퀴에 의해 엔진이 역으로 회전하는 것과 같이 되어 그 회전저항으로 제동력이 발생하는 것이다.

(4) 내리막길에서 풋 브레이크만 사용하게 되면 라이닝의 마찰에 의해 제동력이 떨어지므로 엔진 브레이크를 사용하는 것이 안전하다.

❹ 유압배력식 제동장치

(1) 구 성

브레이크 페달을 밟으면 유압이 발생하는 **마스터 실린더**와 그 유압을 받아 브레이크 슈(Shoe)를 드럼에 밀어 붙여 제동력을 발생하게 하는 **휠 실린더, 브레이크 파이프 및 호스** 등으로 구성되어 있다.

(2) 브레이크 제동력을 증가시키기 위해 유압에 엔진의 진공을 이용한 배력을 이용하는 장치

진공배력식(직접 조작형 부스터 **백**), 진공 하이드르 **백**(설치위치 자유), 원격 조작형 공기 에어 **백**(설치위치 자유) 장치가 있다.

(3) 마스터 실린더(master cyclinder)

1) 마스터 실린더는 페달을 밟으면 **필요한 유압을 발생**하는 부분이다.
2) **탠덤실린더** : 자동차 안전기준에 의해 앞 뒤 어느 한쪽의 유압계통에 브레이크액이 새어도 남은 한쪽을 안전하게 작동시킬 수 있도록 되어 있는 탠덤(Tandem) 마스터 실린더가 사용된다.
3) **오일 저장탱크** : 브레이크 오일을 저장한다.
4) **1차 2차 피스톤 1차실** : 보상구멍을 지나는 순간부터 유압이 발생한다.
5) **1차 2차 피스톤 2차실** : 윤활작용 및 오일의 누설을 방지한다.
6) **보상구멍(compensating port)** : 피스톤 실이 보상구멍을 지나는 순간 유압 발생 및 리턴구멍
7) **블리더 구멍(bleeder port)** : 오일 윤활구멍

(4) 휠 실린더(wheel cylinder)

1) **드럼식 브레이크인 경우** : 실린더의 유압을 받아 두 개의 피스톤이 바깥쪽으로 팽창하게 되고, 피스톤의 팽창에 따라 브레이크슈가 드럼을 제동하게 된다.
2) 피스톤, 피스톤 컵 및 푸시로드로 구성되어 있다.

(5) 디스크 브레이크(disk brake)

캘리퍼형 디스크 브레이크(disk brake)인 경우에는 유압을 받은 **피스톤은 안쪽으로 작동**하여 브레이크 패드(Pad)가 회전하는 디스크를 제동하도록 되어있다.

(6) 드럼식 브레이크 구조

휠 실린더의 유압을 받은 브레이크 슈(라이닝)가 **바깥쪽으로 벌어져** 회전하는 드럼을 제동하도록 되어 있다.

(7) 라이닝 간극 자동 조정 장치

1) 브레이크 라이닝이 마멸되면 슈와 드럼 사이의 틈새가 커지고, 이것이 한계치를 넘으면 제동 조작에 지장을 가져오게 된다.
2) 일정한 기간마다 **슈와 드럼 사이 틈새를 적당한 상태를 유지**하도록 한 것이 자동 조정 장치이다.

❺ ABS(Anti-lock Brake System) ★★

(1) 의의

1) 자동차 각각의 네 바퀴에 달려있는 감지기(Sensor)를 통해 브레이크를 밟을 때 바퀴가 잠기는 현상을 감지한 뒤 브레이크를 **풀어주어** 바퀴가 다시 돌도록 한 후 바퀴가 움직이면 다시 브레이크를 작동해 바퀴가 **잠기도록 반복하는 장치**이다.
2) 노면의 상태에 따라 자동적으로 제동력을 제어하여 **제동 안정성을 보다 확보**하는 제동장치이다.

(2) 필요성

1) 빙판이나 빗길 미끄러운 노면상이나 통상의 주행에서 제동 시에 바퀴를 록(lock) 시키지 않는다.
2) 이를 통하여 브레이크가 작동하는 동안에도 **핸들의 조종이 용이**하도록 하는 제동장치이다.

(3) 사용목적

1) **후륜 잠김 현상을 방지** : **방향안정성**을 확보한다.
2) **전륜 잠김 현상을 방지** : **조종성 확보**를 통해 장애물 회피, 차로변경 및 선회가 가능하다.
3) 스키드(skid)음을 막고, 바퀴 잠김에 따른 편마모를 방지해 **타이어의 수명을 연장**한다.

(4) 작동시기

1) 매우 미끄러운 노면에서 브레이크를 밟는 경우 (눈길, 빙판길, 빗길 등)
2) 브레이크 페달을 급하게 힘을 주어 밟는 경우 (아스팔트, 콘크리트 노면 등)

❻ 브레이크의 이상 현상 ★★★

(1) 페이드(Fade) 현상

1) **개념** : 비탈길을 내려가거나 할 경우 브레이크를

반복하여 사용하면 마찰열이 라이닝에 축적되어 브레이크의 제동력이 저하되는 현상이다.

2) 이유 : 브레이크 라이닝의 온도상승으로 라이닝 면의 마찰계수 저하로 제동이 잘되지 않는다.

(2) 베이퍼 록(Vapour lock) 현상

1) 개념

① 액체를 사용하는 계통에서 열에 의하여 액체가 증기(베이퍼)로 되어 어떤 부분에 갇혀 계통의 기능이 상실되는 것을 말한다.

② 유압식 브레이크의 휠 실린더나 브레이크 파이프 속에서 **브레이크액이 기화하여 페달을 밟아도 스펀지를 밟는 것** 같고 유압이 전달되지 않아 브레이크가 작용하지 않는 현상을 말한다.

✿ vapour는 '수증기'란 뜻을 가지고 있습니다. 그러므로 vapour, 기화, 스펀지를 연결하여 숙지하시면 시험장에서 헷갈리지 않습니다.

2) 원인

① **긴 내리막길에서 계속 풋 브레이크**를 사용하여 브레이크 드럼이 과열되었을 때

② 브레이크 드럼이나 라이닝 간격이 작아 라이닝이 끌리게 됨에 따라 **드럼이 과열**되었을 때

③ 불량한 브레이크액을 사용하였을 때

④ 브레이크액의 변질로 비등점이 저하

3) 예방 : 엔진 브레이크를 사용하여 저단기어를 유지하면서 풋 브레이크 사용을 줄인다.

(3) 모닝 록(Morning lock) 현상

1) 의미

① 비가 자주 오거나 습도가 높은 날, 오랜 시간 주차한 후에는 **브레이크 드럼에 미세한 녹이 발생**하는 모닝 록 현상이 나타나기 쉽다.

✿ '록'과 미세한 '녹'을 연결하여 숙지합니다.

② 모닝 록 현상이 발생하면 브레이크드럼과 라이닝, 브레이크 패드와 디스크의 **마찰계수가 높아져 평소보다 브레이크가 지나치게 예민하게** 작동하여 급제동이 발생할 수 있다.

2) 예방

① 아침에 운행을 시작할 때나 장시간 주차한 다음 운행을 시작하는 경우, **출발하기 전에 브레이크를 몇 차례 밟아주는 것**이 좋다.

② 모닝 록 현상은 **서행하면서 브레이크를 몇 번 밟아주게 되면 녹이 자연히 제거**되면서 해소된다.

05 물리적 특징

❶ 속도의 현실적 개념

(1) 사고의 가능성과 사고의 회피를 가능하게 하는 데 일정 공간과 시간이 필요하다.

(2) 속도가 증가함에 따라 나쁜 영향들은 확대된다.

❷ 원심력 ★

(1) 커브길의 원심력

1) 자동차가 커브에 고속으로 진입하면 노면과 타이어의 접지력이 끊어질 만큼 원심력이 강해진다.

2) 원심력이 더욱 커지면 마침내 차는 도로 밖으로 기울면서 튀어나간다.

(2) 원심력이 커지는 경우

1) 원심력은 **속도가 빠를수록, 커브가 작을수록, 또 중량이 무거울수록** 커지게 된다.

2) 특히 **속도의 제곱에 비례**해서 커진다.

(3) 원심력을 줄이는 방법

1) 커브에 신입하기 진에 속도를 줄여 타이어의 접지력(grip)이 원심력을 극복할 수 있도록 한다.

2) 노면이 젖어있거나 얼어 있으면 타이어의 접지력은 감소하므로 저속 운행해야 한다.

❸ 스탠딩 웨이브(Standing wave) ★★

(1) 의미

타이어가 회전하면 이에 따라 타이어의 원주에서는 변형과 복원을 반복하는데, 타이어의 회전속도가 빨라지면 접지부에서 받은 타이어의 변형(주름)이 다음 접지 시점까지도 **복원되지 않고 접지의 뒤쪽에 진동의 물결이 일어나는** 현상을 스탠딩 웨이브라고 한다.

(2) 발생조건

1) 승용차용 타이어의 경우 대략 150km/h 전후의 주행속도에서 발생한다.

2) 조건이 나쁠 때는 150km/h 이하의 저속력에서도 발생하는 일이 있다.

3) 스탠딩 웨이브 현상이 계속되면 타이어는 쉽게 과열되고 원심력으로 인해 트레드부가 변형될 뿐 아니라 파열될 수 있다.

(3) 예방 : 속도를 낮추고 공기압을 높인다.

❹ 선회 특성과 방향 안정성

아래 설명은 커브길에서는 핸들을 돌린 각도와 실제 주행하는 회전각도가 다르게 나타나는 현상이다.

(1) 언더스티어(Under steer) ✿ 두문자 : 언전

1) **개념** : 코너링 상태에서 **구동력이 원심력보다 작아** 타이어가 그립의 한계를 넘어서 핸들을 돌린 각도만큼 라인을 타지 못하고 **코너 바깥쪽으로 밀려나가는 현상**이다.

2) **언더스티어의 원인**

① **전륜구동**(Front wheel Front drive) 차량에서 주로 발생한다.

② 핸들을 지나치게 꺾거나 과속, 브레이크 잠김 등이 원인이 되어 발생할 수 있다.

③ 타이어 그립이 더 떨어질수록 언더 스티어가 심하고(바깥쪽으로 밀려나갈수록) 경우에 따라선 스핀이나 그와 유사한 사고를 초래한다.

④ 커브길을 돌 때에 속도가 너무 높거나, 가속이 진행되는 동안에는 원심력을 극복할 수 있는 충분한 마찰력이 발생하기 어렵다.

3) **언더스티어 현상 방지** : 앞바퀴의 마찰력을 유지하기 위해 **커브길 진입 전에 가속페달에서 발을 떼거나 브레이크를 밟아** 감속한 후 진입하면 앞바퀴의 마찰력이 증대되어 언더 스티어 현상을 방지할 수 있다.

(2) 오버스티어(Over steer) ✿ 두문자 : 오후

1) **개념** : 코너링 시 운전자가 핸들을 꺾었을 때 그

꺾은 범위보다 차량 앞쪽이 진행 방향의 안쪽(코너 안쪽)으로 더 돌아가려고 하는 현상이다.

2) **내용**

① **후륜구동**(Front wheel Rear drive) 차량에서 주로 발생한다.

② 구동력을 가진 뒷 타이어는 계속 앞으로 나아가려 하고 차량 앞은 이미 꺾인 핸들 각도로 인해 그 꺾인 쪽으로 빠르게 진행하게 되므로 코너 안쪽으로 말려 들어오게 되는 현상이다.

③ **오버 스티어 현상 방지**

㉠ **커브길 진입 전에 충분히 감속하여야 한다.**

㉡ 만일 오버 스티어 현상이 발생할 때는 가속 페달을 살짝 밟아 뒷바퀴의 구동력을 유지하면서 동시에 감은 핸들을 살짝 풀어줌으로서 방향을 유지하도록 한다.

❺ 정지거리와 정지시간 ★★★

(1) 정지거리(공주거리 + 제동거리)**와 정지시간**(공주시간 + 제동시간)

1) **정지시간** : 운전자가 위험을 인지하고 자동차를 정지시키려고 시작하는 순간부터 자동차가 완전히 정지할 때까지의 시간을 말한다.

2) **정지거리** : 정지시간 동안 이동한 거리이다.

(2) 공주거리와 공주시간

1) **공주시간** : 운전자가 자동차를 정지시켜야 할 상황임을 지각하고 브레이크 페달로 발을 옮겨 **브레이크가 작동을 시작하는 순간까지의 시간**을 말한다.

2) **공주거리** : 이때까지 자동차가 진행한 거리를 공주거리라고 한다.

✿ 공주의 한자는 空走입니다. '空'자는 비었다는 의미로 차의 주행에 영향이 없다는 것으로 연결시키면 잊어버리지 않으실 겁니다.

(3) 제동거리와 제동시간

1) **제동시간** : 운전자가 브레이크에 발을 올려 **브레이크가 막 작동을 시작하는 순간부터** 자동차가 **완전히 정지할 때까지의 시간**을 말한다.

2) **제동거리** : 제동시간 동안 진행한 거리이다.

CHAPTER **3** 자동차관리와 응급조치

01 자동차 점검 및 안전수칙

❶ 자동차 점검

(1) 예방정비의 의의

예방정비라 함은 자동차의 내구성이 소멸되어 가면서 고장이 발생되어 교통사고가 발생하거나, 자동차 및 부품의 수명감축이나 정비비용 손실을 예방하기 위하여 미리 고장개소를 찾아내어 하는 일상적이며 정기적인 정비관리를 말한다.

(2) 일상 점검 항목 및 내용

1) 일상점검 : 자동차를 운행하는 사람이 매일 자동차를 운행하기 전에 점검하는 것

2) 주의사항

① 경사가 없는 평탄한 장소에서 점검한다.

② 변속레버는 P(주차)에 위치시킨 후 주차 브레이크를 당겨 놓는다.

③ 엔진 시동 상태에서 점검해야 할 사항이 아니면 엔진 시동을 끄고 한다.

④ 점검은 환기가 잘 되는 장소에서 실시한다.

⑤ 엔진을 점검할 때에는 가급적 엔진을 끄고, 식은 다음에 실시한다(화상예방).

⑥ 연료장치나 배터리 부근에서는 불꽃을 멀리 한다(화재예방).

⑦ 배터리, 전기 배선을 만질 때에는 **미리 배터리의 ⊖단자를 분리**한다(감전예방).

(3) 운행 전 자동차 점검

1) 운전석에서 점검

① 연료 게이지량

② 브레이크 페달 유격 및 작동상태

③ 룸미러 각도, 경음기 작동상태, 계기점능 상태

④ 와이퍼 작동상태

⑤ 스티어링 휠(핸들) 및 운전석 조정

2) 엔진점검

① 엔진오일의 양은 적당하며 불순물은 없는지?

② 냉각수의 양은 적당하며 색이 변하지는 않았는가?

③ 각종 벨트의 장력은 적당하며 손상된 곳은 없는가?

④ 배선은 깨끗이 정리되어 있으며 배선이 벗겨져 있거나 연결부분에서 합선 등 누전의 염려는 없는가?

(4) 운행 후 자동차 점검

1) 차체에 굴곡이나 손상된 곳 등 여부 확인

2) 타이어 공기압 차이에 의한 기울어짐 여부 확인

3) 보닛의 고리 빠짐 여부 확인

4) 주차 후 바닥에 오일이나 냉각수가 보이는지 확인

❷ 안전수칙

(1) 주행 전 안전 수칙

1) 안전운전을 위한 안전벨트 착용 및 청결 유지

① 탑승자가 기대거나 구부리지 않고 **좌석에 깊게 걸터앉아**, 등을 등받이에 기대어 똑바로 앉은 상태에서 안전벨트를 착용해야 한다.

② 안전벨트의 **어깨띠 부분은 가슴 부위**를 지나도록 해야 한다.

③ 안전벨트의 **골반띠 부분이 부드럽게 골반 부위**를 지나도록 착용하여 사고 시 장 파열 등 신체 손상을 방지한다.

④ 안전벨트를 착용한 상태로 좌석 등받이를 뒤로 눕히면 안전벨트 아래로 신체가 빠져나와 만일의 경우, 안전벨트에 목이 걸리거나 심각한 부상을 입을 수 있다.

⑤ **바닥 매트**는 페달의 정상 작동을 방해하지 않도록 **바닥에 고정되는 제품**을 사용하고 특히, 일명 "벌집 매트"의 사용은 자제하여야 한다.

2) 올바른 운전 자세 ★

① **운전자 상체 부분과 핸들 부분이 일치된** 상태에서 주행한다.

② 회사 차량을 수시로 바꿔가며 운전을 할 경우에는 차량 간의 페달 위치를 잘못 인식하여 페달을 오조작할 수 있으므로 **반드시 가속페달과 브레이크**(제동)**페달의 위치를 오른발을 중심으로 확인**한다.

③ 가능한 등을 편 상태로 가까이 붙여서 앉아야 운전 시 집중력이 높아진다.

④ 브레이크 페달과 가속 페달, 핸들의 원활한 작동을 기준으로 운전석 시트의 위치를 조절한다.

⑤ 사고 시 운전자의 목을 보호하기 위한 **머리지지대는 뒤통수 중앙에 위치**하도록 조절한다.

⑥ 유리창을 닫을 때는 뒷좌석 탑승자의 손이나 머리가 끼어 있는지 반드시 확인 후 닫는다. 특히 어린이를 주의한다.

(2) 주행 후 안전 수칙

1) 주행 종료 후에도 긴장을 늦추지 않는다.

2) 주행 종료 후 주차 시 가능한 편평한 곳에 주차하고 경사가 있는 곳에 **주차할 경우 변속 기어를 "P"에 놓고 주차 브레이크를 작동**시키고 바퀴를 좌·우측 방향으로 조향 핸들을 작동시킨다.

3) 차량 관리를 위해 습기가 많고 통풍이 잘되지 않는 차고에는 주차하지 않는 것이 바람직하다.

4) 휴식을 위해 장시간 주·정차 시 반드시 시동을 끄고 창문을 열어 놓는다.

❷ 자동차 관리요령

(1) 세차시기

1) 겨울철에 동결 방지제(염화칼슘, 모래 등)가 뿌려진 도로를 주행하였을 경우

2) 해안 지대를 주행하였을 경우

3) 진흙 및 먼지 등으로 심하게 오염되었을 경우

4) 옥외에서 장시간 주차하였을 경우

5) 아스팔트 공사 도로를 주행하였을 경우

6) 새의 배설물, 벌레 등이 붙어 도장이 손상되었을 가능성이 있는 경우

(2) 세차할 때의 주의 사항

1) **세차할 때 엔진룸은 에어를 이용하여 세척** : 엔진룸에 있는 전기장치들의 배선에 수분이 침투했을 경우에는 차량의 고장 원인이 된다.

2) **겨울철에 세차하는 경우** : 물기를 완전히 제거한다.

3) **기름 또는 왁스가 묻어 있는 걸레로 전면 유리를 닦지 않음** : 야간 운전 시 빛이 반사되어 안전 운전에 방해가 된다.

(3) 외장 손질

1) 차량 표면에 녹이 발생하거나, 부식되는 것을 방지하도록 깨끗이 세척한다.

2) 차량의 도장보호를 위해 소금, 먼지, 진흙 또는 다른 이물질들이 퇴적되지 않도록 깨끗이 제거한다.

3) 자동차의 더러움이 심할 경우 고무 제품의 변색을 예방하기 위해 **가정용 중성세제 대신 자동차 전용 세척제를 사용**한다.

4) 범퍼나 차량 외부를 세차 시 **부드러운 브러시나 스펀지를 사용**하여 닦아낸다.

5) 차량 외부의 합성수지 부품에 엔진 오일, 방향제 등이 묻은 경우 변색이나 얼룩이 발생하므로 즉시 깨끗이 닦아낸다.

6) 도장의 보호를 위해 차체의 먼지나 오물을 마른걸레로 닦아내지 않는다.

(4) 내장 손질

1) 차량 내장을 아세톤, 에나멜 및 표백제 등으로 세척할 경우 변색되거나 손상이 발생할 수 있다.

2) 액상 방향제가 유출되어 계기판 부분이나 인스트루먼트 패널 및 공기 통풍구에 묻으면 액상 방향제의 고유 성분으로 인해 손상될 수 있다.

02 LPG 자동차 안전관리

❶ 자동차용 LPG 성분

(1) 일반적 특성

1) **LPG의 주성분** : 부탄과 프로판의 혼합체로 구성되어 있다.

2) LPG는 **감압 또는 가열 시 쉽게 기화되며 발화**하기 쉬우므로 취급 주의를 요한다.

3) 화학적으로 순수한 LPG는 상온과 상압하에서 **무색무취의 가스**이나 가스누출 시 위험을 감지할 수 있도록 부취제를 첨가하여 독특한 냄새가 난다.

4) LPG 충전은 과충전 방지 장치가 내장되어 있어 85% 이상 충전되지 않으나 **약 80%가 적정**하다.

(2) 부탄과 프로판의 구성 비율

1) LPG는 온도와 압력에 따라 기화점이 다른 부탄(C_4H_{10})과 프로판(C_3H_8)을 주성분으로 하는 혼합물이다.

2) 겨울에는 낮은 온도에서 쉽게 기화할 수 있도록 프로판의 비율을 높이는 것이 바람직하다.

❷ LPG 자동차의 장단점 ★★

(1) LPG 자동차의 장점

1) 연료비가 적게 들어 경제적이다.

2) 유해 배출 가스량이 줄어든다.

3) 연료의 **옥탄가가 높아** 노킹(Knocking) 현상이 거의 발생하지 않는다.

4) 가솔린 자동차에 비해 엔진 소음이 적다.

5) 엔진 관련 부품의 **수명이 상대적으로 길어** 경제적이다.

(2) LPG 자동차의 단점

1) LPG 충전소가 적어 연료 충전이 불편하다.

2) 겨울철에 시동이 잘 걸리지 않는다.

3) **가스가 누출되는 경우 잔류**하여 점화원에 의해 폭발의 위험성이 있다.

❸ LPG 연료탱크의 구성 ★★

(1) 충전 밸브(녹색)

1) LPG 연료 충전 시에 사용되며, **과충전 방지 밸브와 일체형**으로 구성되어 있다.

2) 연료가 **과충전 되는 것을 방지**하는 기능을 한다.

(2) 연료 차단 밸브(적색)

1) 연료를 수동으로 강제 차단하는 밸브이다.

2) 정비 시나 비상시에 차단하여야 한다.

❹ LPG 차량 관리 요령 ★★

(1) LPG는 **공기에 비해 약 두 배 정도 무거운 특징**을 가진다.

(2) 누출이 되었을 경우 LPG는 **바닥에 체류**하기 쉬우며, 화기나 점화원에 노출 시 화재·폭발이 발생할 수 있다.

(3) 지하 주차장이나 밀폐된 장소 등에 장시간 주차하지 말아야 하고 **장시간 주차 시 연료 충전 밸브(녹색)를 잠가야** 한다.

(4) LPG 탱크의 수리는 **절대로 해서는 안 되며**, 고장 시 신품으로 교환하고 정비 시 공인된 업체에서 수행해야 한다.

(5) LPG 누출 확인 방법은 비눗물을 이용한다.

(6) 화기 옆에서 LPG 관련 부품을 점검하거나 수리하는 것은 금물이다.

(7) 가스 누출량이 많은 부위는 LPG 기화열로 인해 하얗게 서리가 형성된다.

(8) 가스 누출 부위를 손으로 접촉하면 동상에 걸릴 수 있다.

(9) 가스의 누출이 확인되면 LPG 탱크의 모든 밸브(적색, 녹색)를 잠가야 한다.

❺ LPG 차량 시동 전 점검

(1) LPG 탱크 밸브(적색, 녹색)의 열림 상태를 점검한다.

(2) LPG 탱크 고정벨트의 풀림 여부를 점검한다.

(3) 연료 파이프의 연결 상태 및 연료 누기 여부를 점검한다.

(4) 가스 누출 시, 담뱃불과 같은 **화기를 멀리하고** 모든 창문을 개방하고 전문 정비업체에 연락하여 조치를 취한다.

(5) 엔진에서 베이퍼라이저로 가는 냉각수 호스 연결 상태와 누수 여부를 점검한다.

(6) 냉각수 적정 여부를 점검한다.

❻ LPG 충전 방법 ★★

⑴ 연료를 충전하기 전에 **반드시 시동을 끈다.**

⑵ 연료 주입구 도어를 연다. 차량의 잠금을 해제한 후 연료 주입구 도어의 뒤쪽 끝부분을 눌렀다 놓으면 도어가 열린다.

⑶ 결빙 등으로 인해 도어가 열리지 않을 경우, 연료 주입구 도어를 손으로 몇 번 가볍게 두드리면 열린다.

⑷ 외기 온도의 상승으로 인해 연료 탱크 내의 압력이 상승할 수 있어 **LPG 충전량이 85%를 초과하지 않도록 충전**하여야 한다.

⑸ 연료 주입구 도어를 닫은 뒤 확인한다.

❼ LPG 충전(겨울철) ★

⑴ 겨울철에 평소 운행하던 지역을 벗어나 추운 지방으로 이동 시, **전날 충전소에서 완전 충전하면** 다음날 시동이 보다 용이하다.

⑵ 지역별로 외기 온도에 따라 시동성 향상을 위한 LPG 내에 포함된 프로판의 비율이 다르며 **추운 지역의 LPG의 경우에는 프로판의 비율이 높다.**

❽ 주차 요령(겨울철)

⑴ 가급적 건물 내 또는 주차장에 주차하는 것이 바람직하나 부득이 옥외에 주차하게 될 경우에는 **엔진 위치가 건물 벽 방향으로 향하도록 주차**한다.

⑵ **차량 앞쪽을 해가 뜨는 방향으로 주차**해놓음으로써 태양열의 도움을 받을 수 있도록 하는 것이 시동성 향상에 도움이 된다.

❾ 시동 요령

⑴ 엔진 시동 전에 반드시 안전벨트를 착용하여 불의의 사고에 대비한다.

⑵ 주차 브레이크 레버를 당긴다.

⑶ **모든 전기 장치는 OFF** 시킨다.

⑷ **점화 스위치를 "ON"모드로 변환**시킨다.

⑸ 점화 스위치를 "ON"모드로 변환했을 경우 "딱"

하는 소리가 들릴 수 있으나 이는 시동 전에 연료 공급을 위한 밸브가 열리는 소리로 차량에는 이상이 없다.

⑹ 저온(겨울철) 조건에서는 계기판에 PCт(LPG 연료를 예열하는 기능) 작동 지시등이 점등된다. 이는 시동성 향상을 위한 것으로 부품의 성능에는 영향이 없다.

⑺ PTC 작동 지시등이 점등되는 동안에는 엔진 시동이 걸리지 않는다.

⑻ PTC 작동 지시등이 소등되었는지 확인 후, 엔진 시동을 건다.

⑼ 점화 스위치를 이용하여 엔진 시동을 걸 경우, 브레이크 페달을 밟고 키를 돌린다.

⑽ Start/Stop 버튼으로 엔진 시동을 걸 경우, 브레이크 페달을 밟고 시동 버튼을 누른다.

❿ LPG자동차의 고장현상 및 조치사항

⑴ **시동이 불가능한 경우** : 연료 부족으로 시동이 불가능한 경우 탱크 게이지의 지침을 확인한다.

⑵ **연료가 베이퍼라이저, 인젝터로 공급되지 않는 경우**

1) LPG 연료차단 스위치 ON이 되어 있는 경우 : 이를 OFF 후 시동을 건다.

2) 퓨즈가 단선된 경우 : 퓨즈를 점검하고 필요 시 교환한다.

⑶ **저온 시동 불가능 및 공회전 불안정**

1) 연료 차단 솔레노이드(탱크, 베이퍼라이저)가 고장인 경우 → 점검 및 교환한다.

2) 공급전원 배선의 단선과 단자 접촉상태의 불량인 경우 → 전원선의 단선 여부를 확인한다.

3) 베이퍼라이저 PTC 퓨즈, 릴레이의 단락인 경우 → 퓨즈 및 릴레이를 교환한다.

4) 베이퍼라이저 PTC 공급전원의 단선 또는 단자 접촉상태가 불량한 경우 → 전원선 단선 여부를 확인한다.

5) 인젝터의 작동이 불량한 경우 → 인젝터를 점검 및 교환한다.

6) 진공 상태가 불량인 경우 → 진공호스를 점검하고 수리한다.

7) 스파크 플러그에 이상이 있는 경우

→ 이를 점검 및 교환한다.

(4) 고속주행 시 엔진상태 불량 : 탱크연료량이 부족한 경우 → **연료량을 확인 및 조치한다.**

(5) 고속주행이 불가능한 경우

1) 연료펌프의 작동이 불량한 경우

→ 연료펌프를 점검한다.

2) 연료펌프의 압력센서가 불량한 경우

→ 이를 점검한다.

3) 연료펌프 전원공급전원의 단선이나 단자의 접촉 불량인 경우 → 전원선 단선 여부를 확인한다.

4) 베이퍼라이저 내부에 이물질이 유입된 경우

→ 내부를 세척 및 교환한다.

5) 베이퍼라이저 온수 통로가 막힌 경우

→ 내부를 세척 및 교환한다.

6) 인젝터 내부에 이물질이 유입된 경우

→ 내부를 세척 및 교환한다.

(6) LPG 냄새 감지

LPG 연료 계통의 부품 및 연결부에서 누출이 발생이 의심되는 경우 → **비눗물을 이용하여 누출 부위를** 점검한다.

⑪ LPG자동차 사고 시 응급조치

(1) 교통사고 발생시 응급조치 요령

1) 사고에 대한 적절한 소치를 취힘과 동시에 연료계통의 누설을 점검해야 한다.

2) 사고로 인하여 차체에 파손을 입었을 때, 즉시 LPG 스위치를 「OFF」 시키고 엔진을 정지시킨 후 동행 승객을 대피시킨 다음, 기출밸브, 액출밸브, 충전밸브를 잠근다.

3) 누설이 많아 응급처치가 불가능할 때에는, 주변 차량과 사람들의 접근을 막고 경찰서나 소방서에 연락하여 필요한 조치를 해야 한다.

(2) 화재 발생 시 응급조치 요령 ★

1) 사고로 인하여 화재가 발생됐을 때

① 운전자는 행동을 침착하게 하여 즉시 LPG 스위치를 「OFF」 시키고 엔진을 정지시킨다.

② 동승자가 있을 경우 대피시킨 후 충전밸브(녹색)와 기출밸브(황색) 및 액출밸브(적색)를 잠근다.

2) 누설부위에 불이 붙었을 경우

① 재빨리 **물을 사용**하여 불을 끈 다음, LPG 탱크가 과열되지 않도록 물로써 냉각시켜야 한다.

② 소화기를 사용하는 경우 LPG와 화학반응을 일으켜 다른 문제가 발생할 수 있기 때문에 물을 사용한다.

3) 누설부위의 응급조치가 불가능할 시 : 주변차량과 사람들의 접근을 막고 경찰서나 소방서에 연락하여 필요한 조치를 해야 한다.

03 자동차 응급조치요령

❶ 상황별 응급조치

(1) 응급조치의 의의

1) 응급조치란 긴급하고 위급한 일이 발생하였을 때 우선적 임시로 처리함을 말한다.

2) 응급조치는 운전자가 갖추어야할 기본이며 평상시에 학습과 경험을 통해 필수적으로 익혀야 한다.

(2) 부위별 응급조치 ★★

1) 팬 벨트

① **증상** : 가속페달을 힘껏 밟는 순간 **'끼익'**하는 소리 발생

② **점검** : 팬 벨트 등이 이완되어 길려 있는 폴리와의 미끄러짐 여부 점검

2) 엔진의 점화 장치

① **증상** : 주행 시작 전 **특이한 진동**이 느껴질 때

② **원인** : 엔진에서의 고장이 주요 원인

③ **점검** : 플러그 배선의 빠짐 여부와 플러그 불량 여부 확인

3) 클러치

① **증상** : 클러치를 밟고 있을 때 **'달달달' 떨리는** 소리와 함께 차체에서 진동이 발생

② **점검** : 클러치 릴리스 베어링 고장 여부 확인

4) 브레이크

① **증상** : 브레이크 페달을 밟아 정지하려 할 때 바퀴에서 **'끼익!'하는 소리 발생**

② **점검** : 브레이크 라이닝의 마모 정도나 라이닝의 결함 여부 확인

5) 조향장치

① **증상** : 운행 중 매우 심한 **핸들의 흔들림 발생**

② **점검** : 전륜의 정열(휠 얼라이먼트)의 부조화 여부 및 바퀴의 휠 밸런스 확인

6) 바퀴 부분

① **증상** : 주행 중 **차량 하체의 흔들림 발생**하거나, 특히 커브를 돌았을 때 휘청거리는 현상 발생

② **점검** : 바퀴의 휠 너트의 이완 및 바퀴의 공기 부족 확인

7) 완충(현가) 장치

① **증상** : 비포장도로의 울퉁불퉁하고 험한 노면을 달릴 때 **'딱각딱각'하는 소리 발생**하거나 **'쿵쿵'하는 소리 발생**

② **점검** : 충격 완충장치인 쇽업소버의 고장 여부 확인

(3) 냄새와 열이 날 때의 점검 사항 ★

1) 전기 장치

① **증상** : **고무 같은 것이 타는 냄새** 발생

② **점검**

㉠ 가급적 빨리 차를 세움

㉡ 엔진실 내의 전기 배선 등의 피복이 벗겨져 합선에 의해 전선이 타는지 확인

㉢ 보닛을 열고 잘 살펴 그 부위를 발견

2) 바퀴 부분

① **증상** : 각 바퀴의 드럼에 손을 대보았을 때 어느 한쪽만 뜨거울 경우

② **점검** : 브레이크 라이닝 간격이 좁아 브레이크가 끌리는지 확인

3) 브레이크 부분

① **증상** : **차체에서 차이를 갈 때 나는 냄새**가 나는 경우

② **점검**

㉠ 풋 브레이크가 너무 좁지는 않는지 확인

㉡ 주차 브레이크를 당겼다 풀었으나 완전히 풀리지 않았는지 확인

㉢ 긴 언덕길을 내려갈 때 계속 풋 브레이크를 밟았을 경우 현상이 발생

(4) 배출가스에 의한 점검 사항 ★

자동차 후면에 장착된 머플러(소음기) 배관에서 배출되는 가스의 색으로 엔진 상태를 알 수 있다.

1) 무색 : 완전 연소 시 정상 배출 가스의 색은 무색 또는 약간 옅은 청색을 띤다.

2) 검은색

① 농후한 혼합 가스가 들어가 불완전하게 연소되는 경우이다.

② 초크 고장이나 에어클리너 엘리먼트의 막힘, 연료 장치 고장 등을 확인

3) 백색

① 엔진 안에서 다량의 엔진오일이 실린더 위로 올라와 연소되는 경우

② 헤드 개스킷 파손, 밸브의 오일 씰 노후 또는 피스톤 링의 마모 등 확인

(5) 엔진 시동과 관련한 증상과 대처

1) 철길건널목에서 엔진 시동이 꺼지고 차가 움직이지 않을 경우

① 즉시 동승자를 피난시키고 비상사태를 알린다.

② 동승자 또는 주위의 도움을 받아 차를 안전한 장소로 이동시킨다.

2) 시동모터가 회전하지 않을 경우 : 배터리의 방전 상태, 배터리 단자의 연결 상태 확인

3) 시동모터는 회전하나 시동이 걸리지 않을 경우 : 연료의 유무 확인

4) 배터리가 방전되어 있을 경우

① 주차 브레이크를 작동시켜 차량을 정지시킨다.

② 변속기는 '중립'에 위치시킨다.

③ 보조배터리를 사용하는 경우 **점프케이블을 연결한 후 시동을 건다.**

④ 타 차량의 배터리에 점프 케이블을 연결하여 시동을 거는 경우에는 **타 차량의 시동을 먼저 건 후 방전된 차량의 시동을 건다.**

⑤ 시동이 걸린 후 배터리가 일부 충전되면 먼저 점프 **케이블의 '−'단자를 분리한 후 '+'단자를 분리한다.**

⑥ 방전된 배터리가 충분히 충전되도록 일정 시간 시동을 걸어둔다.

⑦ **주의사항**

㉠ 점프 케이블의 양극(+)과 음극(−)이 서로 닿는 경우에는 불꽃이 발생하여 위험하므로 서로 닿지 않도록 한다.

㉡ 방전된 배터리가 얼었거나 배터리액이 부족한 경우에는 점프 도중에 배터리의 파열 및 폭발이 발생할 수 있다.

5) 전기 장치에 고장이 있는 경우

① 퓨즈의 단선 여부 확인

② 규정된 용량의 퓨즈만을 사용하여 교체

③ 높은 용량의 퓨즈로 교체한 경우에는 전기배선 손상 및 화재 발생의 원인

(6) 엔진 오버히트가 발생하는 경우 점검 사항

1) 오버히트가 발생하는 경우

① 냉각수의 부족 여부 확인

② 엔진 내부가 얼어 냉각수가 순환하지 않는 경우인지 확인

2) 엔진 오버히트가 발생할 때의 징후

① **운행 중 수온계가 H 부분을 가리키는 경우**

② **엔진 출력이 갑자기 떨어지는 경우**

③ **노킹 소리가 들리는 경우**

❖ 노킹(Knocking) : 압축된 공기와 연료 혼합물의 일부가 내연기관의 실린더에서 비정상적으로 폭발할 때 나는 날카로운 소리

(7) 타이어에 펑크가 난 경우 조치 사항 ★

1) 운행 중 타이어가 펑크 났을 경우에는 **핸들이 돌아가지 않도록 견고하게 잡고,** 비상경고등을 작동시킨다(한쪽으로 쏠리는 현상 예방).

2) 가속페달에서 발을 떼어 **속도를 서서히 감속**시키면서 길 가장자리로 이동한다(급브레이크를 밟으면서 양쪽 바퀴의 제동력 차이로 자동차가 회전하는 것을 예방).

3) 브레이크를 밟아 차를 도로 옆 평탄하고 안전한 장소에 주차한 후 주차 브레이크를 당겨 놓는다.

4) 잭을 사용하여 차체를 들어 올릴 때 자동차가 밀려 나가는 현상을 방지하기 위해 **교환할 타이어의 대각선에 위치한 타이어에 고임목을** 설치한다.

+ STUDY   잭 사용 시 주의사항 ★

• 잭은 평탄하고 안전한 장소에서 사용한다.

• 잭 사용 시 시동을 걸면 위험하다.

• 잭으로 차량을 올린 상태에서 차량 하부로 들어가면 위험하다.

• 잭을 사용할 때에 후륜의 경우에는 리어 액슬 아래 부분에 설치한다.

---

(8) 운행 중 차가 구덩이에 빠진 경우 조치 사항

1) 눈이나 진흙 구덩이 등에 바퀴가 빠졌을 경우 **수동변속기는 2단으로,** 자동변속기는 '+' '−' 모드를 이용하여 **2단을 선택,** 눈길 2단 출발할 수 있는 기능을 가진 차량은 HOLD, SLOW 모드스위치를 눌러 선택하여 핸들을 좌·우로 빨리 움직이면서 빠져나온다.

2) 갑작스러운 급가속은 더욱 미끄러질 수 있으므로 하지 아니한다.

3) 바퀴 밑에 돌이나 나무 등을 집어넣어서 마찰력을 높여 빠져나온다.

(9) 가스 누출 시 조치사항 ★

1) 시동은 물론 LPG 스위치를 끈다.

2) 트렁크 안에 있는 용기의 연료 출구 밸브(황색, 적색) 2개를 모두 잠근다.

3) 필요한 정비를 전문업체에 맡긴다.

(10) 교통사고 발생 시 조치 사항 ★

1) LPG 스위치를 끈 후 엔진을 정지시킨다.

2) 동행 승객을 빨리 대피시킨다.

3) 트렁크 안에 있는 용기의 연료 출구 밸브(황색, 적색) 2개를 모두 잠근다.

4) 누출 부위에 불이 붙었을 경우 신속하게 소화기 또는 물로 불을 끈다(LPG차는 물을 사용하는 것이 좋음).

(11) 응급조치가 불가능할 경우

1) 부근의 화기를 신속하게 제거한다.

2) 소방서, 경찰서 등에 신고한다.

3) 차량에서 떨어진 후 주변 차량의 접근을 막는다.

⑿ 운행 중 충전 경고등이 점멸되는 경우

1) 엔진이 회전하는 상태에서 모든 전원의 공급은 발전기에서 담당한다.

2) 배터리는 발전기에 남는 전기를 저장해두었다가 시동을 걸 때 시동모터를 회전시키는 역할을 한다.

3) 충전경고등에 불이 들어온다는 것은 발전기에서 전기가 발생되지 않았을 경우이다.

4) 충전경고등에 불이 들어온 상태에서 계속 운행을 하게 되면 남은 전기를 사용하게 되어 배터리가 방전되어 시동이 꺼질 가능성이 매우 높아진다.

5) **충전경고등이 들어오면 우선 안전한 장소로 이동하여 주차하고 시동을 끈다.**

6) 보닛(Bonnet)을 열어 구동벨트가 끊어지거나 헐거워졌는지 확인한다.

7) 수리할 조건이 안 되면 가까운 정비업소에서 정비를 받고 운행한다.

⒀ 기타 응급조치사항

1) **풋 브레이크가 작동하지 않는 경우 :** 고단기어에서 저단기어로 한 단씩 줄여 감속한 뒤에 주차 브레이크를 이용하여 정지한다.

2) **견인자동차로 견인하는 경우**

① 구동되는 바퀴를 들어 올려 견인되도록 한다.

② 견인되기 전에 주차 브레이크를 해제한 후 변속 레버를 N(중립)에 놓는다.

❷ 장치별 고장원인과 대책

⑴ 엔진 계통 응급조치요령

1) **시동 모터가 작동되나 시동이 걸리지 않는 경우**

① 연료가 떨어졌다. → 보충한 후 공기배기

② 예열작동이 불충분하다. → 점검

③ 연료 필터가 막혀 있다. → 교환

2) **시동 모터가 작동되지 않거나 천천히 회전하는 경우**

① 배터리가 방전되었다. → 충전 혹은 교환

② 배터리 단자의 부식, 이완, 빠짐 현상이 있다.
→ 청소하고 단단히 고정

③ 접지 케이블이 이완되어 있다. → 단단히 고정

④ 엔진 오일의 점도가 너무 높다. → 오일 교환

3) **저속 회전하면 엔진이 쉽게 꺼지는 경우**

① 공회전 속도가 낮다. → 속도 조절

② 에어클리너 필터가 오염되었다. → 교환

③ 연료필터가 막혀 있다. → 교환

④ 밸브 간극이 비정상이다. → 조정

4) **엔진 오일의 소비량이 많다.**

① 사용하는 오일이 부적당하다. → 교환

② 엔진 오일이 누유되고 있다. → 점검하고 조임

5) **연료 소비량이 많다.**

① 연료 누출이 있다. → 점검 · 정비

② 타이어 공기압이 부족하다. → 적정 공기압 조정

③ 클러치가 미끄러진다. → 간극조정 혹은 디스크교환

6) **배기가스의 색이 검다.**

① 에어클리너 필터가 오염되었다. → 청소 또는 교환

② 밸브 간극이 비정상이다. → 간극 조정

7) **오버히트되는 경우**(엔진의 과열)

① 냉각수의 부족이나 누수현상 → 보충 혹은 수리

② 팬벨트의 장력이 지나치게 느슨하다. → 장력 조정
(워터펌프 작동이 원활하지 않아 냉각수의 순환이 불량해지고 엔진이 과열됨)

③ 냉각팬이 작동되지 않는다. → 수리

④ 라디에이터 캡의 장착이 불완전하다. → 확실히 장착

⑤ 서모스탯(온도조절기 : thermostat)이 정상 작동하지 않는다. → 교환

⑵ 조향 계통 응급조치요령

1) **핸들이 무겁다.**

① 앞바퀴의 공기압이 부족하다. → 적정하게 조정

② 파워스티어링 오일이 부족하다. → 보충

2) **스티어링 휠**(핸들)**이 떨린다.**

① 타이어의 무게 중심이 맞지 않는다. → 조정

② 휠 너트(허브 너트)가 풀려 있다. → 규정토크로 조정

③ 타이어의 공기압이 타이어마다 다르다. → 조정

④ 타이어가 편마모 되어 있다. → 교환

(3) 제동 계통 응급조치요령

1) 브레이크의 제동 효과가 나쁘다.

① 공기압이 과다하다. → 조정

② 공기누설(타이어 공기가 빠져나가는 현상)이 있다.
→ 풀려있는 부분 조정

③ 라이닝 간극 과다 또는 마모상태가 심하다.
→ 간극 조정 혹은 라이닝 교환

④ 타이어 마모가 심하다. → 교환

2) 브레이크가 편제동된다.

① 좌·우 타이어 공기압이 다르다. → 조정

② 타이어가 편마모 되어 있다. → 교환

③ 좌·우 라이닝 간극이 다르다. → 조정

(4) 전기 계통 응급조치요령

◉ **배터리가 자주 방전된다.**

① 배터리 단자의 벗겨짐, 풀림, 부식이 있다.
→ 부식제거와 조임

② 팬벨트가 느슨하게 되어 있다. → 조정

③ 배터리액이 부족하다. → 보충

④ 배터리의 수명이 다 되었다. → 교환

(5) 와이퍼 고장 시 응급조치요령 : 와이퍼 고장 시 차량을 안전한 곳으로 이동시킨 후, 담배가루나 나뭇잎, 비눗물로 차량 유리를 문질러주면 일정 시간 동안 시야가 확보된다.

(6) 운행 중 전조등 고장 시 응급조치요령

1) 야간 운행 중 전조등이 고장 나면 안개등을 자동 점등시켜 운행한다.

2) 퓨즈가 단락되었는지 확인하고 단락된 경우 예비용 퓨즈로 교체한다.

3) 안개등만으로 장거리 운행 시 시야의 확보가 어려워 사고가 일어날 가능성이 높아진다.

4) 임시로 전조등 바로 위 보닛(Bonnet) 부분을 쳐주면 전조등이 켜질 가능성이 있다.

5) 안전한 장소로 주차한 후 수리를 요청한다.

(7) 겨울철 주차 브레이크 응급조치요령

1) 겨울철 옥외 주차 시 주차 브레이크를 작동하면 시동은 정상적으로 걸리나 바퀴가 잠기는 경우가 발생할 수 있다.

2) 주차 브레이크를 해제하고 앞·뒤로 이동하거나 뜨거운 물을 이용하여 동결된 부분을 녹여준다.

3) **주차 브레이크 동결 현상을 예방** : 변속 기어를 수동은 1단이나 후진으로, 자동은 P(주차) 상태로 주차하고 경사가 있는 지역이라면 고임목을 단단히 받히고 주차한다.

CHAPTER 4 — 자동차검사 및 보험

01 자동차 검사

❶ 자동차 검사의 필요성

(1) 자동차 결함으로 인한 교통사고 예방으로 **국민의 생명보호**

(2) 자동차 배출가스로 인한 **대기환경 개선**

(3) 불법튜닝 등 안전기준 위반 차량 색출로 운행질서 및 거래질서 확립

(4) 자동차보험 미가입 자동차의 교통사고로부터 국민피해 예방

❖ i) 국민에 대하여는 생명보호와 국민피해 예방, ii) 시장에 대해서는 운행질서 및 거래질서 확립, iii) 대기환경개선

❷ 자동차종합검사(배출가스 검사 + 안전도 검사)

(1) 개념

1) 자동차 **정기검사와 배출가스 정밀검사 또는 특정경유자동차 배출가스검사**의 검사항목을 하나의 검사로 통합하고 **검사 시기를 자동차 정기검사 시기로 통합**하여 한 번의 검사로 모든 검사가 완료되도록 하였다.

2) 자동차검사로 인한 국민의 불편을 최소화하고 편익을 도모하기 위해 시행하는 제도이다.

(2) 자동차종합검사의 내용

정기검사, 정밀검사, 특정경유자동차검사를 받은 것으로 본다.

1) 자동차종합검사의 분야

① **공통분야** : 자동차의 동일성 확인 및 배출가스 관련 장치 등의 작동 상태 확인을 관능검사(官能檢査, 사람의 감각기관으로 자동차의 상태를 확인하는 검사) 및 기능검사로 하는 공통 분야

② **자동차 안전검사** 분야

③ **자동차 배출가스 정밀검사** 분야

2) 종합검사의 대상과 검사 유효기간(자동차종합검사의 시

① **승용자동차** ★★

㉠ **차령이 4년 초과인 비사업용 자동차** : 2년

㉡ **차령이 2년 초과인 사업용 자동차** : 1년

② **차령이 4년 초과인 사업용 경형·소형의 승합자동차**(사업용 경형·소형 화물자동차는 차령이 2년 초과) : 1년

❖ 검사 유효기간이 6개월인 자동차의 경우 종합검사 중 자동차 배출가스 정밀검사 분야의 검사는 1년마다 받는다.

3) 종합검사 유효기간의 계산 방법

① **신규등록을 하는 자동차** : 신규등록일부터 계산

② **종합검사기간 내에 종합검사를 신청하여 적합 판정을 받은 자동차** : 직전 검사 유효기간 마지막 날의 다음 날부터 계산

③ **종합검사 전 또는 후에 종합검사를 신청하여 적합 판정을 받은 자동차** : 종합검사를 받은 날의 다음 날부터 계산

④ **재검사 결과 적합 판정을 받은 자동차** : 자동차종합검사 결과표 또는 자동차기능 종합진단서를 받은 날의 다음 날부터 계산

⑤ **종합검사기간** : 자동차 소유자가 종합검사를 받아야 하는 기간은 **검사 유효기간의 마지막 날 전후 각각 31일 이내**로 한다.

⑥ **소유권 변동 또는 사용본거지 변동 등의 사유로 종합검사의 대상이 된 자동차 중 정기검사의 기간 중에 있거나 정기검사의 기간이 지난 자동차** : 변경등록을 한 날부터 62일 이내에 종합검사를 받아야 한다.

4) 재검사 : 종합검사 실시 결과 부적합 판정을 받은 자동차의 소유자가 재검사를 받으려는 경우에는 다음의 구분에 따른 기간 내에 종합검사 대행자 또는 종합검사지정정비사업자에게 자동차등록증과 자동차종합검사 결과표 또는 자동차기능 종합진단서를 제출하고 해당 자동차를 제시하여야 한다.

① **종합검사기간 내 종합검사를 신청한 경우**

- ㉠ 다음의 어느 하나에 해당하는 사유로 부적합 판정을 받은 경우는 부적합 판정을 받은 날부터 10일 이내
  - 최고속도제한장치의 미설치, 무단 해체·해제 및 미작동
  - 자동차 배출가스 검사기준 위반
- ㉡ 그 밖의 사유로 부적합 판정을 받은 경우 : 부적합 판정을 받은 날부터 **종합검사기간 만료 후 10일 이내**
- ② **종합검사기간 전 또는 후에 종합검사를 신청한 경우** : 부적합 판정을 받은 날의 다음 날부터 10일 이내
- ❖ 정기검사나 종합검사를 받지 아니한 경우 : i) 검사를 받아야 할 기간만료일부터 30일 이내인 때 : 과태료 4만원, ii) 검사 지연기간이 30일 초과 114일 이내인 경우 4만원에 31일째부터 계산하여 3일 초과마다 2만원을 더한 금액, iii) 검사 지연기간이 115일 이상인 경우 : 60만원 ★

(2) 자동차의 튜닝(법 제34조, 영 제19조5항, 규칙 제78조)

1) **개념** : 튜닝의 승인을 받은 날부터 **45일 이내**에 한국교통안전공단 자동차검사소에서 안전기준 적합여부 및 승인받은 내용대로 변경하였는가에 대하여 검사를 받아야 하는 일련의 행정절차이다.

2) **자동차의 구조·장치 중 국토교통부령으로 정하는 것을 변경하려는 경우** : 그 자동차의 소유자가 시장·군수·구청장의 승인을 받아야 한다.

3) 시장·군수 또는 구청장은 튜닝 승인에 관한 권한을 한국교통안전공단에 위탁한다.

4) **자동차 튜닝이 승인되지 않는 경우 ★**
   ① 총중량이 증가되는 튜닝
   ② 승차정원 또는 최대적재량의 증가를 가져오는 **물품적재장치의 변경**(최대적재량을 감소시켰던 자동차를 원상회복하는 경우와 동일한 형식으로 자기인증되어 제원이 통보된 최대적재량의 범위 안에서 최대적재량을 증가시키는 경우는 제외)
   ③ **자동차의 종류가 변경**되는 튜닝은 불가하다. → 다만, 승용자동차와 동일한 차체 및 차대로 제작된 승합자동차의 좌석장치를 제거하여 승용자동차로 튜닝하는 경우(튜닝하기 전의 상태로 회복하는 경우를 포함)는 가능하다.
   ④ 변경 전보다 **성능** 또는 **안전도가 저하될 우려**가 있는 경우의 변경

+ STUDY 튜닝승인 불필요 대상

최저지상고, 중량분포, 최대안전경사각도, 최소회전반경, 접지부분 및 접지압력, 조종장치, 완충장치, 전기·전자장치, 창유리, 경음기 및 경보장치, 방향지시등 기타 지시장치, 후사경·창닦이기 기타 시야를 확보하는 장치, 후방 영상장치 및 후진경고음 발생장치, 속도계·주행거리계 기타 계기, 소화기 및 방화장치

❖ 튜닝승인 불필요 대상을 제외하고는 승인 대상들이다. 승인 대상을 예로 들면 길이·너비 및 높이, 총중량, 동력발생장치, 동력전달장치, 조향장치, 제동장치, 연료장치 등 자동차 안전과 관련된 장치들이다.

❸ 자동차 검사의 종류 및 자동차 정기검사

(1) 자동차검사의 종류(제43조) ★★

자동차 소유자는 해당 자동차에 대하여 다음의 구분에 따라 국토교통부령으로 정하는 바에 따라 국토교통부장관이 실시하는 검사를 받아야 한다.

1) **신규검사**(신규등록예정자) : 신규등록을 하려는 경우 실시하는 검사
   ❖ **신규검사신청서류** : 신규검사 신청서, 출처증명서류(말소사실증명서 또는 수입신고서, 자기인증 면제확인서), 제원표(이미 자기인증된 자동차와 같은 제원의 자동차인 경우 제원표를 첨부 생략 가능)

2) **정기검사** : 신규등록 후 일정 기간마다 정기적으로 실시하는 검사

3) **튜닝검사** : 자동차를 튜닝한 경우에 실시하는 검사

4) **임시검사** : 자동차관리법 또는 자동차관리법에 따른 명령이나 자동차 소유자의 신청을 받아 비정기적으로 실시하는 검사

❖ 자동차검사는 한국교통안전공단이 대행하고 있으며, 정기검사는 지정정비사업자도 대행할 수 있다.

(2) 자동차 정기검사(안전도 검사)

1) **개념** : 자동차관리법에 따라 **종합검사 시행지역 외 지역**에 대하여 안전도 분야에 대한 검사를 시행하며, 배출가스검사는 공회전상태에서 배출가스 측정한다.

2) **검사방법 및 항목** : 종합검사의 안전도 검사 분야의 검사방법 및 검사항목과 동일하게 시행한다.

(3) 자동차 정기검사 유효기간(규칙 별표 15의2)

Part 2
안전운행

1) 승용자동차

① **비사업용 승용자동차 및 피견인자동차** : 2년

② **사업용 승용자동차** ★ : **1년**(신조차로서 자동차관리법 제43조제5항에 따른 신규검사를 받은 것으로 보는 자동차의 최초 검사유효기간은 2년)

2) 경형·소형의 승합 및 화물자동차 : 1년

---

02 자동차보험 및 공제

❶ 자동차 보험의 종류

(1) 대인배상 Ⅰ(책임보험)

1) 책임보험의 개념 : 자동차를 소유한 사람은 **의무적으로 가입해야 하는 보험**으로 자동차의 운행으로 인하여 남을 사망케 하거나 다치게 하여 자동차 손해배상 보장법에 의한 손해배상 책임을 짐으로서 입은 손해를 보상하는 보험이다.

2) 책임기간 : 보험료를 납입한 때로부터 시작되어 보험기간 마지막 날의 24시에 종료된다.

→ 단, 보험기간 개시 이전에 보험계약을 하고 보험료를 납입한 때는 보험기간의 첫날 0시부터 유효하다.

3) 의무가입 대상

① 자동차관리법에 의하여 **등록된 모든 자동차**

② 이륜자동차

③ **9종 건설기계** : 12톤 이상 덤프트럭, 콘크리트 믹서트럭, 타이어식 기중기, 트럭적재식 콘크리트 펌프, 타이어식 굴삭기, 아스콘 살포기, 트럭 지게차, 도로보수트럭, 노면측정 장비

4) 피견인차량(제외) : 피견인차량은 원동기 장치 없이 견인차에 의해 견인되는 트레일러, 세미 트레일러, 풀 트레일러 등으로 자력으로 이동하지 못하여 **의무적으로 가입대상에서 제외**된다.

5) 가입하지 않는 경우 : 신규등록 및 이전등록이 불가하고 자동차의 정기검사를 받을 수 없으며 **벌금 및 과태료가 부과**된다.

① **벌금부과** : 미가입 자동차 운전 시 1년 이하의 징역 또는 500만원 이하 벌금

② **과태료의 한도**(대당) : 대인Ⅰ과 대인Ⅱ의 100만원이고, 대물은 30만원이다. ★

6) 책임보험금 지급기준

① **사망** : 1인당 **최저 2천만원**이며 **최고 1.5억원** 내에서 약관 지급기준에 의해 산출한 금액을 보상한다.

② **부상** : 상해등급(1~14급)에 따라 1인당 **최고 3천만원을 한도**로 보상한다.

③ **후유장해** : 신체에 장해가 남는 경우 장해의 정도(1~14급)에 따라 급수별 한도액 내에서 **최고 1.5억원까지 보상**한다.

❷ 책임보험의 특성 ★★

(1) 강제성 보험으로 **의무가입 대상**이다.

(2) 보험자의 **계약인수가 의무화**되어 있다.

(3) 피해자 구호를 위한 **무면책 특성**을 가진다(음주운전, 무면허운전, 절취운전 등의 사고도 보상).

(4) **계약해지가 제한**된다(말소등록이나 중복계약, 자동차 양도 등을 제외하고는 계약해지 불가).

(5) 피해자의 권리를 보호하기 위해 **피해자의 직접청구권을 인정**한다.

(6) **고의로 인한 사고는 면책**된다. 단, 보험사가 피해자에게 손해배상을 지급한 때에는 피보험자에게 청구권을 행사할 수 있다.

(7) 책임보험청구권은 **압류 및 양도를 금지**한다.

(8) 청구권 소멸시한은 **3년**이다.

(9) 피해자가 가해자 측으로부터 일부 보상을 받은 경우에는 보장사업으로 지급하는 금액에서 **이미 보상받은 금액을 공제**한다.

✚ STUDY 정부보장사업

소유자가 알 수 없는 자동차(뺑소니)나 책임보험 미가입 차량 또한 차주의 배상책임이 발생하지 않는 도난차량 등에서 사상당한 경우 경찰서에 신고를 한 후 관할 경찰서가 발급한 보유불명 자동차 사고사실 확인원 등의 서류를 구비한 후 보험금을 청구하면 책임보험과 동일한 내용으로 보상 받을 수 있는 보험제도이다.

❸ 자동차 보험의 담보종목

(1) 대인배상 Ⅱ

1) 개요 ★

① 대인배상Ⅰ로 지급되는 금액을 초과하는 손해를 보상한다.

② 피해자 1인당 5천만원, 1억, 2억, 3억, 무한 등 5가지 중 한 가지를 선택한다.

③ 교통사고의 피해가 커지는 경향이고 또한 교통사고처리특례법의 혜택을 보기 위해 **대부분 무한으로 가입하고 있는 실정**이다.

④ **산식** : [법률손해배상책임액 + 비용 − 대인배상Ⅰ 보험금]

2) 사망(2017년 이후)

① **장례비** : 500만원 정액

② **위자료**

㉠ **만 60세 미만** : 1인당 8천만원

㉡ **만 60세 이상** : 1인당 5천만원

③ **상실 수입액의 산식** : (사망 직전 월평균 현실 소득액 − 생활비) × 취업가능 월수에 해당되는 L계수(선이자 공제)

3) 부상

① **위자료** : 상해급수 1급(200만원) ~ 14급(15만원)

② **치료관계비** : 입원 및 통원

• **산병비** : 상해등급 1~5등급 피해자(일용직 근로자 평균임금 1일 108,921원 지급) 2020년 상반기 적용기준]

③ **휴업손해**

㉠ **유직자** : 현실소득액의 산정방법에 따라 신청한 금액

㉡ **가사종사자** : 도시 일용근로자 임금적용

㉢ **유아, 연소자, 학생, 연금생활자 기타 금리나 임대료에 의한 생활자** : 수입의 감소가 없는 것으로 산정

㉣ **소득이 두 가지 이상** : 사망의 경우 현실소득액의 산정방법과 동일

㉤ **인정기간**

• 실제 치료기간 동안의 휴업손해

• 산식 : 1일 수입감소액 × 휴일일수 × 85/100

④ **손해배상금**

㉠ **입원** : 1일당 13,110원 지급

㉡ **통원** : 1일당 8천원 지급

4) 후유장해

① **위자료** : 노동능력 상실 비율에 따라 산정한다.

㉠ **상실수익액** : 노동능력 상실로 인한 소득의 상실이 있는 경우 피해자의 월평균 현실소득액에 노동능력 상실률과 상실기간에 해당하는 금액

㉡ **산식** : 월평균 현실 소득액 × 노동능력 상실율(%) × 노동능력 상실기간의 L계수

② **가정 간호비**(개호비)

㉠ **인정대상** : "치료가 종결되어 더 이상의 치료효과를 기대할 수 없게 된 때 1인 이상의 해당 전문의로부터 **노동능력 상실률 100%의 후유장해 판정을 받은 자**로 생명유지에 필요한 일상생활의 처리 동작에 있어 항상 다른 사람의 개호를 요하는 자"가 그 대상이다.

㉡ **지급방법** : 개호 타당 판정을 받는 경우 생존기간 동안 가정간호비를 매월 정기 또는 일시금으로 지급한다.

(2) 대물보상

피보험자가 자동차 소유, 사용, 관리하는 동안 사고로 인하여 다른 사람의 자동차나 재물에 손해를 끼침으로써 손해배상책임을 지는 경우 보험가입 금액을 한도로 보상하는 담보이다.

1) 보상기준

① 타인의 재물에 피해를 입혔을 때 법률상 손해배상 책임을 짐으로서 입은 직접손해와 간접손해를 보상한다.

② **2천만원까지는 의무적으로 가입** : 사고 당 보상한도액은 2천만원, 3천만원, 5천만원, 1억원, 5억원, 10억원, 무한 중 한 가지 선택한다.

2) 직접손해

① **수리비용** : 자동차 또는 건물 등이 파손되었을 때 원상회복 가능한 경우 직전의 상태로 회복하

는데 소요되는 필요타당한 비용 중 **피해물의 사고 직전 가액의 120～130%를 한도로 보상**한다.

② **교환가액** : 수리비용이 피해물 사고직전 가액을 초과하거나 원상회복이 불가능한 경우 사고직전 피해물의 가액상당액 또는 피해물과 같은 종류의 대용품가액과 이를 교환하는데 소요되는 필요타당성 비용을 보상한다.

3) 간접손해 ★

① **대차료** : 비사업용 자동차가 파손 또는 오손되어서 가동하지 못하는 기간 동안에 다른 자동차를 대신 사용할 필요가 있는 경우에 그 소요되는 **필요타당한 비용을 수리가 완료될 때까지 30일 한도로 보상**한다.

② **휴차료** : 사업용자동차(건설기계포함)가 파손 및 오손되어 사용하지 못하는 기간에 발생하는 **영업손해**로서 운행에 필요한 기본경비를 공제한 금액에 휴차 일수를 곱한 금액을 지급한다.

③ **영업손실** : 사업장 또는 그 시설물을 파괴하여 휴업함으로서 발생한 손해를 원상복구에 소요되는 기간을 기준으로 보상한다. → 다만 합의 지연이나 복구 지연으로 연장되는 기간은 휴업기간에서 제외된다.

④ **공제액** : 엔진, 변속기, 화물차의 적재함 등 중요한 부품을 새 부품으로 교환할 경우 그 **교환된 부품이 감가상각에 해당되는 금액은 공제**한다.

(4) **자기차량**(자차) **손해**

1) 피보험자동차를 소유, 사용, 관리하는 동안 피보험 자동차에 직접적으로 생긴 손해를 보상하며 피보험 자동차에 통상적으로 붙어있거나 장치되어 있는 부속기계 장치는 피보험자동차의 일부로 보지만 **통상 붙어있거나 장치되어 있는 것이 아닌 것은 보험증권에 기재한 것에 한한다.**

2) 피보험 자동차에 생긴 **직접손해만 보상**하며 대물배상에서 보상하는 대차료 및 휴차료는 보상하지 않는다.

+ STUDY   자차보험의 보상하지 않는 손해

1. 전쟁 혁명 내란 사변, 폭동, 소요 및 이와 유사한 사태에 기인한 손해

2. 핵 연료물질의 직접 또는 간접영향에 기인한 손해

3. 지진, 분화 등 천재지변에 의한 손해

4. 요금이나 대가를 목적으로 반복적으로 피보험 자동차를 사용하거나 대여한 때에 생긴 손해 → 다만, 1개월 이상의 기간을 정한 임대차 계약에 의하여 임차인이 피보험자동차를 전속적으로 사용하는 경우는 보상한다.

5. 사기 또는 횡령으로 발생한 손해

6. 국가나 공공기관 단체의 공권력 행사에 의한 압류, 징발 몰수, 파괴 등으로 인한 손해 → 그러나 소방이나 피난에 필요한 조치로서 취해진 경우에 보상한다.

7. 피보험 자동차에 생긴 흠, 마멸, 부식, 녹 그밖에 자연소모로 인한 손해

8. 일부 부분품, 부속품, 부속기계장치만의 도난으로 인한 손해

9. 동파로 인한 손해 또는 우연한 외래사고에 직접관련이 없는 전기적, 기계적 손해

10. 피보험자동차를 시험, 경기용 또는 경기를 위해 연습용으로 사용하던 중 생긴 손해 → 다만 운전면허 시험을 위한 도로주행 시험용으로 사용하던 중 생긴 손해는 보상한다

11. 피보험자동차를 운송 또는 싣고 내릴 때 발생한 손해

12. 주·정차 중일 때 피보험 자동차의 타이어나 튜브에만 생긴 손해 → 다만 주정차 중일 때 다른 자동차가 충돌하거나 접촉하여 입은 손해와 화재, 산사태로 입은 손해는 보상한다.

13. 보험 계약자, 피보험자 및 이들의 법정대리인 등이 무면허 운전을 하거나 음주운전으로 차체에 발생한 손해

14. 이륜자동차의 도난

PART 2 — 단원별 기출지문정리

01 속도가 빨라질수록 전방주시점은 (　　).

02 운전의 인지판단조작의 과정은 확인 → (　　)
→ (　　) → (　　)의 과정을 거친다.

03 동체시력은 물체의 이동속도가 빠를수록
(　　)된다.

04 야간에는 (　　)현상으로 갓길의 통행인보
다 중앙선상의 통행인을 확인하기 어렵다.

05 암순응이 명순응보다 시력회복이 (　　).

해설 암순응은 밝은 곳에서 어두운 곳에 들어갈 때 눈이 어두
움에 적응하는 것이고, 명순응은 그 반대이다.

06 정상적인 시력을 가진 사람의 시야범위는
(　　) 이다.

07 **차로수가 많아지면** 사고가 (　　), **차로폭이
넓을수록** 사고예방의 효과가 (　　).

08 도로의 4가지 조건은 형태성, (　　), (　　),
교통경찰권이 있다.

09 교량의 접근로의 폭에 비해서 **교량의 폭이**
(　　) 사고가 더 많이 발생한다.

10 시내주행 시 (　　)m 전방, 고속도로 주행 시
(　　)m 전방에서 방향지시등을 켠다.

11 정면으로 상대차와 마주칠 때 핸들조작의 기
본적 동작은 (　　)으로 한다.

12 전방의 상황을 확인할 수 없는 도로에서 대형
버스나 화물차가 앞에 있는 경우 함부로
(　　)를 하지 말아야 한다.

13 정지거리는 (　　)거리와 (　　)거리를 합한 거
리이다.

14 곡선반경이 짧을수록 (　　)한 커브길이다.

15 오르막길에서 불가피하게 앞지르기를 할 경우
(　　)기어를 사용하는 것이 좋다.

16 유압배력식 제동장치 중 브레이크 페달을 밟
으면 유압이 발생하는 장치는 (　　)이다.

해설 유압배력식 제동장치는 **마스터실린더**와 그 유압을 받
아 브레이크 슈를 드럼에 밀어 붙여 제동력을 발생하
게 하는 **휠 실린더, 브레이크 파이프 및 호스 등**으로 구
성된다.

17 내리막길에서는 저속기어로 (　　)를 사용하
여 감속운전하는 것이 좋다.

18 도로를 50km로 주행할 때 필요한 정지거리
가 13m 정도일 때, 100km의 속도로 주행할
때 필요한 정지거리는? (　　)m

해설 정지거리는 속도의 제곱에 비례하므로, 속도가 2배 높이
면 정지거리는 4배가 늘어나므로 52m(4×13)의 정지거
리가 필요하다.

19 터널에서는 (　　)과 앞지르기를 하지 말아
야 한다.

20 노면의 마찰력이 가장 낮아지는 시점은 비오
기 시작한지 (　　)분 이내이다.

21 자동차정기검사나 종합검사를 받지 아니한
경우 검사를 받아야 할 **기간만료일부터 30일
이내인 경우** 과태료는 **4만원**이고, 검사지연
기간이 115일 이상인 경우 (　　)만원이다.

---

01 멀어진다　**02** 예측, 판단, 조작　**03** 저하　**04** 현혹　**05** 느리다　**06** 180°~200°　**07** 많아지고, 있다　**08** 이용성, 공개성
09 좁을수록　**10** 30, 100　**11** 오른쪽　**12** 앞지르기　**13** 공주, 제동　**14** 급　**15** 저단　**16** 마스터실린더　**17** 엔진브레이크
18 52　**19** 차선변경　**20** 5~30　**21** 60

22 이류안개가 빈번하게 형성되며, **하천이나 강을 끼고 있는 곳**에서는 짙은 안개가 자주 발생하는 계절은? (   )

23 **연안이나 해상**에서 **이류안개가** 번번히 발생하는 계절은 (   )이다.

24 운전작업의 착오는 (   )나 (   ) 사이에 많이 발생한다.

25 노면과 접촉하는 타이어의 트레드홈 깊이가 최저 (   )mm 이상이 되어야 한다.

26 충전 밸브의 색상은 (   )색이고, 연료차단밸브의 색상은 (   )색이다.

27 브레이크액이 온도상승으로 인하여 기화되어 압력전달이 원활하게 이루어지지 않아 제동기능이 저하되는 현상은? (   )

28 ABS 사용목적은 방향 (   )과 (   )의 확보에 있다.

29 앞바퀴의 정렬과 관련이 있는 장치는 (   ), (   ), (   )가 있다.

30 타이어의 마모를 방지하고 핸들의 조작을 용이하게 하는 장치는 (   )이다.

해설 캠버와 캐스터도 핸들조작을 가볍게 하는 장치이다.

31 코너링 상태에서 구동력이 원심력보다 작아 **타이어가 그립의 한계를 넘어서 코너 바깥쪽으로 밀려나가는 현상**은 (   )라고 하고, (   )구동 차량에서 주로 발생한다.

32 (   )장치는 주행 시 바른 방향을 유지하고 핸들조작이 용이하도록 해주는 장치이다.

33 주행 시 **앞바퀴에 방향성을 부여**하는 장치는 (   )이다.

34 앞바퀴가 하중을 받을 때 아래로 벌어지는 것을 방지하여 앞차축의 휨을 방지하는 장치는 (   )이다.

35 승용자동차에 주로 사용하는 현가장치는 (   )스프링이다.

해설 판스프링은 주로 화물차에 사용되고, **공기스프링은 버스** 같은 대형차량에 사용된다.

36 (   )장치는 도로의 충격을 흡수하여 운전자의 화물에 유연한 승차를 제공하는 장치이다.

37 간단한 구조로 승차감이 나쁘지만 내구성은 좋은 현가장치의 유형은 (   )스프링이다.

38 (   )는 노면에서 발생하는 스프링의 진동을 흡수하고 커브길이나 빗길에서 차가 튀거나 미끄러지는 현상을 방지한다.

39 코일스프링과 같이 진동의 감쇠작용이 없어 쇽업소버를 병용하며, 구조가 간단한 것은 (   ) 스프링이다.

40 자동차가 전진 중 회전할 경우에는 (   )차에 의해, 후진 중 회전할 경우에는 (   )차에 의한 교통사고의 위험이 있다.

41 좌·우바퀴가 서로 다르게 상·하 운동을 할 때 작용하여 차체의 기울기를 감소시켜 주는 장치는 (   )이다.

42 브레이크에 발을 올려 **브레이크가 막 작동을 시작하는 순간부터 자동차가 완전히 정지할** 때까지 시간을 (   )시간이라고 한다.

43 교량의 접근로 폭과 교량의 폭이 같을 때 사고율이 가장 (   ).

44 내륜차와 외륜차는 대형차일수록 (   ).

---

22 가을 **23** 여름 **24** 심야, 새벽 **25** 1.6 **26** 녹, 적 **27** 베이퍼 록 **28** 안정성, 조종성 **29** 토우인, 캠버, 캐스터 **30** 토우인 **31** 언더 스티어, 전륜 **32** 조향 **33** 캐스터 **34** 캠버 **35** 코일 **36** 현가 **37** 판 **38** 쇽 업소버(충격흡수장치) **39** 토션바 **40** 내륜, 외륜 **41** 스태빌라이저 **42** 제동 **43** 낮다 **44** 크다

45 배출가스가 ( )색인 경우 헤드 개스킷 파손, 밸브의 오일씰의 노후가 원인일 수 있다.

46 원심력은 속도가 ( ), 커브가 ( ), 중량이 ( ) 커지게 된다.

47 머리지지대(헤드레스트)는 뒤통수의 ( )에 위치하도록 조절한다.

48 LPG자동차의 정비 시에 차단하는 밸브는 ( )차단밸브(**적색**)이다.

49 LPG자동차는 가솔린기관에 비해서 ( )현상이 일어나지 않는다.

50 순수한 LPG는 무색·무취·무미이며, 공기보다 ( ) 낮은 곳에 머문다.

51 LPG 자동차는 가솔린자동차에 비해서 **시동불량이** ( ).

52 스탠딩웨이브 현상을 방지하기 위하여 **속도를 낮추고, 공기압을** ( ).

53 수막현상을 방지하기 위하여 고속으로 주행하지 않고 공기압을 조금 ( ).

54 코너링 상태에서 타이어가 핸들을 돌린 각도보다 차량 앞쪽이 진행방향의 안쪽으로 더 돌아가려는 현상은 ( )라고 한다.

해설 오버 스티어는 후륜구동차량에서 주로 발생한다.

55 운전자가 차를 정지시켜야 할 상황임을 지각하고 브레이크 페달로 발을 옮겨 **브레이크가 작동을 시작하는 순간까지**의 진행한 거리를 ( )거리라고 한다.

56 브레이크 페달을 밟아 정지하려고 할 때 **바퀴에서 '끼익!'하는 소리가** 발생하면 ( )의 마모 정도나 결함 여부를 확인한다.

57 비포장도로 주행시 **'딱각딱각'하는 소리**나 '**쿵쿵'하는 소리**가 발생하면 ( )의 고장 여부를 확인한다.

58 **시동모터가 회전하지 않으면서** 엔진시동이 걸리지 않는 경우는 ( )의 방전이나 연결상태를 확인하고, **시동 모터는 회전하나** 시동이 걸리지 않은 경우 ( )**의 유무를 확인**한다.

59 **가속 페달을 밟았을 때 '( )' 소리가** 나는 경우 팬벨트 등이 이완되어 걸려 있는 풀리와의 미끄러짐 여부를 점검한다.

60 운행 중 **매우 심한 핸들의 흔들림이** 발생한 경우 휠 얼라이먼트와 ( )를 확인하고, **차량하체의 흔들림이** 발생한 경우 바퀴 휠 너트의 ( ) 및 바퀴의 ( )을 확인한다.

61 운행 중 **수온계가 H 부분을 가리키거나 엔진 출력이 갑자기 떨어지는 경우**는 ( )가 발생할 때의 현상이다.

62 엔진 오버히트가 발생한 경우 차를 길 가장자리로 이동하고 **엔진이 작동한 상태에서** 보닛을 열어 엔진을 냉각시킨다.

63 LPG자동차를 **주차**할 때 혹한기에는 온도조절 레버를 ( ) 위치에 놓고, 시동스위치를 ( ) 위치에 놓는다.

64 각 바퀴의 드럼에 손을 대보았을 때 **어느 한쪽만 뜨거운 경우** ( )의 간격이 좁은 경우이다.

65 **치과에서 치아를 갈아낼 때 나는 냄새가** 나는 경우 ( )가 너무 좁거나, ( )가 완전히 풀리지 않았는지 확인한다.

66 자동차종합검사를 받은 경우 정기검사, ( )검사, ( )를 받은 것으로 본다.

---

45 백 **46** 빠를수록, 작을수록, 무거울수록 **47** 중앙 **48** 연료 **49** 노킹 **50** 무거워 **51** 많나 **52** 높인디 **53** 높게 한다
54 오버스티어 **55** 공주 **56** 브레이크 라이닝 **57** 속업소버 **58** 배터리, 연료 **59** 끼익 **60** 휠 밸런스, 이완, 공기부족
61 엔진 오버히트 **63** COOL, LOCK **64** 브레이크 라이닝 **65** 풋브레이크, 주차브레이크 **66** 정밀, 특정경유자동차검사

67 승차정원 또는 (　　)의 증가를 가져오는 물품적재장치의 변경은 자동차의 튜닝이 승인되지 않는 경우이다.

68 자동차의 검사는 **신규**검사, (　　)검사, **튜닝**검사, (　　)검사, **수리**검사가 있다.

69 주행장치, 제동장치, 연료장치, 연결장치, 전기·전자장치 중에서 튜닝승인이 불필요한 대상은? (　　)

해설 조종장치, 현가장치, 방향지시등 기타 **지시장치** 등도 튜닝승인이 불필요한 대상이다.

70 **자동차보험에 미가입한 경우** 과태료의 한도(대당)는 대인Ⅰ과 대인Ⅱ는 (　　)만원이고, 대물은 (　　)만원이다.

71 잭은 교환할 타이어의 (　　)에 위치한 타이어에 고임목을 설치하고, 잭 사용시 시동을 걸거나 차량 하부로 들어가면 위험하다.

72 비사업용 승용차의 자동차 **정기검사 유효기간**은 (　　)년, **사업용 승용자동차**는 (　　)년이다.

73 차령이 2년 초과인 사업용 승용자동차의 **종합검사의 검사유효기간**은 (　　)년이고, 차령이 4년 초과인 비사업용 승용자동차는 (　　)년이다.

74 자동차 소유자가 종합검사를 받아야 하는 기간은 검사 유효기간의 (　　) 각각 (　　)일 이내로 한다.

75 i) 미끄러짐 없는 제동효과, ii) 방향안정성, iii) 고착에 의한 조향능력상실 방지, iv) 우천시 우수한 제동효과, v) 핸들의 잠김현상 방지, vi) 옆으로 미끄러짐 방지 중에서 **ABS의 특징이 아닌 것은?**

해설 ABS는 옆으로 미끄러지는 위험은 방지할 수 없다. 그러므로 자갈길과 같이 접지면이 부족한 경우에는 일반브레이크보다 제동거리가 길어질 수 있다.

76 자동차보험 **대인보상Ⅰ**의 **책임보험금 최고지급기준**은 1인당 사망시 (　　)원, 상해 시는 최고 (　　)원, 후유장애는 최고 (　　)원이다.

해설 책임보험금 최저한도는 사망 시 2천만원이다.

77 자동차보험은 피해자 구호를 위한 **무면책의 특성**을 가지나, (　　)로 인한 사고는 면책된다.

78 자동차보험은 피해자의 직접청구권을 인정하고, 청구권의 소멸시효는 (　　)년이다.

79 i) 자동차관리법에 등록된 자동차, ii) 피견인차량, iii) 이륜자동차, iv) 9종건설기계 중에서 자동차보험 책임보험 의무가입대상이 <u>아닌</u> 것은? (　　)

80 보험자의 (　　)가 의무화되어 있다.

81 대인배상Ⅱ는 **대인배상Ⅰ로 지급되는 금액**을 (　　)하는 금액을 보상한다.

82 자동차보험법상 **대물보상**은 (　　)원까지는 **의무적으로** 가입하여야 한다.

83 대물보상에서 (　　)**손해**는 수리비용과 교환가액이 있다.

84 대물보상에서 (　　)**손해**는 **대차료, 휴차료, 영업손실, 공제액**이 있다.

85 대물보상의 **간접손해인 대차료**는 다른 자동차를 사용할 필요가 있는 경우에 그 소요되는 필요타당한 비용을 수리가 완료될 때까지 (　　)일 한도로 보상한다.

86 자기차량(자차)의 손해는 피보험자동차에 생긴 (　　)손해만 보상한다.

---

67 최대적재량　**68** 정기, 임시　**69** 전기·전자장치　**70** 100, 30　**71** 대각선　**72** 2, 1　**73** 1, 2　**74** 마지막 날 전후, 31
75 vi　**76** 1억5천만원, 3천만원, 1억5천만원　**77** 고의　**78** 3　**79** ii)　**80** 계약인수　**81** 초과　**82** 2천만　**83** 직접
84 간접　**85** 30　**86** 직접

PART 2 — 단원별 적중모의고사

01 제1회 적중모의고사

01 차량신호등에 대한 설명으로 옳은 것은?

① 녹색의 등화일 경우에 비보호좌회전표지가 있는 곳에서는 좌회전할 수 없다.

② 황색의 등화일 경우에 차마가 교차로의 일부라도 진입한 경우라도 멈춰야 한다.

③ 황색등화가 점멸하는 경우 차마는 일단 멈추고 녹색이 등화가 될 때까지 기다려야 한다.

④ 적색의 등화시 횡단보도 및 교차로의 직전에서 정지해야 하나 다른 차마의 교통을 방해하지 않는 경우에는 우회전 할 수 있다.

해설 ① 녹색의 등화일 경우에 비보호좌회전표지 또는 비보호좌회전표시가 있는 곳에서는 좌회전할 수 있다.
② 황색의 등화일 경우에 차마가 교차로의 일부라도 진입한 경우에는 신속히 교차로 밖으로 진행하여야 한다.
③ 황색등화가 점멸하는 경우 차마는 다른 교통 또는 안전표지의 **표시에 주의하면서 진행**할 수 있다.
④ 맞는 지문이다. 다만, 개정으로 "④에도 불구하고 차마는 우회전 삼색등이 적색의 등화인 경우 우회전할 수 없다"가 추가되었다.

02 교통사고 관련자의 심리적 요인 중 착각에 대한 설명으로 틀린 것은?

① 어두운 곳에서는 가로폭보다 세로폭을 보다 넓은 것으로 인식한다.

② 작은 경사는 실제보다 작게, 큰 경사는 실제보다 크게 인식한다.

③ 오름 경사는 실제보다 작게, 내림경사는 실제보다 크게 인식한다.

④ 작은 것은 멀리 있는 것 같이, 덜 밝은 것은 멀리 있는 것으로 인식한다.

해설 오름 경사는 실제보다 크게, 내림경사는 실제보다 작게 인식한다.

03 교통사고의 4대 요인 중 하나인 환경요인의 하부요인이 아닌 것은?

① 자연요인　　　② 신체적·생리적 요인

③ 교통요인　　　④ 구조요인

해설 신체적·생리적요인은 교통사고의 4대 요인 중 인적요인과 관련이 있다. 환경요인의 하부요인은 자연환경, 교통환경, 사회환경과 구조환경으로 구성된다.

04 야간에 하향 전조등만으로 서로 다른 색깔의 옷을 입고 있는 사람을 인지하려고 할 때, 확인하기 쉬운 색깔부터 나열한 것으로 옳은 것은?

① 적색, 백색, 흑색

② 적색, 흑색, 백색

③ 백색, 적색, 흑색

④ 백색, 흑색, 흑색

05 속도가 빨라질수록 나타나는 시야의 특징으로 틀린 것은?

① 주시점이 가까워진다.

② 시야가 좁아진다.

③ 작고 복잡한 대상은 잘 확인되지 않는다.

④ 가까운 곳의 풍경이 더욱 흐려진다.

해설 ① 주시점은 멀어진다.

01 ④　02 ③　03 ②　04 ①　05 ①

06 안전운전과 방어운전에 대한 설명으로 틀린 것은?

① 운전자는 안전운전과 방어운전을 별도의 개념으로 양립시켜 운전해야 한다.

② '안전운전'이란 운전자 자신이 위험한 운전을 하지 않으며 교통사고를 유발하지 않도록 주의하여 운전하는 것을 말한다.

③ '방어운전'이란 다른 운전자나 보행자가 위험한 행동을 하더라도 이에 대처할 수 있는 운전자세를 갖추어 미리 위험한 상황을 피하는 운전을 말한다.

④ 방어운전을 하기 위해서는 세심한 관찰력이 필요하다.

해설 ① 안전운전과 방어운전 두 가지 중 어느 것 하나라도 소홀히 하면 곧 바로 교통사고로 연결되어 사람의 귀중한 생명과 재산상의 손실을 초래할 수 있으므로 별도의 개념으로 양립시켜 운전할 수 없다.

07 커브길 안전운전 및 방어운전에 대한 설명으로 틀린 것은?

① 중앙선을 침범하거나 도로의 중앙으로 치우쳐 운전하지 않는다.

② 핸들을 조작할 때는 가속이나 감속을 하지 않는다.

③ 야간에는 경음기를 사용하여 내 차의 존재를 알린다.

④ 항상 반대 차로에 차가 오고 있다는 것을 염두에 두고 차로를 준수하며 운전한다.

해설 ③ 주간에 경음기, 야간에 전조등을 사용하여 내 차의 존재를 알린다.

08 가을철 농기계 관련 사고에 대한 설명으로 틀린 것은?

① 추수시기를 맞아 경운기 등 농기계의 빈번한 사용으로 사고의 위험이 높다.

② 농촌 마을 인접 도로에서는 도로로 나오는 농기계에 주의하여 서행한다.

③ 농기계 운전자가 놀라지 않도록 경적을 울리지 않고 주행한다.

④ 경운기를 보지 못할 수 있으므로 주의한다.

해설 ③ 안전거리를 유지하고 경적을 울려, 자동차가 가까이 있다는 사실을 알려주어야 한다.

09 자동차 주행장치의 하나인 휠(wheel)의 특징에 대한 설명으로 틀린 것은?

① 타이어와 함께 차량의 중량을 지지한다.

② 구동력과 제동력을 지면에 전달하는 역할을 한다.

③ 무게가 무겁고 노면의 충격과 측력에 견딜 수 있는 강성이 있어야 한다.

④ 타이어에서 발생하는 열을 흡수하여 대기중으로 잘 방출시켜야 한다.

해설 ③ 무게가 가볍고 노면의 충격과 측력에 견딜 수 있는 강성이 있어야 한다.

10 고속도로 교통사고 특성으로 옳지 않은 것은?

① 빠르게 달리는 도로에서 운전자의 주의력이 높아져 다른 도로에 비해 치사율이 낮다.

② 장거리 운행으로 인한 과로로 졸음운전이 발생할 가능성이 매우 높다.

③ 화물차의 적재불량과 과적은 도로상에 낙하물을 발생시켜 교통사고의 원인이 된다.

④ 운전자 전방주시 태만과 졸음운전으로 인한 2차 사고 발생 가능성이 높다.

해설 ① 다른 도로에 비해 치사율이 높다.

06 ① 07 ③ 08 ③ 09 ③ 10 ①

11 LPG를 충전하는 경우의 설명으로 틀린 것은?

① 연료를 충전하는 경우 LPG 스위치를 OFF로 하고 시동을 끈다.

② 연료주입구와 충전밸브(녹색)을 열어 충전한다.

③ 연료탱크의 안전성을 위해 85%만 충전하도록 설계되어 있다.

④ 충전이 끝나면 밸브를 개방한 상태에서 충전호스의 연결을 해제하고 시동을 건다.

해설 ④ 충전이 종료되면 **충전호스를 분리할 때까지는 밸브 잠금상태를 유지하고 시동을 걸지 않는다.** 그리고 충전밸브가 닫혀있는지 확인한다.

12 LPG차의 엔진 시동 전 점검사항으로 옳은 것은?

① LPG 탱크 밸브(적색, 녹색 등)의 열림상태를 점검하고 이를 사용 시 조작한다.

② 누출을 확인한 때에는 반드시 LPG 스위치를 'OFF'에 위치시킨다.

③ LPG 스위치를 켜고 끌 때는 솔레노이드밸브가 작동하는지 확인한다.

④ 기화장치인 드레인콕을 열어 놓도록 한다.

해설 ① 탱크의 기체출구밸브, 액체출구밸브, 충전밸브, 긴급차단밸브기 달려 있어 통상 사용 시 조작하지 않는다
② 누출을 확인할 때에는 반드시 LPG 스위치를 'ON'에 위치시켜 놓는다.
④ 기화장치인 드레인콕은 평소에는 닫아 놓는다. 다만, 베이퍼라이저에 휘발성 물질(타르)가 고이면 베이퍼라이저의 작동이 불량해지므로 월 1회 정도 드레인콕을 개방하여 타르를 제거한다.

13 내륜차에 대한 설명으로 틀린 것은?

① 차의 앞바퀴의 안쪽과 뒷바퀴의 안쪽과의 차이를 내륜차(內輪差)라 한다.

② 대형차일수록 이 차이는 크다.

③ 후진 중 회전할 경우에는 내륜차에 의한 교통사고의 위험이 있다.

④ 내륜차의 크기는 차량의 축간거리(휠베이스)의 길이에 비례한다.

해설 ③ 자동차가 전진 중 회전할 경우에는 내륜차에 의해, 또 후진 중 회전할 경우에는 외륜차에 의한 교통사고의 위험이 있다.

14 스탠딩 웨이브(Standing wave) 현상에 대한 설명으로 틀린 것은?

① 스탠딩 웨이브 현상이 계속되면 타이어는 쉽게 과열되어 오래가지 못해 파열된다.

② 일반 승용차용 타이어의 경우 대략 150km/h 전후의 주행속도에서 발생한다.

③ 스탠딩 웨이브 현상을 예방하기 위해 속도를 낮춘다.

④ 스탠딩 웨이브 현상을 예방하기 위해 타이어의 공기압을 낮춘다.

해설 ④ 스탠딩 웨이브 현상을 예방하기 위해 **공기압을 높인다.**

15 차량정비나 비상상황에서 차단해야 하는 밸브는?

① 충전밸브(녹색)

② 연료차단밸브(적색)

③ LPG 솔레노이드밸브(전자밸브)

④ 과충전방지밸브

16 엔진 시동 요령에 대한 설명으로 틀린 것은?

① 시동이 걸리면 기체·액체 전환 파일럿램프가 켜진 것을 확인하고 출발한다.

② LPG 스위치를 'ON'에 위치시킨다.

③ 냉각수 온도계가 구간의 시작점 부근에 올 때까지 워밍업한 후 주행한다.

④ 수동변속기 차량은 클러치 페달을 밟고 시동키로 시동을 건다.

해설 ① 시동이 걸리면 기체·액체 전환 파일럿 램프가 **꺼진 것을 확인하고 출발**한다.

11 ④　12 ③　13 ③　14 ④　15 ②　16 ①

17 원심력에 대한 설명으로 틀린 것은?

① 원심력은 속도가 빠를수록 커진다.

② 원심력은 중량이 무거울수록 커진다.

③ 원심력은 커브가 클수록 커진다.

④ 원심력은 속도의 제곱에 비례해서 커진다.

해설 ③ 원심력은 커브가 작을수록 커진다.

18 차령이 2년 초과인 사업용 승용자동차의 자동차 종합검사의 검사유효기간은?

① 6개월 　　　　　② 1년

③ 2년 　　　　　④ 3년

해설 참고로 차령이 4년 초과인 비사업용자동차의 검사유효기간은 2년이다.

19 자동차관리법상 자동차검사의 종류가 <u>아닌</u> 것은?

① 신규검사 　　　② 수시검사

③ 정기검사 　　　④ 튜닝검사

해설 자동차검사는 신규검사, 정기검사, 튜닝검사, 임시검사, 수리검사가 있다.

20 자동차 정기검사에 대한 설명으로 틀린 것은?

① 자동차종합검사 시행지역 외 지역에 대하여 안전도 분야에 대한 검사를 시행한다.

② 사업용 승용자동차의 정기검사 유효기간은 1년이다.

③ 정기검사의 지연기간이 115일 이상인 경우 과태료는 30만원이다.

④ 검사를 받아야 할 기간만료일부터 30일 이내인 때는 과태료 4만원이다.

해설 30만원이 아니라 60만원이다.

02 ▍ **제2회 적중모의고사**

01 피로가 운전착오에 미치는 영향으로 틀린 것은?

① 운전 개시 직후의 착오는 운전피로, 운전 종료 시의 착오는 정적 부조화가 그 원인이다

② 각성수준의 저하, 졸음과 관련되어 운전착오는 심야에서 새벽사이에 많이 발생한다.

③ 피로가 많이 쌓이면 졸음상태가 되어 차 내외의 정보를 효과적으로 인지하지 못한다.

④ 운전피로에 정서적·신체적 부조가 가중되면 난폭하고 방만한 운전을 하게 된다.

해설 운전작업의 착오는 운전업무 개시 후 또는 종료 시에 많아진다. 개시 **직후의 착오는 정적 부조화**, 종료 시의 **착오는 운전피로**가 주된 원인이다.

02 운전과 관련된 시각의 특성으로 틀린 것은?

① 속도가 빨라질수록 시력은 감소한다.

② 속도가 빨라질수록 시야의 폭이 넓어진다.

③ 속도가 빨라질수록 전방주시점은 멀어진다.

④ 시각을 통하여 운전에 필요한 정보의 대부분을 획득한다.

해설 속도가 빨라질수록 시야의 폭이 좁아진다.

03 고령보행자의 보행 특성으로 틀린 것은?

① 보행 시 상점이나 포스터를 보면서 걷는 경향이 있다.

② 소리 나는 방향을 주시하며 보행하는 경향이 있다.

③ 정면에서 다가오는 차량을 피할 수 있는 여력을 갖지 못한다.

④ 보행 중에 똑바로 걷지 못하고 사선횡단을 하기도 한다.

해설 ② 소리 나는 방향을 주시하지 않고 보행하는 경향이 있다.

04 모닝 록(Morning lock) 현상을 해소하기 위한 방법으로 적절한 것은?

① 배수효과가 좋은 타이어를 사용한다.

② 서행하면서 브레이크를 몇 번 밟아준다.

③ 고속으로 주행하지 않는다.

④ 타이어의 공기압을 조금 높게 한다.

해설 ② 모닝 록 현상은 서행하면서 브레이크를 몇 번 밟아주게 되면 녹이 자연히 제거되면서 해소된다.
① · ③ · ④는 수막현상을 예방하기 위한 조치이다.

05 일반적인 중앙분리대의 기능으로 틀린 것은?

① 도로 중심선 축의 교통마찰을 증가시켜 교통용량을 감소시킨다.

② 차량의 중앙선 침범에 의한 치명적인 정면충돌 사고를 방지한다.

③ 도로표지, 기타 교통관제시설 등을 설치할 수 있는 장소가 된다.

④ 야간주행 시 대항차의 전조등 불빛으로 인한 주행방해를 방지한다.

해설 ① 도로 중심선 축의 교통마찰을 감소시켜 교통용량을 증가시킨다.

06 다음 설명 중 옳지 않은 것은?

① 차로폭이란 도로의 치선과 차선 사이의 죄단거리를 말한다.

② 차로폭이 넓은 경우 주관적 속도감을 실제 주행속도 보다 낮게 느낀다.

③ 차로폭이 좁은 경우보다 넓은 경우에 보행자, 어린이 등에 주의하여 즉시 정지할 수 있는 안전한 속도로 감속하여 운행한다.

④ 차로폭이 넓은 경우 주관적인 판단 보다는 객관적인 속도를 준수해야 한다.

해설 ③ 차로폭이 넓은 경우보다 좁은 경우에 보행자, 노약자, 어린이 등에 주의하여 즉시 정지할 수 있는 안전한 속도로 감속하여 운행한다.

07 내리막길 안전운전 및 방어운전에 대한 설명으로 틀린 것은?

① 내리막길을 내려가기 전에는 미리 감속하여 엔진 브레이크로 속도를 조절하는 것이 바람직하다.

② 배기 브레이크를 사용하면 모닝 록 현상을 방지할 수 있다.

③ 중간에 불필요하게 속도를 줄인다든지 급제동하는 것은 금물이다.

④ 변속할 때 클러치 및 변속 레버의 작동은 신속하게 한다.

해설 ② 배기 브레이크를 사용하면 드럼의 온도상승을 억제하여 페이드 현상을 방지할 수 있다.

08 여름철 기상 특성으로 옳지 않은 것은?

① 장마전선의 북상으로 비가 많이 온다.

② 저녁 늦게까지 기온이 내려가지 않는 열대야 현상이 나타난다.

③ 아침에는 안개가 빈발하며 일교차가 심하다.

④ 장마 이후에는 무더운 날이 지속된다.

해설 ③ 가을철 기상의 특성이다.

09 고속도로 안전운전방법에 대한 설명으로 틀린 것은?

① 고속도로 진입은 빠르게 하고, 진입 후 감속한다.

② 주변 교통흐름에 따라 적정속도를 유지한다.

③ 추월할 경우 앞지르기 차로를 이용하며 추월이 끝나면 주행차로로 복귀한다.

④ 전 좌석 안전띠를 착용한다.

해설 고속도로 진입은 안전하게 천천히 진입 후 가속은 빠르게 한다.

04 ② 05 ① 06 ③ 07 ② 08 ③ 09 ①

10 타이어의 기능에 대한 설명으로 틀린 것은?

① 자동차의 중량을 떠받쳐 준다.

② 휠의 림에 끼워져서 일체로 회전하며 자동차가 달리거나 멈추는 것을 원활히 한다.

③ 지면으로부터 받는 충격은 타이어보다는 현가장치로 흡수된다.

④ 자동차의 진행방향을 전환시킨다.

해설 ③ 지면으로부터 받는 충격을 타이어로 흡수해 승차감을 좋게 한다.

11 주행 시 방어운전에 대한 설명으로 틀린 것은?

① 교통량이 많은 곳에서는 속도를 줄여서 주행한다.

② 해질 무렵, 터널 등 조명조건이 나쁠 때에는 속도를 줄여서 주행한다.

③ 주행하는 차들과 속도를 맞추기 보다는 스스로의 판단에 따라 속도를 조절한다.

④ 주택가나 이면도로 등에서는 과속이나 난폭운전을 하지 않는다.

해설 ③ 주행하는 차들과 물 흐르듯 속도를 맞추어 주행한다.

12 앞바퀴를 위에서 보았을 때 앞쪽이 뒤쪽보다 좁은 상태를 의미하는 것으로 타이어의 마모를 방지하고 바퀴를 원활하게 회전시켜서 핸들의 조작을 용이하게 하는 것을 무엇이라 하는가?

① 토우인(Toe-in)   ② 토아웃(Toe-out)

③ (+)캠버   ④ (−)캠버

해설 ② 토아웃(Toe-out)은 앞바퀴를 위에서 보았을 때 앞쪽이 뒤쪽보다 넓은 상태를 의미한다.
③ (+)캠버는 자동차를 앞에서 보았을 때, 위쪽이 아래보다 약간 바깥쪽으로 기울어져 있는 상태를 의미한다.
④ (−)캠버는 자동차를 앞에서 보았을 때, 위쪽이 아래보다 약간 안쪽으로 기울어져 있는 상태를 의미한다.

13 차량점검 시 주의사항으로 틀린 것은?

① 운행 전 점검을 실시한다.

② 주차 시에는 풋 브레이크를 사용하면 된다.

③ 주차 브레이크를 작동시키지 않은 상태에서 절대로 운전석에서 떠나지 않는다.

④ 컨테이너 차량의 경우 고정장치가 작동되는지를 확인한다.

해설 ② 주차 시에는 항상 주차 브레이크를 사용한다.

14 운행 중에 충전 경고등이 점멸되는 경우에 대한 설명으로 틀린 것은?

① 충전 경고등에 불이 들어오는 경우에는 발전기에서 전기가 발생할 가능성이 높다.

② 충전 경고등이 들어온 상태에서 계속 운행하는 경우 배터리가 방전되어 시동이 꺼질 가능성이 매우 높다.

③ 충전 경고등이 들어오면 우선 안전한 장소로 이동하여 주차하고 시동을 끈다.

④ 보닛(Bonnet)을 열어 구동 벨트가 끊어지거나 헐거워졌는지 확인한다.

해설 ① 충전경고등의 불이 들어오는 것은 발전기에서 전기가 발생하지 않는 경우이다.

15 LPG(Liquefied Petroleum Gas)자동차의 장·단점에 대한 설명으로 틀린 것은?

① 엔진 관련 부품이 상대적으로 긴 수명을 가지고 있다.

② 겨울철의 추운 날씨에도 시동이 잘 걸린다.

③ 엔진 소음이 적으며 노킹현상이 일어나지 않는다.

④ 연소할 때 유해가스의 배출이 별로 없다.

해설 ② 혹한기에는 시동이 잘 걸리지 않는다.

10 ③ 11 ③ 12 ① 13 ② 14 ① 15 ②

16 LPG차를 운행하다가 교통사고가 발생하거나 화재가 발생 시 응급조치 요령에 대한 설명으로 **틀린** 것은?

① 교통사고가 발생한 경우 LPG 스위치를 'OFF'시키고 엔진을 정지하고 승객을 대피시킨 후 연료차단밸브를 잠근다.

② 연료계통의 누설을 점검한다.

③ 화재가 발생한 경우 물보다는 소화기를 사용하여 진압한다.

④ 누설부위의 응급조치가 불가능한 경우 주변에 사람의 접근을 막는다.

해설 ③ 소화기를 사용하는 경우 화학반응으로 다른 문제를 일으킬 수 있으므로 되도록 물을 사용하여 LPG탱크를 냉각시키거나 화재를 진압해야 한다.

17 자동차손해배상보장법상 책임보험의 특성으로 **틀린** 것은?

① 강제성 보험으로 의무가입 대상이다.

② 과실책임주의 특성을 가진다.

③ 피해자의 직접청구권을 인정한다.

④ 고의로 인한 사고는 면책된다.

해설 피해자 구호를 위하여 **무면책의 특성**(무과실책임)을 가진다. 그래서 무면허운전 등의 사고두 보상한다.

18 다음 설명 중 맞는 것으로 묶인 것은?

> ㄱ. 베이퍼라이저에서 기화된 LPG를 공기와 혼합하여 적합한 혼합기체를 연소실에 공급하는 장치이다.
>
> ㄴ. 액체연료가 소정의 압력을 지닌 기체연료로 전환시키는 역할을 하는 장치이다.

	ㄱ	ㄴ
①	믹 서	기체출구밸브
②	솔레노이드밸브	전자밸브
③	믹 서	베이퍼라이저
④	베이퍼라이저	과충전방지밸브

19 자동차관리법상 자동차튜닝이 승인되는 경우는?

① 총중량이 증가되는 튜닝

② 승차정원의 증가를 가져오는 물품적재장치의 변경

③ 최대적재량을 감소시켰던 자동차를 원상회복하는 경우

④ 자동차의 종류가 변경되는 튜닝

20 자동차검사에 대한 설명으로 **틀린** 것은?

① 자동차종합검사를 받은 경우 정밀검사, 특정경유자동차검사를 받은 것으로 본다.

② 정기검사나 종합검사 지연기간이 115일 이상인 경우 60만원의 과태료가 부과된다.

③ 사업용 승용자동차로서 자동차관리법상 신조차의 최초 검사유효기간은 3년이다.

④ 자동차 정기검사와 자동차종합검사의 안전도검사 분야의 검사방법 및 검사항목은 동일하게 시행된다.

해설 ③ 사업용 승용자동차로서 자동차관리법상 신조차의 최초 검사유효기간은 2년이다.

03 제3회 적중모의고사

01 음주운전 교통사고의 특징으로 **틀린** 것은?

① 음주운전 교통사고가 발생하면 치사율이 높다.

② 전신주, 가로시설물 등과 같은 고정물체와 충돌할 가능성이 높다

③ 차량단독사고의 가능성이 낮다.

④ 주차 중인 자동차와 같은 정지물체 등에 충돌할 가능성이 높다.

해설 차량단독사고의 가능성이 높다.

---

16 ③ 17 ② 18 ③ 19 ③ 20 ③ ┃ 01 ③

02 동체시력에 대한 설명으로 틀린 것은?

① 물체의 이동속도가 빠를수록 동체시력은 저하된다.

② 연령이 높을수록 동체시력은 저하된다.

③ 피로상태와 동체시력은 상관이 없다.

④ 운전하면서 다른 자동차나 사람 등의 물체를 보는 시력을 동체시력이라 한다.

해설 장시간 운전에 의한 피로상태에서 동체시력은 저하된다.

03 어린이들이 당하는 교통사고 유형 중 가장 많은 부분을 차지하는 것은?

① 도로 횡단 중의 부주의

② 도로에 갑자기 뛰어들기

③ 도로상에서 위험한 놀이

④ 자전거 사고

해설 어린이 보행자사고의 대부분(약 70% 내외)은 도로에 갑자기 뛰어들어 발생되고 있다.

04 도로의 선형과 교통사고에 대한 설명으로 틀린 것은?

① 곡선부가 많다고 사고율이 높은 것은 아니다.

② 곡선부에서의 사고율에는 시거, 편경사에 의해서도 크게 좌우된다.

③ 일반도로에서는 곡선반경이 100m 이상에서 사고율이 높다.

④ 곡선부가 종단경사와 중복되는 곳은 훨씬 더 사고위험성이 높다.

해설 ③ 일반도로에서는 곡선반경이 100m 이내일 때 사고율이 높다.

05 신호기의 기능에 대한 설명으로 틀린 것은?

① 교통류의 흐름을 질서 있게 한다.

② 교통처리용량을 감소시킨다.

③ 교차로에서 직각충돌사고를 줄일 수 있다.

④ 교통흐름을 차단하는 것과 같은 통제에 이용할 수 있다.

해설 ② 교통처리용량을 증대시킬 수 있다.

06 철길건널목 안전운전 및 방어운전에 대한 설명으로 틀린 것은?

① 일시정지 후, 좌·우의 안전을 확인한다.

② 차단기가 내려지고 있거나, 경보음이 울릴 때는 건널목을 신속히 통과한다.

③ 건널목 건너편 여유 공간을 확인 후 통과한다.

④ 건널목 통과 시 기어는 변속하지 않는다.

해설 ② 차단기가 내려지고 있거나, 경보음이 울릴 때, 건널목 앞쪽이 혼잡하여 건널목을 완전히 통과할 수 없게 될 염려가 있을 때에는 진입하지 않는다.

07 겨울철 교통사고 특징으로 옳지 않은 것은?

① 눈과 빙판으로 자동차의 충돌·추돌·도로이탈 등의 사고가 많이 발생한다.

② 각종 모임의 한잔 술로 인한 음주운전 사고가 우려된다.

③ 불쾌지수가 높아져 난폭운전 사고의 위험이 커진다.

④ 보행자는 앞만 보면서 목적지까지 최단거리로 이동하고자 하는 경향이 있어 사고에 직면하기 쉽다.

해설 ③ 여름철 교통사고의 특징이다.

02 ③ 03 ② 04 ③ 05 ② 06 ② 07 ③

08 수막현상을 예방하기 위한 주의사항으로 옳지 않은 것은?

① 고속으로 주행하지 않는다.

② 공기압을 조금 낮게 한다.

③ 마모된 타이어를 사용하지 않는다.

④ 배수효과가 좋은 타이어를 사용한다.

해설 ② 공기압을 조금 높게 한다.

09 운전자가 브레이크에 발을 올려 브레이크가 막 작동을 시작하는 순간부터 자동차가 완전히 정지할 때까지 진행한 거리를 무엇이라 하는가?

① 공주거리　　　　② 제동거리

③ 정지거리　　　　④ 주행거리

해설 ① 공주거리는 운전자가 자동차를 정지시켜야 할 상황임을 지각하고 브레이크 페달로 발을 옮겨 브레이크가 작동을 시작하는 순간까지 자동차가 진행한 거리를 말한다.

③ 정지거리는 운전자가 위험을 인지하고 자동차를 정지시키려고 시작하는 순간부터 자동차가 완전히 정지할 때까지 자동차가 진행한 거리로 공주거리와 제동거리를 합한 거리를 말한다.

10 시속 60km로 주행하는 경우 1초당 주행거리는?

① 약 14m　　　　② 약 15m

③ 약 16m　　　　④ 약 17m

해설 시속 60km이면 1시간(60분)에 60km를 주행한다는 의미이므로 1분(60초)당 1km(1,000m), 1초당(1,000m/60초) 약 17m를 주행하는 것이다.

11 내리막길에서 풋 브레이크만 사용하게 되면 라이닝의 마찰에 의해 제동력이 떨어지므로 이를 방지하기 위해 사용해야 하는 브레이크는 무엇인가?

① 주차 브레이크　　② 엔진 브레이크

③ ABS　　　　　　④ 사이드 브레이크

해설 내리막길에서 풋 브레이크만 사용하게 되면 라이닝의 마찰에 의해 제동력이 떨어지므로 엔진 브레이크를 사용하는 것이 안전하다.

12 주행 시 앞바퀴에 방향성을 부여하고 조향을 하였을 때 직진 방향으로 되돌아오려는 복원력을 주는 조향장치는 무엇인가?

① 캐스터(Caster)

② 캠버(Camber)

③ 토우인(Toe-in)

④ 코일 스프링(Coil spring)

해설 ② 캠버(Camber)는 핸들조작을 가볍게 하고 수직방향 하중에 의해 일어나는 앞차축의 휨을 방지한다.

③ 토우인(Toe-in)은 주행 중 타이어가 바깥쪽으로 벌어지는 것을 방지하고 주행저항 및 구동력의 반력으로 토아웃이 되는 것을 방지하여 타이어의 마모를 방지한다.

④ 코일 스프링(Coil spring)은 현가장치이다.

13 일상점검 중 제동장치와 관련이 없는 것은?

① 브레이크액의 누출은 없는가?

② 주차 제동레버의 유격 및 당겨짐은 적당한가?

③ 쇽 업소버의 오일 누출은 없는가?

④ 에어탱크의 공기압은 적당한가?

해설 ③ 쇽 업소버의 오일 누출 여부 점검은 완충장치와 관련이 있다.

14 LPG 자동차에 대한 설명으로 틀린 것은?

① 연료의 옥탄가가 높아 노킹현상이 거의 발생하지 않는다.

② 엔진 관련 부품의 수명이 상대적으로 길다.

③ 가솔린 자동차에 비해 엔진 소음이 크다.

④ 겨울철에 시동이 잘 걸리지 않는다.

해설 ③ 가솔린 자동차에 비해 엔진 소음이 적다.

08 ②　**09** ②　**10** ④　**11** ②　**12** ①　**13** ③　**14** ③

15 LPG 자동차에 대한 설명으로 틀린 것은?

① 연료차단밸브는 과충전방지 밸브와 일체형으로 구성되어 있다.

② 고속주행이 불가능한 경우 베이퍼라이저 내 막힘과 인젝터 내부의 이물질 여부를 확인한다.

③ LPG 자동차를 장기간 주차하는 경우 연료충전밸브(녹색)을 잠가야 한다.

④ 최근 기화기 방식에서 직분사방식(LPI)으로 바뀌면서 LPG 스위치가 필요 없어지는 추세이다.

해설 ① 과충전방지 밸브와 일체형으로 구성되어 있는 밸브는 충전밸브(녹색)이다.

④ LPG스위치는 LPG 솔레노이드 유니트의 연료통로를 차단하거나 공급하는 중간밸브의 역할을 하는데, 최근에는 전자제어시스템으로 키스위치 on 상태에서 전기신호에 따라 솔레노이드 밸브가 열리고, 전기신호가 없어지는 off 상태이면 솔레노이드밸브가 자동으로 닫혀 LPG스위치가 필요 없어지는 추세이다.

16 정지거리를 표현한 식으로 옳은 것은?

① 정지거리 = 공주거리 − 제동거리

② 정지거리 = 제동거리 − 공주거리

③ 정지거리 = 공주거리 + 제동거리

④ 정지거리 = 공주거리 × 제동거리

해설 정지거리는 운전자가 위험을 인지하고 자동차를 정지시키려고 시작하는 순간부터 자동차가 완전히 정지할 때까지 자동차가 진행한 거리로 공주거리와 제동거리를 합한 거리를 말한다.

17 타이어 마모에 대한 설명으로 틀린 것은?

① 타이어의 공기압이 규정 압력보다 높으면 트레드 접지면에서의 운동이 커져서 마모가 빨라진다.

② 차체의 하중이 커지면 타이어의 굴신이 심해져서 마모를 촉진하게 된다.

③ 브레이크를 밟는 횟수가 많을수록 타이어의 마모량은 커진다.

④ 브레이크를 밟기 직전의 속도가 빠를수록 타이어의 마모량은 커진다.

해설 ① 타이어의 공기압이 규정 압력보다 낮으면 트레드 접지면에서의 운동이 켜져서 마모가 빨라진다.

18 자동차피해보상보장법상 책임보험(대인배상Ⅰ)에 대한 설명으로 틀린 것은?

① 책임보험청구권의 소멸시효 기간은 3년이다.

② 피해자가 가해자 측으로부터 일부 보상을 받은 경우 보장금액에서 차감하지 않는다.

③ 책임보험청구권은 압류 및 양도를 금지한다.

④ 말소등록이나 중복계약, 자동차 양도를 제외하고는 계약해지가 제한된다.

해설 ② 피해자가 가해자 측으로부터 일부 보상을 받은 경우에는 보장사업으로 지급하는 금액에서 이미 보상받은 금액을 공제한다.

19 자동차피해보상보장법상 대인배상 Ⅱ에 대한 설명으로 틀린 것은?

① 대인배상Ⅰ로 지급되는 금액을 초과하는 손해를 보상한다.

② 피해자 1인당 5천만원, 1억, 2억, 3억, 무한 등 5가지 중 한 가지를 선택한다.

③ 사망 위자료로 만 60세 미만의 경우 1인당 5천만원을 지급한다.

④ 연소자, 학생, 연금생활자는 휴업손해에서 수입의 감소가 없는 것으로 산정한다.

해설 ③ 사망위자료로 만 60세 미만의 경우 1인당 8천만원을 지급한다. 5천만원은 만 60세 이상에게 지급하는 금액이다.

15 ① 16 ③ 17 ① 18 ② 19 ③

20 자동차검사 및 보험에 관한 설명으로 틀린 것은?

① 자동차의 구조·장치 중 법령으로 정하는 것을 변경하려는 경우 국토교통부장관의 승인을 받아야 한다.

② 자동차보험에 미가입한 자동차를 운전한 경우 1년 이하의 징역 또는 500만원 이하의 벌금에 처한다.

③ 자동차보험에 미가입한 경우 대인보험은 100만원, 대물보험은 30만원이 한도이다.

④ 사고로 인한 부상 시 상해등급에 따라 1인당 최고 3천만원을 한도로 보상한다.

해설 ① 승인기관은 **시장·군수·구청장**이다. 다만, 시장·군수·구청장은 튜닝 승인에 관한 권한을 한국교통안전공단에 위탁한다.

04 제4회 적중모의고사

01 ABS에 대한 설명으로 틀린 것은?

① 주행 중 KEY ON 시 경고등이 점등되고 계속 소등되지 않으면 ABS에 이상 현상이다.

② 제동 시 방향 안정성과 조종성을 확보하고 제동거리 단축 등을 수행한다.

③ 노면이 비에 젖더라도 우수한 제동효과를 얻을 수 있다.

④ 급제동시 브레이크 페달이나 차체나 조향휠에서 진동은 ABS의 이상현상이다.

해설 ① ABS가 정상적으로 작동되는 현상이다.

02 운전자의 운전과정 순서로 옳은 것은?

① 인지 → 조작 → 판단

② 조작 → 판단 → 인지

③ 조작 → 인지 → 판단

④ 인지 → 판단 → 조작

해설 운전자는 ④의 과정을 반복한다.

03 전방에 있는 물체까지의 거리를 눈으로 측정하는 기능을 무엇이라 하는가?

① 정지시력   ② 심시력

③ 동체시력   ④ 시야

해설 전방에 있는 물체까지의 거리를 눈으로 측정하는 것을 심경각이라고 하며, 그 기능을 심시력이라고 한다.

04 운전피로의 특징으로 옳지 않은 것은?

① 피로의 증상은 전신에 걸쳐 나타난다.

② 정신적, 심리적 피로는 신체적 부담에 의한 일반적 피로보다 회복시간이 짧다.

③ 피로는 운전 작업의 오류가 발생할 수 있다는 위험신호이다.

④ 연속운전은 일시적으로 급성피로를 낳기도 한다.

해설 단순한 운전피로는 휴식으로 회복되나 정신적, 심리적 피로는 신체적 부담에 의한 일반적 피로보다 회복시간이 길다.

05 야간운전의 주의사항에 대한 설명으로 틀린 것은?

① 반대편에서 오는 차의 전조등 불빛으로 눈이 부실 때에는 시선을 약간 오른쪽으로 돌려 눈부심을 방지한다.

② 술에 취해 차도로 뛰어드는 취객을 주의해야 한다.

③ 눈으로 확인할 수 있는 시야의 폭이 좁아진다.

④ 통행이 빈번한 도로에서는 항상 전조등의 방향을 수평으로 하여 운행하여야 한다.

해설 보행자와 자동차의 통행이 빈번한 도로에서는 항상 전조등의 방향을 아래쪽으로 하여 운행하여야 한다.

20 ① ▎01 ④ 02 ④ 03 ② 04 ② 05 ④

PART 2 적중모의고사 ▎**145**

06 길어깨 역할에 대한 설명으로 틀린 것은?

① 측방 여유폭을 가지므로 교통의 안전성과 쾌적성에 기여한다.

② 유지관리 작업장이나 지하매설물에 대한 장소로 제공된다.

③ 보도 등이 없는 도로에서는 보행자 등의 통행장소로 제공된다.

④ 차량이 대향차로로 튕겨나가는 것을 방지한다.

해설 ④ 차량이 대향차로로 튕겨나가는 것을 방지하는 것은 중앙분리대의 기능이다.

07 4색등화의 신호순서에 대한 것으로 옳은 것은?

① 녹색 → 황색 → 적색 및 녹색화살표 → 적색 및 황색 → 적색

② 녹색 → 황색 → 적색 → 적색 및 녹색화살표 → 적색 및 황색

③ 녹색 → 황색 → 적색 → 적색 및 녹색화살표 → 적색 및 황색

④ 녹색 → 황색 → 적색 → 적색 및 녹색화살표 → 적색 및 황색

08 야간 안전운전방법에 대한 설명으로 틀린 것은?

① 대향차의 전조등을 바로 보지 말아야 한다.

② 술에 취한 사람이 차도에 뛰어드는 경우를 조심한다.

③ 자동차 실내는 밝으면 밝을수록 좋다.

④ 자동차가 교행할 때에는 조명장치를 하향으로 조정한다.

해설 ③ 실내를 불필요하게 밝게 하지 말아야 한다.

09 봄철 기상 특성으로 옳지 않은 것은?

① 대륙에서 분리된 고기압과 기압골이 통과함에 따라 날씨의 변화가 심하다.

② 중국의 황사가 강한 편서풍을 타고 영향을 미쳐 운전자의 시야에 지장을 준다.

③ 습도가 낮고 공기가 매우 건조하다.

④ 새벽에는 찬 공기가 한낮에는 영상 20도까지 오르는 날씨가 되기도 한다.

해설 ③ 습도가 낮고 공기가 매우 건조한 계절은 겨울철이다.

10 승용차에 많이 사용하는 스프링 장치는?

① 판 스프링

② 코일 스프링

③ 토션바 스프링

④ 공기 스프링

해설 판스프링은 화물자동차, 코일스프링은 승용차, 공기스프링은 장거리주행차 혹은 대형버스에 많이 사용된다.

11 비탈길을 내려가거나 할 경우 브레이크를 반복하여 사용하면 마찰열이 라이닝에 축적되어 브레이크의 제동력이 저하되는 경우가 있다. 이 현상을 무엇이라 하는가?

① 페이드(Fade) 현상

② 수막(Hydroplaning) 현상

③ 모닝 록(Morning lock) 현상

④ 스탠딩 웨이브(Standing wave) 현상

해설 ② 수막(Hydroplaning) 현상은 물이 고인 노면을 고속으로 주행할 때 타이어의 배수 기능이 감소되어 물의 저항에 의해 노면으로부터 떠올라 물위를 미끄러지듯이 되는 현상을 의미한다.

③ 모닝 록(Morning lock) 현상은 비가 자주오거나 습도가 높은 날 또는 오랜 시간 주차한 후에는 브레이크 드럼에 미세한 녹이 발생하는 현상을 의미한다.

④ 스탠딩 웨이브(Standing wave) 현상은 타이어의 회전 속도가 빨라지면 접지부에서 받은 타이어의 변형(주름)이 다음 접지 시점까지도 복원되지 않고 접지의 뒤쪽에 진동의 물결이 일어나는 현상을 의미한다.

06 ④ 07 ① 08 ③ 09 ③ 10 ② 11 ①

12 언더스티어(Under Steer)와 오버스티어(Over steer)에 대한 설명으로 틀린 것은?

① 언더스티어와 오버스티어 현상은 흔히 전륜구동에서 주로 발생한다.

② 타이어 그립이 떨어질수록 언더스티어가 심하다.

③ 오버스티어 현상을 예방하기 위해서는 커브길 진입 전에 충분히 감속하여야 한다.

④ 오버스티어 현상이 발생할 때에는 가속페달을 살짝 밟은 동시에 감은 핸들을 살짝 풀어줌으로서 방향을 유지한다.

해설 ① 언더스티어는 주로 전륜구동에서 발생하고, 오버스티어는 주로 후륜구동에서 발생한다.

13 비상 시 연료누출을 방지하는 밸브는?

① 긴급차단 솔레노이드밸브

② 기체출구밸브

③ 과충전방지밸브

④ 전자밸브

14 LPG 차량의 주차요령에 대한 설명으로 틀린 것은?

① 혹한기에는 잔여 가스를 소지시키기 위해 온도조절기를 'COOL'의 위치에 놓는다.

② 시동스위치를 잠근다.

③ 장시간 주차할 경우 기체출구밸브, 액체출구밸브, 충전밸브를 잠그고 밀폐된 장소를 피해서 주차한다.

④ 옥외에 주차하는 경우 엔진 위치가 건물벽 반대 방향으로 향하도록 주차한다.

해설 ④ 주차할 경우 차의 엔진 위치가 건물벽 방향으로 향하도록 주차한다.

15 LPG 자동차 안전관리의 설명으로 틀린 것은?

① LPG 릴레이에 이상이 있는 경우 주행 중 시동이 꺼질 수 있다.

② LPG 주행 중 '펑'하고 소리가 나고 울컥거림이 발생하는 경우 속 업쇼버를 점검한다.

③ 가스 누출 부위를 손으로 접촉하면 동상에 걸릴 수 있다.

④ 탱크의 고정대가 이완되면 주행 중 이상 소음의 원인이 된다.

해설 ② 점화플러그에 이상이 있는 경우 '펑' 소리와 울컥거림 현상(역화현상)이 발생한다.

16 내륜차와 외륜차에 대한 설명으로 틀린 것은?

① 내륜차는 회전 시 차의 안쪽 앞바퀴와 안쪽 뒷바퀴의 회전 반경의 차를 말한다.

② 우회전할 때에는 내륜차로 인해 보도를 침범하지 않도록 주의한다.

③ 외륜차는 회전 시 차의 바깥쪽 앞바퀴와 뒷바퀴의 회전 반경의 차를 말한다.

④ 운전 시에 후진할 때는 내륜차를 고려하여 핸들을 조작해야 한다.

해설 ④ 운전 시에 후진할 때는 외륜차를 고려하여 핸들을 조작해야 한다.

17 클러치를 밟고 있을 때 '달달달' 떨리는 소리와 함께 차체가 떨리는 이유는?

① 클러치 릴리스 베어링의 고장

② 휠 너트 이완이나 타이어의 공기가 부족할 때

③ 엔진 점화장치 부분의 결함

④ 바퀴 자체의 휠 밸런스가 맞지 않을 때

해설 ① 클러치를 밟고 있을 때 '달달달' 떨리는 소리와 함께 차체가 떨리고 있다면 클러치 릴리스 베어링의 고장이므로 정비공장에 가서 교환한다.

Part 2
안전운행

12 ① **13** ① **14** ④ **15** ② **16** ④ **17** ①

18 자동차관리법상 자동차검사의 필요성에 대한 것이 <u>아닌</u> 것은?

① 국민의 생명보호

② 대기환경의 개선

③ 자동차의 품질향상

④ 운행질서 및 거래질서 확립

해설
• 자동차 결함으로 인한 교통사고 예방으로 **국민의 생명보호(①)**

• 자동차 배출가스로 인한 **대기환경 개선(②)**

• 불법튜닝 등 안전기준 위반 차량 색출로 **운행질서 및 거래질서 확립(④)**

• 자동차보험 미가입 자동차의 교통사고로부터 **국민피해 예방**

19 자동차검사 및 자동차보험에 관한 설명으로 옳은 것은?

① 임시검사는 명령이나 자동차 소유자의 신청을 받아 비정기적으로 실시한다.

② 자동차보험 청구권의 소멸시한은 5년이다.

③ 대물피해를 위한 보험은 3천만원까지 의무적으로 가입해야 한다.

④ 수리비용과 교환가액 그리고 휴차료는 직접 손해이다.

해설 ① 소멸시한은 3년이다.
② 2천만원까지 의무적으로 가입해야 한다.
③ 휴차료는 간접손해이다.

20 대물보상의 손해에 대한 설명으로 틀린 것은?

① 수리비용의 경우 피해물의 사고 직전가액의 120 ~ 130%를 한도로 보상한다.

② 대차료는 수리가 완료될 때까지 60일을 한도로 보상한다.

③ 중요한 부품을 새 부품으로 교환할 경우 그 교환된 부품의 감가상각에 해당하는 금액은 공제한다.

④ 휴차료는 자동차가 파괴되어 휴업함으로써 발생하는 손해이다.

해설 ② 대차료는 30일 한도로 보상한다.

PART 3

운송서비스

CHAPTER 1 운전기본자세와 예절

01 서비스의 개념과 특징

❶ 서비스의 개념

(1) 서비스의 개념
한 당사자가 다른 당사자에게 **소유권의 변동 없이** 제공해 줄 수 있는 **무형의 행위 또는 활동**이다.

(2) 올바른 서비스 제공을 위한 5요소
1) 단정한 용모 및 복장
2) 밝은 표정
3) 공손한 인사
4) 친근한 말
5) 따뜻한 응대

❷ 고객서비스의 특징 ★

(1) **무형성**(보이지 않음) : 서비스는 형태가 없는 무형의 상품으로 측정하기는 어렵지만 누구나 느낄 수 있다.

(2) **동시성**(생산과 소비가 동시에 발생)
1) 서비스는 공급자에 의하여 제공됨과 동시에 고객에 의하여 소비되는 성격이다.
2) 서비스는 재고가 없고, 반품할 수 없으며, 수리할 수 없다.
3) 불량서비스를 팔게 되면 그 결과는 제품판매의 경우보다 훨씬 나쁜 결과를 초래한다.

(3) **사람에 따른 이질성**(사람에 의존) : 서비스는 똑같은 서비스라 하더라도 그것을 행하는 사람에 따라 품질의 차이가 발생한다.

(4) **소멸성**(즉시 사라짐) : 제공한 즉시 소멸한다.

(5) **무소유권**(가질 수 없음) : 누릴 수는 있으나 소유할 수는 없다.

(6) **변동성** : 운송서비스의 소비활동은 실내의 공간적 제약요인으로 인해 상황의 발생 정도에 따라 시간, 요일 및 계절별로 변동성을 가진다.

(7) 다양성
1) 승객 욕구의 다양함과 감정의 변화, **서비스 제공자에 따라 상대적**이다.
2) **승객의 평가 역시 주관적**이어서 일관되고 표준화된 서비스 질을 유지하기 어렵다.

02 승객만족 및 직업윤리

❶ 승객만족

(1) 대화할 때의 주의사항
1) 듣는 입장에서의 주의사항
① 침묵으로 일관하는 등 무관심한 태도를 취하지 않는다.
② 불가피한 경우를 제외하고 가급적 논쟁은 피한다.
③ 상대방의 말을 중간에 끊거나 말참견을 하지 않는다.
④ 다른 곳을 바라보면서 말을 듣거나 말하지 않는다.
⑤ 팔짱을 끼고 손장난을 치지 않는다.

2) 말하는 입장에서의 주의사항
① 불평불만을 함부로 말하지 않는다.
② 전문적인 용어나 외래어를 남용하지 않는다.
③ 욕설, 독설, 험담, 과장된 몸짓은 하지 않는다.
④ 남을 중상모략하는 언동은 조심한다.
⑤ 쉽게 흥분하거나 감정에 치우치지 않는다.
⑥ 손아랫사람이라 할지라도 농담은 조심스럽게 한다.
⑦ 함부로 단정하고 말하지 않는다.
⑧ 상대방의 약점을 잡아 말하는 것은 피한다.
⑨ 일부를 보고, 전체를 속단하여 말하지 않는다.
⑩ 도전적으로 말하는 태도나 버릇은 조심한다.
⑪ 자기 이야기만 일방적으로 말하지 않도록 조심한다.

❷ 직업관과 직업윤리

(1) 바람직한 직업관

1) 소명의식을 지닌 직업관 : 자신의 직업을 천직으로 여기며, 소명의식을 가진다.

2) 사회구성원으로서의 역할 지향적 직업관 : 사회구성원의 직분을 다하고 봉사하는 일이라 생각한다.

3) 미래지향적 전문능력 중심의 직업관 : 최고전문가가 되겠다는 생각으로 최선을 다해 노력한다.

(2) 올바른 직업윤리

1) 소명의식 : 어떤 직업이든지 자신이 하는 일에 전력을 다하는 것을 하늘의 뜻이라 생각한다.

2) 천직의식 : 수입이나 직업에 상관없이 자신의 직업에 긍지와 열정을 가지고 성실히 임하는 직업의식을 말한다.

3) 직분의식 : 각자의 직업을 통해서 사회의 각종 기능을 수행하는 것이 직·간접으로 사회구성원으로서 해야 할 본분을 다하는 것이다.

4) 봉사정신 : 현대 산업사회에서 직업 환경의 변화와 직업의식의 강화는 자신의 직무 수행과정에서 협동정신 등이 필요로 하게 되었다.

5) 전문의식 : 자신의 직무를 수행하는데 필요한 전문적 지식과 기술을 갖추어야 한다.

6) 책임의식 : 직업의 사회적 역할과 직무의 충실한 수행과 임무를 다하는 것이다.

03 사업자 및 종사자의 준수사항

❶ 운송사업자의 준수사항

(1) 일반적인 준수사항

1) 운송사업자는 노약자·장애인 등에 대해서는 특별한 편의를 제공해야 한다.

2) 관할관청은 필요한 경우, 운수종사자로 하여금 단정한 복장 및 모자를 착용하게 해야 한다.

3) 운송사업자는 자동차를 항상 깨끗하게 유지하여야 하며, 관할관청이 단독으로 실시하거나 관할관청과 조합이 합동으로 실시하는 청결상태

등의 검사에 대한 확인을 받아야 한다.

4) **운송사업자**[대형(승합자동차를 사용하는 경우로 한정) 및 고급형 택시운송사업자는 제외]**는 다음의 사항을 승객이 자동차 안에서 쉽게 볼 수 있는 위치에 게시** : 이 경우 택시운송사업자는 앞좌석의 승객과 뒷좌석의 승객이 각각 볼 수 있도록 2곳 이상에 게시하여야 한다.

① **회사명**(개인택시운송사업자의 경우는 게시하지 아니한다), **자동차번호, 운전자 성명, 불편사항 연락처 및 차고지 등**을 적은 표지판

② **운행계통도**(노선운송사업자만 해당)

5) 운송사업자는 「자동차안전기준에 관한 규칙」에 따른 **속도제한장치 또는 운행기록계가 장착**된 운송사업용 자동차를 해당 장치 또는 기기가 정상적으로 작동되는 상태에서 운행되도록 해야 한다.

6) **택시운송사업자**[대형(승합자동차를 사용하는 경우로 한정) 및 고급형 택시운송사업자는 제외]는 차량의 입·출고 내역, 영업거리 및 시간 등 택시미터기에서 생성되는 택시운송사업용 **자동차의 운행 정보를 1년 이상 보존**하여야 한다.

7) 일반택시운송사업자는 **소속 운수종사자가 아닌 자**(형식상의 근로계약에도 불구하고 실질적으로는 소속 운수종사자가 아닌 자를 포함)에게 관계 법령상 허용되는 경우를 제외하고는 운송사업용 자동차를 제공하여서는 아니 된다.

8) 운송사업자(개인택시운송사업자 및 특수여객자동차운송사업자는 제외)는 운수종사자를 위한 휴게실 또는 대기실에 난방장치, 냉방장치 및 음수대 등 편의시설을 설치해야 한다.

8) 수요응답형 여객자동차운송사업자는 여객의 운행요청이 있는 경우 이를 거부하여서는 안 된다.

9) 운송사업자(개인택시운송사업자 및 특수여객자동차운송사업자는 제외)는 **차량 운행 전**에 운수종사자의 건강상태, 음주 여부 및 운행경로 숙지 여부 등을 확인해야 하고, 확인 결과 운수종사자가 질병·피로·음주 또는 그 밖의 사유로 안전한 운전을 할 수 없다고 판단되는 경우에는 해당 운수종사자가 차량을 운행하도록 해서는 안 된다. 이 경우 노선 여객자동차운송사업자는 **대체 운수종사자를 투입**하여 해당 차량을 운행하도록 해야 한다.

(2) 자동차의 장치 및 설비 등에 관한 준수사항

1) 택시운송사업용 자동차[대형(승합자동차를 사용하는 경우로 한정) 및 고급형 택시운송사업용 자동차는 제외]의 안에는 여객이 쉽게 볼 수 있는 위치에 요금미터기를 설치해야 한다.

2) **대형**(승합자동차를 사용하는 경우는 제외) **및 모범형** 택시운송사업용 자동차에는 **요금영수증 발급과 신용카드 결제**가 가능하도록 관련 기기를 설치해야 한다.

3) 택시운송사업용 자동차 및 수요응답형 여객자동차 안에는 난방장치 및 냉방장치를 설치해야 한다.

4) 택시운송사업용 자동차[대형(승합자동차를 사용하는 경우로 한정) 및 고급형 택시운송사업용 자동차는 제외] 윗부분에는 **택시운송사업용 자동차**임을 표시하는 설비를 설치하고, 빈차로 운행 중일 때에는 외부에서 **빈차**임을 알 수 있도록 하는 조명장치가 자동으로 작동되는 설비를 갖춰야 한다.

5) **대형**(승합자동차를 사용하는 경우는 제외) **및 모범형** 택시운송사업용 자동차에는 **호출설비**를 갖춰야 한다.

6) 택시운송사업자[대형(승합자동차를 사용하는 경우로 한정) 및 고급형 택시운송사업자는 제외]는 택시미터기에서 생성되는 택시운송사업용 자동차 운행정보의 수집·저장 장치 및 정보의 조작을 방지하는 장치를 갖추어야 한다.

7) 수요응답형 여객자동차에는 시·도지사가 정하는 수요응답 시스템을 갖추어야 한다.

8) 그 밖에 **국토교통부장관이나 시·도지사**가 지시하는 설비를 갖춰야 한다.

❷ 운수종사자의 준수사항

(1) 운행 전 사업용 자동차의 안전설비 및 등화장치 등의 이상 유무를 확인해야 한다.

(2) 질병·피로·음주나 그 밖의 사유로 안전한 운전을 할 수 없을 때에는 그 사정을 해당 운송사업자에게 알려야 한다.

(3) 자동차의 운행 중 중대한 고장을 발견하거나 사고가 발생할 우려가 있다고 인정될 때에는 즉시 운행을 중지하고 적절한 조치를 해야 한다.

(4) 운전업무 중 **해당 도로에 이상**이 있었던 경우에는 운전업무를 마치고 **교대할 때에 다음 운전자에게 알려야** 한다.

(5) 안전운행과 다른 여객의 편의를 위하여 여객의 행위를 제지하고 안내할 사항

1) 다른 여객에게 위해(危害)를 끼칠 우려가 있는 폭발성 물질, 인화성 물질 등의 위험물을 자동차 안으로 가지고 들어오는 행위

2) 자동차의 출입구 또는 통로를 막을 우려가 있는 물품을 자동차 안으로 가지고 들어오는 행위

(6) 관계 공무원으로부터 운전면허증, 신분증 또는 자격증의 제시 요구를 받으면 즉시 이에 따라야 한다.

(7) 자동차 안에서 담배를 피워서는 안 된다.

(8) 사고로 인하여 사상자가 발생하거나 사업용자동차의 운행을 중단할 때에는 사고의 상황에 따라 적절한 조치를 취해야 한다.

(9) 영수증발급기 및 신용카드결제기를 설치해야 하는 택시의 경우 승객이 요구하면 영수증의 발급 또는 신용카드결제에 응해야 한다.

(10) 관할관청이 필요하여 복장 및 모자를 지정할 경우에는 그 지정된 복장과 모자를 착용하고, 용모를 항상 단정하게 해야 한다.

(11) 택시운송사업의 운수종사자[구간운임제 시행지역 및 시간운임제 시행지역의 운수종사자와 대형(승합자동차를 사용하는 경우로 한정) 및 고급형 택시운송사업의 운수종사자는 제외]는 승객이 탑승하고 있는 동안에는 미터기를 사용하여 운행해야 한다.

(12) 그 밖에 이 규칙에 따라 운송사업자가 지시하는 사항을 이행해야 한다.

04 운전예절 및 운전자 주의사항

❶ 올바른 운전예절

(1) 인성과 습관의 중요성

1) 운전은 각 개인이 가지는 사고, 태도 및 행동특

성인 인성(人性)의 영향을 받게 된다.

2) 운전행태는 오랫동안 체득된 운전습관이 나타나므로 나쁜 운전습관을 들이지 않도록 해야 한다.

(2) 운전예절의 중요성 : 명랑한 교통질서를 유지하고, 교통사고를 예방하고 교통문화 선진화를 이룬다.

(3) 운전자가 지켜야 하는 행동

1) 횡단보도에서의 올바른 행동

① 신호등이 없는 횡단보도를 통행하고 있거나 통행하려는 보행자가 있으면 일시정지한다.

② 보행자가 통행하고 있는 횡단보도 내로 차가 진입하지 않도록 정지선을 지킨다.

2) 전조등의 올바른 사용

① 야간운행 중 반대차로에서 오는 차가 있으면 전조등을 변환빔(하향등)으로 조정한다.

② 야간에 커브 길을 진입하기 전 상향등을 깜박거려 반대차로의 차에게 알린다.

3) 차로변경에서의 올바른 행동 : 차로를 변경하고 있는 차가 있는 경우에는 속도를 줄여 진입이 용이하게 해준다.

(4) 교차로를 통과할 때의 올바른 행동

1) 교차로 정체 현상으로 통과하지 못할 경우에는 교차로에 진입하지 않고 대기한다.

2) 앞 신호에 따라 진행하고 있는 차가 안전하게 통과하는 것을 확인하고 출발한다.

(5) 운전자가 삼가야 하는 행동

1) 지그재그 운전을 하지 않는다.

2) 과속으로 운행하며 급브레이크를 밟는 행위를 하지 않는다.

3) 운행 중에 갑자기 끼어들거나 다른 운전자에게 욕설을 하지 않는다.

4) 도로상에서 사고가 발생한 경우 차량을 세워둔 채로 시비, 다툼 등의 행위를 하지 않는다.

5) 운행 중에는 오디오 볼륨을 크게 작동시키거나, 경음기 버튼의 작동하지 않는다.

6) 신호등이 바뀌기 전 전조등을 깜빡이거나 경음기로 재촉하는 행위를 하지 않는다.

7) 교통경찰관의 단속에 불응하거나 항의하는 행위를 하지 않는다.

8) 갓길로 통행하지 않는다.

❷ 운전자 주의사항

(1) 교통관련 법규 및 사내 안전관리 규정 준수

1) 배차지시 없이 임의 운행금지

2) 정당한 사유 없이 지시된 운행노선을 임의로 변경운행 금지

3) 승차 지시된 운전자 이외의 타인에게 대리운전 금지

4) 사전승인 없이 타인을 승차시키는 행위 금지

5) 운전에 악영향을 미치는 음주 및 약물복용 후 운전 금지

6) 철길건널목에서는 일시정지 준수 및 정차 금지

7) 도로교통법에 따라 취득한 운전면허로 운전할 수 있는 차종 이외의 차량 운전금지

8) 자동차 전용도로, 급한 경사길 등에서는 주·정차 금지

9) 기타 사회적인 물의를 일으키거나 회사의 신뢰를 추락시키는 난폭운전 등의 운전 금지

(2) 교통사고에 따른 조치

1) 구호조치의무 이행 : 교통사고를 발생시켰을 때에는 도로교통법령에 따라 현장에서의 인명구호, 관할경찰서 신고 등의 의무를 성실히 이행한다.

2) 회사에 보고 : 어떤 사고라도 임의로 처리하지 말고, 사고발생 경위를 육하원칙에 따라 거짓 없이 정확하게 회사에 보고한다.

3) 회사의 지시에 따른 조치 : 사고처리 결과에 대해 개인적으로 통보를 받았을 때에는 **회사에 보고한 후 회사의 지시에 따라 조치**한다.

CHAPTER 2 — 운전자상식 및 응급처치

01 운전자 상식

❶ 교통관련 용어 정리

(1) 교통사고조사규칙(경찰청 훈령)에 따른 대형사고

1) 3명 이상이 사망(교통사고 발생일로부터 30일 이내에 사망)
2) 20명 이상의 사상자가 발생한 사고

(2) 여객자동차 운수사업법의 중대한 교통사고 ★

1) 전복(顚覆)사고
2) 화재가 발생한 사고
3) 사망자 2명 이상 발생한 사고
4) 사망자 1명과 중상자 3명 이상이 발생한 사고
5) 중상자 6명 이상이 발생한 사고

(3) 교통사고조사규칙의 교통사고의 용어 ★

1) **충돌사고** : 차가 반대방향 또는 측방에서 진입하여 그 차의 정면으로 다른 차의 정면 또는 측면을 충격한 것을 말한다.
2) **추돌사고** : 2대 이상의 차가 동일방향으로 주행 중 뒤차가 앞차의 후면을 충격한 것을 말한다.
3) **접촉사고** : 차가 추월, 교행 등을 하려다가 차의 좌우측면을 서로 스친 것을 말한다.
4) **전도사고** : 차가 주행 중 도로 또는 도로 이외의 장소에 차체의 측면이 지면에 접하고 있는 상태(좌측면이 지면에 접해 있으면 좌전도, 우측면이 지면에 접해 있으면 우전도)를 말한다.
5) **전복사고** : 차가 주행 중 도로 또는 도로 이외의 장소에 뒤집혀 넘어진 것을 말한다.
6) **추락사고** : 자동차가 도로의 절벽 등 높은 곳에서 떨어진 사고를 말한다.

(4) 자동차 및 자동차부품의 성능과 기준에 관한 규칙에 따른 자동차와 관련된 용어 ★

1) **공차상태** : 자동차에 사람이 승차하지 아니하고 물품(예비부품 및 공구 기타 휴대물품을 포함)을 적재하지 아니한 상태로서 연료·냉각수 및 윤활유를 만재하고 예비타이어(예비타이어를 장착한 자동차만 해당)를 설치하여 운행할 수 있는 상태를 말한다.
2) **차량중량** : 공차상태의 자동차 중량을 말한다.
3) **적차상태** : 공차상태의 자동차에 승차정원의 인원이 승차하고 최대적재량의 물품이 적재된 상태를 말한다.
4) **차량총중량** : 적차상태의 자동차의 중량이다.
5) **승차정원** : 자동차에 승차할 수 있도록 허용된 최대인원(운전자를 포함)을 말한다.

❷ 교통사고 현장에서의 상황별 안전조치

(1) 교통사고 상황파악

1) 짧은 시간 안에 사고 정보를 수집하여 침착하고 신속하게 상황을 파악한다.
2) 피해자와 구조자 등에게 위험이 계속 발생하는지 파악한다.
3) 생명이 위독한 환자가 누구인지 파악한다.
4) 구조를 도와줄 사람이 주변에 있는지 파악한다.
5) 전문가의 도움이 필요한지 파악한다.

(2) 사고현장의 안전관리

1) 피해자를 위험으로부터 보호하거나 피신시킨다.
2) 사고위치에 노면표시를 한 후 도로 가장자리로 자동차를 이동시킨다.

02 응급상황 대처 및 응급처치

❶ 응급처치방법

(1) 부상자 의식 상태 확인

1) **의식 확인** : 말을 걸거나 팔을 꼬집어 눈동자를 확인한 후 의식이 있으면 말로 안심시킨다.

2) **기도확보** : 의식이 없다면 기도를 확보하고 머리를 뒤로 충분히 젖힌 뒤, 입안에 있는 피나 토한 음식물 등을 긁어내어 막힌 기도를 확보한다.

3) **옆으로 눕힘** : 의식이 없거나 구토할 때는 목이 오물로 막혀 질식하지 않도록 옆으로 눕힌다.

4) **목 뒤쪽지지** : 목뼈 손상의 가능성이 있는 경우에는 목 뒤쪽을 한 손으로 받쳐준다.

5) 환자의 몸을 심하게 흔드는 것은 금지한다.

(2) 심폐소생술 ★★

1) 의식확인

① **성인** : 양쪽 어깨를 가볍게 두드리며 안부를 말한 후 반응을 확인한다.

② **영아** : 한쪽 발바닥을 가볍게 두드리며 반응을 확인한다.

2) 기도열기 및 호흡확인 : 머리 젖히고 턱을 들어올린다. 5~10초 동안 "보고 - 듣고 - 느낌"의 과정을 거친다.

3) 인공호흡 : 가슴이 충분히 올라올 정도로 2회(1회당 1초간)를 실시한다.

4) 가슴압박 및 인공호흡 반복 : 30회의 가슴압박과 2회의 인공호흡을 반복한다(30 : 2).

(3) 인공호흡방법과 가슴압박 방법 ★★

1) 인공호흡 방법

① 기도열기를 한 상태에서 이마에 얹은 손의 엄지와 검지로 코를 막는다.

② 환자의 입을 완전히 덮은 다음 1초 동안 가슴이 충분히 올라올 정도로 숨을 불어 넣는다.

③ 코를 막았던 손과 입을 떼었다가 다시 불어 넣는다.

❖ **영아** : 기도열기를 한 상태에서 입과 코를 한꺼번에 덮은 다음 1초 동안 가슴이 충분히 올라갈 정도로 불어 넣는다.

2) 가슴압박 방법 ★

① 가슴 중앙(양쪽 젖꼭지 사이)에 두 손을 올려놓는다.

❖ **영아** : 가슴중앙(양쪽 젖꼭지 사이)의 직하부에 두 손가락으로 실시한다.

② 팔을 곧게 펴서 바닥과 수직이 되도록 한다.

③ 4~5cm 깊이로 체중을 이용하여 압박과 이완을 반복한다.

❖ **영아** : 가슴두께의 1/3 ~ 1/2 깊이로 압박과 이완을 반복한다.

④ 분당 100회 속도로 강하고 빠르게 압박한다.

3) 소아에 대한 가슴압박

① 소아(1-8세)의 가슴압박은 가급적 한손으로 실시한다.

② 소아의 가슴압박 깊이는 영아에 준하여 실시한다.

(4) 출혈 또는 골절 ★

1) 출혈이 심한 경우의 지혈 : 출혈 부위보다 심장에 가까운 부위를 헝겊 또는 손수건 등으로 지혈될 때까지 꽉 잡아맨다.

2) 출혈이 적을 때의 지혈 : 거즈나 깨끗한 손수건으로 상처를 꽉 누른다.

3) 내출혈 발생 시 : 가슴이나 배를 강하게 부딪쳐 내출혈이 발생하였을 때에는 얼굴이 창백해지며 핏기가 없어지고 식은땀을 흘리며 호흡이 얕고 빨라지는 쇼크증상이 발생한다.

① 옷의 단추를 푸는 등 옷을 헐렁하게 하고 하반신을 높게 한다.

② 춥지 않도록 모포 등을 덮어주되, 햇볕을 직접 쬐지 않도록 한다.

4) 골절부상 : 잘못 다루는 경우 더 위험해질 수 있으므로 구급차가 올 때까지 기다린다.

① 지혈이 필요하다면 골절 부분은 건드리지 않도록 주의하여 지혈한다.

② 팔이 골절되었다면 헝겊으로 띠를 만들어 팔을 매달도록 한다.

(5) 차멀미

1) 증상

① 자동차를 타면 어지럽고 속이 메스꺼우며 토하는 증상이 나타나는 것을 말한다.

② 심한 경우 갑자기 쓰러지고 안색이 창백하며 사지가 차가우면서 땀이 나는 허탈증상이 나타나기도 한다.

2) 세심한 배려

① 통풍이 잘되고 흔들림이 비교적 적은 앞쪽으로 앉도록 한다.

② 증상이 심한 경우에는 정차할 수 있는 곳에 정차하여 내리도록 한 후 시원한 공기를 마시도록 한다.

③ 토한 경우를 대비해 위생봉지를 준비하고, 승객이 토한 경우 주변 승객이 불쾌하지 않도록 신속히 처리한다.

+ STUDY　코피가 날 때 조치

❶ 코피의 원인

(1) 코에 대한 충격이나 코 안쪽을 세게 찌르는 것(코를 후비는 경우)과 같은 신체적 충격이 있을 때

(2) 고혈압 등으로 혈압이 급격하게 상승하여 비강 점막을 자극하여 코피가 날 수 있다.

(3) 건조한 환경

(4) 항응고제나 혈액응고 방지제를 복용하는 경우

❷ 코피에 대한 조치

(1) 코 안을 거즈 같은 것으로 막는 것은 좋은 지혈법은 아니다.

(2) 일반적인 코피 지혈법은 엄지와 검지를 사용하여 코앞 연골 부위를 코뼈에 바짝 붙여 단단히 잡고 5분 정도 유지하여 지혈을 시도한다.

(3) 코에 얼음찜질을 하면 혈관이 수축하여 출혈을 줄이는 데 도움이 된다.

(4) 코피가 나는 동안 피를 뱉으면 출혈이 심해질 수 있으니 코피를 뱉지 않도록 한다.

(5) 코피가 20분 이상 지속되거나 자주 발생하는 경우에는 병원을 방문하도록 해야 한다.

---

❷ 응급상황 대처요령

(1) 교통사고 발생 시 운전자의 조치사항

1) 사고피해의 최소화와 제2차 사고방지 : 운전자는 사고피해를 최소화하고 제2차 사고방지를 위한 조치를 우선적으로 취한다.

2) 마음의 평정 : 운전자는 사고에 대한 조치를 위해서 마음의 평정을 찾아야 한다.

3) 사고발생시 운전자의 조치과정 ★★

① **탈**출 : 교통사고 발생 시 우선 엔진을 멈추어 연료가 인화되지 않도록 한다. 그리고 안전하고 신속하게 사고차량으로부터 탈출해야 한다.

② **인**명구조

㉠ 승객이나 동승자가 있는 경우 적절한 유도로 승객의 혼란을 방지하여 피해를 최소화

㉡ 부상자, 노인, 어린아이 및 부녀자 등 노약자를 우선적으로 구조

㉢ 정차위치가 차도, 노견 등과 같이 위험한 장소일 때에는 즉시 도로 밖의 안전장소로 유도하고 2차 피해 방지

㉣ 부상자에 대한 우선 응급조치

㉤ 야간에는 주변의 안전에 특히 주의하고 냉정하고 기민하게 구출유도

③ **후**방방호 : 경황이 없는 중에 통과차량에 알리기 위해 차도에서 손을 흔드는 등의 위험한 행동을 하지 않는다.

④ **연**락 : 보험회사나 경찰 등에 연락할 사항은 다음과 같다.

㉠ 사고발생지점 및 상태

㉡ 부상정도 및 부상자수

㉢ 회사명

㉣ 운전자 성명

㉤ 우편물, 신문, 여객의 휴대 화물의 상태

㉥ 연료 유출여부 등

⑤ **대**기

㉠ 대기요령은 고장차량의 경우와 같음

㉡ 부상자가 있는 경우 부상자 구호에 필요한 응급조치 등을 한 후 후속차량에 긴급후송을 요청

㉢ 부상자를 후송할 경우 위급한 환자부터 먼저 후송

✿ 두문자 : **탈인후연대**

(2) 차량고장 시 운전자의 조치사항

1) 교통사고와 차량고장의 상호 연관

2) 고장이 발생할 경우의 조치방법

① 결함이 심할 경우 비상등을 점멸시키면서 길 어깨(갓길)에 바짝 차를 대서 정차한다.

② 차에서 하차하는 때에는 옆 차로의 차량 주행 상황을 살핀 후 하차한다.

③ 야간에는 밝은 색 옷이나 야광이 되는 옷을 착용하는 것이 좋다.

④ 차의 후방에 경고반사판을 설치하고 비상전화 를 한다. 특히 야간에는 주의한다.

⑤ 비상주차대에 정차할 때는 타 차량의 주행에 지장을 주지 않도록 정차한다.

3) 후방에 대한 안전조치 ★

① 대기 장소에서는 통과차량과 접촉이나 추돌이 생기지 않도록 안전조치(고장자동차의 표지)를 취해야 한다.

② <u>고장자동차 표지의 설치 위치</u> : 자동차의 운전 자는 고장이나 그 밖의 사유로 고속도로 등에 서 자동차를 운행할 수 없게 되었을 때에는 고장자동차의 표지를 설치하여야 하며, 그 자 동차를 고속도로 등이 아닌 다른 곳으로 옮겨 놓는 등의 필요한 조치를 하여야 한다.

㉠ 고장이나 그 밖의 사유로 고속도로 또는 자동 차전용도로에서 자동차를 운행할 수 없게 되 었을 때에는 다음의 표지를 설치하여야 한다.

㉡ <u>안전삼각대</u> ☆

- 자동차의 운전자는 안전삼각대를 설치하는 경우 그 자동차의 후방에서 접근하는 자동차 의 운전자가 확인할 수 있는 위치에 설치하 여야 한다.

- **사방 500미터 지점**에서 식별할 수 있는 적색 의 섬광신호·전기제등 또는 불꽃신호. 다만, 밤에 고장이나 그 밖의 사유로 고속도로 등 에서 자동차를 운행할 수 없게 되었을 때로 한정한다.

(3) 재난발생 시 운전자의 조치사항

1) 운행 중 재난의 발생 : 신속하게 차량을 안전지대로 이동한 후 즉각 회사 및 유관기관에 보고한다.

2) 장시간 고립 시 조치

① 유류, 비상식량, 구급환자발생 등을 즉시 신고 한다.

② 한국도로공사 및 인근 유관기관 등에 협조를 요청한다.

3) 승객에 대한 우선적 안전조치

① <u>**폭설 및 폭우 등으로 운행이 불가능하게 된**</u> <u>**경우**</u> : 응급환자 및 노인, 어린이 승객을 우선 적으로 안전지대로 대피시키고 유관기관에 협 조를 요청한다.

② <u>**재난 시 승객보호**</u>

㉠ 차내에 유류를 확인하고 업체에 현재 위치를 알리고 도착 전까지 차내에서 안전하게 승객 을 보호

㉡ 재난 시 차량 내에 이상 여부 확인 및 신속 하게 안전지대로 차량을 대피

PART 1 ── 단원별 기출지문정리

01 고객서비스의 특징으로는 **무형성, 동시성, 소멸성, 무소유권, 변동성, 다양성**이 있다.

02 운송서비스는 생산과 소비가 (　) 발생하므로 재고가 발생하지 않는다. → 동시성. 소멸성

03 서비스는 **사람에 의하여 발생**하므로 그것을 행하는 사람에 따라 **품질의 차이**가 발생하는 (　　)을 특징으로 한다. → 다양성

04 운송서비스는 소유할 수 없지만 제공하는 순간 (　　).

05 다음 중 바람직한 직업관을 모두 고르면?

> ㄱ. 소명의식을 가진 직업관
> ㄴ. 전문능력중심의 직업관
> ㄷ. 생계유지의 수단적 직업관
> ㄹ. 귀속적 직업관
> ㅁ. 폐쇄적 직업관
> ㅂ. 역할지향적 직업관

06 수입에 관계없이 **자신의 직업에 긍지와 열정**을 가지는 것은 (　　)의식이고, **자신의 일에 전력**을 다하는 것은 (　　)의식이다.

07 직업을 통해서 **사회의 각종 기능을 수행**하는 것이 사회구성원으로서 본분을 다하는 것이라는 직업윤리는 (　　)의식이다.

08 회사명 등의 **표지판과 운행계통도와 미터기의 게시의무가 없는 사업자**는 (　　) 택시운송사업자이다.

09 **호출설비를 설치**해야 하는 사업자는 (　　)택시운송사업자이다.

10 자동차의 운행 중 중대한 고장을 발견하거나 사고가 발생할 우려가 있는 우려가 있을 때에는 (　　).

11 일반택시운송사업자(대형, 고급형 제외)는 택시미터기에서 생성되는 운행정보를 (　　)년 이상 보존하여야 한다.

12 승객이 탑승하고 있는 동안 미터기를 사용하지 않고 운행해도 되는 운수종사자는 대형(승합차사용) 및 고급형 택시운송사업자 그리고 (　　) 시행지역의 운수종사자이다.

13 운수종사자는 일정금액의 운송수입금 기준액을 (　　) 납부하지 않을 것을 요한다.

> **해설** 운수종사자는 운송수입금의 **전액을 납부**하여야 한다.

14 사고처리 결과에 대해 개인적으로 통보를 받았을 경우에는 재량으로 처리할 (　　).

15 야간에 커브 길을 **진입하기 전 상향등을 깜박**거려 반대차로의 차에게 알린다.

16 **교통사고조사규칙에 따른 대형사고**는 (　　)명 이상의 사망이나 (　　)명 이상의 사상자가 발생한 사고이다.

17 사망자 (　　)명 이상이 발생하거나, 사망자 (　　)명과 중상자 (　　)명 이상이 발생한 사고는 **운수사업법에 의한 중대한 교통사고**이다.

18 (　　)사고와 (　　)가 발생한 사고도 중대한 교통사고이다.

---

02 동시에　**03** 인적의존성　**04** 사라진다(소멸성)　**05** ㄱ, ㄴ, ㅂ　**06** 천직, 소명　**07** 직분　**08** 대형(승합자동차만), 고급형
09 대형(승합자동차만), 모범형　**10** 즉시 운행을 중지하고 적절한 조치를 취한다. **11** 1　**12** 구간운임제와 시간운임제　**13** 정하여
14 수 없고 회사의 지시에 따라 처리한다.　**16** 3, 20　**17** 2, 1, 3　**18** 전복(顚覆), 화재

19 (　)사고는 차가 주행 중 도로 또는 도로 이외의 장소에 차체의 측면이 지면에 접하고 있는 상태를 말한다.

해설 전복사고는 차가 주행 중 도로 또는 도로 이외의 장소에 뒤집혀 넘어진 것을 말한다.

20 (　)은 적차상태의 자동차 중량을 말한다.

해설 **차량중량은 공차상태의** 자동차 중량을 말한다

21 2대 이상의 차가 동일방향으로 주행 중 뒤차가 앞차의 후면을 충격한 것은 (　)사고이다.

22 **공차상태**는 사람이 승차하지 아니하고, 물품 (예비부품 및 공구 기타 휴대물품)을 적재(　), 연료·냉각수 및 윤활유를 (　)하여 운행할 수 있는 상태를 말한다.

23 의식이 없거나 구토할 때 목이 오물로 막혀 질식되지 않도록 (　) 눕힌다.

24 심폐소생술은 (　)회의 가슴압박과 (　)회의 인공호흡을 반복하여 실시한다.

25 성인의 가슴압박의 순서는 가슴의 중앙인 **흉골 아래쪽 절반 부위**에 두 손을 올려놓고 팔을 곧게 펴서 바닥에 (　)이 되도록 한 후 (　)cm의 깊이로 체중을 이용하여 압박과 이완을 반복한다.

26 인공호흡은 가슴이 충분하게 올라올 정도로 1회당 (　)초간 2회를 실시한다.

27 출혈이 심한 경우 출혈 부위보다 (　) 부위에 헝겊 또는 손수건으로 지혈될 때까지 꽉 잡아맨다.

28 (　)부상자는 되도록 구급차가 올 때까지 가급적 기다리는 것이 바람직하다.

29 차멀미 환자는 통풍이 잘되고 흔들림이 비교적 적은 (　) 자리에 앉도록 한다.

30 내출혈이 발생한 경우 얼굴이 (　), 식은땀을 흘리며 호흡이 (　).

31 사고발생 시 운전자가 취해야 할 조치과정은 **탈출**, (　), (　), **연락**, **대기**의 순으로 한다.

32 야간에 **안전삼각대**를 후방차량의 운전자가 **확인할 수 있는 위치에 설치**하고, 고속도로에서 자동차의 고장시 식별할 수 있는 적색의 섬광신호·전기제등 등을 (　)m 지점에 **추가로 설치**하여야 한다.

33 차량고장 시 (　) 후에 비상전화를 하여야 한다.

34 대화를 나눌 때의 언어예절로서 "자신의 동작이나 **자신과 관련된 것을 낮추어** 말해 간접적으로 상대를 높이는 말"은 무엇인가?
(　)

해설 **겸양어**는 자신의 일을 승객이나 상사에게 말하거나, 회사의 일을 승객에게 말할 때 사용하면 좋다.

- **존경어** : 사람이나 사물을 높여 말해 직접적으로 상대에 대해 경의를 나타내는 말로서, 승객이나 상사에게 말을 걸 때나 승객이나 상사의 일을 얘기할 때 사용한다.
- **정중어** : 자신이나 상대와 관계없이 말하고자 하는 것을 정중하게 말해 상대에 대하여 경의를 나타내는 말이다.

35 구조차 또는 서비스차가 도착할 때까지 **차량 내에서 대기하는 것은 위험**하므로 반드시 후방의 안전지대에서 기다린다.

36 의심폐소생술의 순서는 i) 의식확인, ii) 기도 열기 및 호흡확인, iii) 인공호흡, iv) 가슴압박 및 인공호흡의 반복의 과정으로 한다.

---

19 전도　**20** 차량총중량　**21** 추돌　**22** 하지 아니한 상태로, 만재　**23** 옆으로　**24** 30, 2　**25** 수직, 4~5　**26** 1　**27** 심장에 가까운
28 골절　**29** 앞쪽　**30** 창백해지고, 얕고 빨라진다　**31** 인명구조, 후방방호　**32** 500　**33** 경고반사판을 설치한　**34** 겸양어

PART 3 — 단원별 적중모의고사

01 제1회 적중모의고사

01 서비스의 품질을 평가하는 고객의 기준으로 옳지 않은 것은?

① 신뢰성　　　② 신속한 대응

③ 정확성　　　④ 회사의 재무건전성

해설 ①, ②, ③ 이외에도 고객에 대한 태도, 편의성, 고객과의 커뮤니케이션, 신용도, 안전성, 고객의 이해도, 환경 및 분위기가 서비스 품질을 평가하는 고객의 기준이라고 할 수 있다.

02 운전자의 운전예절에 대한 설명으로 틀린 것은?

① 횡단보도에서는 보행자가 먼저 지나가도록 일시정지하여 보행자를 보호한다.

② 도로상에서 고장차를 발견하였을 경우에는 가장자리 구역으로 유도한다.

③ 방향지시등을 켜고 끼어드는 경우 양보한다.

④ 교차로에 정체 현상이 발생하는 경우 신속하게 빠져나갈 방법을 찾는다.

해설 ④ 교차로에 정체 현상이 발생하는 경우 다 빠져나간 후에 여유를 가지고 천천히 출발한다.

03 직업의 내재적 가치인 것은?

① 직업의 도구적인 면에 가치를 둔다.

② 경제적인 도구나 권력을 추구하는 수단을 중시하는데 의미를 둔다.

③ 능력발휘와 함께 사회적 헌신, 인간관계를 중시한다.

④ 직업이 주는 사회인식에 초점을 맞춘다.

04 운송사업자 준수사항의 설명으로 틀린 것은?

① 운송사업자는 회사명, 자동차번호, 운전자 성명·나이 등의 사항을 게시하여야 한다.

② 운송사업자는 운수종사자로 하여금 일정한 사항을 성실하게 준수하도록 항상 지도·감독해야 한다.

③ 모범택시, 대형택시에는 호출설비를 갖춰야 한다.

④ 구간운임제 및 시간운임제 시행지역과 대형 및 고급형 택시의 운수종사자는 미터기를 사용하지 않아도 된다.

해설 ① 운전자의 성명을 게시하면 되고 나이까지 게시할 필요는 없다.

05 심폐소생술의 절차에서 가장 먼저 해야 할 것은?

① 인공호흡　　　② 가슴압박(심폐소생술)

③ 기도확보　　　④ 반응 확인

해설 반응확인 → 119신고 → 호흡확인 → 가슴압박 30회 시행 → 인공호흡 2회 시행 → 가슴압박과 인공호흡의 반복 → 회복자세(회복 시 환자를 옆으로 돌려 눕혀 기도가 막히는 것을 예방)

❖ 과거에는 기도확보, 인공호흡, 가슴압박의 순서였으나 권장 순서가 가슴압박, 기도확보, 인공호흡의 순으로 바뀌었다.

06 난폭운전과 보복운전에 대한 설명으로 옳은 것은?

① 운전자가 소음을 반복하여 불특정 다수에게 위협하는 경우는 보복운전에 해당된다.

② 운전자가 앞차와의 안전거리를 좁히며 경적을 울리며 위협하는 운전은 보복운전이다.

③ 운전자가 특정 차량 앞으로 앞지르기하여 급제동한 경우는 난폭운전에 해당된다.

④ 택시운전자가 반복적으로 앞지르기 방법 위반한 경우는 보복운전에 해당된다.

| 01 ④ | 02 ④ | 03 ③ | 04 ① | 05 ④ | 06 ② |

해설 난폭운전은 다른 사람에게 위험과 장애를 주거나 **불특정인**에 불쾌감과 위험을 주는 행위로 「도로교통법」의 적용을 받는다. 그리고 **보복운전**은 의도적·고의적으로 특정인을 위협하는 행위로 「형법」의 적용을 받는다.
①·④는 난폭운전이고 ③은 보복운전이다.

07 다음이 지칭하는 용어는?

> 2대 이상의 차가 동일방향으로 주행 중 뒤차가 앞차의 후면을 충격한 것을 말한다.

① 추돌사고　　　　② 충돌사고

③ 접촉사고　　　　④ 전도사고

08 운전자가 가져야 할 기본자세에 대한 설명으로 틀린 것은?

① 운전에 아무리 자신이 있어도 판단착오가 발생할 수 있다는 것을 명심해야 한다.

② 운전자는 항상 마음의 여유를 가지고 양보하는 마음을 갖는다.

③ 운전하는 동안은 한 순간도 방심하지 말아야 한다.

④ 각종 운행상황에 대하여 자신에게 유리하게 예측운전하는 긍정적인 마음을 가진다.

해설 ④ 운전자는 운행 중에 발생하는 각종 상황에 대하여 자신에게 유리한 **판단이나 행동보다는 객관적으로 생각하고 반성하는 자세**를 가져야 한다.

09 교통사고 발생 시 조치할 사항으로 옳은 것은?

① 쌍방 합의를 해야 경찰에 신고할 수 있다.

② 보험회사에 신고하면 경찰 신고와 동일한 효력이 있다.

③ 상대방의 의사와는 관계없이 즉시 차량을 이동하여 안전한 곳에 주차 후 사고 처리한다.

④ 경미한 물적피해 사고는 서로 사고 내용과 연락처를 기록하여 교환한다.

해설 ① 경찰 신고는 언제든지 가능하다.

② 경찰 신고와 보험회사 연락은 별개이다.

③ 사고 후 즉시 정차하지 않으면 도주죄로 처벌받을 수 있기 때문에 주의해야 한다.

10 택시승객의 환자가 출혈 또는 골절이 발생하였을 때 조치방법으로 틀린 것은?

① 출혈이 심한 경우 출혈부위를 헝겊 또는 손수건으로 꽉 잡아맨다.

② 출혈이 적은 경우 거즈나 깨끗한 수건으로 상처를 꽉 누른다.

③ 가슴이나 배를 부딪쳐 내출혈이 발생한 경우 옷을 헐렁하게 하고 하반신을 높게 한다.

④ 골절부상자는 가급적 구급차가 올 때까지 기다리는 것이 좋다.

해설 ① 출혈이 심한 경우 출혈부위보다 심장에 가까운 부위를 헝겊 또는 손수건으로 꽉 잡아맨다.

11 차량고장 시 운전자의 조치사항에 대한 설명으로 틀린 것은?

① 비상전화를 하기 전에 차의 후방에 경고반사판을 먼저 설치해야 한다.

② 구조차가 오기 전까지 차량 내에 대기한다.

③ 정차 차량의 결함이 심할 때는 비상등을 점멸시키면서 길어깨에 바짝 정차한다.

④ 고장차임을 즉시 알 수 있도록 고장차로 표시하거나 눈에 띄게 한다.

해설 ② 구조차가 오기 전에 **차량 내에 대기하는 것은 위험**하다.

07 ①　**08** ④　**09** ④　**10** ①　**11** ②

12 운수종사자의 준수사항으로 틀린 것은?

① 1일 근무시간 동안 기록된 운송수입금 중 일정액을 운송사업자에게 납부해야 한다.

② 운전업무 중 도로의 이상이 있는 경우 교대할 때 이를 알려야 한다.

③ 관할관청이 필요하다고 인정하여 지정한 경우 지정된 복장과 모자를 착용해야 한다.

④ 택시요금미터를 임의로 조작 또는 훼손하지 말아야 한다.

해설 ① 운송수입금의 전액을 운수종사자의 근무종료 당일 운송사업자에게 납부해야 한다.

13 보험회사나 경찰 등에 연락할 때 연락할 사항으로 틀린 것은?

① 사고발생지점 및 상태

② 회사명

③ 우편물, 신문, 여객의 휴대화물의 상태

④ 부상자의 이름

해설 ④ 부상 정도 및 부상자수를 연락하면 되고 부상자 이름은 연락사항이 아니다. 연락사항으로는 i) 사고발생지점 및 상태, ii) 부상정도 및 부상자수, iii) 회사명, iv) 운전자 성명, v) 우편물, 신문, 여객의 휴대화물의 상태, vi) 연료 유출여부 등이 있다.

14 택시 운행 중에 승객이 차멀미를 호소하는 경우 운전자의 대처방법으로 틀린 것은?

① 창문을 개방하고 뒤쪽 자리에 앉도록 한다.

② 자동차 운전을 거칠게 하지 않고 정숙주행을 한다.

③ 증상이 심한 경우에는 하차시켜 시원한 공기를 마시도록 한다.

④ 위생봉지를 건네주어 토하는 경우에 대비한다.

해설 ① 차멀미환자는 진동이 적은 앞자리에 앉히는 것이 좋다.

15 교통사고 현장에서의 '측정 및 사진촬영' 부분에 대한 설명으로 틀린 것은?

① 차량 및 노면에 나타난 물리적 흔적 및 시설물 등의 위치

② 피해자의 상처 부위 및 정도

③ 사고지점 부근의 도로선형

④ 도로의 시거 및 시설물의 위치 등

해설 ② 사고현장, 사고차량, 물리적 흔적 등에 대한 사진 촬영이 필요하지, 피해자의 상처 부위 및 정도를 알기 위한 사진촬영까지는 불필요하다.

16 올바른 인사에 대한 설명으로 틀린 것은?

① 밝고 부드러운 미소를 짓는다.

② 고개는 반듯하게 들고, 턱은 자연스럽게 당긴다.

③ 시선은 상대방의 눈을 정면으로 바라보지 말고, 진심을 담은 행동을 한다.

④ 머리와 상체는 일직선이 되도록 하며 천천히 숙인다.

해설 ③ 시선은 상대방의 눈을 정면으로 바라보며, 상대방을 진심으로 존중하는 마음을 눈빛에 담아 인사한다.

17 의식이 없는 승객에 대한 인공호흡방법에 대한 설명으로 틀린 것은?

① 기도를 연 상태에서 코를 개방하고 인공호흡을 한다.

② 환자의 입을 완전히 덮은 다음 1초 동안 가슴이 올라올 정도로 숨을 불어넣는다.

③ 코를 막았던 손과 입을 뗐다가 다시 불어넣는다.

④ 영아는 입과 코를 한꺼번에 덮은 후 가슴이 올라올 정도로 불어 넣는다.

해설 ① 인공호흡 시에는 기도를 열은 상태에서 이마에 얹은 손의 엄지와 검지로 코를 막는다.

12 ① 13 ④ 14 ① 15 ② 16 ③ 17 ①

18 교통사고 발생 시 운전자의 조치 순서에 대한 설명으로 옳은 것은?

① 인명구조 → 탈출 → 연락 → 후방방호 → 대기

② 탈출 → 인명구조 → 후방방호 → 대기 → 연락

③ 탈출 → 후방방호 → 인명구조 → 대기 → 연락

④ 탈출 → 인명구조 → 후방방호 → 연락 → 대기

해설 사고가 발생하는 경우 경찰서나 보험사에 연락하는 것보다 바로 정차하여 **사상자가 발생하였는지 여부를 확인**한 후 경찰관서에 신고하는 등의 조치를 해야 한다.

19 교통사고로 부상자 발생 시 가장 먼저 취해야 할 응급처치 방법은?

① 부상자의 상태를 확인하기 전에 안전한 곳으로 옮긴다.

② 부상자 응급처치를 할 때에는 가장 먼저 인공호흡을 실시한다.

③ 부상자 응급처치 전 차량파손 여부부터 확인한다.

④ 부상자의 의식을 확인하고 의식이 없을 때에는 우선 가슴압박을 실시한다.

해설 교통사고로 인한 호흡과 의식이 없는 부상자 발생 시에는 **가장 먼저 가슴압박을 실시**한 후 기도확보, 인공호흡 순으로 실시한다. 또한 **함부로 부상자를 움직이지 않고** 전문의류진이 도착할 때까지 가급적 그대로 두는 것이 좋다.

20 교통사고 부상자에 대한 의식의 확인과 조치방법에 대한 설명으로 틀린 것은?

① 말을 걸거나 꼬집어 의식을 확인한다.

② 의식이 없는 경우에는 머리를 뒤로 젖히고 입안에 있는 피나 음식물을 긁어내어 기도를 확보한다.

③ 의식이 없거나 구토를 하는 경우에는 똑바로 눕힌다.

④ 부상자의 몸을 심하게 흔들지 않는다.

해설 ③ 의식이 없거나 구토를 하는 경우에는 질식하지 않도록 옆으로 눕힌다.

02 제2회 적중모의고사

01 고객서비스 특징의 설명으로 틀린 것은?

① 유형(有形)의 상품이다.

② 공급되는 동시에 소비된다.

③ 서비스하는 사람에 따라 품질의 차이가 발생한다.

④ 서비스는 제공한 즉시 사라진다.

해설 ① 서비스는 **무형**(無形)의 **상품**으로서 측정하기도 어렵지만 누구나 느낄 수 있다(무형성).
② 동시성의 특성이다.
③ 인간주체에 따른 이질성의 특성이다.
④ 소멸성의 특성이다. 이외도 '무소유권'을 특징으로 한다.

02 고객에 대한 올바른 기본예절로 틀린 것은?

① 신뢰관계는 서로 도움이 되어야 형성된다.

② 약간의 어려움을 감수하는 것은 좋은 인간관계를 유지하는 투자이다.

③ 상대에게 관심을 갖는 것은 상대도 나에게 호감을 갖게 한다.

④ 상대의 결점을 지적할 때는 직접적이고 간명하게 한다.

해설 ④ 직접적이고 간명한 충고는 오해를 살 수 있으므로 진지한 충고와 격려를 통해서 해야 한다.

18 ④ 19 ④ 20 ③ | 01 ① 02 ④

03 운전자의 자세에 대한 설명으로 틀린 것은?

① 운전자는 공익을 위한 일을 한다는 '공인'의 자세를 가져야 한다.

② 상황에 맞는 적절한 판단으로 교통규칙을 준수해야 한다.

③ 운전 시 주의력을 집중하고 추측운전을 한다.

④ 여유있고 양보하는 마음으로 운전한다.

해설 ③ 운전 시 주의력을 집중하고, 자신에게 유리하게 행동이나 판단을 하는 등 추측운전을 하지 않는다.

04 운전자의 승객 응대 시 마음가짐으로 틀린 것은?

① 승객의 입장에서 생각한다.

② 항상 긍정적으로 생각한다.

③ 공사를 구분하고 공평하게 대한다.

④ 자신감있는 운전자세는 바람직하지 않다.

해설 ④ 승객을 태우고 서비스하는 운전기사는 자신감 있는 태도가 필요하다.

05 다음 중 바람직한 직업관은?

① 생계유지의 수단적인 직업관

② 귀속적 직업관

③ 차별적 직업관

④ 전문능력 중심의 직업관

해설 ④ 전문능력 직업관은 바람직한 직업관이다. 그리고 바람직한 직업관으로는 소명의식을 가진 직업관, 사회구성원으로서의 역할 지향적 직업관이 있다.

06 손님 A가 기분이 언짢은 가장 큰 요인이 되는 서비스 특징은?

> 손님 A는 아침에 甲 택시를 타고 회사에 출근하였으나 甲 택시는 빠른 길로 가지 않고 돌아서 가는 바람에 회사에 지각하게 되었다.

① 무형성　　　　② 동시성

③ 인적의존성　　④ 소멸성

07 운전자가 지켜야 할 행동으로 틀린 것은?

① 야간운행 중 반대차로의 차가 있는 경우에는 전조등을 하향으로 유지한다.

② 방향을 전환하고자 하는 경우 반드시 방향지시등을 작동시킨다.

③ 교차로에서 신호가 바뀌어 앞차가 교차로를 진입한 경우 정차하지 않고 따라 진입한다.

④ 신호등이 없는 횡단보도를 통행하고 있는 보행자가 있는 경우에는 일시정지한다.

해설 ③ 지문의 내용은 일명 '꼬리물기'로 범칙금 6만원과 벌점 15점이 부과된다. 특히 정차금지지대에서는 절대로 꼬리물기를 해서는 안 된다.

08 운수종사자의 준수사항에 대한 설명으로 틀린 것은?

① 일정한 장소에 오랜 시간 정차하여 여객을 유치하는 행위를 해서는 안 된다.

② 운행 중 사고가 발생할 우려가 있는 경우에는 운행을 중지하고 적절한 조치를 한다.

③ 운수종사자는 일정금액의 운송수입금 기준액을 정하여 납부하여야 한다.

④ 자동차의 출입구나 통로를 막을 우려가 있는 물품을 가지고 타는 행위를 제지한다.

해설 ③ 운수종사자는 일정금액의 운송수입금 기준액을 정하여 납부하지 않을 것을 요한다.

09 운전자가 삼가야 할 행동으로 틀린 것은?

① 과속으로 운전하며 급브레이크를 밟는 행위를 하지 않는다.

② 갓길로 통행하지 않는다.

③ 교통경찰관의 단속에 불응하거나 항의하는 행위를 하지 않는다.

④ 도로상에서 사고가 발생한 경우 차량을 세워두고 시비를 가린 후에 차량을 이동한다.

03 ③　04 ④　05 ④　06 ③　07 ③　08 ③　09 ④

해설 사고가 발생한 경우 사진을 찍고, 블랙박스 유무를 따지고 스프레이로 도로에 표시를 한 다음 즉시 차를 이동시켜 통행에 방해를 주지 않도록 한다.

10 심폐소생술에 대한 설명으로 틀린 것은?

① 의식확인, 호흡확인, 가슴압박, 기도열기 및 인공호흡의 반복 단계를 거친다.

② 인공호흡은 환자의 입을 개방하고 1초 동안 가슴이 올라올 정도로 숨을 불어 넣는다.

③ 가슴압박은 팔을 곧게 펴서 바닥과 수직이 되도록 한다.

④ 가슴압박은 분당 60회 속도로 강하고 빠르게 압박한다.

해설 ④ 분당 60회가 아니라 100회 속도로 강하고 빠르게 압박한다.

11 가슴압박과 인공호흡의 적절한 반복 횟수는?

① 60회 가슴압박과 3회의 인공호흡 반복

② 50회 가슴압박과 2회의 인공호흡 반복

③ 40회 가슴압박과 3회의 인공호흡 반복

④ 30회 가슴압박과 2회의 인공호흡 반복

12 운전자의 교통사고 발생시 조치에 대한 설명으로 틀린 것은?

① 교통사고를 발생시켰을 때는 법규상의 구호조치 및 신고의무를 성실히 이행해야 한다.

② 사고에 대한 일반적인 사항을 처리한 후, 사고발생의 경위를 회사에 보고해야 한다.

③ 사고로 인한 행정·형사처벌의 접수 시 회사의 지시에 따라야 한다.

④ 회사손실과 직결되는 보상업무는 회사가 처리하도록 해야 한다.

해설 ② 사고에 대한 임의처리는 안 되고, 사고발생의 경위를 거짓 없이 회사에 보고해야 한다.

13 승객에 대한 호칭과 지칭으로 틀린 것은?

① '고객'이라는 말보다는 '승객'이나 '손님'을 사용하는 것이 좋다.

② 나이가 드신 분들은 '어르신'이라는 호칭을 사용한다.

③ '아줌마', '아저씨'라는 말을 사용하지 않는다.

④ 청소년은 '학생'이라는 말을 사용한다.

해설 중·고등학생이라도 어른에 준하여 '손님'이나 '승객'이라는 말과 존댓말을 사용하는 것이 좋다.

14 다음 용어에 대한 설명으로 틀린 것은?

① 차량중량은 공차상태의 자동차 중량을 말한다.

② 적차상태는 공차상태에 승차인원이 승차하고, 최대적재량의 물품이 적재된 상태이다.

③ 차량총중량은 적차상태의 자동차의 중량을 말한다.

④ 승차정원은 운전자를 제외하고 승차가 허용된 승차 최대인원을 말한다.

해설 ④ 승차정원은 운전자를 포함한 최대인원을 말한다.

15 교통사고조사규칙(경찰청 훈령)에 따른 '대형사고'인 것은?

① 교통사고 발생일로부터 30일 이내에 3명 이상이 사망한 사고

② 사망자 2명 이상 발생한 사고

③ 사망자 1명과 중상자 3명 이상이 발생한 사고

④ 중상자 6명이 이상이 발생한 사고

해설 ②, ③, ④와 전복사고, 화재가 발생한 사고는 여객자동차운수사업법에 따른 '중대한 교통사고'이다.

10 ④ 11 ④ 12 ② 13 ④ 14 ④ 15 ①

Part 3
운송서비스

16 택시운전자의 승객과의 대화방법에 대한 설명으로 틀린 것은?

① 무관심한 태도를 취하지 않는다.

② 단정적이고 자신감있게 대화한다.

③ 일부를 보고 전체를 속단하여 말하지 않는다.

④ 불가피한 경우를 제외하고 논쟁을 피한다.

해설 ② 대화할 때 함부로 단정하여 말하거나 도전적으로 말하는 태도나 버릇은 조심한다.

17 가슴압박의 방법에 대한 설명으로 틀린 것은?

① 성인의 경우 가슴의 중앙인 흉골의 아래쪽 절반 부위에 손바닥을 위치시킨다.

② 양손을 깍지 낀 상태로 손바닥의 아래 부위만을 환자의 흉부 부위에 접촉시킨다.

③ 시술자의 어깨는 환자의 흉골이 맞닿는 부위와 45°가 되게 위치시킨다.

④ 분당 100~120회 정도의 속도로 5cm 깊이로 강하고 바르게 30회 눌러준다.

해설 ③ 45°가 아니라 흉골이 맞닿은 부위와 수직이 되게 위치시킨다.

18 택시운전자의 언어예절로 틀린 것은?

① 밝고 적극적인 어조로 즐거운 기분으로 대화한다.

② 공손하고 정중한 태도로 대화한다.

③ 사교적인 태도로 명료하게 말한다.

④ 공적이고 형식적인 대화를 한다.

해설 승객의 입장을 고려하여 배려와 품위있는 대화를 하도록 노력하여야 한다.

19 차량 고장 시 조치사항으로 틀린 것은?

① 구조차 또는 서비스차가 도착할 때까지 차량 내에서 대기한다.

② 차량 고장 시 비상등을 점멸시키고 길어깨(갓길)에 바짝 차를 대고 정차한다.

③ 비상전화를 하기 전에 차의 후방에 경고반사판을 설치해야 한다.

④ 고장자동차의 표지는 후방에서 접근하는 자동차의 운전자가 확인할 수 있는 위치에 설치하여야 한다.

해설 ① 구조차 또는 서비스차가 도착할 때까지 차량 내에서 대기하는 것은 위험하므로 반드시 안전지대로 나가서 기다리도록 유도한다.

20 교통정리가 행하여지고 있지 아니하는 교차로에서 좌회전하는 방법 중 가장 옳은 것은?

① 일반도로의 좌회전하려는 지점부터 20m 이상의 지점에서 방향지시등을 켠다.

② 미리 도로의 중앙선을 따라 서행하면서 교차로의 중심 바깥쪽으로 좌회전한다.

③ 시·도경찰청장이 지정하더라도 교차로의 중심 바깥쪽을 이용하여 좌회전할 수 없다.

④ 서행할 의무는 있으나 일시정지할 의무가 항상 있는 것은 아니다.

해설 ① 일반도로에서 좌회전하려는 때에는 **30미터 이상**의 지점에서 방향지시등을 켜야 한다.

② 도로 중앙선을 따라 서행하며 **교차로의 중심 안쪽**으로 좌회전한다.

③ 지정한 곳에서는 교차로의 중심 바깥쪽으로 좌회전할 수 있다.

16 ② 17 ③ 18 ④ 19 ① 20 ④

두문자(頭文字) 정리

✿ 학습에 두문자를 이용하셨다면 시험장까지 가져 가시라는 의미에서 전체적으로 내용을 확인·암기 하시도록 정리했습니다.

"사랑의 첫 번째 의무는 상대방에 귀 기울이는 것이다."

　　　　　　　　　　　　　　　　　　　　　　　　　- 폴 틸리히(Paul Tillich -

"사람을 존경하라, 그러면 그는 더 많은 일을 해 낼 것이다."

　　　　　　　　　　　　　　　　　　　　　　　- 제임스 오웰(James Howell) -

"걱정거리를 두고 웃는 법을 배우지 못하면 나이가 들었을 때 웃을 일이 전혀 없을 것이다."

　　　　　　　　　　　　　　　　　　- 에드가 왓슨 하우(Edgar Watson Howe) -

"과거를 애절하게 들여다보지 마라. 다시 오지 않는다. 현재를 현명하게 개선하라. 너의 것이니. 어렴풋한 미래
를 나아가 맞으라. 두려움 없이."　　　　　- 헨리 워즈워스 롱펠로우(Henry Wadsworth Longfellow) -

"내가 보기에 사람들은 엄청난 잠재력을 가지고 있다. 많은 이들이 자신감을 갖거나 위험을 무릅쓴다면 위대한 일
을 해낼 수 있다. 하지만 대부분 그러지 못한다. 사람들은 TV 앞에 앉아 삶은 영원할 것이라 생각한다."

　　　　　　　　　　　　　　　　　　　　　　　- 필립 애덤스(Philip Adams) -

"무얼하든 주의 깊게 하라. 그리고 목표를 바라보라."　　　　　　　　　- 작자 미상 -

"미래에 사로잡혀있으면 현재를 있는 그대로 볼 수 없을 뿐 아니라 과거까지 재구성하려 들게 된다." - 에릭 호퍼 -

"인생이란 폭풍우가 지나가길 기다리는 것이 아니라 빗속에서 춤을 추는 것이다."　　- 석가모니 -

"행복으로 가는 길은 없다. 행복이 곧 길이다"　　　　　　　　　　　- 석가모니 -

"칭찬에 익숙하면 비난에 마음이 흔들리고, 대접에 익숙하면 푸대접에 마음이 상한다. 문제는 익숙해져서 길들
어진 내마음이다."　　　　　　　　　　　　　　　　　　　　　　- 백범 김구 -

"진짜로 인생을 즐기는 사람은 재미있는 것을 선택하는 사람이 아니었어요. 아무리 어려운 상황에 처해 있어도
"재미있게 해낼 것"이라고 생각하는 사림입니다."　　　　　　　　　- 어느 노년의 정신과의사

　-

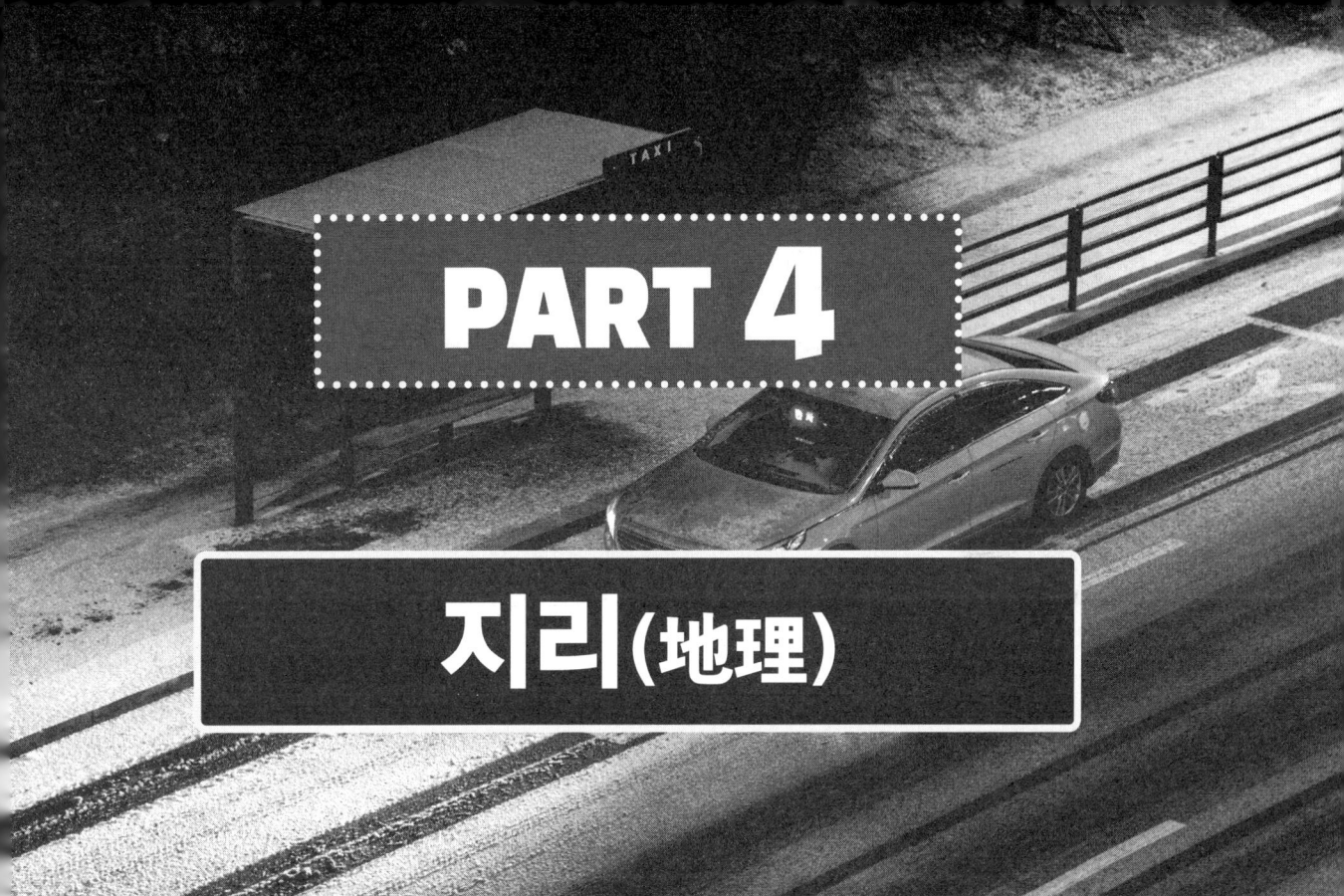

PART 4

지리(地理)

CHAPTER 1 서울특별시 지리

01 서울특별시 지리 핵심요약

서울특별시는 한반도의 중앙에 있으며, 한강을 사이로 남북으로 나뉘어 있다. 북쪽 끝은 도봉구 도봉동, 동쪽 끝은 강동구 상일동, 남쪽 끝은 서초구 원지동, 서쪽 끝은 강서구 오곡동이다. 총 25개의 자치구가 있고, 자치구 산하에 467개의 법정동과 426개 행정동이 있다. 면적은 서초구가 가장 크고, 그 다음으로 강서구, 강남구의 순이다. 면적이 작은 순은 중구가 가장 작으며 그 다음으로 금천구, 동대문구의 순이다. 서울특별시의 인구는 대략 933만명이다. 인구는 송파구가 가장 많으며, 전국에서도 인구가 가장 많은 자치구이다. 그 다음은 강서구, 강남구 순이다. 인구가 가장 적은 자치구는 중구이며, 그 다음은 종로구, 용산구 순이다.

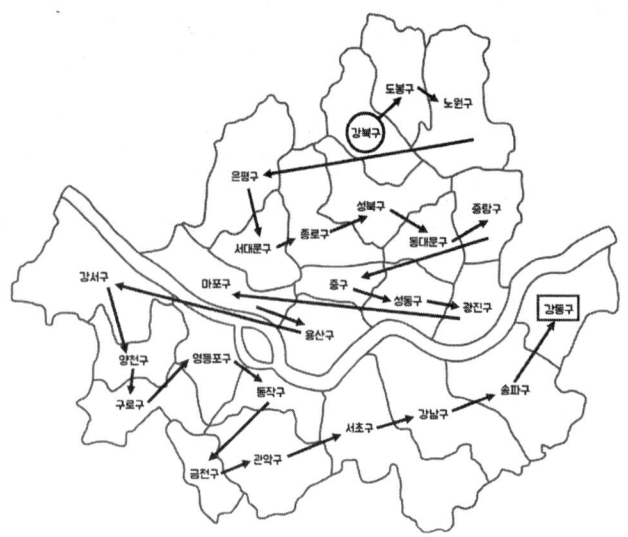

❖ 화살표는 본서의 지리이론의 배열 순서입니다. 강북구부터 시작해서 광악구까지 화살표 방향대로 본문의 내용을 배열 하였습니다. 그리고 되도록 북쪽에서 남쪽 순으로 배치하였습니다.

25개구(市)의 배열 순서

강북구, 도봉구, 노원구, 은평구, 서대문구, 종로구, 성북구, 동대문구, 중량구, 중구, 성동구, 광진구, 마포구, 용산구, 강서구, 양천구, 구로구, 영등포구, 동작구, 금천구, 관악구, 서초구, 강남구, 송파구, 강동구

✿ 동부·서부·중부를 묻는 구청과 경찰서는 구분하여 암기하셔야 합니다.

✿ 구(區)를 틀리게 내는 경우는 없으니, 동(洞)을 정확하게 알아야 풀 수 있게 출제됩니다.

✿ 대학교와 종합병원은 반드시 암기해야 합니다. 이론을 숙지한 후 수록된 박스문제를 통하여 떠오를 때까지 암기하시길 바랍니다.

✿ 지하철도 출제됩니다. 특히 ~~역 근처에 있는 지역은 자주 출제됩니다. 모든 역 근처의 장소를 암기하기는 힘드니, 지역명과 동일한 역이름을 이론의 장소와 연결하여 공부하시면 좋습니다.

✿ 사법기관인 지방법원, 고등법원과 검찰청, 검찰지청 등은 보통 같은 행정구역에 있습니다.

✿ 호텔문제는 3번에 1번꼴로 출제됩니다. 본서에서 소개되지 않는 호텔도 있습니다. 관광지나 유동인구가 많은 지역의 호텔을 유념하여 공부하시면 좋을 것 같습니다. 예 중구, 강남구, 종로구 등

❶ 서울특별시 주요 기관 · 시설 · 관광명소

강북구

[수유동] 국립재활원, 강북구청, 국립 4.19 민주묘지　　　　[번 동] 강북경찰서, 북서울꿈의 숲

[우이동] 북한산국립공원 백운대코스, 우이동유원지　　　　[미아동] 도봉세무서

간선도로	[고산자로] 성수대교 북단(성동구 성수동1가) ~ 왕십리로터리 ~ 고려대역
	[월계로]　미아사거리(강북구 미아동) ~ 하계동 287번지
지하철	• **4호선** : **수유역**(수유3동), **미아역**(미아3동), **미아사거리역**(미아4동)
	• **우이신설선** : **솔샘역**(미아동), **삼양사거리역**(미아동), **삼양역**(미아동), **화계역**(수유동), **가오리역**(수유동), **4.19민주묘지역**(우이동), **솔밭공원역**(우이동), **북한산우이역**(우이동)

도봉구

[도봉동] 서울북부지방법원, 서울북부지방검찰청, 북한산도립공원

[쌍문동] 덕성여자대학교　　　　　　[방학동] 도봉구청　　　　　　[창동] 도봉경찰서, 노원세무서

지하철	• **1호선** : **도봉산역**(도봉동), **도봉역**(도봉동), **방학역**(방학동), **창동역**(창동), **녹천역**(창동)
	• **4호선** : **창동역**(창4동), **쌍문역**(창1동)
	• **7호선** : **도봉산역**(도봉동)

노원구

[공릉동] 삼육대학교, 서울여자대학교, 육군사관학교, 원자력병원(공릉2동)

[월계동] 광운대학교　　　　　　[상계동] 노원구청, 도봉운전면허시험장(상계10동), 상계백병원

[하계동] 노원경찰서, 노원을지대학교병원

간선도로	[월계로] 미아사거리(강북구 미아동) ~ 월계1교(노원구 하계동)
	[동부간선도로] 수락산지하차도(노원구 상계동) ~ 청담대교(광진구 자양동) ~ 복정교차로(송파구 장지동)
지하철	• **1호선** : **월계역**(월계동), **광운대역**(월계동), **석계역**(월계동)
	• **4호선** : **당고개역**(상계4동), **상계역**(상계5동), **노원역**(상계2동)
	• **6호선** : **석계역**(월계동), **태릉입구역**(공릉동), **화랑대역**(서울여대입구)(공릉동)
	• **7호선** : **수락산역**(상계동), **마들역**(상계동), **노원역**(상계동), **중계역**(중계동), **하계역**(하계동), **공릉역**(서울과학기술대)(공릉동), **태릉입구역**(공릉동)

은평구

[녹번동] 은평구청, 서부경찰서, 은평세무서　　　　[불광동] 은평경찰서

[진관동] 한옥마을, 진관사계곡　　　　　　[응암동] 서부교육지원청 특수교육지원센터

| 간선도로 | [수색로] 사천교(서대문구) ~ 증산교 ~ 수색동 시계(은평구) |

	[통일로] 서울역 사거리(중구) ~ 경찰청앞 ~ 서대문역교차로(서대문구) ~독립공원사거리(종로구) ~ 홍은사거리(서대문구) ~ 녹번역(은평구) ~ 구파발역 ~ 은평성모병원사거리 ~ 자유IC(파주시 문산읍)
지하철	• **3호선** : 구파발역(진관동), **연신내역**(갈현동), **불광역**(불광동), **녹번역**(녹번동) • **6호선** : 응암역(역촌동), **역촌역**(녹번동), **불광역**(대조동), **독바위역**(불광동), **연신내역**(갈현동), **구산역**(구산동), **새절역**(신사동), **증산역**(명지대앞)(증산동), **디지털미디어시티역**(증산동) • **경의중앙선** : 수색역(수색동) • **GTX-A** : 연신내역(갈현동)

서대문구

[미근동] 경찰청, 국가경찰위원회	**[신촌동]** 연세대학교, 신촌 세브란스병원
[대현동] 이화여자대학교	**[북아현동]** 추계예술대학교
[남가좌동] 명지대학교	**[합 동]** 프랑스대사관, 프랑스문화원
[홍은동] 스위스 그랜드호텔	**[현저동]** 독립문, 서대문형무소역사관
[연희동] 서대문구청	**[송정로3가]** 서대문경찰서

간선도로	**[수색로]** 사천교(서대문구 남가좌동 102-4번지) ~ 증산교(서대문구 북가좌동) ~ 수색동 시계(은평구 수색동 293-25번지) **[성산로]** 성산대교 남단(마포구 망원동) ~ 금화터널(서대문구 신촌동)~ 독립문역사거리(종로구 교북동) **[세검정로]** 홍은동사거리(홍은동) ~ 서울여자간호대입구교차로(홍제동)~세검정삼거리(종로구 홍지동) ~ 신영동삼거리(종로구 신영동) **[통일로]** 서울역 사거리(중구 남대문로5가) ~ 경찰청앞(중구 의주로2가) ~ 서대문역교차로(서대문구 통일로) ~ 독립공원사거리(종로구 무악동) ~홍은사거리 ~ 녹번역 ~ 구파발역 ~ 은평성모병원사거리(은평구 진관동) ~ 자유IC(파주시 문산읍)
지하철	• **3호선** : 홍제역(홍제동), **무악재**(홍제2동), **독립문역**(현저동) • **5호선** : 충정로역(충정로3가) • **경의중앙선** : 가좌역(남가좌동)

종로구

[내자동] 서울경찰청	**[와룡동]** 창경궁, 창덕궁
[홍지동] 상명대학교	**[명륜3가]** 성균관대학교
[연건동] 서울대학교병원	**[공평동]** 종로경찰서
[동숭동] 마로니에공원	**[낙원동]** 종로세무서
[신문로2가] 서울시교육청, 경희궁공원(서울역사박물관 옆에 있는 고궁)	

[삼청동] 감사원, 베트남대사관

[사직동] 사직공원

[중학동] 일본대사관, 멕시코대사관

[종로1가] 호주대사관, 서울지방우정청

[종로2가] 탑골공원

[당주동] 포시즌스 호텔서울

[숭인동] 혜화경찰서

[세종로] 미국대사관, 경복궁, 국립민속박물관, 세종문화회관

[훈정동] 종묘

[수송동] 종로구청　　　　**[견지동]** 조계사

[관철동] 보신각

[팔판동] 브라질대사관

[평　동] 서울적십자병원

[종로6가] 동대문(흥인지문, 보물1호), JW메리어트 동대문스퀘어

간선도로	**[대학로]** 종로5가 사거리 ~ 혜화동 로터리 **[새문안로]** 서대문역(서대문구)~광화문역(종로구) **[돈화문로]** 창덕궁삼거리(종로구) ~ 종로3가역 ~ 청계3가사거리 **[삼청로]** 경복궁사거리(동십자각)(종로구) ~ 삼청터널 **[세검정로]** 홍은동사거리(서대문구) ~ 서울여자간호대입구교차로 ~ 세검정삼거리(종로구) ~ 신영동삼거리 **[세종대로]** 서울역사거리(중구)~ 시청역 ~ 광화문역(종로구) ~ 광화문삼거리 **[종　로]** 세종대로사거리(종로구) ~ 종로3가역 ~ 종로5가역 ~ 동대문역 ~ 신설동역오거리(동대문구) **[율곡로]** 경복궁사거리(종로구) ~ 안국역 ~ 원남동삼거리 ~ 동대문역 ~ 청계6가사거리(중구 을지로6가) 　✿ 서울시의 4대문을 가로지르는 도로이다. **[창경궁로]** 한성대입구역(성북구) ~ 성균관대 사거리 ~ 원남동 사거리(종로구) ~ 종로4가 사거리 ~ 을지로4가역(중구) ~ 퇴계로4가 교차로 **[청계천로]** 청계천광장(중구) ~ 청계천수상무대(종로구) ~ 서울시설공단(성동구) ~ 신답초교 입구(동대문구) **[통일로]** 서울역 사거리(중구) ~ 경찰청앞 ~ 서대문역교차로(종로구) ~ 독립공원사거리 ~ 홍은사거리(서대문구) ~ 녹번역(은평구) ~ 구파발역 ~ 은평성모병원사거리 ~ 자유IC(파주시 문산읍)
지하철	• **1호선** : **동묘앞**(숭인동), **동대문역**(창신1동), **종로5가역**(종로5가), **종로3가역**(종로3가), **종각역**(종로1가), **시청역**(태평로1가) • **3호선** : **경복궁역**(적선동), **안국역**(안국동), **종로3가역**(묘동) • **4호선** : **동대문역**(종로6가) • **5호선** : **서대문역**(평동), **광화문역**(세종로), **종로3가역**(낙원동) • **6호선** : **동묘앞역**(숭인동), **창신역**(창신동)

성북구

[안암동] 고려대학교(5가), 고려대학교의료원 안암병원(5가)

[정릉동] 국민대학교, 정릉10공원   **[하월곡동]** 동덕여자대학교

[돈암동] 성신여자대학교   **[삼선동2가]** 한성대학교

[삼선동5가] 성북구청, 성북경찰서

간선도로	**[이문로]** 시조사삼거리(동대문구 회기동) ~ 외국어대교차로(이문동) ~ 이문동삼거리 **[보문로]** 신설동역(동대문구) ~ 보문역(성북구) ~ 성북경찰서앞 ~ 성북구청입구사거리 **[동소문로]** 한성대입구역(성북구) ~ 성신여대입구역 ~ 미아리고개 ~ 길음교사거리 ~ 길음역~ 미아사거리(강북구) **[동부간선도로]** 수락산지하차도(노원구) ~ 청담대교(광진구) ~ 복정교차로(송파구) **[북부간선도로]** 하월곡JC교차로(성북구) ~ 돌곶이역 ~ 석계역(노원구) ~ 봉화산역(중랑구) ~ 구리IC(구리시) ~ 도농I.C제2육교(남양주시) **[성북로]** 삼청터널(성북구) ~ 한성대입구역 **[월계로]** 미아사거리(성북구) ~ 하계동 287번지(노원구) **[창경궁로]** 한성대입구역(중학동) ~ 성균관대 사거리(명륜동) ~ 원남동 사거리 ~ 종로4가 사거리 ~ 을지로4가역 ~ 퇴계로4가 교차로(충무로) → 미아사거리에서 종로4가를 지나는 도로이다.
지하철	• **4호선** : **길음역**(길음1동), **성신여대입구역**(동선동), **한성대입구역**(삼선동), **혜화역**(명륜동) • **6호선** : **보문역**(보문동), **안암역**(고대병원앞)(안암동5가), **고려대역**(종암동), **월곡역**(동덕여대)(하월곡동), **상월곡역**(한국과학기술연구원)(상월곡동), **돌곶이역**(석관동) • **우이신설선** : **보문역**(보문동), **성신여대입구역**(동선동), **정릉역**(정릉동), **북한산보국문역**(정릉동)

동대문구

[청량리동] 동대문경찰서, 동대문세무서, 서울성심병원, 세종대왕기념관, 홍릉수목원, 국립삼림과학원

[회기동] 경희대학교, 경희의료원   **[이문동]** 한국외국어대학교

[휘경동] 삼육서울병원   **[제기동]** 경동시장

[전농동] 서울시립대학교   **[용두동]** 동대문구청, 서울시립동부병원

간선도로	**[고산자로]** 성수대교 북단(성동구 성수동1가) ~ 왕십리역사거리 ~ 고려대역(성북구 종암동) **[천호대로]** 신설동역오거리(동대문구 신설동) ~ 상일IC 입구(강동구 상일동) **[청계천로]** 청계천광장교차로 ~ 청계천수상무대(종로6가) ~ 서울시설공단(성동구 마장동) ~ 신답초교 입구(동대문구) **[왕산로]** 신설동역(동대문구) ~ 제기동역~ 청량리역 ~ 시조사삼거리(회기동) ~ 고려대역(성북구 종암동)
지하철	• **1호선** : **신이문역**(이문동), **외대앞**(이문동), **회기역**(휘경동), **청량리역**(전농동), **제기동역**(제기동), **신설동역**(신설동)

- **2호선** : 용두역(용두동)

- **5호선** : 장한평역(장안동)

- **경의중앙선** : 회기역(휘경동), **청량리역**(전농동)

- **우이신설선** : 신설역(신설동)

중랑구

| [신내동] 중랑구청, 중랑경찰서, 서울의료원 | [망우동] 서울시북부병원 |
| [면목동] 용마폭포공원 | [상봉동] 중랑세무서, 상봉터미널(시외버스터미널) |

간선도로	**[동일로]** 영동대교 북단교차로(광진구 자양동) ～ 동곡삼거리 ～ 면목2동사거리 (중랑구)～ 중화역 ～ 태릉입구역(노원구) ～ 공릉역(서울과학기술대) ～ 하계역 ～ 중계역 ～ 노원역 ～ 마들역 ～ 수락산역 ～ 의정부시계
	[동부간선도로] 수락산지하차도(노원구 상계동) ～ 청담대교(광진구 자양동) ～ 복정교차로(송파구 장지동)
	[북부간선도로] 하월곡JC교차로 ～ 돌곶이역(장위동) ～ 석계역(노원구 월계동) ～ 봉화산역(중랑구)～ 구리IC ～ 도농I.C제2육교(남양주시)
	[용마산로] 아차산역삼거리 중곡삼거리(광진구) ～용마산역 겸재삼거리(면목동) ～ 망우사거리 산내동(중랑구)

지하철	• **6호선** : 봉화산역(서울의료원)(신내동)
	• **7호선** : 먹골역(묵동), 중화역(중화동), **상봉역**(시외버스터미널)(상봉동), **면목역**(면목동), **사가정역**(면목동), **용마산역**(면목동)
	• **경춘선** : 중랑역(중화동), **상봉역**(상봉동), **망우역**(상봉동), **신내역**(망우동), **양원역**(망우동)

중 구

[태평로] 서울특별시청(1가), 더 플라자 호텔(2가)	[충무로2가] 세종호텔
[남학동] 중부세무서	[서소문동] 서울시립미술관
[회현동] 남산공원	[소공동] 롯데호텔 서울, 웨스턴조선호텔

[명 동] 중국대사관(2가), 명동성당(2가), 로얄 호텔서울(1가)

| [장교동] 서울지방고용노동청 | [회현동1가] 중부경찰서 |

[만리동] 서울로 7017(서울시 중구 만리동1가에서 회현역까지 총거리 1.5km의 도보코스)

[을지로] 국립중앙의료원(6가), 프레지던트 호텔(1가), 노보텔 앰배서더 동대문 호텔

| [다 동] 한국관광공사 서울센터 | [무교동] 서울시 자치경찰위원회 |

[남대문로] 대한상공회의소(4가), 스웨덴대사관(5가), **남대문경찰서**(5가), **독일대사관**(5가), <u>남대문</u>(숭례문, 국보1호)(4가), EU 대표부(5가), 코드아드 메리어트 서울(4가), 호텔 그레이스리(4가)

[장충동] 동국대학교(2가), **장충체육관**(2가), **터키대사관**(1가), **국립극장**(2가), 호텔신라(2가), 앰배서더 서울 풀만 호텔(2가), 반얀트리 클럽 앤 스파 서울(2가)

[정　동] **영**국대사관, **캐**나다대사관, **러**시아대사관, **덕**수궁　✿ 두문자 : **영캐러덕**

간선도로	**[청계천로]** 청계천광장(중구) ~ 청계천수상무대(종로6가) ~ 서울시설공단(성동구 마장동) ~ 신답초교입구(동대문구)
	[세종대로] 서울역사거리 ~ 시청역 ~ 광화문역 ~ 광화문삼거리
	[왕십리로] 성동고교　사거리(중구) ~ 왕십리역(성동구) ~ 뚝섬역사거리 ~ 서울숲역 ~ 뚝도아리수정수센터삼거리
	[창경궁로] 한성대입구역(성북구) ~ 성균관대입구사거리(종로구) ~ 원남동사거리 ~ 종로4가　사거리 ~ 을지로4가역(중구) ~ 퇴계로4가 교차로
	[을지로] 시청삼거리(중구) ~ 을지로입구역 ~ 을지로3가역 ~ 동대문역사문화공원역 ~ 한양공고 앞 사거리
	[충무로] 관수교(종로구) ~ 을지로3가역(중구) ~ 명보사거리 ~ 충무로역　삼거리
	[통일로] 서울역　사거리(중구) ~ 경찰청앞 ~ 서대문역교차로(서대문구) ~ 독립공원사거리(종로구) ~ 홍은사거리(서대문구) ~ 녹번역(은평구) ~ 구파발역 ~ 은평성모병원사거리~ 자유IC(파주시 문산읍)
	[동호로] 옥수역(성동구) ~ 약수역(중구) ~ 동대입구역 ~ 청계5가사거리 ~ 종로5가역(종로구)
	[다산로] 버티고개역(중구) ~ 약수역 ~ 신당역 ~ 청계7가사거리
	[퇴계로] 서울역사거리(중구) ~ 회현역 ~ 명동역 ~ 충무로역 ~ 동대문역사문화공원역 ~ 신당역 ~ 성동고교 사거리
지하철	• **1호선** : 서울역(봉래동2가)
	• **2호선** : 시청역(서소문동), **을지로입구역**(을지로1가), **을지로3가역**(을지로3가), **을지로4가**(을지로4가), **동대문역사문화공원역**(을지로7가), **신당역**(신당5동)
	• **3호선** : 을지로3가역(을지로), **충무로역**(충무로4가), **동대입구**(장충동2가), **약수역**(신당3동)
	• **4호선** : 동대문역사문화공원(광희동1가), **충무로역**(충무로4가), **명동역**(충무로1가), **회현역**(남창동)
	• **공항철도** : 서울역(남대문로5가)
	• **5호선** : 을지로4가역(을지로4가), **동대문역사문화공원역**(광희동), **청구역**(신당동)
	• **6호선** : 버티고개역(신당동), **약수역**(신당동), **신당역**(흥인동)

성동구

[용답동] 서울교통공사　　　　　　　　　　**[행당동]** 성동구청, 성동경찰서(왕십리역)

[성수동1가] 한국방송통신대학교(2동), 서울숲　　　　**[사근동]** 한양대학교, 한양대학교병원

간선도로	**[고산자로]** 성수대교 북단(성동구 성수동1가) ~ 왕십리사거리 ~ 고려대역(성북구)
	[강변북로] 가양대교북단(마포구) ~ 성산대교 ~ 양화대교 ~ 원효대교(영등포구) ~ 동작대교(용산구) ~ 반포대교(서초구) ~ 동호대교(성동구) ~ 성수대교 ~ 영동대교 ~ 자양역(광진구) ~ 강변역 ~ 천호대교(송파구) ~ 강동대교(구리시) ~ 가운사거리(남양주)
	[왕십리로] 성동고교 사거리(중구 신당동) ~ 왕십리역(성동구) ~ 뚝섬역사거리 ~ 서울숲역 ~ 뚝도아리수정수센터삼거리
	[청계천로] 청계천광장교차로 ~ 청계천수상무대(종로6가) ~ 서울시설공단(성동구) ~ 신답초교 입구(동대문구)
	[독서당로] 한남역(용산구) ~ 옥수사거리(성동구) ~ 금남시장삼거리 ~ 응봉삼거리
	[동부간선도로] 수락산지하차도(노원구) ~ 청담대교(광진구) ~ 복정교차로(송파구)
주요 교량	**[성수대교]** 성동구(성수동)(북단)————————강남구(압구정동)(남단)
	[동호대교] 성동구(옥수동)(북단)————————강남구(압구정동)(남단)
지하철	• **2호선** : **상왕십리역**(하왕십리2동), **왕십리역**(행당1동), **한양대역**(행당동), **용답역**(용답동), **신답역**(용답동)
	• **3호선** : **금호역**(금호동4가), **옥수역**(옥수동)
	• **5호선** : **신금호역**(금호동2가), **행당역**(행당동), **왕십리역**(행당동), **마장역**(마장동), **답십리역**(용답동)
	• **경의중앙선** : **왕십리역**(행당동), **응봉역**(응봉동), **옥수역**(옥수동)
	• **수인분당선** : **왕십리역**(행당동), **서울숲역**(성수동1가)

Part 4
지리

광진구

[광장동] 아차산생태공원, 그랜드워커힐호텔, 비스타 워커힐 서울호텔

[화양동] 건국대학교, 건국대학교병원 　　　**[능　동]** 어린이대공원, 유니버설아트센터

[군자동] 세종대학교 　　　**[자양동]** 광진구청, 혜민병원, 뚝섬유원지

[중곡동] 국립정신건강센터 　　　**[구의동]** 광진경찰서, 동서울종합터미널

간선도로	**[강변북로]** 가양대교북단(마포구 상암동) ~ 가운사거리(남양주 수석동)
	[능동로] 자양역(광진구 자양동) ~ 용곡삼거리(광진구 중곡동)
	[동부간선도로] 수락산지하차도(노원구 상계동) ~ 청담대교(광진구 자양동) ~ 복정교차로(송파구 장지동)
	[천호대로] 신설동역오거리(동대문구 신설동) ~ 상일IC(강동구 상일동)
주요 교량	**[광진교]** 　　광진구(광장동)(북단)————강동구(천호동)(북단)
	[천호대교] 　광진구(광장동)(북단)————강동구(천호동)(북단)
	[올림픽대교] 광진구(구의동)(북단)————송파구(풍납동)(북단)
	[잠실철교] 　광진구(구의동)(북단)————송파구(신천동)(북단) ➜ 지하철 2호선과 도로겸용교

	[잠실대교] 광진구(자양동) (북단)————————송파구(신천동) (북단)
	[청담대교] 광진구(자양동) (북단)————————강남구(청담동) (북단)
	[영동대교] 광진구(자양동) (북단)————————강남구(청담동) (북단)
지하철	• **2호선** : 뚝섬역(성동구 성수1가), **성수역**(성수2가), **건대입구역**(화양동), **구의역**(구의동), **강변역**(구의3동) (동서울터미널과 가까움)
	• **5호선** : 군자역(능동), **아차산역**(어린이대공원후문)(능동), **광나루역**(장신대)(광장동)
	• **7호선** : 중곡역(중곡동), 군자역(능동), **어린이대공원역**(세종대)(화양동), **건대입구역**(화양동), **뚝섬유원지역**(자양동)

마포구

[성산동] 마포구청, 한국교통안전공단 서울본부, 서울월드컵경기장

[상암동] 서부운전면허시험장, TBS교통방송, 월드컵공원, 하늘공원, 난지한강공원

[공덕동] 서울서부지방법원, 롯데시티호텔	**[아현동]** 마포경찰서
[대흥동] 서강대학교	**[상수동]** 홍익대학교
[동교동] 평화공원	**[도화동]** 신라스테이 마포, 서울가든호텔, 글래드 마포

간선도로	**[강변북로]** 가양대교북단(마포구 상암동) ~ 가운사거리(남양주 수석동)
	[마포대로] 마포대교 북단 교차로(영등포구 여의도동) ~ 아현교차로(마포구 아현동)
주요 교량	**[마포대교]** 마포구(마포동)(북단)————————영등포구(여의도동)(남단)
	[서강대교] 마포구(신수동)(북단)————————영등포구(여의도동)(남단)
	[당산철교] 마포구(합정동)(북단)————————영등포구(당산동)(남단) ➜ 2호선 전용철교
	[양화대교] 마포구(합정동)(북단)————————영등포구(당산동)(남단)
	[성산대교] 마포구(망원동)(북단)————————영등포구(양화동)(남단)
	[가양대교] 마포구(상암동)(북단)————————강서구(가양동)(남단)
지하철	• **2호선** : **합정역**(서교동), **홍대입구**(동교동), **신촌역**(노고산동), **이대역**(염리동), **아현역**(아현동), **충정로역**(충정로)
	• **5호선** : **마포역**(도화동), **공덕역**(공덕동), **애오개역**(아현동)
	• **6호선** : 월드컵경기장역(성산동), **마포구청역**(성산동), **망원역**(망원동), **합정역**(합정동), **상수역**(상수동), 광흥창역(서강)(창전동), 대흥역(서강대앞)(대흥동)
	• **공항철도** : 공덕역(공덕동), 홍대입구역(동교동)
	• **경의중앙선** : 공덕역(공덕동), 서강대역(노고산동)

용산구

[한남동] 南아프리카공화국대사관, 스페인대사관, 이탈리아대사관, 태국대사관, 인도대사관, 말레이시아대사관, 순천향대학병원, 그랜드하얏트 서울호텔

[이태원동] 용산구청, 필리핀대사관, 사우디아라비아대사관, 해밀턴호텔, 크라운호텔

✿ 두문자 : **남스이태인말/필사**(한남동에서 **남**자 스님 **이태인**이 찬 **말**을 이태원에서 **필사**하다)

[동빙고동] 이란대사관   **[원효로]** 용산경찰서(1가)

[청파동] 숙명여자대학교(2가)   **[효창동]** 백범김구기념관

[용산동] 국방부(3가), N서울타워(2가), 용산가족공원(6가), 전쟁기념관(1가) → 인접지하철역 삼각지역
        국립중앙박물관(6가) → 인접 지하철역 이촌역

간선도로	**[독서당로]** 한남역(용산구) ~ 옥수사거리(성동구) ~ 금남시장삼거리 ~ 응봉삼거리 **[원효로]** 남영역사거리(용산구) ~ 원효로2가사거리 ~ 강변삼성스위트아파트 **[동작대로]** 서빙고역(용산구) ~ 동작대교 ~ 동작역(동작구) ~ 사당역사거리 **[서빙고로]** 용산역앞(용산구) ~ 이촌역 ~ 한남역 삼거리 ~ 옥수역(성동구) **[한강로]** 서울역사거리(중구) ~ 숙대입구역(용산구) ~ 신용산역 ~ 한강대교 남단(동작구)
주요 교량	**[한남대교]** 용산구(한남동) (북단)————서초구(잠원동) (남단) **[반포대교]** 용산구(서빙고동) (북단)————서초구(반포동) (남단) **[잠수교]** 용산구(서빙고동) (북단)————서초구(반포동) (남단) **[동작대교]** 용산구(이촌동) (북단)————동작구(동작동) (남단) → 4호선 통과 **[한강대교]** 용산구(이촌동) (북단)————동작구(본동) (남단) **[한강철교]** 용산구(이촌동) (북단)————동작구(노량진동) (남단) **[원효대교]** 용산구(이촌동) (북단)————영등포구(여의도동) (남단)
지하철	• **1호선** : **남영역**(갈월동), **용산역**(한강로3가) • **4호선** : **서울역**(동자동), **숙대입구**(갈월동), **삼각지역**(한강로1가), **신용산역**(한강로2가), **이촌역**(용산동5가) • **6호선** : **효창공원앞역**(용산구청)(효창동), **삼각지역**(한강로1가), **녹사평역**(용산구청)(용산동), **이태원역**(이태원동), **한강진역**(한남동) • **경의중앙선** : **한남역**(한남동), **서빙고역**(서빙고동), **이촌역**(용산동5가), **용산역**(한강로3가), **효창공원앞**(효창동)

강서구

[가양동] 양천고성지   **[방화동]** 김포공항   **[마곡동]** 서울식물원

[화곡동] 강서구청, 강서경찰서, 강서대학교, KBS스포츠월드   **[공항동]** 정석대학

[외발산동] 강서운전면허시험장, 만남의 광장

간선도로	**[강서로]** 대아아파트앞(강서구 가양동) ~ 화곡역 ~ 까치산역(강서구 화곡동) **[남부순환로]** 김포공항입구 ~ 사당역 ~ 수서IC **[올림픽대로]** 행주대교 ~ 성산대교 ~ 마포대교 ~ 동작대교 ~ 한남대교 ~ 성수대교 ~ 영동대교 ~ 천호대교 ~ 강동대교 **[화곡로]** 가양대교(북단, 마포구 상암동) ~ 부천시계(양천구 신월동)
주요 교량	**[가양대교]** 마포구(상암동)──강서구(가양동) **[방화대교]** 고양시(강매동)──강서구(방화동) ➡ 인천국제공항 고속도로와 연결 **[가양대교]** 마포구(상암동)──강서구(가양동) **[행주대교,** 신행주대교] 고양시(행주외동)──강서구(개화동)
지하철	• **2호선** : 까치산역(화곡동)　　　　　• **공항철도** : 김포공항역(방화동) • **5호선** : 방화역(방화동), **개화산역**(방화동), **김포공항역**(방화동), **송정역**(공항동), **마곡역**(가양동), 발산역(가양동), **우장산역**(화곡동), **화곡역**(화곡동), **까치산역**(화곡동) • **9호선** : 개화역(개화동), **김포공항역**(공항동), **신방화역**(방화동), **마곡나루역**(마곡동), **양촌향교역**(가양동), **가양역**(가양동), **증미역**(등촌동), **등촌역**(등촌동), **염창역**(염창동) • **서해선** : 김포공항역(방화동)

양천구

[신월동] 서울과학수사연구소

[신정동] 양천구청, 양천경찰서, 서울남부지방법원, 서울출입국외국인청, 서부트럭터미널, 홍익병원

[목 동] 이대목동병원, 용왕산근린공원, 목동종합운동장, 파리공원

간선도로	**[남부순환로]** 김포공항입구(강서구) ~ 신월IC(양천구) ~ 신림역(관악구) ~ 사당역(동작구) ~ 양재역(서초구) ~ 도곡역(강남구) ~ 수서IC
지하철	• **2호선** : 양천구청역(신정3동), **신정네거리역**(신정동) • **5호선** : 신정역(신정동), 목동역(목동), 오목교역(목동) • **9호선** : 신목역(목동)

구로구

[구로동] 구로구청, 구로경찰서, 고려대학교 구로병원　　　　**[고척동]** 여계 묘역

[오류동] 평강성서유물박물관　　　　　　　　　　　　　　**[신도림동]** 라마다서울신도림호텔

간선도로	**[시흥대로]** 대림삼거리(동작구) ~ 시흥IC(시흥시 대야동) ~ 석수역(안양시 만안구)
지하철	• **1호선** : 신도림역(신도림동), **구로역**(구로동), **구일역**(구로동), **개봉역**(개봉동), **오류동역**(오류동), **온수역**(온수동)

- **2호선** : **구로디지털단지역**(구로3동), **대림역**(구로6동), **신도림역**(신도림동), **도림천역**(신도림동)
- **7호선** : **남구로역**(구로동), **천왕역**(오류동), **온수역**(성공회대입구) (온수동)

영등포구

[여의도동] 국회의사당, 한국방송공사(KBS), **여의도성모병원**, **중앙보훈회관**, 인도네시아대사관, **국민은행본점**, 콘래드 서울 호텔, 글래드 여의도

[신길동] 서울지방병무청, 성애병원 　　　**[대림동]** 대림성모병원

[영등포동7가] 한림대학교 **한강성심병원** 　　　**[당산동3가]** 영등포구청, 영등포경찰서

간선도로	**[노들로]** 양화교교차로(양천구) ~당산역(영등포구) ~ 여의2교사거리 ~ 노량북고가차도(동작구)
	[선유로] 문래동사거리(영등포구) ~ 서울남부고용노동지청앞 ~ 경인고속입구교차로 ~ 양평동사거리 ~ 양화대교북단교차로(마포구)
	[시흥대로] 대림삼거리(동작구) ~ 시흥IC(금천구) ~ 독산사거리~ 금천구청삼거리 ~ 석수역(안양시)
	[신길로] 영등포로터리(영등포구) ~ 우신초교 ~ 신풍역 ~ 대림삼거리(동작구)
	[경인로] 여의도교차로(영등포구) ~ 영등포역(2024예정) ~ 문래동사거리 ~ 신도림동삼거리(구로구) ~ 구로역사거리 ~ 고척교교차로 ~ 개봉사거리 ~ 오류동역앞삼거리 ~ 유한대학교앞삼거리(경기도 부천시)
지하철	• **1호선** : **신길역**(신길동), **영등포역**(영등포동)
	• **2호선** : **문래역**(문래동), **영등포구청역**(당산동3가), **당산역**(당산동5가)
	• **5호선** : **양평역**(양평동), **영등포구청역**(당산동3가), **영등포시장역**(영등포동5가), **신길역**(영등포동1가), **여의도역**(여의도동), **여의나루역**(여의도동)
	• **7호선** : **신풍역**(신길동), **대림역**(구로구청)(대림동)
	• **9호선** : **선유도역**(양평동), **당산역**(당산동), **국회의사당역**(여의도동), **여의도역**(여의도동), **샛강역**(여의도동)

동작구

[신대방동] 서울시립보라매병원, 보라매공원, 기상청(신대방2동)

[상도동] 동작구청, 숭실대학교 　　　**[흑석동]** 중앙대학교, 중앙대학교병원

[동작동] 국립서울현충원 　　　**[노량진동]** 동작경찰서, 노량진수산시장, 사육신공원

간선도로	**[동작대로]** 서빙고역(용산구) ~ 동작대교 ~ 동작역 ~ 사당역사거리(동작구)
지하철	• **1호선** : **노량진역**(노량진동) ❖ 1호선 노량진역(동작구)과 용산역(용산구)은 지상으로 운행
	• **2호선** : **신대방역**(신대방동), **사당역**(사당1동) ❖ 2호선 당산역(영등포구)은 지상으로 운행
	• **4호선** : **동작역**(동작동), **총신대입구역**(사당동), **사당역**(사당1동)
	❖ 4호선 동작역(동작구)과 이촌역(용산구)은 지상으로 운행

	• **7호선** : **이수역**(사당동), **남성역**(사당동), **숭실대입구역**(살피재)(상도동), **상도역**(상도동), **장승배기역**(상도동), **신대방삼거리역**(대방동), **보라매역**(대방동)
	• **9호선** : **노량진역**(노량진동), **노들역**(본동), **흑석역**(흑석동), **동작역**(동작동)

금천구

[독산동] 금천세무서, 노보텔 앰배서더 독산호텔(독산4동)　　**[시흥동]** 금천구청, 금천경찰서, 호암산 잣나무 산림욕장

지하철	• **1호선** : **가산디지털단지역**(가산동), **독산역**(가산동), **금천구청역**(시흥동)
	• **7호선** : **가산디지털단지역**(가산동)

관악구

[신림동] 서울대학교, 관악세무서, 타임스트림, 관악산

[봉천동] 관악구청　　　　　**[청룡동]** 관악경찰서　　　　　**[남현동]** 서울시교통문화교육원

지하철역	• **2호선** : **낙성대**(봉천6동), **서울대입구역**(봉천6동), **봉천역**(봉천8동), **신림역**(신림본동)
	• **신림경전철** : **당곡역**(봉천동), **신림역**(신림본동), **서원역**(신림동), **서울대벤처타운역**(신림동), **관악산**(신림동)

서초구

[방배동] 방배경찰서　　　　　　　**[양재동]** 서울가정법원, 매헌시민의 숲

[서초동] 대법원, 대검찰청(3동), 서울고등법원, 서울고등검찰청, **서초구청**, **서초경찰서**, 서울지방법원,
　　　　서울남부터미널, 국립국악원, 예술의 전당, 신라스테이 서초

[반포동] 서울지방조달청, 통일연구원, **카톨릭대학교 서울성모병원**, 국립중앙도서관, 서울고속버스터미널(경부
　　　　영동선), **센트럴시티터미널**(호남선), 반포한강공원, 몽마르뜨공원, JW메리어트호텔서울, 센트럴시티, 봄 호텔

[염곡동] 도로교통공단 서울지부　　　　**[잠원동]** 더 리버사이트호텔

[내곡동] 서울시 어린이병원　　　　　**[우면동]** 한국교원단체총연합회

간선도로	**[남부순환로]** 김포공항입구(강서구) ~ 신월IC(양천구) ~ 신림역(관악구) ~ 사당역(동작구) ~ 양재역(서초구) 　　　　~ 도곡역(강남구) ~ 수서IC
	[올림픽대로] 행주대교(강서구) ~ 성산대교(마포구) ~ 마포대교(영등포구) ~ 동작대교(용산구) ~ 한남대교 　　　　~ 성수대교(성동구) ~ 영동대교 ~ 천호대교(송파구) ~ 강동대교
	[신반포로] 이수교차로(동작구) ~ 신반포역(서초구) ~ 고속터미널역 ~ 논현역(강남구)
지하철	• **2호선** : **사당역**(동작구 사당동), **방배역**(방배동), **서초역**(서초동), **교대역**(서초동)
	• **3호선** : **잠원역**(잠원동), **고속터미널역**(반포4동), **교대역**(서초3동), **남부터미널역**(서초3동), **양재역**(양재1동)
	• **4호선** : **남태령역**(방배2동)

- **7호선** : 반포역(잠원동), **고속터미널역**(반포동), **내방역**(방배동)
- **9호선** : **구반포역**(반포동), **신반포역**(반포동), **고속터미널역**(반포동), **사평역**(반포동)
- **신분당선** : **양재역**(서초동), **양재시민의숲역**(양재동), **청계산입구역**(신원동)

강남구

[대치동] 강남운전면허시험장, 강남경찰서, SETEC(컨벤션센터), 파크하얏트 서울호텔, 글래드 강남코엑스센터

[논현동] 서울본부세관, 한국토지주택공사(서울지역본부), 학동공원, 그랜드 머큐어 임피리얼팰리스 호텔

[역삼동] 국가원, 역삼세무서, 삼성세무서, 특허청 서울사무소, **강남차병원**, 노보텔 앰배서더 강남, 조선 팰리스 서울

[삼성동] 강남구청, 강남·서초교육지원청(삼성2동), **한국도심공항터미널**, **강남소방서**, 선릉 성종왕릉, 봉은사,
신라스테이 삼성, 호텔 페이토 삼성, 오크우드 프리미어 코엑스센터 호텔, 그랜드 인터컨티넨탈 서울 파르나스

[청담동] 강남세무서   **[도곡동]** 강남세브란스병원

[일원동] 삼성서울병원, 대모산 도시자연공원   **[개포동]** 수서경찰서(대청역 ; 3호선), **강남우체국**

[신사동] 도산공원, 포포인츠 바이 쉐라톤 서울

간선도로	**[남부순환로]** 김포공항입구 ~ 사당역 ~ 수서IC **[논현로]** 동호대교 남단 ~ 구룡사앞 교차로 **[도산대로]** 신사역사거리 ~ 영동대교 남단교차로 **[양재대로]** 선암IC ~ 암사정수센터교차로 **[언주로]** 성수대교 북단(고산자로) ~ 도산공원사거리(강남구) ~ 서울세관사거리 ~ 강남세브란스사거리~매봉터널사거리 ~ 구룡초교사거리 ~ 구룡터널 **[테헤란로]** 강남역 사거리(강남구) ~ 역삼역 ~ 선릉역 ~ 삼성역 ~ 삼성교사거리 **[올림픽대로]** 행주대교 ~ 성산대교 ~ 마포대교 ~ 동작대교 ~ 한남대교 ~ 성수대교 ~ 영동대교 ~ 천호대교 ~ 강동대교
주요 교량	**[청담대교]** 광진구(자양동) (북단)————————강남구(청담동) (남단) **[영동대교]** 광진구(자양동) (북단)————————강남구(청담동) (남단) **[성수대교]** 성동구(성수동) (북단)————————강남구(압구정동) (남단) **[동호대교]** 성동구(옥수동) (북단)————————강남구(압구정동) (남단) **[한남대교]** 용산구(한남동) (북단)————————서초구(잠원동) (남단) **[반포대교]** 용산구(서빙고동) (북단)————————서초구(반포동) (남단) **[잠수교]** 용산구(서빙고동) (북단)————————서초구(반포동) (남단)
지하철	• **2호선** : **삼성역**(삼성동), **선릉역**(삼성2동), **역삼역**(역삼1동), **강남역**(역삼동), **교대역**(서초1동), **서초역**(서초3동), **방배역**(방배동) • **3호선** : **압구정역**(압구정동), **신사역**(신사동), **매봉역**(도곡동), **도곡역**(도곡동), **대치역**(대치2동), **학여울역**(대치동), **대청역**(개포동), **일원역**(일원본동), **수서역**(수서동)

Part 4
지리

- **7호선** : **청담역**(청담동), **강남구청역**(삼성동), **학동역**(논현동), **논현역**(논현동)

- **9호선** : **신논현역**(역삼동), **언주역**(논현동), **선정릉역**(삼성동), **삼성중앙역**(삼성동), **봉은사역**(삼성동)

- **수인분당선** : **압구정로데오역**(압구정동), **강남구청역**(삼성동), **선정릉역**(삼성동), **선릉역**(삼성동), **한티역**(대치동), **도곡역**(도곡동), **구룡역**(개포동), **개포동역**(개포동), **대모산입구역**(일원동), **수서역**(수서동)

- **신분당선** : **강남역**(역삼동), **신논현역**(역삼동), **논현역**(논현동), **신사역**(신사동)

- **GTX-A** : **수서역**(수서동)

송파구

[문정동] 서울동부지방법원, 서울동부지방검찰청   [풍납동] 서울아산병원(2동), 풍납토성

[방이동] 몽촌토성, 올림픽공원, 서울체육대학교   [잠실동] 롯데월드, 석촌호수, 롯데호텔월드

[가락동] 국립경찰병원, 송파경찰서(오금역 : 3호선), 중앙전파관리소

[신천동] 송파구청, 롯데월드타워, 서울시교통회관 → 인접도로 '올림픽로'

간선도로	**[양재대로]** 선암IC(서초구) ~ 삼성의료원 ~ 가락시장사거리(송파구) ~ 방이역 ~ 둔촌동역(강동구) ~ 굽은다리역(강동구민회관앞) ~ 암사정수센터교차로
	[올림픽로] 삼성교사거리(강남구) ~ 종합운동장역(송파구) ~ 잠실역(송파구청) ~ 강동구청역(강동구) ~ 천호역 ~ 암사역
	[송파대로] 잠실대교 북단 ~ 잠실역(송파구) ~ 송파역 ~ 문정역 ~ 장지역 ~ 복정역
지하철	• **2호선** : **잠실나루역**(신천동), **잠실역**(잠실동), **신천역**(잠실본동), **종합운동장역**(잠실동)
	• **3호선** : **가락시장역**(가락동), **경찰병원역**(가락동), **오금역**(오금동)
	• **5호선** : 올림픽공원역(방이동), **방이역**(방이동), **오금역**(오금동), **개롱역**(오금동), **거여역**(거여동), **마천역**(마천동)
	• **8호선** : 몽촌토성역(평화의문)(신천동), **잠실역**(송파구청)(잠실동), **석촌역**(석촌동), **송파역**(가락동), **가락시장역**(가락동), **문정역**(문정동), **장지역**(장지동), **복정역**(장지동)
	• **9호선** : **종합운동장역**(잠실동), **삼전역**(잠실본동), **석촌고분역**(삼전동), **석촌역**(석촌동), **송파나루역**(방이동), **한성백제역**(방이동), **올림픽공원역**(방이동)
	• **수인분당선** : **복정역**(장지동)

강동구

[성내동] 강동구청, 강동경찰서   [길 동] 강동세무서, 강동성심병원

[둔촌동] 중앙보훈병원   [상일동] 강동 경희대학교병원   [암사동] 암사선사 유적지

간선도로	**[남부순환로]** 김포공항입구 ~ 사당역 ~ 수서IC
	[양재대로] 선암IC(서초구 우면동) ~ 암사정수센터교차로(암사동)
	[올림픽대로] 행주대교 ~ 성산대교 ~ 마포대교 ~ 동작대교 ~ 한남대교 ~ 성수대교 ~ 영동대교

	~ 천호대교 ~ 강동대교
	[천호대로] 신설동역오거리(동대문구 신설동) ~ 상일IC 입구(하남시 초일동)
주요 교량	**[강동대교]** 구리시(토평동)(북단)————강동구(강일동)(남단)
	[암사대교] 구리시(아천동)(북단)————강동구(암사동)(남단)
지하철	• **5호선** : **천호역**(풍납토성)(천호동), **강동역**(천호동), **길동역**(길동), **굽은다리역**(강동구민회관앞)(명일동), **명일역**(명일동), **고덕역**(고덕동), **상일동역**(상일동), **둔촌동역**(둔촌동) • **8호선** : **암사역사공원역**(암사동), **암사역**(암사동), **천호역**(천호동), **강동구청역**(성내동) • **9호선** : **둔촌오류역**(둔촌동), **중앙보훈병원역**(둔촌동)

❷ 고속도로

명칭	구간
경부고속도로	**한남IC**(서울 압구정동) ~ **양재IC**(서울 양재동) ~ **만남의광장**(부산 구서동)
경인고속도로	**양천우체국삼거리**(서울 목동) ~ **서인천IC**(인천 가정동)
서울 · 양양 고속도로	**강일IC**(서울 고덕동) ~ **양양JCT**(양양 서면)

---

02 서울특별시 기출지문 및 키워드 정리

지 문	정 답
01 '서울동부지방법원'이 위치하고 있는 곳은?	송파구 문정동
02 새로 지어진 '동부구치소'(구 성동구치소)가 위치하고 있는 곳은?	송파구 문정동
03 성수대교북단의 '왕십리'에서 고려대삼거리인 '종암동'을 연결하는 도로는?	고산자로
04 '서울의료원'이 위치하고 있는 곳은?	중랑구 신내동
05 '서강대교는 마포구 ( )동과 영등포구 ( )동을 연결하는 다리이다.	신수동, 여의도
06 한강변을 따라 서울을 동서로 연결하는 자동차전용도로는?	강변북로, 올림픽대로
07 '김포공항역'에 정차하는 지하철노선은?	공항철도, 9호선, 5호선, 서해선
08 '서부운전면허시험장'이 있는 곳은?	마포구 상암동

09 '서울시청'이 위치하는 곳은?	중구 태평로 1가
10 한남동에서 옥수동을 거쳐 응봉동에 이르는 도로는?	독서당길
11 서울지방국세청과 보신각이 있는 곳은 각각 어디인가?	종로구 (수송동, 관철동)
12 'tbs교통방송'이 있는 곳은?	마포구 상암동
13 '영국대사관'이 위치하는 곳은?	중구 정동
14 '중국대사관'이 소재하는 곳은?	중구 명동2가
15 국립현충원과 사육신공원이 있는 구(區)는?	동작구 (동작동, 노량진동)
16 '덕수궁'이 위치한 곳은?	중구 정동
17 '도봉운전면허시험장'이 있는 곳은?	노원구 상계동
18 마포대교, 서강대교, 원효대교, 한강대교 중 여의도와 연결되어 있지 않은 다리는?	한강대교
19 미국대사관이 위치한 곳은?	종로구 세종로
20 암사선사유적지와 홍릉숲이 있는 곳은 각각 어디인가?	강동구 암사동, 동대문구 청량리동
21 '강서경찰서'가 위치한 곳은?	강서구 화곡동
22 '상봉터미널'이 있는 곳은?	중랑구 상봉동
23 여의도를 지나는 지하철 노선은?	5호선, 9호선
24 '국립중앙박물관'이 소재하는 곳은?	용산구 용산동6가
25 '경찰청'이 소재하는 곳은?	서대문구 미근동
26 '헌법재판소'가 소재하는 곳은?	종로구 재동
27 동서울터미널과 가장 가까운 역은 ( )역이고, 동서울터미널에서 롯데월드를 가는 대교는 ( )대교이다.	강변역, 잠실 ✿ 롯데월드는 잠실역이 가깝다.
28 왕십리역, 을지로4가역, 영등포구청역, 건대입구역 중에서 지하철 2호선과 5호선이 만나는 역이 아닌 것은?	건대입구역은 2호선과 7호선이 만나는 역이다.
29 '4.19탑'이 위치하는 곳은?	강북구 수유동
30 '감사원'이 소재하고 있는 곳은?	종로구 삼청동
31 인천국제공항고속도로와 연결되는 대교와 경부고속도로에 연결되는 대교는 각각 어디인가?	방화대교, 한남대교
32 SECTEC컨벤션센터에 가장 가까운 지하철역은?	학여울역

33 '예술의 전당'(서초동) 앞을 지나는 도로는?	남부순환도로
34 '국립경찰병원'이 소재하는 곳은?	송파구 가락동
35 '일본대사관'이 위치하는 곳은 어디인가?	종로구 중학동
36 '교통회관(송파구 신천동)' 앞을 지나는 도로는?	올림픽로
37 강동경희대병원과 암사유적지가 있는 곳은 각각 어디인가?	강동구 상일동, 암사동
38 성수동에서 강남무역센터로 가기 위해 건너야 할 다리는?	영동대교(광진구 자양동과 강남구 청담동을 연결)
39 서부운전면허시험장, TBS교통방송, 월드컵공원이 있는 곳은?	마포구 상암동
40 어린이대공원(광진구 능동) 후문에서 망우동(중랑구)에 이르는 도로명은?	용마산길
41 서울삼성병원이 소재하는 곳은 어디인가?	강남구 일원동
42 '강남세브란스병원'이 위치하는 곳은?	강남구 도곡동
43 우면로와 서초로가 만나는 지하철역은?	교대역(서초동)
44 '몽촌토성'과 '암사유적지'가 있는 곳은 각각 어디인가?	송파구 오륜동, 강동구 암사동
45 연세대, 이화여대, 명지대, 경기대, 한국산업대학교 중 서대문구에 위치하는 대학교가 아닌 것은?	한국산업대학교 (노원구 공릉동에 위치)
46 덕성여자대학교, 광운대학교, 동덕여대가 있는 곳은 각각 어디인가?	도봉구 쌍문동, 노원구 월계동, 성북구 하월곡동
47 '서울아산병원'이 있는 곳은 어디인가?	송파구 풍납동
48 '서울본부세관'이 소재하는 곳은?	강남구 논현동
49 을지로4가역, 충정로역, 시청역, 왕십리역, 동대문역사문화공원역 중에서 2호선과 5호선의 환승역이 아닌 것은?	시청역 (1호선과 2호선의 환승역)
50 용산구 한남동과 서초구 잠원동을 잇는 대교는?	한남대교
51 '도봉운전면허시험장'이 있는 곳은?	노원구 상계동
52 서울지방병무청이 소재하는 곳은 어디인가?	영등포구 신길동
53 선릉역, 교대역, 강남역, 삼성역 중에서 테헤란로에 없는 지하철역은?	교대역

54 [환승역 정리] → 3개 이상의 환승역 ① **서울역**(호선, ☐호선, 공항선, 경의중앙선, GTX-A), ② **청량리역**(1호선, 경의중앙선, 경춘선, ☐선), ③ **종로3가**(1호선, ☐호선, ☐호선), ④ **왕십리역**(2호선, ☐호선, 경의중앙선, 수인분당선), ⑤ **동대문역사문화공원역**(2호선, 4호선, ☐호선), ⑥ **고속터미널역**(3호선, ☐호선, ☐호선), ⑦ **공덕역**(5호선, ☐호선, 공항선, 경의중앙선), ⑧ **상봉역**(☐호선, 고속철도역, 경의중앙선, 경춘선), ⑨ **수서역**(☐호선, 수인분당선, GTX-A)	① 서울역(1, 4) ② 청량리역(수인분당) ③ 종로3가(3, 4) ④ 왕십리역(5) ⑤ 동대문역사문화공원역(5) ⑥ 고속터미널역(7, 9) ⑦ 공덕역(6) ⑧ 상봉역(7) ⑨ 수서역(3)
55 인천국제공항 고속도로와 연결되는 대교는?	방화대교
56 신사역, 논현역, 신논현역, 강남역, 양재역, 양재시민의 숲역을 지나는 대로는?	강남대로(신분당선)
57 김포공항역, 신림역, 봉천역, 서울대입구역, 낙성대역, 사당역, 양재역, 매봉역, 도곡역, 대치역, 학여울역을 지나는 도로는?	남부순환로(교대역 ×)

58 다음의 ( )에 들어갈 지역은?

• 도봉운전면허시험장 - (ㄱ) • 중앙보훈병원 - (ㄷ) • 역삼세무서, 삼성세무서 - (ㅁ) • 한강성심병원 - (ㅅ) • 중앙대학교, 중앙대학교병원 - (ㅈ) • 서울고속버스터미널 - (ㅋ) • 한국도심공항터미널 - (ㅍ) • 동국대학교, 국립극장 - (a) • 대한상공회의소 - (c) • 독일대사관, 스웨덴대사관 - (e) • 서부경찰서 - (g) • 서울적십자병원 - (i) • 상명대학교 - (k) • 미국대사관, 세종문화회관 - (m) • 보신각 - (o) • 남대문경찰서 - (q) • 프랑스문화원 - (s) • 명지대학교 - (u)	• 서울지방병무청 - (ㄴ) • 국립경찰병원 - (ㄹ) • 강남세무서 - (ㅂ) • 순천향대학병원 - (ㅇ) • 서부트럭터미널 - (ㅊ) • 서부지방법원 - (ㅌ) • 서울남부터미널 - (ㅎ) • 한양대학교 - (b) • 영국대사관 - (d) • 서울성심병원 - (f) • 종묘 - (h) • 동덕여자대학교 - (j) • 국립중앙의료원 - (l) • 혜화경찰서 - (n) • 중부세무서 - (p) • 서울시립대학교 - (r) • 서울시립동부병원 - (t) • 서부운전면허시험장 - (v)

ㄱ. 노원구 상계동 ㄴ. 영등포구 신길동
ㄷ. 강동구 둔촌동 ㄹ. 송파구 가락동
ㅁ. 강남구 역삼동 ㅂ. 강남구 청담동
ㅅ. 영등포구 영등포동7가
ㅇ. 용산구 한남동 ㅈ. 동작구 흑석동
ㅊ. 양천구 신정동 ㅋ. 서초구 반포동
ㅌ. 마포구 공덕동 ㅍ. 강남구 삼성동
ㅎ. 서초구 서초동 a. 중구 장충동
b. 성동구 사근동 c. 중구 남대문로
d. 중구 정동 e. 중구 남대문로
f. 동대문구 청량리동 g. 은평구 녹번동
h. 종로구 훈정동 i. 종로구 평동
j. 성북구 하월곡동 k. 종로구 홍지동
l. 중구 을지로6가 m. 종로구 세종로
n. 종로구 숭인동 o. 종로구 관철동
p. 중구 남학동 q. 중구 남대문로
r. 동대문구 전농동 s. 서대문구 합동
t. 동대문구 용두동
u. 서대문구 남가좌동 v. 마포구 상암동

CHAPTER 1 · 서울 적중모의고사

01 제1회 적중모의고사

01 여의도와 연결되어 있지 <u>않는</u> 다리는?

① 마포대교　　　　② 서강대교

③ 원효대교　　　　④ 한강대교

해설 ④ 한강대교는 용산구(이촌동)에서 동작구(본동)을 잇는 교량이다.

02 풍납토성과 동일한 행정구역에 있는 것은?

① 동덕여자대학교　　② 삼육대학교

③ 서울아산병원　　　④ 서울교통공사

해설 ① 동덕여자대학교(성북구 하월곡동)
② 삼육대학교(노원구 공릉동)
③ 서울아산병원(송파구 풍납동)
④ 서울교통공사(성동구 용답동)

03 서울특별시 지리에 대한 설명으로 <u>틀린</u> 것은?

① 육군사관학교는 노원구 공릉동에 있다.

② 추계예술대학교는 서내문구 북아현동에 있다.

③ 국민대학교는 성북구 하월곡동에 있다.

④ 창경궁과 창덕궁은 종로구 와룡동에 있다.

해설 ③ 국민대학교는 성북구 정릉동에 있다.

04 서울특별시 지리에 대한 설명으로 <u>틀린</u> 것은?

① 건국대학교는 광진구 군자동에 있다.

② 서울시교육청은 종로구 신문로2가에 있다.

③ 동대문구청은 동대문구 용두동에 있다.

④ 서울시북부병원은 중랑구 망우동에 있다

해설 ① 건국대학교는 광진구 화양동에 있고, 세종대학교가 군자동에 있다.

05 종로구에 소재하지 <u>않은</u> 관공서는?

① 감사원　　　　② 헌법재판소

③ 서울지방국세청　　④ 한양대학교병원

해설 ④ 한양대학교병원은 성동구 사근동에 있다.

06 서울특별시 지리에 대한 설명으로 <u>틀린</u> 것은?

① 한국교통안전공단 서울본부는 마포구 상암동에 있다.

② 성수대교 북단에서 왕십리를 지나 고려대 삼거리에 이르는 도로는 고산자로이다.

③ 홍익대학교는 마포구 상수동에 있다.

④ 용산경찰서는 용산구 원효로에 있다.

해설 ① 마포구 성산동에 있다.

07 다음 중 용산구에 위치하지 않는 시설은?

① 숭부세무서　　　② 백범김구박물관

③ 이란대사관　　　④ 국립중앙박물관

해설 ① 중구 남학동　　② 용산구 효창동
④ 용산구 동빙고동　　④ 용산구 용산동

08 '어린이대공원'의 동일 구(區)에 위치한 행정구역의 시설이 <u>아닌</u> 것은?

① 국립정신건강센터　　② 건국대학교병원

③ 아차산생태공원　　④ 서울숲

해설 서울숲은 성동구 성수동1가에 있고, 나머지는 광진구에 위치한 시설이다. 어린이대공원(광진구 능동), 건국대학교병원(화양동), 아차산생태공원(광상농)

Part 4 지리

01 ④ **02** ③ **03** ③ **04** ① **05** ④ **06** ① **07** ① **08** ④

09 서울특별시 지리에 대한 설명으로 **틀린** 것은?

① 서울식물원은 강서구 마곡동에 있다.

② 홍익병원은 양천구 신월동에 있다.

③ 청담대교는 광진구 자양동과 강남구 청담동을 잇는 자동차전용대교이다.

④ 강서운전면허시험장은 강서구 외발산동에 있다.

해설 ② 홍익병원은 양천구 신정동에 있다.

10 서울특별시 지리에 대한 설명으로 **틀린** 것은?

① 조계종의 총본산인 조계사는 종로구 견지동에 있다.

② 신설동역은 서울풍물시장에 인접한 지하철역이다.

③ 종로구청은 지하철 혜화역 주변에 있다.

④ 안국역은 북촌한옥마을에 인접한 지하철역이다.

해설 마로니에공원, 서울대학교병원, 한국방송통신대학교본부가 혜화역 주변에 있다.

---

02 제2회 적중모의고사

01 서울특별시 지리에 대한 설명으로 **틀린** 것은?

① 광진구청은 광진구 자양동에 있다.

② 김포공항은 강서구 마곡동에 있다.

③ 서강대학교는 마포구 대흥동에 있다.

④ 숙명여자대학교는 용산구 청파동에 있다.

해설 김포공항은 강서구 방화동에 있다.

02 다음 연결로 옳지 **않은** 것은?

① 사육신공원 - 동작구 노량진동

② 숭실대학교 - 동작구 상도동

③ 서울남부지방법원은 양천구 목동에 있다.

④ 시립보라매병원 - 동작구 신대방동

해설 ③ 양천구 신정동에 있다.

03 서울특별시 지리에 대한 설명으로 **틀린** 것은?

① 경찰청은 서대문구 미근동에 있고, 서울경찰청은 종로구 내자동에 있다.

② 고려대학교병원은 구로구 구로동에 있다.

③ 서울가정법원은 서초구 서초동에 있다.

④ 국민은행본점은 영등포구 여의도동에 있다.

해설 ③ 서울가정법원은 서초구 양재동에 있다.

04 '한국교원단체총연합회'가 있는 곳은?

① 강남구 대치동   ② 강남구 개포동

③ 서초구 염곡동   ④ 서초구 우면동

05 서울아산병원과 서울삼성병원이 위치하는 것으로 묶인 것은?

① 송파구 오금동 - 강남구 신사동

② 송파구 풍납동 - 강남구 일원동

③ 송파구 방이동 - 강남구 도곡동

④ 송파구 잠실동 - 강남구 삼성동

06 경찰서 주변에 있는 지하철역으로 **틀린** 것은?

① 동작경찰서 - 노량진역

② 수서경찰서 - 대청역

③ 송파경찰서 - 송파역

④ 성동경찰서 - 왕십리역

해설 ③ 송파경찰서 근처에는 5호선 오금역이 위치한다.

---

07 다음 시설물 중 마포구에 <u>없는</u> 것은?

① 한국교통안전공단 서울본부

② 서부운전면허시험장

③ 추계예술대학교

④ TBS 교통방송

해설 ① 마포구 성산동
② · ④ 마포구 상암동
③ 추계예술대학교(서대문구 북아현동)

08 다음 호텔 중 강남구에 위치하지 <u>않는</u> 것은?

① JW메리어트호텔 서울

② 그랜드 인터컨티넨탈 서울

③ 오크우드 프리미어 서울

④ 그랜드 머큐어 임피리얼 팰리스 호텔

해설 ① 서초구 반포동, ② · ③ 강남구 삼성동
④ 강남구 논현동

09 용산구에 소재하지 <u>않는</u> 것은?

① 전쟁기념관

② 국립중앙박물관

③ 국립민속박물관

④ 백범김구기념관

해설 ③ 송로구 세종로에 소재한다.

10 청량리역 앞을 지나는 도로는 무엇인가?

① 왕산로   ② 천호대로

③ 고산자로   ④ 화랑로

해설 ① 왕산로는 종로6가 동대문에서 동대문구 청량리에
이르는 도로이다.

03 제3회 적중모의고사

01 테헤란로에 있는 지하철역이 <u>아닌</u> 것은?

① 강남역   ② 역삼역

③ 교대역   ④ 선릉역

02 종로구에 위치한 주한 대사관으로 묶은 것은?

① 미국대사관, 중국대사관

② 일본대사관, 러시아대사관

③ 미국대사관, 일본대사관

④ 일본대사관, 중국대사관

해설 미국대사관(종로구 세종대로), 일본대사관(종로구 중학동),
중국대사관(중구 명동2가), 러시아대사관(중구 정동)

03 강동구에 있는 종합병원이 <u>아닌</u> 것은?

① 중앙보훈병원   ② 국립경찰병원

③ 성심병원   ④ 경희대학교병원

해설 ① 중앙보훈병원(강동구 둔촌동)
② 국립경찰병원(송파구 가락동)
③ 강동성심병원(강동구 길동)
④ 강동경희대학교병원(강동구 상일동).
참고로 경희의료원은 동대문구 회기동에 있다.

04 지하철 2호선과 5호선이 만나는 역이 <u>아닌</u> 것은?

① 왕십리역   ② 을지로4가역

③ 영등포구청역   ④ 긴대입구역

해설 ④ 건대입구역은 2호선과 7호선이 만난다.

05 노원구 공릉동에 있는 것이 <u>아닌</u> 것은?

① 삼육대학교

② 서울여자대학교

③ 원자력병원

④ 도봉운전면허시험장

해설 ① · ② · ③ 노원구 공릉동, ④ 노원구 상계동4

07 ③　08 ①　09 ③　10 ①　∎　01 ③　02 ③　03 ②　04 ④　05 ④

06 다음 중 동대문구에 위치하지 <u>않는</u> 것은?

① 서울성심병원　　② 홍릉시험림

③ 서울교통공사　　④ 삼육서울병원

해설 ① · ② 동대문구 청량리동
　　③ 성동구 용답동
　　④ 동대문구 휘경동

07 서울특별시 지리에 대한 설명으로 <u>틀린</u> 것은?

① 강남운전면허시험장과 강남경찰서는 강남구 대치동에 있다.

② 동서울종합터미널에 가장 가까운 지하철역은 강변역이다.

③ 국기원은 강남구 역삼동에 있다.

④ 강남동부지방법원은 송파구 오금동에 있다.

해설 ④ 송파구 문정동에 있다.

08 영등포로터리에서 영등포역을 지나 고척스카이돔에 이르는 도로는?

① 국회대로　　② 경인로

③ 영등포로　　④ 도신로

09 서울특별시 지리에 대한 설명으로 <u>틀린</u> 것은?

① 석촌호수와 롯데월드는 송파구 잠실동에 있다.

② 서울특별시는 25개의 자치구와 426개의 행정동으로 구성되어 있다.

③ 가로수길이 있는 곳은 강남구이다.

④ 송파경찰서는 송파구 신천동에 있다.

해설 송파경찰서는 송파구 가락동에 있다.

10 서울특별시 지리에 대한 설명으로 <u>틀린</u> 것은?

① 강남세브란스병원은 강남구 도곡동에 있다.

② 수서경찰서는 강남구 개포동에 있다.

③ 가톨릭대학교 서울성모병원은 서초구 반포동에 있다.

④ 서울시립보라매공원은 동작구 동작동에 있다.

해설 서울시립보라매공원은 동작구 신대방동에 있다.

CHAPTER 2 경기도 지리

01 경기도 지리 핵심요약

경기도는 서울특별시·인천광역시와 접하고 있으며, 이들과 함께 대한민국의 수도권을 이루고 있다. 동쪽으로는 강원특별자치도, 서쪽으로는 황해, 남쪽으로는 충청남도와 충청북도, 북쪽으로는 북한과 접해있다. 대한민국 전체에서 가장 인구가 많은 지역이자, 유일하게 인구가 1,000만 명을 넘는 광역자치단체이다. 경기도는 충청남도와 더불어 군보다 시가 더 많은 지역으로 산하의 31개 기초자치단체 중 군은 단 3개분이며(가평군, 양평군, 연천군), 나머지 28개의 시(市)로 이루어져 있다. 특히 이들 중 인구 100만명 이상의 특례시인 수원, 용인, 고양, 화성의 4개 시와 인구 50만 이상의 대도시인 고양, 부천, 남양주, 안산, 평택, 안양, 시흥, 김포, 성남, 파주의 10개 시를 포함하는 발전된 지역이기도 하다. 2025년 3월 기준 경기도 인구는 1,417만명으로, 서울(960만명)을 넘어 전국에서 가장 많다

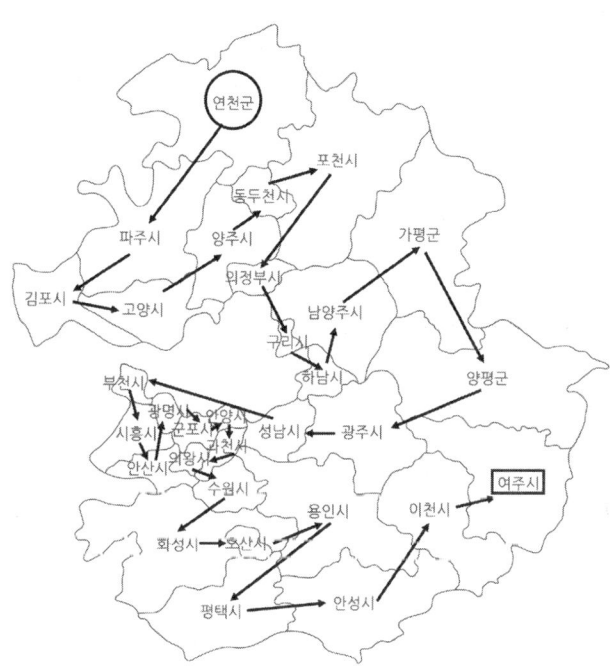

✧ 본서의 배열순서

화살표는 본서의 지리이론의 배열 순서입니다. 연천군부터 시작해서 여주시까지 화살표 방향대로 본문의 내용을 배열하였습니다. 그리고 되도록 북쪽에서 남쪽 순으로 배치하였습니다.

연천군, 파주시, 김포시, 고양시, 양주시, 동두천시, 의정부시, 포천시, 가평군, 남양주시, 구리시, 하남시, 양평군, 광주시, 성남시, 부천시, 시흥시, 안산시, 광명시, 군포시, 안양시, 과천시, 의왕시, 수원시, 화성시, 오산시, 용인시, 평택시, 안성시, 이천시, 여주시의 순서입니다.

✧ 경기도의 행정구역 → 행정구역의 개수늘 암기 요망
28시(市) 3군[(郡) 연천군, 가평군, 양평군]

✧ 특례시
인구 100만 이상인 수원, 고양, 용인, 화성의 특례시이다. 전국적으로 창원시까지 총 5개 시이다.

✿ 경기도의 경우 인구 100만 이상의 특례시와 50만 이상의 대도시를 중시하여 학습하시면 좋겠습니다.

✿ 계곡이나 휴양림을 묻는 문제는 거의 출제되지 않으니, 강약을 두어 학습하시길 바랍니다.

✿ 지역명이 시설명과 같은 경우는 거의 출제되지 않습니다. 다른 경우를 유념하여 공부하시면 됩니다.

✿ 대학교와 종합병원은 암기해야 합니다. 이를 숙지한 후 수록된 박스문제를 통하여 시설 및 관광지의 이름이 떠오를 때까지 암기하시길 바랍니다.

✿ 호텔문제는 3번에 1번꼴로 출제됩니다. 본서에서 소개되지 않는 호텔도 있습니다. 관광지나 번화가의 호텔을 유념해서 보시면 좋을 것 같습니다.

✿ 비슷한 사찰이나 향교들이 많은 경우 이를 나열하고 정답을 묻는 문제들이 출제되기도 합니다.

✿ 사법기관인 지방법원, 고등법원과 검찰청, 검찰지청 등은 보통 같은 행정구역에 있습니다.

❶ 경기도 주요 관공서 및 민간기관

연천군

연천경찰서(연천읍), 군남댐, 한탄강댐, 동막골유원지, 경순왕릉, 태풍전망대, 한탄강관광지, 재인폭포, 스카이워크

간선도로	**국도3호선**(연천군 ~ 동두천시 ~ 양주시 ~ 의정부시 ~ 서울시 ~ 성남시 ~ 광주시 ~ 이천시 ~ 음성시), **국도37호선**(파주시 ~ 연천군 ~ 포천군 ~ 가평군 ~ 양평군 ~ 여주시 ~ 충북 음성), **평화로, 전영로, 연천로, 서부로**
철 도	**[경원선]** 대광리역, 신탄리역, 신망리역

파주시

파주경찰서(금릉동), 롯데프리미엄아울렛(문발동), **파주두원공과대학**(파주읍), 윤관장군묘, 장릉, 삼릉, 수길원, 소령원, 오두산전망대, 헤이리예술마을, 프로방스마을, 임진각 평화누리, 보광사, 감악산, 박달산, 도라산역, 판문점, 율곡수목원

간선도로	**국도1호선**(파주시 ~고양시 ~서울시 ~ 안양시 ~ 의왕시 ~ 수원시 ~ 화성시 ~ 오산시 ~ 평택시 ~ 천안시), **국도37호선**(파주시 ~ 연천군 ~ 포천군 ~ 가평군 ~ 양평군 ~ 여주시 ~ 충북 음성), **국도 77호선**(파주시 ~ 고양시 ~ 서울시 ~ 인천시 ~ 시흥시 ~ 안산시 ~ 화성시 ~ 평택시 ~ 아산시), **통일로, 중앙로, 금월로, 율곡로**
철 도	**[경의중앙선]** 야당역(야당동), 운정역(교하읍), 금릉역(금촌동), 금촌역(금촌동), 월롱역(월롱면), 파주역(파주읍), 문산역(문산읍), 임진강역(문산읍) **[GTX-A]** : 운정중앙역(동패동),

김포시

김포경찰서(장기동), **뉴고려병원**(장기동), 애기봉, **통일전망대**, 태산패밀리파크, 장릉, 덕포진, 문수산성

간선도로	국도48호선, 김포한강로, 김포대로, 양곡로, 홍신로
철 도	**[김포골드]** 고촌역(고촌읍 신곡리), **풍무역**(사우동), **사우역**(사우동), **걸포북변역**(북변동), **운양역**(운양동), **장기역**(장기동), **마산역**(마산동), **구래역**(구래동), **양촌역**(양촌읍)

고양특례시

[덕양구] 고양경찰서(화정동), **한국항공대학교**(현천동), **중부대학교**(대자동), 벽제관지, 행주산성, 서오릉(경릉, 창릉, 익릉, 명릉, 홍릉의 5능을 말함). 최영장군묘, 서삼릉의령원(사도세자묘)

[일산동구] 일산동부경찰서(정발산동), **일산병원**(백석동), **사법연수원**(장항2동), **동국대학교 일산병원**(식사동), 일산호수공원(장항동)

[일산서구] 일산서부경찰서(대화동), **동국대학교 바이오메디캠퍼스**(일산동), 킨텍스(KINTEX), 원마운트 워터파크(대화동)

간선도로	**국도1호선**(파주시 ~고양시 ~서울시 ~안양시 ~의왕시 ~수원시 ~화성시 ~ 오산시 ~평택시 ~천안시), **국도39호선**(의정부시 ~ 고양시 ~ 김포시 ~ 부천시 ~ 시흥시 ~ 안산시 ~ 화성시 ~ 평택시 ~ 아산시), **국도77호선**(파주시 ~ 고양시 ~ 서울시 ~ 인천시 ~ 시흥시 ~ 안산시 ~ 화성시 ~ 평택시 ~ 아산시), **서울외곽순환도로**(성남시 ~ 구리시 ~ 의정부시 ~ 양주시 ~ 고양시 ~ 인천시 ~ 시흥시 ~ 안양시 ~ 성남시), **자유로, 고봉로, 경의로, 중앙로, 고양대로**
철 도	**[3호선]** 대화역(일산서구 대화동), **주엽역**(일산서구 주엽동), **정발산역**(일산동구 마두동), **마두역**(일산동구 마두동), **백석역**(일산동구 백석동), **대곡역**(덕양구 대장동), **화정역**(덕양구 화정동) → 덕양구청과 가까운 지하철역, **원당역**(덕양구 성사동), **원흥역**(덕양구 원흥동), **삼송역**(덕양구 삼송동), **지축역**(덕양구 지축동)
	[경의중앙선] 화전역(덕양구 화전동), **강매역**(덕양구 행신동), **행신역**(덕양구 행신동), **능곡역**(덕양구 토당동), **대곡역**(덕양구 대장동), **곡산역**(일산동구 백석동), **백마역**(일산동구 백석동), **풍산역**(일산동구 풍동), **일산역**(일산서구 일산동), **탄현역**(일산서구 덕이동)
	[서해선] 일산역(일산서구 일산동), **풍산역**(일산동구 풍동), **백마역**(일산동구 백석동), **곡산역**(일산동구 백석동), **대곡역**(덕양구 대장동), **능곡역**(덕양구 토당동)
	[GTX-A] : 대곡역(덕양구 대창동), **킨텍스**(일산서구 대화동), **대곡역**(덕양구 대창동),

양주시

양주경찰서(회정동), **경동대학교**(고암동), **예원예술대학교**(은현면), 두리랜드(장흥면), 일영유원지, 장흥관광지, 송추유원지, 권율장군묘

간선도로	**국도3호선**(연천군 ~ 동두천시 ~ 양주시 ~ 의정부시 ~ 서울시 ~ 성남시 ~ 광주시 ~ 이천시 ~ 음성시), **서울외곽순환도로**(성남시 ~ 구리시 ~ 의정부시 ~ 양주시 ~ 고양시 ~ 인천시 ~ 시흥시 ~ 안양시 ~ 성남시), **부흥로, 화합로, 율정로, 평화로**
철 도	**[1호선]** 지행역(지행동), **덕정역**(덕정동), **덕계역**(덕계동), **양주역**(남방동)

동두천시

동두천경찰서(상패동), **동양대학교** 북서울캠퍼스(동두천동), 소요산, 자재암(상봉암동), 벽화마을(보산동)

간선도로	**국도3호선**(강원 철원 동두천 의정부 서울시 성남시 광주시 이천시 충북 충주), **삼육사로, 평화로**
철 도	**[1호선]** 소요산역(상봉암동), **동두천역**(동두천동), **보산역**(보산동), **동두천중앙역**(생연동)

의정부시

경기도청 **북부청사**(신곡동), **경기북부경찰청**(금오동), **의정부운전면허시험장**(금오동), 카톨릭대의정부성모병원(금오동), **의정부경찰서**(의정부동), 경기도의료원 의정부병원(의정부동), 추병원(의정부동), **경기북부병무지청**(호원동), **한국교통안전공단 경기북부본부**(호원동), 수락산, 도봉산, 사패산, 정문부 장군묘

간선도로	국도43호선(춘천시 ~ 포천시 ~ 의정부시 ~ 남양주시 ~ 구리시 ~ 서울광나루역)
	국도3호선(강원 철원 ~ 동두천 ~ 의정부 ~ 서울시 ~ 성남시 ~ 광주시 ~ 이천시 ~ 충북 충주), **서울외곽순환도로**(성남시 ~ 구리시 ~ 의정부시 ~ 양주시 ~ 고양시 ~ 인천시 ~ 시흥시 ~ 안양시 ~ 성남시), **평화로, 동일로, 회룡로, 호국로**
철도	**[1호선] 녹양역**(녹양동), **가능역**(가능동), **의정부역**(의정부동), **회룡역**(호원동), **망월사역**(호원동)
	[7호선] 장암역(장암동)
	[경전철] 발곡역(신곡동), **회룡역**(호원동), **범골역**(호원동), **의정부시청역**(의정부동), **흥선역**(가능동), **의정부중앙역**(의정부동), **동오역**(신곡동), **새말역**(신곡동), **경기도청북부청사**(신곡동), **효자역**(신곡동), **곤제역**(금오동), **어룡역**(용현동), **송산역**(용현동), **탑석역**(용현동)

포천시

포천경찰서(군내면), **우리병원**(소흘읍), **대진대학교**(선단동), **광릉수목원**(국립수목원), **명성산**, 신북리조트, 운악산, 산정호수, 백운계곡, 베어스타운

❖ 운악산(포천시), 감악산(파주시), 송악산(개성시), 관악산(서울시), 화악산(가평군)은 "경기5악"

간선도로	• **국도37호선**(파주시 ~ 연천군 ~ 포천군 ~ 가평군 ~ 서울양양고속도로 ~ 양평군 ~ 여주시 ~ 충북 음성)
	• **국도43호선**(춘천시 ~ 포천시 ~ 의정부시 ~ 남양주시 ~ 구리시 ~ 서울시 ~ 광주시 ~ 수원시 ~ 화성시 ~ 평택시)
	• **국도47호선**(강원철원 ~ 포천시 ~ 남양주시 ~ 구리시 ~ 서울시 ~ 안산시)
	• **국도87호선**(강원철원 ~ 포천시)
	• **호국로, 포천로, 창동로**

가평군

가평경찰서(가평읍), 명지산, 유명산, 연인산, 화악산, 조무락계곡, 명지계곡, 용추계곡, 대성리국민관광지, 아침고요수목원, 에델바이스, 샘터유원지, 현등사, 칼봉산자연휴양림, 청평자연휴양림, 유명산자연휴양림, 쁘띠프랑스, 자라섬, 호명호수, 청평댐, 씨스페이스 클럽인너호텔점, 마이다스호텔앤리조트, 호텔그라체

간선도로	국도37호선(파주시 ~ 연천군 ~ 포천군 ~ 가평군 ~ 양평군 ~ 여주시 ~ 이천시),

	국도46호선(서울시 ~ 구리시 ~ 남양주시 ~ 가평군 ~ 춘천시), **국도75호선**, 경춘로, 조종로, 가화로
철 도	**[경춘선] 가평역**(가평읍 달전리), **상천역**(청평면 상천리), **청평역**(청평면 청평리), **대성리역**(청평면 대성리)

남양주시

남양주경찰서(다산동), **현대병원**(진접읍), **남양주종합촬영소**(조안면), <u>천마산</u>, 천마산스키장, <u>정약용선생묘</u>, <u>광해군묘</u>, 휘경원, 홍릉과 유릉, 광릉, 순강원, 아쿠아조이, 밤섬유원지, 모란공원

간선도로	**국도43호선**(춘천시 ~ 포천시 ~ 의정부시 ~ 남양주시 ~ 구리시 ~ 서울광나루역), **국도46호선**(서울시 ~ 구리시 ~ 남양주시 ~ 가평군 ~ 춘천시), **국도47호선**(강원철원 ~ 포천시 ~ 남양주시 ~ 구리시 ~ 서울시 ~ 안산시), 경춘로, 금강로, 경강로
철 도	**[경의중앙선] 운길산역**(조안면 진중리), **팔당역**(와부읍 팔당리), **도심역**(와부읍 도곡리), **덕소역**(와부읍 독소리), **양정역**(이패동), **도농역**(다산동), **구리역**(인창동) **[경춘선] 마석역**(화도읍 마석중앙로), **천마산역**(화도읍 묵현리), **평내호평역**(평내동), **금곡역**(금곡동), **사릉역**(진건읍), **퇴계원역**(퇴계원면), **별내역**(별내동)

구리시

구리경찰서(교문동), <u>동구릉</u>, 고구려대장간마을, <u>아차산</u>(서울과 접하고 고구려 유적지가 발견)

간선도로	**국도6호선**(인천 부평 ~ 서울시 ~ 구리시 ~ 남양주시 ~ 양평군 ~ 강원 횡성), **국도43호선**(춘천시 ~ 포천시 ~ 의정부시 ~ 남양주시 ~ 구리시 ~ 서울광나루역), **국도46호선**(서울시 ~ 구리시 ~ 남양주시 ~ 가평군 ~ 춘천시), **서울외곽순환도로**(성남시 ~ 구리시 ~ 이정부시 ~ 양주시 ~ 고양시 ~ 인저시 ~ 시흥시 ~ 안양시 ~ 성남시), **아차산로**(구리시 ~ 서울광나루역), **경춘로**(강원춘천 ~ 남양주시 구리시)
철 도	**[경의중앙선]** 구리역(인창동) **[경춘선]** 갈매역(갈매동) **[8호선]** 구리역(인창동)

하남시

하남경찰서(하산곡동), 이성산성, 동사지, 동사지삼층석탑, <u>미사리유적</u>, 미사리조정경기장. 팔당댐

간선도로	**국도43호선**(춘천시 ~ 포천시 ~ 의정부시 ~ 남양주시 ~ 구리시 ~ 서울광나루역), 하남대로, 미사대로, 조정대로

철 도	[5호선] 미사역(망월동), 하남풍산역(덕풍동), 하남시청역(덕풍동), 하남검단산역(창우동)

양평군

양평경찰서(옥천면), **용문사**(천연기념물 30호인 은행나무가 있음), **용문산**, 두물머리,

세미원(남한강과 북한강이 만나는 수변에 있는 식물원·수목원)

간선도로	국도6호선(인천 부평 ~ 서울시 ~ 구리시 ~ 남양주시 ~ 양평군 ~ 강원 횡성), 국도37호선(파주시 ~ 연천군 ~ 포천군 ~ 가평군 ~ 서울양양고속도로 ~ 양평군 ~ 여주시 ~ 충북 음성), **경강로**, **양근로**
철 도	[경의중앙선] **지평역**(지평면), **용문역**(용문면), **원덕역**(양평읍), **양평역**(양평읍), **오빈역**(양평읍), **아신역**(양평읍 옥천면), **국수역**(양서면), **신원역**(양서면), **양수역**(양서면)

광주시

광주경찰서(탄벌동), **참조은병원**(경안동), 남한산성 도립공원, 광주 조선백자도요지, 팔당호,

갈마터널(성남시에서 광주시로 가는 터널)

간선도로	국도3호선(연천군 ~ 동두천시 ~ 양주시 ~ 의정부시 ~ 서울시 ~ 성남시 ~ 광주시 ~ 이천시 ~ 음성시), **국도43호선**(춘천시 ~ 포천시 ~ 의정부시 ~ 남양주시 ~ 구리시 ~ 서울시 ~ 광주시 ~ 수원시 ~ 화성시 ~ 평택시), **국도45호선**(남양주시 ~ 하남시 ~ 광주시 ~ 용인시 ~ 안성시 ~ 평택시), **성남이천로**
철 도	[경강선] 삼동역, 경기광주역, 초월역, 곤지암역

성남시

[수정구] 성남수정경찰서(태평동), **가천대학교**(복정동)

[중원구] 성남중원경찰서(상대원동), **모란민속시장**(성남동), 성호시장(성남동)

[분당구] 분당경찰서(정자동), **분당서울대학교병원**(구미동), **분당차병원**(야탑동), **국군수도병원**(율동), 성남정병원(정자동), **한국학중앙연구원**(운중동)

간선도로	국도3호선(연천군 ~ 동두천시 ~ 양주시 ~ 의정부시 ~ 서울시 ~ 성남시 ~ 광주시 ~ 이천시 ~ 음성시), 서울외곽순환도로(성남시~구리시~의정부~양주시~고양시~인천시~시흥시~안양시~성남시), **산성대로**, **성남대로**, **둔촌대로**, **야탑로**, **수정로**, **서현로**
철 도	[서울 8호선] 산성역(수정구 신흥동), **남한산성입구역**(성남법원·검찰청)(수정구단대동), 단대오거리역(수정구 신흥동), **신흥역**(수정구 신흥동), **수진역**(수정구 수진동), 모란역(수정구 수진동) [경강선] 판교역(분당구 백현동), **이매역**(분당구 이매동)

	[수인·분당선] 가천대역(중원구 태평동), **태평역**(중원구 수진동), **모란역**(중원구 성남동), **야탑역**(분당구 야탑동), **이매역**(분당구 이매동), **서현역**(분당구 서현동), **수내역**(분당구 수내동), **정자역**(분당구 정자동), **미금역**(분당구 금곡동), **오리역**(분당구 구미동)
	[신분당선] 판교역(백현동), **정자역**(정자동)　　　　**[GTX-A] 성남역**(백현동)

부천시

원미경찰서(중동), 순천향대부천병원(중동), **소사경찰서**(상동), **오정경찰서**(여월동), 세종병원(소사본동), **서울신학대학교**(소사본동), 다이엘종합병원(약대동), 가톨릭대 부천성모병원(소사동), **부천대학교**(심곡동), OBS경인방송국, **가톨릭대학교**(역곡동), 웅진플레이도시, 아인스월드, 한국만화박물관

간선도로	**국도39호선**(의정부시 ~ 고양시 ~ 김포시 ~ 부천시 ~ 시흥시 ~ 안산시 ~ 화성시 ~ 평택시 ~ 아산시), **국도46호선**(부천시~ 서울시 ~ 구리시 ~ 남양주시 ~ 가평군 ~ 춘천시), **송내대로, 길주로, 신흥로**(원미경찰서를 지남), **경인로, 오봉대로**
철 도	**[1호선] 역곡역**(역곡동), **소사역**(소사본동), **부천역**(심곡동), **중동역**(송내동), **송내역**(송내동), **부개역**(부개동)
	[7호선] 까치울역(춘의동), **부천종합운동장역**(춘의동), **춘의역**(춘의동), **신중동역**(중동), **부천시청역**(중동), **상동역**(상동)
	[서해선] 부천종합운동장역(원미구 춘의동), **소사역**(소사본동), **소새울역**(소사본동)

시흥시

시흥경찰서(장곡동), **시화병원**(정왕동), 센트럴병원(정왕동), **한국공학대학교**(한국산업기술대학교)(정왕동), **신천연합병원**(대야동), 오이도, 소래산산림욕장, 월곶포구, 시화호

간선도로	• **국도39호선**(의정부시 ~ 고양시 ~ 김포시 ~ 부천시 ~ 시흥시 ~ 안산시 ~ 화성시 ~ 평택시 ~ 아산시),
	• **국도42호선**(인천시 ~ 안산시 ~ 수원시 ~ 용인시 ~ 이천시 ~ 여주시 ~ 원주시),
	• **서울외곽순환도로**(성남시 ~ 구리시 ~ 의정부시 ~ 양주시 ~ 고양시 ~ 인천시 ~ 시흥시 ~ 안양시 ~ 성남시)
	• **서해안로, 마유로, 정왕대로, 시흥대로, 동서로**
철 도	**[서해선] 시흥능곡역**(능곡동), **시흥시청역**(광석동), **신천역**(신천동), **시흥대야역**(대야동)

안산시

[단원구] 안산단원경찰서(고잔동), 고려대안산병원(고잔동), **서울예술대학교**(고잔동), 동의성단원병원(초지동), 시민시장(초지동), **안산운전면허시험장**(와동), 한도병원(선부동), 대부도(대부동동), 화랑유원지(초지동), 시화방조제(대부동동)

[상록구] 안산상록경찰서(사동)

간선도로	• **국도42호선**(인천시 ~ 안산시 ~ 수원시 ~ 용인시 ~ 이천시 ~ 여주시 ~ 원주시) • **국도39호선**(의정부시 ~ 고양시 ~ 김포시 ~ 부천시 ~ 시흥시 ~ 안산시 ~ 화성시 ~ 평택시 ~ 아산시) • **중앙대로, 화랑로, 해안로, 국도47호선**(강원 철원 ~ 포천시 ~ 남양주시 ~ 서울시 ~ 안산시)
철도	**[4호선] 반월역**(상록구 건건동), **상록수역**(상록구 본오동), **한대앞역**(상록구 이동), **중앙역**(단원구 고잔동), **고잔역**(단원구 고잔동), **초지역**(초지동), **안산역**(원곡동), **신길온천역**(신길동)

광명시

광명시청(철산동), 광명경찰서(철산동), 광명동굴(가학동), 구름산(소하동)

간선도로	철산로, 광명로, 오리로, 시청로, 안양천로
철도	**[7호선] 철산역**(철산동), **광명사거리역**(광명동)

군포시

군포경찰서(금정동), **지샘병원**(당동), **한세대학교**(당정동), <u>수리산</u>(속달동), 수리사(속달동), 덕고개당숲(속달동), **반월호수**(둔대동), **철쭉동산**(산본동)

간선도로	**국도47호선**(강원철원 ~ 포천시 ~ 남양주시 ~ 구리시 ~ 서울시 ~ 안산시), 고산로, 번영로, 산본로, 군포로
철도	**[서울 1호선] 금정역**(금정동), **군포역**(당동), **당정역**(당정동) **[서울 4호선] 금정역**(금정동), **산본역**(산본동), **수리산역**(산본동), **대야미역**(대야미동)

안양시

[동안구] 안양동안경찰서(비산동), **한림대성심병원**(평촌동), 호계종합시장(호계동)

[만안구] 안양만안경찰서(안양동), 안양샘병원(안양동), **경인교육대학교**(석수동), **성결대학교**(안양동), **대림대학교**(안양동), 평촌역상가(안양동), 남부시장(안양동), 명학시장(안양동), 삼성산(석수동), 삼막사(석수동)

간선도로	• **국도1호선**(파주 ~ 고양 ~ 서울 ~ 안양 ~ 의왕 ~ 수원 ~ 화성 ~ 오산 ~ 평택 ~ 천안) • **서울외곽순환도로**(성남 ~ 구리 ~ 의정부 ~ 양주 ~ 고양 ~ 인천 ~ 시흥 ~ 안양 ~ 성남), • **경수대로, 관악대로, 시민대로, 홍안대로, 평촌대로**
철도	**[1호선] 석수역**(만안구 석수동), **관악역**(만안구 석수동), **안양역**(만안구 안양동), **명학역**(만안구 안양동) **[4호선] 인덕원역**(동안구 관양동), **평촌역**(동안구 부림동), **범계역**(동안구 호계동)

과천시

과천경찰서(중앙동), <u>서울대공원</u>(막계동), 서울랜드(막계동), **국립현대미술관**(막계동), **렛츠런파크 서울**(주암동), 관악산(중앙동)

간선도로	국도47호선, 과천대로, 관문로, 중앙로
철도	**[서울 4호선] 선바위역**(과천동), **경마공원역**(과천동), **대공원역**(과천동), **과천역**(별양동), **정부과천청사**(별양동)

의왕시

의왕시청(고천동), 의왕경찰서(고천동), **계원예술대학교**(내촌동), **한국교통대학교**(월암동), 철도박물관(월암동), 백운호수(학의동), 왕송호수(초평동), 지지대고개(왕곡동)

간선도로	**국도1호선**(파주시 ~고양시 ~서울시 ~안양시 ~의왕시 ~수원시 ~화성시 ~ 오산시 ~평택시 ~천안시), **경수대로**('수원KT 위즈파크' 앞을 지나는 도로), **안양판교로**
철도	**[1호선] 의왕역**(삼동)

수원특례시

[영통구] 경기도청(도청로), **수원남부경찰서**(매탄동), **수원지방법원**(하동), 경기지방중소기업청(영통동), 경기도선거관리위원회(영통동), **아주대학교의료원**(원천동), **아주대학교**(원천동), **경기대학교**(이의동)

[팔달구] 경인지방병무청(화서1동), 경인지방통계청 수원사무소(인계동), **가톨릭대학교 성빈센트병원**(지동), 경기도농촌기술원(화서동), 지동시장(지동), 동수원병원(우만동), 남문로데오시장(교동), 영동시장(영동), 역전시장(매산로), **화성행궁**, **팔달문**

[장안구] 경기도교육청(조원동), **경기남부지방경찰청**(연무동), **경기도의료원**(정자동), **성균관대학교**(천천동), **경기도교통연수원**(조원동), 연무시장(연무동), 광교산, 장안문

[권선구] 수원서부경찰서(탑동), 대한적십자사경기도지사(권선동), 명인의료재단 **화홍병원**(호매실동), **한국교통안전공단 경기남부본부**(서둔동)

간선도로	국도1호선, 국도42호선, 경수대로, 덕영대로, 수성로, 중부대로, 봉영로
철도	**[1호선] 화서역**(팔달구 화서동), **수원역**(팔달구 매산로1가), **세류역**(권선구 장지동) **[분당선] 청명역**(영통구 영통동), **영통역**(영통구 영통동), **망포역**(영통구 영통동), **매탄권선역**(영통구 매탄동), **수원시청역**(권선구 권선동), **매교역**(팔달구 매교동), **수원역**(팔달구 매산로1가 → 1호선과 연결) **[신분당선] 광교중앙**(아주대)**역**(영통구 이의동), **광교**(경기대)**역**(영통구 이의동)

화성특례시

화성서부경찰서(남양읍), 남양시장(남양읍), **화성동탄경찰서**(오산동), **원광종합병원**(송산동), **수원대학교**(봉담읍), **협성대학교**(봉담읍), **수원카톨릭대학교**(봉담읍), 발안만세시장(향남읍), 조암시장(우정읍), 사강시장(송산면), 제부도, 남양만, 궁평항, 전곡항, 융릉(사도세자의 릉)과 건릉(정조와 혜경궁홍씨의 합장릉), 당성, <u>용주사</u>, 남이장군묘, 기흥컨트리클럽(신동)

간선도로	• 국도39호선(의정부시 ~ 고양시 ~ 김포시 ~ 부천시 ~ 시흥시 ~ 안산시 ~ 화성시 ~ 평택시 ~ 아산시) • 국도43호선(춘천시 ~ 포천시 ~ 의정부시 ~ 남양주시 ~ 구리시 ~ 서울시 ~ 광주시 ~ 수원시 ~ 화성시 ~ 평택시) • 국도77호선(파주시 ~ 고양시 ~ 서울시 ~ 인천시 ~ 시흥시 ~ 안산시 ~ 화성시 ~ 평택시 ~ 아산시) • 국도82호선(화성시 ~ 평택시) • 서해로, 삼천병마로, 향남로
철 도	**[1호선]** 병점역(진안동), 세마역(세교동)　　　**[수서평택고속선]** 동탄역(오산동) **[수인분당선]** 어천역(매송면), 야목역(매송면)　　**[GTX-A]** 동탄역(오산동)

오산시

오산경찰서(부산동), 조은오산병원(오산동), 오색시장(오산동), **한신대학교**(양산동), 물향기수목원, <u>세마대</u>, 독산성

간선도로	국도1호선, 가장로, 경기대로
철 도	**[1호선]** 오산대역(수정동), 오산역(오산동)

용인특례시

[처인구] 용인시청(삼가동), **용인동부경찰서**(삼가동), **용인대학교**(삼가동), 다보스병원(김량장동), **명지대학교**(남동), 한국외국어대학교(모현읍), 한국등잔박물관(모현읍), 에버랜드(포곡읍), <u>캐리비안 베이</u>(포곡읍), **와우정사**(해곡동)(불교열반종의 총본산으로 민족화합의 염원을 담아 세움), 양지파인리조트(양지면)

[기흥구] 용인서부경찰서(보정동), **강남병원**(신갈동), **용인운전면허시험장**(신갈동), **경희대학교**(하갈동), **강남대학교**(구갈동), <u>한국민속촌</u>(보라동), 경기도어린이박물관(상갈동)

> ❖ 용인시는 경기도의 시(市) 중에서 가장 면적이 넓은 곳이다. 경기도의 군(郡)까지 포함하면 양평군이 가장 크다. 그리고 경기도에서 골프장이 가장 많은 곳이다.

[수지구] 단국대학교(죽전동)

간선도로	국도42호선(인천시 ~ 안산시 ~ 수원시 ~ 용인시 ~ 이천시 ~ 여주시 ~ 원주시) 국도45호선(남양주시 ~ 하남시 ~ 광주시 ~ 용인시 ~ 안성시 ~ 평택시), **남북대로, 중부대로, 백옥대로**

철 도	**[수인 · 분당선]** 죽전역(수지구 죽전동), **보정역**(기흥구 보정동), **구성역**(기흥구 마북동), **신갈역**(기흥구 신갈동), **기흥역**(기흥구 구갈동), **상갈역**(기흥구 상갈동) **[신분당선]** 동천역(수지구 동천동), **수지구청역**(수지구 풍덕천동), **성복역**(수지구 성복동), **상현역**(수지구 상현동) **[에버라인선]** 기흥역(기흥구 구갈동), **강남대역**(기흥구 구갈동), **지석역**(기흥구 상하동), **어정역**(기흥구 상하동), **동백역**(기흥구 중동), **초당역**(기흥구 중동), **삼가역**(처인구 삼가동), **시청 · 용인대역**(처인구 삼가동), **명지대역**(처인구 역북동), **김량장역**(처인구 김량장동), **운동장 · 송담대역**(처인구 김량장동), **고진역**(처인구 유방동), **보평역**(처인구 유방동), **둔전역**(포곡읍 둔전리), **전대 · 에버랜드역**(처인구 포곡읍) **[GTX-A]** 구성역(마북동)

평택시

평택시청(비전동), **평택경찰서**(비전동), 굿모닝병원(합정동), 박애병원(평택동), **삼성전자 평택캠퍼스**(고덕동), 박병원(장당동), 평택대학교(용이동), 한경국립대학교 평택캠퍼스(장안동), 통복시장(통복동), 안중시장(안중읍), 아산만방조제

간선도로	**국도1호선**(파주시 ~ 고양시 ~ 서울시 ~ 안양시 ~ 의왕시 ~ 수원시 ~ 화성시 ~ 오산시 ~ 평택시 ~ 천안시), **국도77호선**(파주시 ~ 고양시 ~ 서울시 ~ 인천시 ~ 시흥시 ~ 안산시 ~ 화성시 ~ 평택시 ~ 아산시), **통일로, 중앙로, 금월로, 율곡로**
철 도	**[1호선]** 진위역(진위면), 송탄역(신장동), **서정리역**(서정동), **지제역**(지제동), **평택역**(평택동)

안성시

안성시청(봉산동), 안성경찰서(옥산동), **중앙대학교 안성캠퍼스**(대덕면), **한경대학교**(석정동), 천주교미리내성지(양성면), → 김대건신부 묘소, 죽주산성(죽산면)

간선도로	• **국도38호선**(아산시 ~ 평택시 ~ 서해안고속도로 ~ 안성시 ~ 음성군), • **국도45호선**(남양주시 ~ 하남시 ~ 광주시 ~ 용인시 ~ 안성시 ~ 평택시), • **영봉로, 서동대로, 남북대로**

이천시

이천시청(중리동), 이천경찰서(중리동), 한국관광대학교(신둔면), 강동대학교(장호원읍), **호법분기점**(호법면) → 중부고속도로와 영동고속도로의 교차지점 / 덕평공룡수목원(마정면), 지산 포레스트 리조트(마장면) → 매년 여름 락페스티발이 열리는 곳

간선도로	• **국도3호선**(강원 철원 ~ 동두천 ~ 의정부 ~ 서울시 ~ 성남시 ~ 광주시 ~ 이천시 ~ 충북 충주) • **국도42호선**(인천시 ~ 안산시 ~ 수원시 ~ 용인시 ~ 이천시 ~ 여주시 ~ 강원 원주) • **중부대로, 서동대로, 경충대로**
철 도	**[경강선]** 신둔도예촌(신둔면), **이천역**(율현동), **부발역**(부발읍)

여주시

여주시청(홍문동), 여주경찰서(창동), 명성왕후생가(능현동), 신륵사(천송동), **세종대왕릉**, 이포나루터

간선도로	**국도37호선**(파주시 ~ 연천군 ~ 포천군 ~ 가평군 ~ 양평군 ~ 여주시 ~ 충북 음성), **국도42호선**(인천시 ~ 안산시 ~ 수원시 ~ 용인시 ~ 이천시 ~ 여주시 ~ 원주시) **장여로, 여원로, 중부대로**
철 도	**[경강선]** 세종대왕릉역(능서면), 여주역(교동)

❷ 고속도로

명 칭	구 간
경부고속도로	성남~수원~오산~안성
서해안고속도로	광명~안산~화성~평택
중부고속도로	하남~광주~이천~안성
평택·제천 고속도로	평택~안성
평택·시흥 고속도로	시흥~평택
중부내륙고속도로	양평~여주
영동고속도로	시흥~안산~군포~수원~용인~이천~여주
수도권제1순환고속도로	김포~시흥~안산~군포~안양~성남~하남~남양주~구리~의정부~양주~고양
제2경인고속도로	시흥~광명~안양
경인고속도로	부천
평택·화성·수원·광명 고속도로	광명~시흥~군포~안산~화성~오산~평택
구리·포천 고속도로	구리~남양주~의정부~양주~포천
광주·원주 고속도로	광주~여주~양평
서울·양양 고속도로	하남~남양주~가평
세종·포천 고속도로	구리~남양주~포천

지 문	정 답
01 '경기도북부청사'가 있는 곳은 어디인가?	의정부시 신곡동
02 '경기도청'이 소재하는 곳은?	수원시(영통구 도청로) → 광교중앙역과 가깝다.
03 유네스코 지정 세계문화유산인 '동구릉'이 있는 곳은?	구리시
04 '일산동구청' 근처에 있는 지하철역은?	정발산역(가장 가까운 역), 마두역
05 '국립현대미술관'과 '중앙선거관리위원회'가 있는 곳은?	과천시
06 가천대학교, 동서울대학교, 신구대학교가 위치한 지역은?	성남시
07 '경기도 교육연수원'이 있는 곳은?	이천시 장호원읍
08 '국립암센터'가 있는 곳은?	고양시(일산동구 마두동)
09 처인구, 영통구, 수지구, 기흥구 중 용인시에 없는 구는?	영통구는 수원시에 소속
10 고양경찰서, 일산동부경찰서, 일산서부경찰서가 있는 곳은 각각 어디인가?	고양시(화정동, 정발산동, 대화동)
11 '경기도 교통연수원'이 있는 곳은?	수원시(장안구)
12 경부고속도로와 영동고속도로가 만나는 곳은?	신갈분기점(용인시 기흥구)
13 국립자연휴양림인 '유명산'과 '명지산' 그리고 '연인산'이 있는 곳은 어디인가?	가평군
14 청평댐, 명지산, 쁘띠프랑스, 명성황후 생가 중에서 가평군에 소재하지 않는 것은?	명성황후 생가(여주시)
15 한국항공대학교, 킨텍스, 국립암센터, 일영유원지 중에서 고양시에 소재하지 않는 것은?	일영유원지는 양주시 (장흥면 삼상리)
16 송추유원지와 장흥관광지가 있는 곳은?	양주시(장흥면)
17 북부간선도로, 강변북로, 서울외곽순환고속도로, 동부간선도로 중에서 구리시를 지나지 않는 도로는?	동부간선도로
18 성남시, 안양시, 시흥시, 인천시, 고양시를 잇는 간선도로는?	서울외곽순환도로
19 도시이름이 들어간 표현이 있을 정도로 '유기'로 유명한 곳은?	안성시
20 '유엔군 초전기념관'이 있는 곳은?	오산시

Part 4
지리

21 경기북부권역응급의료센터인 '가톨릭대학교 성모병원'이 있는 곳은?	의정부시
22 '아인스월드'와 '한국만화박물관'이 있는 곳은?	부천시
23 '한국관광대학교'와 많은 도예촌이 있는 곳은?	이천시
24 '행주산성'과 '최영장군묘'가 있는 곳은?	고양시
25 '서울대공원'과 '서울랜드'가 있는 곳은?	과천시
26 1호선과 4호선이 만나는 전철역은?	금정역(군포시 금정동)
27 '다산 정약용의 묘'와 관련 유적지가 있는 곳은?	남양주시
28 '독산성'과 '세마대'가 있는 곳은?	오산시

29 다음 시설물의 (   )에 들어갈 지역은?

- 쁘띠프랑스 – (ㄱ)
- 정약용선생묘, 광해군묘-(ㄴ)
- 삼성산, 삼막사 – (ㄷ)
- 중부대학교, 한국항공대학교 – (ㄹ)
- 굿모닝병원, 박애병원 – (ㅁ)
- 강남대학교 – (ㅂ)
- 한국외국어대학교 – (ㅅ)
- 한경대학교 – (ㅇ)
- 한신대학교 – (ㅈ)
- 미사리유적 – (ㅊ)
- 협성대학교 – (ㅋ)
- 국립현대미술관 – (ㅌ)
- 강남병원, 경희대학교 – (ㅍ)
- 화성행궁, 팔달문 – (ㅎ)
- 수원대학교 – (a)
- 원광종합병원 – (b)
- 단국대학교 – (c)
- 한림대성심병원– (d)

ㄱ. 가평군	ㄴ. 남양주시
ㄷ. 안양시	ㄹ. 고양시 덕양구
ㅁ. 평택시	ㅂ. 용인기흥구 구갈동
ㅅ. 용인처인구 모현읍	ㅇ. 안성시
ㅈ. 오산시	ㅊ. 하남시
ㅋ. 화성시 봉남읍	ㅌ. 과천시

- ㅍ. 용인시 기흥구 (신갈동, 서천동)
- ㅎ. 수원시 팔달구 (남창동, 팔달로2가)
- a. 화성시(봉담읍)   b. 화성시(송산동)
- c. 용인시 수지구 죽전동
- d. 안양시 동안구 평촌동

30 '디스플레이단지'와 '출판단지'가 있는 곳은?	파주시
31 김대건신부의 묘지가 있는 '천주교미리내성지'가 있는 곳은?	안성시 양성면
32 억새로 유명한 '명성산'이 있는 곳은?	포천시
33 화성시에 있는 경찰서는?	화성서부경찰서(화성시 남양읍), 화성동탄경찰서(화성시 오산동)
34 시화병원, 센트럴병원, 한도병원, 신천연합병원 중에서 시흥시에 없는 병원은?	한도병원(안산시)
35 '판교역'과 가까운 백화점은?	현대백화점(성남시 분당구 백현동)
36 '가톨릭대학교 성빈센트병원'이 있는 곳은 어디인가?	수원시 팔달구 저동
37 수원시에서 의왕시, 안양시, 서울시, 고양시, 파주시를 거치는 간선도로는?	국도1호선
38 '서울예술대학교'가 있는 곳은?	안산시
39 '국립한경대학교'가 있는 곳은?	안성시

40 '서울 시립 승화원(벽제화장터)'이 있는 곳은?	고양시
41 '고양경찰서'와 '안양동안경찰서'에 가까운 역은 각각 어디인가?	화정역, 범계역
42 '군포시청'에 가까운 역은?	산본역
43 '성균관대학교'가 있는 곳은 어디인가?	수원시 장안구 천천동
44 '서해대교'가 위치한 경기도 지역은?	평택시
45 경부고속도로와 수도권제2순환고속도로(봉담·동탄)의 분기점은?	동탄분기점(JC)
46 '웅진플레이도시'와 '카톨릭대학교 성심교정'이 있는 곳은?	부천시
47 경부고속도로와 영동고속도로의 교차지점은?	신갈분기점(용인시 기흥구)
48 안산단원경찰서와 안산상록경찰서가 있는 곳은 각각 어디인가?	단원구 고잔동, 상록구 사동

49 다음 시설물의 (   )에 들어갈 지역은?

- 수원남부경찰서 – (ㄱ)
- 경기남부지방경찰청 – (ㄴ)
- 수원서부경찰서 – (ㄷ)
- 용인동부경찰서 – (ㄹ)
- 용인서부경찰서 – (ㅁ)
- 용인운전면허시험장 – (ㅂ)
- 국군수도병원 – (ㅅ)
- 센트럴병원 – (ㅇ)
- 부천종합터미널 – (ㅈ)
- 경기북부병무지청 – (ㅊ)
- 신륵사 – (ㅋ)
- 성남중원경찰서 – (ㅌ)
- 수원지방법원 – (ㅍ)
- 원미경찰서 – (ㅎ)
- 소사경찰서 – (a)
- 오정경찰서 – (b)
- 경기도청북부청사 – (c)
- 경기북부경찰서 – (d)

ㄱ. 영통구 매탄동	ㄴ. 장안구 연무동
ㄷ. 권선구 탑동	ㄹ. 처인구 삼가동
ㅁ. 기흥구 보정동	ㅂ. 기흥구 신갈동
ㅅ. 성남분당구 율동	ㅇ. 시흥시 정왕동
ㅈ. 원미구 상동	ㅊ. 의정부시 호원동
ㅋ. 여주시	ㅌ. 중원구 상대원동
ㅍ. 영통구 하동	ㅎ. 부천시 중동
a. 부천시 중동	b. 부천시 여월동
c. 의정부시 신곡동	d. 의정부시 금오동

50 다음의 (   )에 들어갈 지역은?

- 경인지방병무청 – (ㄱ)
- 대진대학교 – (ㄴ)
- 용문사, 세미원 – (ㄷ)
- 경기도의료원 – (ㄹ)
- 팔당호, 남한산성 – (ㅁ)
- 가천대학교 – (ㅂ)
- 수원가톨릭대학교 – (ㅅ)
- 오이도, 한국공학대학교 – (ㅇ)
- 천마산, 현대병원 – (ㅈ)
- 광릉수목원 – (ㅊ)
- 신륵사 – (ㅋ)
- 대부도, 서울예술대학교 – (ㅌ)
- 경기대학교 – (ㅍ)
- 웅진플레이도시, 가톨릭대학교 – (ㅎ)
- 용주사, 제부도 – (a)
- 한세대학교, 수리산 – (b)
- 경인교육대학교, 성결대학교, 대림대학교 – (c)
- 계원예술대학교, 한국교통대학교, 백운호수 – (d)

ㄱ. 수원팔달구 화서동	
ㄴ. 포천시 선단동	
ㄷ. 양평군	
ㄹ. 수원장안구 정자동	
ㅁ. 광주시	
ㅂ. 성남시 수정구 복정동	
ㅅ. 화성시	ㅇ. 시흥시
ㅈ. 남양주시	ㅊ. 포천시
ㅌ. 안산시 와동	
ㅍ. 수원영통구 이의동	ㅎ. 부천시
a. 하성시	b. 군포시
c. 안양시	d. 의왕시

01 제1회 적중모의고사

01 경기도 지리에 대한 설명으로 틀린 것은?

① 경기도청북부청사는 의정부시에 있다.

② 경기도청은 수원시 영통구에 있다.

③ 동구릉은 구리시에 있다.

④ 중앙고속도로는 경기도를 지난다.

해설 경기도에는 경부고속도로, 서해안고속도로, 중부고속도로가 있으나, 중앙고속도로는 지나지 않는다.

02 경기도 지리에 관한 설명으로 틀린 것은?

① 광릉수목원은 포천시에 있다.

② 가천대학교, 한신대학교, 동서울대학교는 성남시에 있다.

③ 안성시에는 김대건 신부가 묻혀있는 곳인 천주교 미리내성지가 있다.

④ 경기도 용인시에 경기도 어린이 박물관이 있다.

해설 ② 한신대학교는 경기도 오산시에 있다.

03 경기도의 지리에 대한 설명으로 틀린 것은?

① 명지대학교는 용인시 처인구에 있다.

② 남이장군묘는 화성시에 있다.

③ 명성왕후생가는 여주시에 있다.

④ 경기도교통연수원은 수원시 팔달구에 있다.

해설 경기도교통연수원은 수원시 장안구에 있다.

04 천년고찰인 신륵사와 세종대왕릉이 있는 곳은?

① 광주시 ② 이천시

③ 여주시 ④ 양평군

05 아침고요 수목원이 있는 곳은?

① 포천시 ② 가평군

③ 연천군 ④ 남양주시

해설 ② 가평군 상면 행현리에 소재하고 있다.

06 경기도의 지리에 대한 설명으로 틀린 것은?

① 고양시에 국립암센터가 있다.

② 지하철 분당선과 신분당선은 정자역에서 만난다.

③ 처인구, 영통구, 수지구, 기흥구는 용인시의 구이다.

④ 사법연수원은 고양시 일산동구 장항동에 있다.

해설 ③ 영통구는 수원시에 소속한 구이다.

07 경기도의 지리에 대한 설명으로 틀린 것은?

① 경부고속도로와 서울외곽순환고속도로가 만나는 곳은 판교JC이다.

② 포천시는 이동갈비와 산정호수로 유명하다.

③ 광릉수목원은 파주시에 있다.

④ 청평댐, 명지산, 쁘띠프랑스는 가평군에 있다.

해설 ③ 국립수목원인 광릉수목원은 경기도 포천시에 있다.

① 판교분기점은 성남분당구 삼평동에 있다.

01 ④ **02** ② **03** ④ **04** ③ **05** ② **06** ③ **07** ③

08 경기도 지리에 대한 설명으로 틀린 것은?

① 수원시 장안구 파장동에 택시공제경기지부가 있다.

② 임진각 관광지와 판문점은 파주시에 있다.

③ 한탄강관광지는 가평군에 있다.

④ 경동대학교는 양주시에 있다.

[해설] ③ 연천군에 있는 한탄강관광지는 스카이워크와 재인폭포가 있다.

09 경기도 지리에 대한 설명으로 틀린 것은?

① 아인스월드는 부천시에 있다.

② 안양시 동안구에 한림대성심병원이 있다.

③ 강남병원은 용인시 기흥구에 있다.

④ 경기도청은 수원시 팔달구에 있다.

[해설] 경기도청은 수원시 영통구에 있다.

10 경기도 지리에 대한 설명으로 틀린 것은?

① 미사리경정공원이 있는 곳은 하남시 미사동에 있다.

② 용인시에는 누워있는 불상이 있는 사찰인 '와우정사'가 있다.

③ 경기도의료원은 수원시 팔달구에 있다.

④ 펜션타운이 형성된 대부도는 안산시에 있다.

[해설] ③ 경기도의료원은 수원시 장안구 정자동에 있다.

02 제2회 적중모의고사

01 경기도 지리에 대한 설명으로 옳은 것은?

① 용문사와 용문산은 양평군에 있다.

② 유엔군 초전기념관은 평택시에 있다.

③ 동두천시에 경기북부권역응급의료센터인 가톨릭대학교 성모병원이 있다.

④ 여주시에 한국관광대학교와 많은 도예촌이 있다.

[해설] ② 초전기념관은 오산시에 있다.

③ 동두천시가 아니라 의정부시에 있다.

④ 이천도예마을과 한국관광대학교는 이천시 신둔면에 있다.

02 경기도 지리에 대한 설명으로 틀린 것은?

① 베어스타운리조트가 있는 곳은 포천시이다.

② 대성리 국민관광유원지는 가평군에 있다.

③ 임진왜란 때 권율장군의 대첩으로 유명한 행주산성은 광주시에 있다.

④ 김포시에 애기봉전망대와 국제조각공원이 있다.

[해설] ③ 행주산성은 광주시가 아니라 고양시에 있다.

03 경기도 지리에 대한 설명으로 옳은 것은?

① 양주시에 마석 모란공원이 있다.

② 성남시청은 분당구 판교동에 있다.

③ 수원가톨릭대학교는 수원시에 있다.

④ 파주시에 디스플레이단지가 있다.

[해설] ① 마석 모란공원은 남양주시에 있다.

② 성남시청은 중원구 여수동에 있다.

③ 수원가톨릭대학교는 화성시 봉담읍에 있다.

04 경기도 지리에 대한 설명으로 틀린 것은?

① 명성산은 포천시에 있다.

② 한경대학교는 안성시에 있다.

③ 명지대학교(자연캠퍼스)가 있는 곳은 수원시 장안구에 있다.

④ 국군수도병원은 성남시 분당구에 있다.

[해설] 명지대학교는 용인시 처인구에 있다.

05 경기도 지리에 대한 설명으로 틀린 것은?

① 천마산이 있는 곳은 남양주이다.

② 남한산성은 광주시에 위치한다.

③ 유명산은 가평군에 있다.

④ 산정호수가 있는 곳은 남양주시이다.

해설 산정호수는 포천시에 있다.

06 경기도 지리에 대한 설명으로 틀린 것은?

① 중부고속도로와 영동고속도로의 교차지점은 호법분기점이다.

② 미리내성지가 있는 곳은 평택시이다.

③ 문수산성은 김포시에 소재한다.

④ 축령산자연휴양림은 남양주시 수동면에 있다.

해설 미리내성지는 안성시에 있다.
① 호법분기점은 이천시 호법면에 있다.

07 경기도 지리에 대한 설명으로 틀린 것은?

① 동수원병원은 권선구에 있다.

② 양지파인리조트는 용인시에 있다.

③ 수원 화성행궁이 있는 산은 팔달산이다.

④ 권율장군묘는 양주시 장흥면에 있다.

해설 ① 동수원병원은 팔달구 우만동에 있다.

08 경기도 지리에 대한 설명으로 틀린 것은?

① 국립한경대학교는 안성시에 있다.

② 화홍병원은 수원시 권선구에 있다.

③ 수원버스터미널은 장안구에 있다.

④ 남이장군묘와 제부도는 화성시에 있다.

해설 ③ 수원버스터미널은 권선구 권선동에 있고, 용인공용버스터미널은 처인구 김량장동에 있다.

09 경기도의 지리에 대한 설명으로 틀린 것은?

① 경기도교육청은 수원시 장안구에 있다.

② 경인지방병무청은 수원시 팔달구 화서동에 있다.

③ 원광종합병원은 수원시 권선구에 있다.

④ 고양시청에 가까운 전철역은 3호선 원당역이 있고 기차역은 대정역이 있다.

해설 원광종합병원은 화성시 송산동에 있다.

10 경기도 가평군에 있는 산은?

① 소요산   ② 천마산

③ 용문산   ④ 명지산

해설 소요산은 동두천시, 천마산은 남양주시, 명지산, 유명산은 가평군에 있다.

03 제3회 적중모의고사

01 경기도 지리에 대한 설명으로 틀린 것은?

① 송탄역, 서정리역, 지제역, 세마역 중 평택시에 없는 전철역은 세마역이다.

② 수원대학교와 협성대학교는 화성시에 있다.

③ 팔당댐은 가평군에 있다.

④ 경기도청 북부청사와 경기북부경찰청은 의정부시에 있다.

해설 ① 세마역은 오산시에 있다.
③ 팔당댐은 하남시에 있다.

02 쁘띠프랑스와 웅진플레이도시가 있는 곳은 각각 어디인가?

① 가평군   부천시

② 양주시   부천시

③ 화성시   고양시

④ 남양주시   고양시

03 경기도의 지리에 대한 설명으로 틀린 것은?

① 성결대학교와 대림대학교는 안양시에 있다.

② 한신대학교는 오산시에 있고, 경동대학교는 양주시에 있다.

③ 장흥관광지와 송추유원지는 양주시에 있다.

④ 한국공학대학교는 수원시에 있다.

[해설] 한국공학대학교는 시흥시 정왕동에 있다.

04 경기도의 지리에 대한 설명으로 틀린 것은?

① 한세대학교는 군포시에 있다.

② 신천연합병원은 시흥시에 있다.

③ 국군수도병원은 포천시에 있다.

④ 참조은병원은 광주시에 있다.

[해설] 국군수도병원은 성남시 분당구에 있다.

05 파주시의 관광지가 아닌 것은?

① 장릉, 삼릉   ② 소령원

③ 국립현대미술관   ④ 오두산전망대

[해설] 국립현대미술관은 과천시에 있다.

06 경기도 지리에 대한 설명으로 틀린 것은?

① 경인교육대학교는 안양시에 있다.

② 계원예술대학교는 의왕시에 있다.

③ 경기도교통연수원은 수원시에 있다.

④ 융릉과 건릉은 여주시에 있다.

[해설] ④ 융릉과 건릉은 화성시에 있다.

07 경기도의 지리에 대한 설명으로 틀린 것은?

① 서울예술대학교는 안산시에 있다.

② 수원지방법원은 수원시 영통구에 있다.

③ 한경대학교는 평택시에 있다.

④ 세마대와 독산성은 오산시에 있다.

[해설] ③ 한경대학교는 안성시에 있다.

08 경기도 지리에 대한 설명으로 옳은 것은?

① 센트럴병원은 화성시에 있다.

② 두물머리는 가평군에 있다.

③ 한국교통대학교는 의왕시에 있다.

④ 단국대학교가 있는 곳은 평택시이다.

[해설] ① 센트럴병원은 시흥시에 있다.
② 두물머리는 양평군에 있다.
④ 단국대학교는 용인시에 있다.

09 경기도의 지리에 대한 설명으로 틀린 것은?

① 가천대학교는 성남시 중원구에 있다.

② 경기도교육청은 수원시 장안구에 있다.

③ 경기도청은 수원시 팔달구에 있다.

④ 명지산과 유명산은 가평군에 있다.

[해설] 가천대학교는 성남시 수정구에 있다.

10 경기도의 지리에 대한 설명으로 틀린 것은?

① 웅진플레이도시는 부천시에 있다.

② 명성왕후생가와 신륵사는 이천시에 있다.

③ 경희대학교와 강남대학교는 용인시 기흥구에 있다.

④ 한도병원은 안산시 단원구에 있다.

[해설] 명성왕후생가와 신륵사는 여주시에 있다. 이천시에는 덕평공룡수목원이 있다.

03 ④ 04 ③ 05 ③ 06 ④ 07 ③ 08 ③ 09 ① 10 ②

CHAPTER 3 · 인천광역시 지리

핵심정리

01 인천광역시 지리 핵심정리

인천광역시는 대한민국 북서부에 있는 광역시로서, 서쪽으로 서해, 동쪽으로 서울시 강서구, 경기도 부천시, 남동쪽으로 시흥시, 북쪽으로 김포시와 접한다. 시청 소재지는 남동구 구월동이고, 행정구역은 8구 2군이다. 2003년 인천광역시경제자유구역청이 개청되어 송도 · 청라 · 영종 지구를 관할하고 있다. 인구는 대략 303만명 이다. 서구의 인구가 가장 많으며, 그 뒤로 부평구, 남동구, 미추홀구, 연수구, 계양구의 순으로 많다.

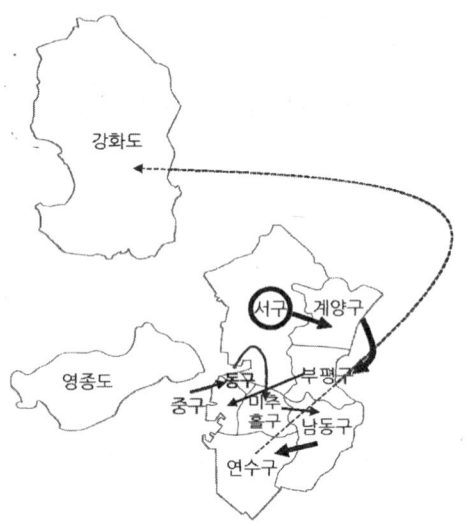

❖ 화살표는 복서의 지리이론의 배열 순서입니다. 서구부터 시작해서 강화도까지 화살표 방향대로 복문의 내용을 배열 하였습니다. 그리고 되도록 북쪽에서 남쪽 순으로 배치하였습니다.

8구(區) 2군(郡)
서구, 계양구, 부평구, 중구, 동구, 미추홀구, 남동구, 연수구, 옹진군, 강화군

인천행정구역 개편(2026년 7월 1일부터)
교재의 현재 내용에서 검단구는 서구에서 분리 신설되고, 중구와 동구의 육지지역이 제물포구가 되고, 영종도를 포함한 섬 지역이 영종구로 분리됩니다. → 현재 논의 중임
그리고 기존 방위명의 구이름에서 새로운 명칭으로 변경됩니다.

✿ 동부 · 서부 · 중부를 묻는 구청과 경찰서는 반드시 구분하여 암기하셔야 합니다.
✿ 광역시의 경우 구(區)를 틀리게 내는 경우는 없으니, 동(洞)을 정확하게 알아야 풀 수 있게 출제됩니다.
✿ 대학교와 종합병원은 반드시 암기해야 합니다. 이론을 숙지한 후 수록된 박스문제를 통하여 떠오를 때까지 암기하시길 바랍니다.
✿ 지하철도 출제됩니다. 특히 ~~역 근처에 있는 지역은 자주 출제됩니다. 모든 역 근처의 장소를 암기하기는 힘드니, 지역명과 동일한 역이름을 이론의 장소와 연결하여 공부하시면 좋습니다.
✿ 사법기관인 지방법원, 고등법원과 검찰청, 검찰지청 등이 보통 같은 행정구역에 있습니다.
✿ 호텔문제는 3번에 1번꼴로 출제됩니다. 복서에서 소개되지 않는 호텔도 있습니다.
✿ 계곡이나 휴양림을 묻는 문제는 거의 출제되지 않으니, 강약을 두어 학습하시길 바랍니다.

❶ 인천시 주요 관공서 및 민간기관

서 구

[심곡동] 서구청, 인천광역시 인재개발원, 인천연구원, 서부경찰서, 은혜병원, 서부소방서

[공촌동] 서부교육지원청

[오류동] 아라타워(경인아라뱃길여객터미널타워), 정서진(경인항여객터미널이 있는 곳으로 경인아라뱃길이 시작되는 곳)

[석남동] 서부여성회관, 뉴성민병원   **[백석동]** 드림파크야생화단지

[가좌동] 나은병원   **[가정동]** 바람꽃공원, 승학산

[왕길동] 온누리병원, 어린이천문대   **[원당동]** 검단선사박물관

[연희동] 인천시설공단, <u>인천아시아드주경기장</u>, 연희자연마당, 콜롬비아군참전기념비

[청라동] 서인천세무서, 인천해양경찰서, 청라호수공원, 청라지구생태공원

간선도로	**[경명대로]** 정서진남로(서구 경서동) ~ 공촌사거리 ~ 계산삼거리(계양구), 용종사거리 ~ 박촌교삼거리(부천시)
	[봉오대로] 중봉로교차로(서구) ~ 가정역 ~ 작전역(계양구) ~ 봉오고가교사거리(부천시)
	[길주로] 서구 석남동 봉수대로 접소 ~ 석남역(서구) ~ 산곡역(부평구) ~ 금호아파트삼거리 ~ 부평구청역 ~ 신복사거리 ~ 삼산체육관역 ~ 부천시장역(부천시)
	[드림로] 수도권 매립지(서구 왕길동) ~ 김포시 고촌읍 수송도로삼거리
	[로봇랜드로] 서구 정서진 ~ 청라국제도시 ~ 서구 원창동
	[서곶로] 한신그랜드힐빌리지(서구) ~ 서인천IC ~ 연희사거리 ~ 검암역 ~ 블로동
	[원적로] 가재울사거리(서구 가좌동) ~ 산곡입구삼거리(부평구)
	[장고개로] 가재울사거리 (서구 가좌동)~ 동부인천스틸 ~ 도화오거리(미추홀구)
	[제1경인고속도로] 서인천 (서구)~ 부평 ~ 부천 ~ 신월IC(서울 강서구)
전 철	• **인천 1호선** : **아라역**(당하동), **신검단중앙역**(원당동), **검단호수공원역**(블로동)
	• **인천 2호선** : **주안국가산단역**(가좌동), **가재울역**(가좌동), **인천가좌역**(가좌동), **서부여성회관역**(석남동), **석남역**(석남동), **가정중앙시장역**(가정동), **가정역**(루원시티역)(가정동), **서구청역**(심곡동), **아시아드경기장역**(연희동), **검바위역**(검암동), **검암역**(검암동), **독정역**(백석동), **완정역**(당하동), **마전역**(마전동), **검단사거리역**(왕길동), **왕길역**(왕길동), **검단오류역**(오류동)
	• **공항철도** : **검암역**(검암동), **청라국제도시역**(경서동)

계양구

[계산동] 계양구청, 고용노동부 인천북부지청, **계양경찰서**, 인천교통연수원, **경인교육대학교**, **경인여자대학교**, 계양소방서, 계양산성, 캐피탈관광호텔

[작전동] 한마음병원, 메디플렉스세종병원, 카리스호텔, 반도관광호텔

[목상동, 계산동] 계양산   **[서운동]** 인천시농업기술센터

간선도로	**[계양대로]** 부평IC(계양구) ~ 작전역 ~ 경인교대입구역 ~ 계산삼거리
	[아나지로] 아나지삼거리(계양구 효성동, 봉오대로·장안로·아나지로가 교차) ~ 새말사거리 ~ 작전고가교입구교차로 ~ 삼정고가교삼거리(부천 삼정동)
	[안남로] 효성동 뉴서울아파트(계양구) ~ 효성사거리 ~ 산곡사거리 ~ 동수역(부평구)
	❖ 서울외곽순환도로와 인천국제공항고속도로가 교차하는 곳에 위치한 분기점은 노오지 분기점(귤현동)이다.
전 철	• **인천1호선** : **계양역**(귤현동), **귤현역**(귤현동), **박촌역**(박촌동), **임학역**(임학동), **계산역**(계산동), **경인교대입구**(계산동), **작전동**(작전동)
	• **공항철도** : **계양역**(귤현동)

부평구

[부평동] **부평구청**, 인천북부교육지원청, **인천성모병원**, 북인천우체국(1동), 부평고등학교(4동), 부평공원, **인천가족공원**

[구산동] 안전보건공단인천본부, **근로복지공단인천병원**, 한국폴리텍대학 인천캠퍼스

[갈산동] 부평소방서 　　　　　　　**[산곡동]** 인천외국어고등학교

[청천동] **부평경찰서**, 부평세림병원, 인천나비공원(1동)

[삼산동] **삼산경찰서**, 부평역사박물관, 인천삼산월드체육관(한국만화박물관, 웹툰융합센터)

간선도로	**[부평대로]** 부평역 ~ 부평시장역 ~ 부평구청역사거리 ~ 갈산역 ~ 부평IC
	[동수천로] 부개동 중앙아파트 ~ 부평 현대렉스힐앞
	[마장로] 부평사거리 ~ 효성동(계양구)
	[부일로] 굴다리오거리(부평구) ~ 부천시 ~ 구로구 오류동 경인로교차점
	[부평문화로] 부원중학교(부평구) ~ 부개동 부평농협 앞
	[부흥로] 부평주안장로교회 ~ 부영로접소 사거리 ~ 부광초입구사거리 ~ 소명삼거리(부천시)
	[수변로] 삼산삼거리(부평구) ~ 부개사거리
	[열우물로] 벽돌막사거리(부평구) ~ 가재울사거리(서구)
	[장제로] 부흥오거리 ~ 굴포천역 ~ 삼산사거리 ~ 임학역(계양구)~ 박촌역 ~ 귤현역 ~ 계양대교 ~ 이화사거리(서구) ~ 유현사거리
	[주부토로] 북부교육청입구 부평대로접소지역 ~ 신트리공원사거리 ~ 갈산사거리 ~ 작전고가교입구교차로(계양구) ~ 계산역 ~ 계양산로
	[평천로] 삼산동(부평구) ~ 도당동(부천시)
전 철	• **인천 1호선** : **갈산역**(갈산동), **부평구청역**(청천동), **부평역**(부평동), **동수역**(부평동)

- **1호선** : **부평역**(부평동), **백운역**(십정동), **동암역**(십정동), **간석역**(간석동)
- **서울 7호선** : **삼산체육관역**(삼산동), **굴포천역**(삼산동), **부평구청역**(청천동)

중 구

[관　동] 중구청(1가)　　　　　　　　　　[신흥동] 인천중구문화원(3가)

[송학동] 남부교육지원청(1가), 자유공원(1가), 제물포구락부(1가)

[운서동] **인천국제공항공사**, 영종소방서, 그랜드하얏트 인천, 호텔 에어스테이, 더호텔영종, 네스트호텔, 호텔휴인천에어포트, 파라다이스시티 호텔, 이바스스타일앰배서더, 베스트웨스턴프리미어 인천에어포트호텔, 인천공항글로벌호텔

[중앙동] 인천개항박물관(1가)　　　　　　[남북동] 인천공항전망대

[전　동] 인천기상대, 제물포고등학교　　　[신포동] 신포국제시장

[항　동] **중부경찰서**(2가), **인천지방해양수산청**(7가), **인천출입국외국인청**(7가), **국립인천검역소**(7가), 하버파크호텔(3가)

[신흥동] 보건환경연구원(2가), **인하대병원**(3가), 인천지방조달청(3가)

[율목동] 인천기독병원　　　　[운남동] 용궁사, 영종도　　　　[송월동] 송월동동화마을(3가)

[북성동] 인천관광공사(1가), 한국이민사박물관(1가), 월미테마파크(1가), 차이나타운(2가), 마이랜드, 베니키아 더블리스호텔(1가), 호텔월미도(1가)

[을왕동] 을왕리해수욕장, 왕산해수욕장, 위너스관광호텔, 더위크엔 리조트, 연화문호텔을왕

✤ 영종대교(중구 중산동)로 진입하는 고속도로는 인천국제공항고속도로와 제2경인고속도로(경기 안양 ~ 인천 남구 ~ 인천 중구)이다.

간선도로	**[영종해안북로]** 을왕동 왕산수문 ~ 운북동 공항입구 분기점 ✤ 제물량로, 신포로, 우현로가 서로 만나는 곳은 중구 신생동이다. **[제2경인고속도로]** 공항신도시JC(중구) ‥ 연수JC(송도) ~ 학익JC(비추홀구) ~ 서창JC(남동구) ~ 안현JC(시흥시)
전 철	• **1호선** : **동인천역**(인현동), **인천역**(북성동) • **인천 수인선** : **인천역**(북성동), **신포역**(사동) • **공항철도** : **영종역**(운복동), **운서역**(운서동), **공항화물청사역**(운서동), **인천국제공항역**(운서동)

동 구

[송림동] 동구청, 송림우체국, **청소년상담복지센터**, **인천광역시의료원**, 인천백병원, **인천재능대학교**

[송현동] 수도국산 달동네박물관　　　　[창영동] 인천세무서

[금곡동] 배다리성냥마을박물관　　　　[화수동] 화도진지　　　　[만석동] 물치도(작약도)

간선도로	• **봉수대로**[변전소사거리(김포시) ~ 봉수대로교차로(서구) ~ 백석교차로 ~ 가정사거리 ~ 산업용품센터사거리(동구) ~ 가구단지사거리(미추홀구) ~ 송림삼거리(동구)] • **중봉대로**[경서삼거리(서구) ~ 중봉교차로 ~ 염전삼거리(동구) ~ 송현사거리] • **서해대로**(신흥사거리(중구) ~ 서해사거리] • **인중로**[숭의로터리(미추홀구) ~ 신포역(중구) ~ 인천역 ~ 만석부두입구(동구) ~ 송현사거리 ~ 황금고개사거리 ~ 송림고가교], • **동산로** ✤ 인중로는 송현사거리에서는 중봉대로와 만나고, 황금고개사거리에서는 생골로와 만난다.
전 철	**1호선 : 도원역**(창영동)

미추홀구(남구)

[**숭의동**] 미추홀구청, 현대유비스병원, 수봉공원

[**용현동**] 옹진군청, **인하대학교**, 인하공업전문대학(용현동과 학익동에 걸쳐있음)

[**도화동**] 인천보훈지청, 선거관리위원회, 상수도사업본부, 종합건설본부, **청운대학교** 인천캠퍼스,
　　　　　 인천대학교 제물포캠퍼스

[**학익동**] 인천지방법원, **인천지방검찰청**, **미추홀경찰서**, **인천병무지청**, 송암미술관, **경인방송**, TBN경인교통방송

[**주안동**] 인천여성복지관, 한국폴리텍대학 남인천캠퍼스, 인천고등학교, **인천사랑병원**, 미추홀소방서,
　　　　　 수봉산, 칼튼호텔

[**문학동**] 인천문학경기장, 인천향교, 문학산　　　　　[**관교동**] **인천종합버스터미널**, 롯데백화점

간선도로	[**미추홀대로**] 청학사거리(연수구) ~ 문학사거리 ~ 신기시장사거리 ~ 시민공원역 ~ 주안역삼거리 　　　　　　　(미추홀구) [**아암대로**] 능안삼거리[숭의역(인하대병원)] ~ 낙섬사거리 ~ 송도3교교차로(연수구) ~ 소래대교 북단(남동구) [**인주대로**] 능안삼거리(숭의역) ~ 용연사거리(미추홀구) ~ 신기사거리 ~ 올림픽공원사거리(남동구) [**인천대로**] 용현동(미추홀구) ~ 도화IC ~ 서인천 나들목(서구) [**경인로**] 숭의로터리(미추홀구) ~ 제물포역삼거리 ~ 주안사거리 ~ 간석오거리(남동구) ~ 부평사거리 　　　　　 ~ 송내IC(부천시) [**구월로**] 주안동(석바위시장역) ~ 만수주공사거리(남동구) [**석정로**] 남부역삼거리(남구) ~ 벽돌막사거리(부평구) [**송림로**] 인천교삼거리(미추홀구 도화동) ~ 송림삼거리(동구) ~ 배다리사거리(중구) [**주안로**] 도화초등학교 사거리 ~ 주원삼거리(남동구)

	[소성로] 인하대역(미추홀구) ~ 학익사거리 ~ 문학운동장 ~ 매소홀로 연결
	[한나루로] 도화IC ~ 용일사거리 ~ 학산사거리
전 철	• **1호선** : 주안역(주안동), **도화역**(도화동), **제물포역**(숭의동)
	• **인천1호선** : **인천터미널역**(관교동)
	• **인천2호선** : **석바위시장역**(주안동), **시민공원역**(주안동), **주안역**(주안동)
	• **수인·분당선** : **숭의역**(용현동), **인하대역**(용현동)

남동구

[만수동] 남동구청, 인천시 동부교육지원청(1동)

[간석동] 인천교통공사, 인천교통정보센터(3동), **한국교통안전공단 인천본부**, 약사사(만월산의 사찰), 만월산

[고잔동] 인천운전면허시험장, 공단소방서

[구월동] 인천광역시청, **인천경찰청**, 남동경찰서, 남동세무서, 남동소방서, 인천광역시교육청, **인천문화예술회관**, **가천대길병원**, 한국방송통신대학교 인천지역대학

[논현동] 인천상공회의소, 소래포구, 파크마린호텔, 라마다 바이 위덤 인천

[장수동] 인천청소년수련관, 인천대공원

✪ 제2경인고속도로와 영동고속도로가 교차하는 분기점은 서창분기점(남동구 서창동)이다.

간선도로	**[남동대로]** 외암사거리 ~ 고잔사거리 ~ 공단본부사거리 ~ 중소기업청사거리 ~ 제2경인고속도로 ~ 간석오거리역(남동구)
	[무네미로] 서창분기점(남동구) ~ 인천대공원 ~ 구산동(부평구)
	[백범로] 장수사거리(남동구) ~ 가좌동(서구)
	[수인로] 장수사거리(남동구) ~ 시흥시 ~ 안산시 ~ 수원 팔달구 육교사거리
	[호구포로] 고잔동 해안지하차도(남동구) ~ 동수지하차도(부평구)
	[인하로] 인하대후문(미추홀구) ~ 남동경찰서사거리(남동구) ~ 후구포로 연결
	[청능대로] 청능교차로(연수구) ~ 호구포길사거리(남동구) ~ 논현역 ~ 소래로 연결
전 철	• **인천1호선** : **부평삼거리역**(간석동), **간석오거리역**(간석동), **인천시청역**(간석동), **예술회관역**(구월동)
	• **인천2호선** : **운연역(서창역)**(운연동), **남동구청역**(만수동), **만수역**(만수동), **모래내시장역**(구월동), **석천사거리역**(구월동), **인천시청역**(간석동)
	• **수인·분당선** : **남동인더스파크**(고잔동), **호구포역**(논현동), **인천논현역**(논현동), **소래포구역**(논현동)

연수구

[동춘동] 연수구청, **여성의광장**, 인천환경공단, 장애인종합복지관, 나사렛국제병원, **홍륜사**, 라마다 송도호텔

[송도동] 중부지방해양경찰청, **인천경제자유구역청**, **인천항만공사**, **인천대학교** 송도캠퍼스, **연세대학교** 국제캠퍼스, **인천가톨릭대학교** 송도국제캠퍼스, 인천도시역사관, 송도한옥마을, 아암도해안공원, 쉐라톤그랜드인천호텔, 홀리데이인 인천송도, 오라카이 송도파크호텔

[연수동] **연수경찰서**, **가천대학교** 메디컬캠퍼스, 인천우체국, **인천적십자병원**

[옥련동] 도로교통공단 인천지부, 능허대공원, 인천상륙작전기념관, 인천시립박물관, 호불사

[청학동] 청량산   **[선학동]** 선학동먹자골목, 별빛공원

전 철	• **수인·분당선** : **송도역**(옥련동), **연수역**(연수동), **원인재역**(연수동) • **인천1호선** : **선학역**(선학동), **신연수역**(선학동), **원인재역**(연수동), **동춘역**(동춘동), **동막역**(동춘동), **캠퍼스타운역**(송도동), **테크노파크역**(송도동), **지식정보단지역**(송도동), **인천대입구역**(송도동), **센트럴파크역**(송도동), **국제업무지구역**(송도동), **송도달빛축제공원역**(송도동)
간선도로	**[경원대로]** 외암도사거리(연수구) ~ 부평동 굴다리오거리(부평구) **[비류대로]** 옹암교차로(연수구) ~ 송도역삼거리 ~ 남동공단입구사거리(남동구) ~ 도림사거리 ~ 시흥시 하중동

강화군

[강화읍] 강화군청, 강화군 보건소, 강화경찰서, 강화소방서, 강화병원, **강화성당**, 호텔 에버리치

[불은면] 강화군 농업기술센터, 강화교육지원청, 안양대학교 강화캠퍼스, 옥토끼우주센터

[양도면] **인천가톨릭대학교** 강화캠퍼스   **[삼산면]** 보문사

[교동면] 대룡시장, 교동향교, 교동읍성   **[화도면]** 정수사, 동막해수욕장, 호텔 무무

[길상면] 전등사(보물178호), 프레시아관광호텔

간선도로	**[강화대로] 강화대교**(김포시 월곶면) ~ **이강교차로**(강화군)

옹진군

[백령면] 백령도, 사곶해변, 콩돌해수욕장, 두무진

[연평면] 망향비   **[북도면]** 모도

[대청면] 대청도   **[영흥면]** 십리포해수욕장   **[자월면]** 자월도

❷ **고속도로**

소재지	명 칭

경인고속도로	서인천IC(시점) ~ 신월IC
제2경인고속도로	인천(시점) ~ 삼막IC
인천대교고속도로	공항신도시JC ~ 학익JC
영동고속도로	인천(시점) ~ 안산JC
인천국제공항고속도로	인천(시점) ~ 북로JC
서울외곽순환고속도로	조남JC ~ 송추IC
수도권제2순환고속도로	인천(시점) ~ 서김포통진IC

02 인천광역시 기출지문 및 키워드 정리

지 문	정 답
01 중구청과 인천개항박물관이 있는 곳은 각각 어디인가?	중구 (관동, 중앙동)
02 '인천국제공항공사'가 있는 곳은?	중구 운서동
03 관모산 일대에 위치한 '인천대공원'과 '월미테마파크'가 있는 곳은 각각 어디인가?	인천대공원(남동구 장수동), 월미테마파크(중구 북성동1가)
04 '인하대학교'가 위치한 곳은?	미추홀구(용현동)
05 '소래포구'와 '소래습지생태공원'이 있는 곳은?	남동구(논현동)
06 '인천광역시교육청'과 '인천세무서'가 있는 지역은 각각 어디인가?	남동구 구월동, 동구 창영동
07 '여성복지관'과 '서부여성회관'이 있는 곳은 각각 어디인가?	미추홀구 주안동, 서구 석남동
08 '인천청소년수련관'과 '인천병무지청'이 있는 곳은 각각 어디인가?	남동구 장수동, 미추홀구 학익동
09 '인천경찰청'과 '인천지방법원(인천지방검찰청 포함)'이 각각 위치하고 있는 곳은?	남동구 구월동, 미추홀구 학익동
10 '인천청소년상담복지센터'와 '인천우체국'이 있는 곳은 각각 어디인가?	남동구 만수동, 연수구 연수동
11 '가톨릭관동대학교 국제성모병원'이 위치하는 곳은?	서구 심곡동
12 '근로자문화센터'가 소재하는 행정구역은?	서구 가좌동

지 문	정 답
13 '인천대학교'가 위치하고 있는 곳은 어디인가?	송도캠퍼스(연수구 송도동), 제물포캠퍼스(미추홀구 도화동)
14 '인천성모병원', '국제성모병원'이 있는 곳은 각각 어디인가?	부평구 부평동, 서구 심곡동
15 '택시운송사업조합'과 '인천교통공사'가 있는 곳은 각각 어디인가?	남동구 (구월동, 간석동)
16 '중부지방해양경찰청'이 있는 곳은?	연수구 송도동
17 '도로교통공단 인천지부'와 '인천해양경찰서'가 위치하고 있는 각각 어디인가?	연수구 옥련동, 서구 청라동
18 '인천개항박물관'과 '인천공항전망대'가 있는 곳은 각각 어디인가?	중구 중앙동, 중구 남북동
19 '국제여객터미널'이 있는 곳은 각각 어디인가?	연수구 송도동
20 '인천시립박물관'과 인천광역시 기념물8호 '능허대지'가 있는 곳은?	연수구 옥련동
21 '인천상공회의소'와 '국립인천검역소'가 있는 곳은 각각 어디인가?	남동구 논현동, 중구 항동
22 '인천출입국외국인청'과 '인천우체국'이 있는 곳은 각각 어디인가?	중구 항동, 연수구 연수동
23 '나은병원'과 '콜롬비아군참전기념비'가 있는 곳은 각각 어디인가?	서구 (가좌동, 가정동)
24 '인천여성복지관'과 '인천종합터미널'이 각각 위치한 곳은?	미추홀구 (주안동, 관교동)
25 '인천경제자유구역청'과 '인천항만공사'가 위치하고 있는 곳은?	연수구 송도동
26 '인천운전면허시험장'과 '옹진군청'이 각각 위치하고 있는 곳은?	남동구 고잔동, 미추홀구 용현동
27 서구 석남동과 부평구 산곡동을 연결하는 터널은?	원적산터널
28 '인천출입국외국인청'과 '국립인천검역소'가 있는 곳은?	중구 항동
29 '인하대학교병원'과 '인천지방조달청'이 있는 곳은?	중구 신흥동
30 '인천여성가족재단(인천여성문화회관)'이 있는 곳은?	부평구 갈산동(길주로)
31 '인천교통공사'가 있는 곳은?	남동구 간석동(경인로)
32 '인천기독병원'과 '인천시립도서관'이 있는 곳은?	중구 율목동
33 '인천아시아드주경기장'이 있는 곳은?	서구 연희동
34 '인천광역시청'이 있는 곳은?	남동구 구월동

지 문	정 답
35 '청소년상담복지센터'와 '인천광역시의료원'이 있는 곳은?	동구 송림동
36 '인천종합버스터미널'이 있는 곳은?	미추홀구 관교통
37 '센트럴파크'가 소재하는 곳은?	연수구 송도동(컨벤시아대로)
38 연수구 송도동에 있는 대학교는?	인천대학교(송도캠퍼스), 연세대학교(국제캠퍼스), 가톨릭대학교(국제캠퍼스)
39 '가천대길병원'이 있는 곳은?	남동구(구월동)
40 '가천대부속 길한방병원'과 '인하대병원'이 있는 곳은 각각 어디인가?	중구 용동, 중구 신흥동3가

41 다음의 (　)에 들어갈 지역은?

- 북인천세무서 - (ㄱ)
- 동구청 - (ㄴ)
- 남동세무서, 남동경찰서 - (ㄷ)
- 인천지방법원, 미추홀경찰서 - (ㄹ)
- 가천의과대학길병원 - (ㅁ)
- 서구청, 인재개발원 - (ㅂ)
- TBN경인교통방송 - (ㅅ)
- 부평경찰서 - (ㅇ)
- 인천상륙작전기념관 - (ㅈ)
- 인천아시아드주경기장 - (ㅊ)
- 인천중구문화원 - (ㅋ)
- 삼산경찰서, 부평역사박물관 - (ㅌ)
- 근로복지공단인천병원 - (ㅍ)
- 여성복지관 - (ㅎ)
- 인천기독병원 - (a)
- 남동구청 - (b)
- 청운대학교 - (c)
- 소래포구 - (d)
- 재능대학교 - (e)
- 중부경찰서 - (f)
- 부평구청 - (g)
- 인천사랑병원 - (h)
- 인천청소년상담복지센터 - (i)
- 차이나타운 - (j)
- 서부경찰서, 은혜병원 - (k)
- 미추홀구청 - (l)
- 인천광역시의료원 - (m)
- 연수구청, 여성의 광장 - (n)
- 인천해양경찰서 - (o)
- 계양구청, 계양경찰서 - (p)
- 서부여성회관, 석민병원 - (q)
- 인천세무서 - (r)
- 인천문화예술회관 - (s)
- 인천성모병원 - (t)
- 인천가족공원 - (u)
- 온누리병원, 어린이천문대 - (v)
- 망향비 - (w)
- 인천시립미술관 - (x)
- 아암도해안공원 - (y)
- 전등사, 정수사 - (z)

ㄱ. 계양구 작전동
ㄴ. 동구 송림동
ㄷ. 남동구 구월동
ㄹ. 미추홀구 학익동
ㅁ. 남동구 구월동
ㅂ. 서구 심곡동
ㅅ. 미추홀구 학익동
ㅇ. 부평구 창천동
ㅈ. 연수구 옥련동
ㅊ. 서구 연희동
ㅋ. 중구 신흥동
ㅌ. 부평구 삼산동
ㅍ. 부평구 구산동
ㅎ. 미추홀구 주안동
a. 중구 율목동
b. 남동구 만수동
c. 미추홀구 도화동
d. 남동구 논현동
e. 동구 송림동
f. 중구 항동
g. 부평구 부평읍
h. 미추홀구 주안동
i. 동구 송림동
j. 중구 북성동
k. 서부 심곡동
l. 미추홀구 승의동
m. 동구 송림동
n. 연수구 동춘동
o. 연수구 옥련동
p. 계양구 계산동
q. 서구 석남동
r. 동구 창영동
s. 남동구 구월동
t. 부평구 부평동
u. 부평구 부평동
v. 서구 왕길동
w. 옹진군 연평면
x. 연수구 옥련동
y. 연수구 송도동
z. 강화군

01 제1회 적중모의고사

01 인천광역시 중구에 소재하지 <u>않은</u> 것은?

① 국립인천검역소

② 인천국제공항공사

③ 청소년상담복지센터

④ 인하대병원

해설 ③ 청소년상담복지센터는 동구 송림동에 소재한다.

02 인천광역시 행정기관에 대한 설명으로 틀린 것은?

① 중구청(중구 관동), 중부경찰서(중구 항동2가)

② 동구청(동구 송림동), 인천광역시청(미추홀구 용현동)

③ 미추홀구청(미추홀구 숭의동), 미추홀경찰서 (미추홀구 학익동)

④ 남동구청(남동구 만수동), 인천경찰청(남동구 구월동)

해설 ② 인천광역시청은 남동구 구월동에 있다.

03 인천광역시 지리에 대한 설명으로 틀린 것은?

① 인천광역시는 8구 2군의 행정구역이다.

② 인천기상대는 중구 전동에 있다.

③ 인천면허시험장은 남동구 구월동에 있다.

④ 인천광역시교통연수원은 계양구 계산동에 있다.

해설 ③ 인천면허시험장은 남동구 고잔동에 있다.

04 인천광역시 행정기관에 대한 설명으로 틀린 것은?

① 연수구청(연수구 동춘동), 연수경찰서(연수구 연수동)

② 부평구청(부평구 부평동), 부평경찰서(부평구 청천동)

③ 계양구청(계양구 계산동), 계양경찰서(계양구 계산동)

④ 서구청(서구 심곡동), 서부경찰서(서구 석남동)

해설 ④ 서부경찰서도 서구 심곡동에 있다.

05 인천대공원이 있는 곳은?

① 연수구

② 남동구

③ 옹진구

④ 미추홀구

해설 ② 인천대공원은 남동구 장수동에 있다.

06 '인천문학경기장'과 '문학산'이 있는 곳은?

① 미추홀구

② 남동구

③ 연수구

④ 계양구

해설 미추홀구 문학동에 소재한다.

07 인천광역시의 교통관련기관에 대한 설명으로 틀린 것은?

① 교통안전공단(인천본부) – 중구 신흥동

② 인천운전면허시험장 – 남동구 고잔동

③ 인천교통공사 – 남동구 간석동

④ 인천항만공사 – 연수구 송도동

해설 ① 한국교통안전공단 인천본부는 남동구 간석동에 있다.

08 인천광역시 지리에 대한 설명으로 틀린 것은?

① 여성의광장은 연수구 동춘동에 있다.

② 드림파크야생화단지는 미추홀구 학익동에 있다.

③ 인천가족공원은 부평구 부평동에 있다.

④ 인천경제자유구역청은 남동구 구월동에 있다.

01 ③ 02 ② 03 ③ 04 ④ 05 ② 06 ① 07 ① 08 ④

해설 ④ 인천경제자유구역청은 연수구 송도동에 있다.

09 인천광역시의 대학교와 그 위치에 대한 설명으로 틀린 것은?

① 인천재능대학교 – 동구 송림동

② 인하대학교 – 미추홀구 용현동

③ 인천대학교(제물포캠퍼스) – 미추홀구 도화동

④ 가천대학교(메디컬캠퍼스) – 남동구 구월동

해설 ④ 가천대학교 메디컬캠퍼스는 연수구 연수동에 있다.

10 인천광역시 지리에 대한 설명으로 틀린 것은?

① 경인교육대학교는 계양구 계산동에 있다.

② 차이나타운과 월미도는 중구 북성동에 있다.

③ 가천의과학대학교 길병원은 남동구 간석동에 있다.

④ 여성의광장은 연수구 동춘동에 있다.

해설 ③ 남동구 간석동이 아니라 남동구 구월동에 있다.

02 제2회 적중모의고사

01 인천광역시의 병원과 그 위치에 대한 설명으로 옳지 않은 것은?

① 인천기독병원 – 중구 율목동

② 인하대병원 – 미추홀구 용현동

③ 인천광역시의료원 – 동구 송림동

④ 인천사랑병원 – 미추홀구 주안동

해설 ② 인하대병원은 중구 신흥동3가에 있다.

02 인천광역시 지리에 대한 설명으로 틀린 것은?

① 인천아시아드경기장은 계양구 계산동에 있다.

② 국립인천검역소는 중구 항동에 있다.

③ 검단선사박물관은 서구 원당동에 있다.

④ 경인일보는 남동구 구월동에 있다.

해설 ① 인천아시아드경기장은 서구 연희동에 있다.

03 인천광역시 시설물에 대한 설명으로 틀린 것은?

① 인천국제공항공사 – 중구 운서동

② 인천지방법원 및 인천지방검찰청 – 미추홀구 학익동

③ 인천여성인력개발센터 – 남동구 구월동

④ 여성복지관 – 연수구 동춘동

해설 ④ 인천여성의 광장은 연수구 동춘동에 있다. 여성복지관이 미추홀구 주안동에 있다.

04 인천광역시의 지리에 대한 설명으로 틀린 것은?

① 인천세무서는 동구 창영동에 있다.

② 해양경찰청은 서구 청라동에 있다.

③ 인천경찰청은 남동구 구월동에 있다.

④ 인천광역시의료원은 남구 구월동에 있다.

해설 ④ 인천광역시의료원은 동구 송림동에 있다.

05 인천광역시에 있는 병원과 소재지의 연결로 틀린 것은?

① 인하대학교 병원 – 중구 신흥동3가

② 인천기독병원 – 중구 율목동

③ 인천백병원 – 동구 송림동

④ 인천적십자병원 – 남동구 구월동

해설 ④ 인천적십자병원은 연수구 연수동에 있다.

Part 4
지리

06 인천광역시 부평구에 소재하지 <u>않는</u> 병원은?

① 근로복지공단 인천병원

② 인천성모병원

③ 인천사랑병원

④ 세림병원

해설 ③ 인천사랑병원은 미추홀구 주안동에 있다. ① 부평구 구산동, ② 부평구 부평동, ④ 부평구 청천동

07 인천광역시 지리에 대한 설명으로 <u>틀린</u> 것은?

① 가천대학교길병원은 부평구 부평동에 있다.

② 인천교통공사는 남동구 간석동에 있다.

③ 메디플렉스세종병원은 계양구 작전동에 있다.

④ 인천출입국외국인청은 중구 항동에 있다.

해설 ① 카톨릭대학교 인천성모병원이 부평구 부평동에 있다. 가천대학교 길병원은 남동구 구월동에 있다.

08 인천광역시 경찰서에 대한 설명으로 <u>틀린</u> 것은?

① 중부경찰서는 중구 항동2가에 있다.

② 미추홀경찰서는 미추홀구 학익동에 있다.

③ 남동경찰서는 남동구 구월동에 있다.

④ 인천해양경찰서는 남동구 구월동에 있다.

해설 ④ 인천해양경찰서는 서구 청라동에 있다.

09 다음 기관 중 서구에 위치하지 <u>않는</u> 시설물은?

① 인천교통연수원　　② 인재개발원

③ 나은병원　　④ 청라지구생태공원

해설 인천교통연수원은 계양구 계산동에 있다. ② 서구 심곡동, ③ 서구 가좌동, ④ 서구 청라동

10 인천광역시의 시설물과 소재지를 묶은 것으로 <u>틀린</u> 것은?

① 영종도 - 중구 운남동

② 서부여성회관 - 서구 가좌동

③ 전등사 - 강화군 길상면

④ 인천종합버스터미널 - 미추홀구 관교동

해설 ② 서부여성회관은 서구 석남동에 있다.

03 제3회 적중모의고사

01 인천광역시 지리에 대한 설명으로 <u>틀린</u> 것은?

① 콜롬비아참전기념비는 서구 가정동에 있다.

② 인천상륙작전기념관은 연수구 송도동에 있다.

③ 한마음병원은 계양구 작전동에 있다.

④ 차이나타운은 중구 북성동에 있다.

해설 ② 인천상륙작전기념관은 연수구 옥련동에 있다. 연수구 송도동에는 인천도시역사관이 있다.

02 인천광역시 지리에 대한 설명으로 <u>틀린</u> 것은?

① 인천광역시교육청은 남동구 만수동에 있다.

② 한국방송통신대학교 인천지역대학은 남동구 구월동에 있다.

③ 콜롬비아군참전기념비는 서구 가정동에 있다.

④ 인천국제공항은 중구 운서동에 있다.

해설 ① 인천광역시교육청은 남동구 구월동에 있다.

03 인천광역시 동구에 대한 설명으로 <u>틀린</u> 것은?

① 청소년상담복지센터는 동구 송림동에 있다.

② 경인여자대학교는 계양구 계산동에 있다.

③ 경인아라뱃길여객터미널은 서구 오류동에 있다.

④ 국제성모병원은 남동구 논현동에 있다.

해설 ④ 국제성모병원은 서구 심곡동에 있다.

04 인천광역시의 지리에 대한 설명으로 틀린 것은?

① 삼산경찰서는 부평구에 있다.

② 청운대학교(인천캠퍼스)는 미추홀구 도화동에 있다.

③ 인천연구원은 서구 심곡동에 있다.

④ 경원대로, 비류대로, 무네미로는 연수구를 지난다.

해설 ④ 경원대로, 비류대로는 연수구를 지나지만, 무네미로는 남동구를 지난다.

05 인천광역시의 지리에 대한 설명으로 틀린 것은?

① 연수구 송도동에는 연세대학교, 가톨릭대학교, 인천대학교가 있다.

② 한국폴리텍대학 인천캠퍼스는 부평구 구산동에 있다.

③ 인천상공회의소는 중구 항동에 있다.

④ 인천시립박물관과 호불사는 연수구 옥련동에 있다.

해설 인천상공회의소는 남동구 논현동에 있다.

06 북인천세무서와 옹진군청이 있는 곳은?

① 계양구 직전동 – 강화군 강화읍

② 중구 항동 – 강화군 상화읍

③ 계양구 작전동 – 미추홀구 용현동

④ 서구 심곡동 – 미추홀구 용현동

07 인천광역시 시설에 대한 설명으로 틀린 것은?

① 인천공항전망대 – 중구 남북동,
인천항만공사 – 연수구 송도동

② 수도국산달동네박물관 – 동구 송현동,
송도한옥마을 – 연수구 송도동

③ 송암미술관 – 미추홀구 학익동,
인천나비공원 – 부평구 청천동

④ 인천시립박물관 – 남동구 장수동,
부평역사박물관 – 부평구 삼산동

해설 ④ 인천시립박물관은 연수구 옥련동에 있다.
남동구 장수동에는 인천대공원이 있다.

08 인천광역시 중구에 있는 호텔이 아닌 것은?

① 그랜드하얏트 인천

② 인천파라다이스시티 호텔

③ 쉐라톤 그랜드 인천호텔

④ 네스트호텔

해설 ③ 연수구 송도동에 있다.
①·②·④는 중구 운서동에 있다.

09 인천광역시 기관과 그 위치를 연결한 것으로 틀린 것은?

① 여성의 광장 – 연수구 동춘동

② 경인방송 – 미추홀구 학익동

③ 중부지방해양경찰청 – 연수구 송도동

④ 청운대학교 – 남동구 장수동

해설 청운대학교는 미추홀구 도화동에 있다.

10 다음 지하철 노선의 순서로 틀린 것은?

① 부평 – 동수 – 부평삼거리 – 간석오거리

② 도화 – 주안 – 간석 – 동암 – 백운 – 부평

③ 왕길 – 임학 – 마전 – 완정 – 독정 – 검암

④ 인천시청 – 석천사거리 – 모래내시장

해설 ③ 인천2호선에 있는 역들의 순서로 임학역은 인천1호선에 있는 역이다.
① 인천1호선, ② 1호선, ④ 인천2호선

04 ④ **05** ③ **06** ③ **07** ④ **08** ③ **09** ④ **10** ③

부록

최종모의고사

최종모의고사

CHAPTER 1

최종점검

01 제1회 최종모의고사

01 운전면허취득 응시 제한의 기간이 <u>다른</u> 것은?

① 다른 사람의 자동차를 훔친 사람이 무면허 운전 금지 규정을 위반하여 운전한 경우

② 거짓이나 그 밖의 부정한 수단으로 운전면허를 받은 경우

③ 공동위험행위의 금지를 2회 이상 위반한 경우

④ 음주운전 또는 경찰공무원의 음주측정을 위반하여 교통사고를 일으킨 경우

02 국토법상 규정에 따른 "상업지역" 편도 1차로 일반도로와 편도 2차로 이상 일반도로에서 택시의 최고속도로 각각 옳게 짝지어진 것은?

<u>일반도로(편도 1차로)</u> / <u>편도 2차로 이상 일반도로</u>

① 80km/h 70km/h

② 50km/h 80km/h

③ 60km/h 80km/h

④ 50km/h 90km/h

03 교통정리를 하고 있지 아니하고 좌·우를 확인할 수 없는 교차로에서의 통행방법으로 옳은 것은?

① 속도를 유지하고 진행한다.

② 일시정지 후 서행한다.

③ 운전자는 좌측 도로의 차에 진로를 양보한다.

④ 앞차의 속도에 따라 진행한다.

04 교통사고처리특례의 적용이 배제되는 신호·지시위반의 성립요건에 해당하지 <u>않는</u> 것은?

① 장소적 요건 : 경찰관의 수신호를 위반

② 피해자적 요건 : 신호·지시위반 차량에 충돌되어 인적피해를 입은 경우

③ 장소적 요건 : 규제표지 이외의 표지판이 설치된 구역

④ 운전자의 과실 : 고의적 과실이나 부주의에 의한 과실

05 교통사고특례법이 배제되는 음주운전에 대한 설명으로 틀린 것은?

① 차단기에 차단되고 관리되나, 공개되지 않는 통행로에서의 음주운전도 처벌 대상이 된다.

② 술을 마시고 주차장 또는 주차선 안에서 운전하여도 처벌 대상이 된다.

③ 혈중알코올 농도 0.028%에 해당한 경우에도 음주운전이다.

④ 도로가 아닌 곳에서의 음주운전도 처벌 대상이다.

06 최고속도의 100분의 20을 줄인 속도로 운행해야 하는 경우는?

① 비가 내려 노면이 젖어 있는 경우

② 노면이 결빙된 경우

③ 눈이 30mm 정도 쌓인 경우

④ 폭우·폭설·안개 등으로 가시거리가 100m 이내인 경우

07 다음 중 택시의 경우 '운전 중 휴대용 전화를 사용한 경우'의 범칙금액과 같은 위반행위는?

① 서행의무나 일시정지를 위반한 경우

② 운전 중 좌석안전띠를 미착용한 경우

③ 운전 중 영상표시장치를 조작한 경우

④ 보행자 통행방해 또는 보호를 불이행한 경우

08 속도위반 시 벌점의 설명으로 틀린 것은?

① 80km/h 초과 100km/h 이하의 속도위반을 한 경우 - 80점

② 60km/h 초과의 속도위반을 한 경우 - 60점

③ 40km/h 초과 60km/h 이하의 속도위반을 한 경우 - 40점

④ 20km/h 초과 40km/h 이하의 속도위반을 한 경우 - 15점

09 다음 중 무면허운전에 해당되지 <u>않는</u> 것은?

① 면허증 교부 전에 운전하는 경우

② 임시운진증명서로 도로에서 운전하는 경우

③ 면허종별 외 차량을 운전하는 경우

④ 면허 있는 자가 도로에서 무면허자에게 운전연습을 시키던 중 사고를 야기한 경우

10 도로선형과 교통사고에 대한 설명으로 틀린 것은?

① 곡선부는 미끄럼 사고가 발생하기 쉽다.

② 일반도로에서는 곡선반경의 크기가 작아짐에 따라 사고율이 낮아진다.

③ 일반적으로 횡단면의 차로 폭이 넓을수록 교통사고의 예방효과가 있다.

④ 곡선부의 편경사를 개선하고 시거를 확보하면 사고의 위험을 줄일 수 있다.

11 다음 안전표지의 설명으로 옳은 것은?

① 　　②

　과속방지턱　　　　　　자동차통행금지

③ 　　④

　　우회로　　　　　　　최고속도제한

12 택시운전자가 어린이보호구역 및 노인·장애인 보호구역에서 20km/h 이하의 속도위반을 한 경우의 범칙금 금액은?

① 13만원　　　　　② 10만원

③ 8만원　　　　　④ 6만원

13 앞지르기 금지 장소가 <u>아닌</u> 곳은?

① 안전표지 없는 도로의 구부러진 곳

② 교차로

③ 터널 안

④ 다리 위

14 교통처리사고특례법이 배제되는 도주(뺑소니)가 성립하지 <u>않는</u> 경우는?

① 현장에 도착한 경찰관에게 거짓으로 진술한 경우

② 사고운전자가 연락처를 거짓으로 알려준 경우

③ 사고운전자가 자기 차량사고에 대한 조치 없이 가버린 경우

④ 사고에 대한 과실이 적은 차량이 그냥 가버린 경우

15 교통사고발생 시의 조치에 대한 설명으로 **틀린** 것은?

① 사상자를 구호하는 등의 필요한 조치를 하고 피해자에게 인적사항을 제공한다.

② 사고현장에 경찰공무원이 없을 때에는 가까운 '구청'에 '일정 사항'을 신고하여야 한다.

③ ②의 '일정 사항'으로는 사고가 일어난 곳, 사상자의 수 및 부상 정도가 포함된다.

④ 누구든지 운전자 등의 조치 또는 신고행위를 방해해서는 아니 된다.

16 서행하여야 할 장소로서 옳지 **않은** 것은?

① 교통정리를 하고 있지 아니하는 교차로

② 비탈길의 고갯마루 부근

③ 가파른 비탈길의 내리막

④ 터널안 및 다리 위

17 정차 및 주차의 금지의 장소로 **틀린** 것은?

① 교차로 · 횡단보도 · 건널목이나 보도와 차도가 구분된 도로의 보도

② 건널목의 가장자리 또는 횡단보도로부터 5m 이내인 곳

③ 교차로의 가장자리 또는 도로의 모퉁이로부터 5m 이내인 곳

④ 소방용수시설 또는 비상소화장치가 설치된 곳으로부터 5m 이내의 곳

18 다음 설명 중에서 옳지 **않은** 것은?

① 야간에 택시를 운행하여야 하는 경우 전조등, 차폭등, 미등, 번호등과 실내조명등을 등화해야 한다.

② 도로에서 정차하거나 주차할 때 미등과 차폭등을 등화해야 한다.

③ 음주운전의 기준은 혈중알코올농도가 0.03퍼센트 이상인 경우로 한다.

④ 몸이 뚱뚱하여 좌석안전띠를 매는 것이 적당하지 않은 경우에도 매야 한다.

19 다음 설명 중에서 옳은 것은?

① 어린이 통학버스가 도로에 정차한 경우 그 차로의 바로 옆 차로로 통행하는 자의 운전자는 일시정지하여야 한다.

② 제2종 보통면허를 가진 운전자는 승차정원 10명 이하의 승합자동차도 운행할 수 있다.

③ 고속도로에서 자동차를 운행할 수 없는 경우에는 주간에는 200m 후방 지점에 고장자동차의 표지를 설치하여야 한다.

④ 밤에는 고장자동차의 표지와 함께 사방 400m 지점에 섬광신호 · 전기제동 또는 불꽃신호를 추가로 설치하여야 한다.

20 다음 중 사고운전자가 형사처벌의 대상이 되는 경우가 **아닌** 것은?

① 경상해 사고를 유발하고 형사상 합의가 안된 경우

② 신호 · 지시 위반 사고

③ 과속(20km/h 초과)의 사고

④ 민사상 손해배상을 하지 않은 경우

21 LPG 차량 관리 요령에 대한 설명으로 **틀린** 것은?

① LPG탱크 수리는 급한 경우 직접한다.

② 가스누출량이 많은 부위는 하얗게 서리가 형성된다.

③ 가스누출이 확인되면 LPG 탱크의 모든 밸브를 잠가야 한다.

④ LPG는 공기에 비해서 약 두배 정도 무겁다.

22 이면도로에서의 안전운전방법에 대한 설명으로 **틀린** 것은?

① 보행자 등이 아무 곳에서나 횡단이나 통행을 할 수 있다.

② 서행하며 언제라도 정지할 수 있는 마음가짐을 가진다.

③ 위험대상물은 그 움직임을 주시하며 시선을 떼지 않는다.

④ 간선도로와 동일한 주의의무가 요구된다.

23 빗길과 안개길 안전운전에 대한 설명으로 **틀린** 것은?

① 차간거리를 충분하게 확보하고 천천히 주행한다.

② 안개가 심한 경우에는 미등과 비상경고등을 점등시키고 천천히 주행한다.

③ 안개로 가시거리가 100m 이내인 경우 최고속도의 100분의 50으로 감속운행한다.

④ 비가 내려 물이 고인 길을 통과할 때는 속도를 줄이고 저속기어로 서행한다.

24 봄철 자동차관리에 대한 설명으로 **틀린** 것은?

① 겨울을 보낸 후에는 전문세차장에서 차체를 구석구석 청소한다.

② 겨울 동안 사용한 월동장비를 잘 정리하고 깨끗하게 손질한다.

③ 오일의 교체는 다른 등급의 오일로 교체하거나 보충한다.

④ 벗겨지거나 낡은 배선은 새것으로 교환한다.

25 LPG의 특징에 대한 설명으로 **틀린** 것은?

① 액화시키면 부피가 매우 작아진다.

② 기화하면 공기보다 가벼우므로 누설되는 경우 높은 부분이 고인다.

③ 옥탄가와 발열량이 높다.

④ 순수한 LPG는 무색, 무취, 무미하다.

26 다음 경제운전에 대한 설명으로 **틀린** 것은?

① 불필요한 가속을 자제하고 브레이크를 덜 밟는 운행을 한다.

② 교통상황을 미리 예측하고 대응하는 운전방식은 안전운전이자 경제운전이다.

③ 비가 오거나 눈이 많이 오는 경우 공기압을 낮춘다.

④ 시동 직후 급출발과 급가속을 하지 않는다.

27 교통사고 및 고장 발생 시 대처요령에 대한 설명으로 **틀린** 것은?

① 고속도로에서 2차사고의 발생은 일반사고보다 훨씬 높다.

② 2차 사고의 발생을 방지하기 위하여 비상등을 켜고 갓길로 차량을 이동시킨다.

③ 후방에서 접근하는 차량의 운전자가 쉽게 확인할 수 있도록 주간에는 고장자동차의 표지(안전삼각대)를 한다.

④ 지선에서 차량속도가 높은 본선으로 합류할 때에도 가속을 하지 않는다.

28 교량과 교통사고의 관계로 **틀린** 것은?

① 교량의 폭, 교량 접근부 등이 교통사고와 밀접한 관계가 있다.

③ 교량 접근로의 폭과 교량의 폭이 서로 다른 경우에도 교통통제 설비를 효과적으로 설치하면 사고를 방지할 수 있다.

④ 교량 접근로의 폭과 교량의 폭이 같을 때 사고율이 가장 낮다.

② 교량 접근로의 폭에 비해 교량의 폭이 넓을수록 사고가 더 많이 발생한다.

29 LPG 자동차에 대한 설명으로 틀린 것은?

① 연료를 충전하기 전에 반드시 시동을 끈다.

② 비상시 연료누출을 자동으로 방지하는 밸브는 연료차단밸브(적색)이다.

③ 추운 지역의 경우 시동성의 향상을 위해서 LPG 성분에서 프로판의 비율이 높다.

④ 옥외에 주차하는 것 보다 가급적 건물 내 또는 주차장에 주차하는 것이 좋다.

30 추월할 경우의 방어운전방법으로 틀린 것은?

① 꼭 필요한 경우에만 추월한다.

② 반드시 안전을 확인한 후 시행한다.

③ 추월 전에 앞차에게 신호로 알린다.

④ 추월 후 뒤차와 상관없이 과감하게 진입한다.

31 자동차의 주행장치 점검사항이 <u>아닌</u> 것은?

① 타이어의 공기압은 적당한가?

② 섀시스프링의 절손된 곳은 없는가?

③ 타이어의 이상 마모와 손상은 없는가?

④ 휠볼트 및 허브볼트의 느슨함은 없는가?

32 고속도로 제한속도로 주행 중 앞차와의 안전거리로 적당한 것은?

① 30m 이상   ② 50m 이상

③ 100m 이상   ④ 200m 이상

33 교통사고의 직접적 요인이 <u>아닌</u> 것은?

① 위험인지 지연

② 사고 직전 과속과 같은 법규 위반

③ 운전조작의 잘못 및 잘못된 위기대처

④ 차량의 운전 전 점검습관 결여와 무리한 운행계획

34 다른 차가 자차를 앞지르기 할 때의 방어운전방법으로 옳은 것은?

① 바로 정지한다.

② 자차도 앞지르기를 시도한다.

③ 다른 차가 앞지르기를 못하도록 속도를 높여서 주행한다.

④ 자차의 속도를 앞지르기를 시도하는 차의 속도 이하로 적절히 감속한다.

35 타이어가 펑크가 난 경우의 조치사항에 대한 설명으로 틀린 것은?

① 핸들이 돌아가지 않도록 견고하게 잡는다.

② 가속페달에서 발을 떼어 속도를 서서히 감속시켜 길 가장자리로 이동한다.

③ 잭을 사용할 경우 타이어의 대각선에 위치한 타이어에 고임목을 설치한다.

④ 잭을 사용할 때에는 후륜의 경우 프런트 액슬 아래 부분에 설치한다.

36 커브길에 대한 설명으로 옳지 <u>않은</u> 것은?

① 곡선반경이 길어질수록 급한 커브길이 된다.

② 곡선부의 곡선반경이 극단적으로 길어져 무한대에 이르면 완전한 직선도로가 된다.

③ 커브길은 도로가 왼쪽 또는 오른쪽으로 굽은 곡선부를 갖는 도로의 구간을 의미한다.

④ 가속이나 감속을 하지 않는다.

37 방어운전을 위한 속도조절 방법으로 옳은 것은?

① 교통량이 적은 곳은 속도를 줄여 주행한다.

② 노면의 상태가 나쁜 도로에서는 속도를 높여 주행한다.

③ 주택가나 이면도로 등에서는 과속이나 난폭운전을 하지 않는다.

④ 곡선반경이 작은 도로나 신호의 설치간격이 좁은 도로에서는 속도를 높여 통과한다.

38 원심력에 관한 설명으로 옳지 <u>않은</u> 것은?

① 커브길을 돌 때 바깥으로 미끄러지려고 하는 힘이다.

② 원심력은 커브 반경이 클수록 커지고 중량이 무거울수록 작아진다.

③ 커브길 운전 시에는 커브 직전에서 속도를 충분히 줄인 후 진입해야 한다.

④ 원심력이 타이어와 노면의 마찰저항보다 크면 밖으로 미끄러지거나 전복한다.

39 다음은 현가장치에 대한 설명이다. 옳지 <u>않은</u> 것은?

① 코일스프링은 승용차에 많이 사용한다.

② 쇽 업소버는 스프링 진동을 감압시켜 진폭을 줄이는 기능을 한다.

③ 스태빌라이저는 좌·우 바퀴가 동시에 상하 운동을 할 때 작동한다.

④ 스태빌라이저는 토션바의 일종으로 가운데는 차체에 설치된다.

40 오감으로 판별하는 자동차의 이상 징후에 대한 설명으로 <u>틀린</u> 것은?

① 고무 타는 냄새가 날 때는 대개 엔진실 내부의 전기배선 등이 타는 냄새일 수 있다.

② 치과의 이를 갈 때 나는 단내가 심하게 나는 경우는 주브레이크의 간격이 좁은 경우일 수 있다.

③ 머플러 파이프에서 배출되는 가스의 색이 백색인 경우 다량의 엔진오일이 실린더 위로 올라와 연소되는 경우에 발생한다.

④ 험한 도로를 달릴 경우 '딱각딱각'이나 '쿵쿵'의 소리가 나는 경우 앞 차륜 정렬(휠 얼라인먼트)이 맞지 않는 경우이다.

41 직업운전자의 예절에 대한 설명 중 <u>틀린</u> 것은?

① 항상 변함없는 진실한 마음으로 상대를 대한다.

② 약간의 어려움을 감수하는 것은 좋은 인간관계 유지를 위한 투자이다.

③ 자신의 것만 챙기는 이기주의는 바람직한 인간관계 형성의 저해요소이다.

④ 상대방의 이익과 신뢰관계는 관련이 없다.

42 올바른 서비스 제공을 위한 요소가 <u>아닌</u> 것은?

① 단정한 용모와 복장   ② 의례적 언행

③ 밝은 표정   ④ 따뜻한 응대

43 일반적인 승객의 욕구에 대한 것으로 <u>틀린</u> 것은?

① 환영받고 싶어한다.

② 관심을 받지 않으려 한다.

③ 편안해지고 싶어한다.

④ 기대와 욕구를 수용받고 싶어한다.

44 택시의 정비 및 설비 등에 관한 준수사항에 대한 설명으로 옳은 것은?

① 모범형 택시운송사업용 자동차에는 호출설비를 갖추어야 한다.

② 모든 택시운송사업자는 여객이 쉽게 볼 수 있는 위치에 요금미터기를 설치해야 한다.

③ 수요응답형 여객자동차에는 국토교통부장관이 정하는 수요응답 시스템을 갖추어야 한다.

④ 모든 택시운송사업용 자동차에는 요금영수증발급과 신용카드결제가 가능하도록 관련기기를 설치하여야 한다.

45 승객 응대의 마음가짐에 대한 설명으로 **틀린** 것은?

① 승객과 운전자의 중간 입장을 취한다.

② 항상 긍정적으로 생각한다.

③ 공사를 구분하고 공평하게 승객을 대한다.

④ 예의를 지켜 겸손하게 대한다.

46 사업용 운전자의 사명과 자세에 대한 설명으로 **틀린** 것은?

① 교통법규를 이해하고 준수하는 자세를 가져야 한다.

② 여유있는 자세로 양보운전한다.

③ 운전은 주의를 집중해서 하고, 심신상태를 차분하게 유지한다.

④ 추측운전을 금지하고 자신의 운전기술을 믿고 운전한다.

47 운전자가 가져야 할 기본자세가 <u>아닌</u> 것은?

① 주의력 집중

② 심신상태를 고양되게 유지

③ 소음공해 최소화

④ 자기에게 유리한 행동 삼가

48 배터리가 방전되어 엔진 시동이 걸리지 않는 경우의 조치사항으로 **틀린** 것은?

① 변속기는 '중립'에 위치시킨다.

② 방전된 배터리가 충분하게 충전되도록 일정 시간 시동을 걸어둔다.

③ 다른 차량의 배터리에 점프케이블을 연결할 경우 타 차량의 시동을 먼저 건다.

④ 보조배터리 사용시 시동을 먼저 건 후 점프케이블을 연결한다.

49 자동차 및 자동차부품의 성능과 기준에 관한 규칙에 따른 용어설명으로 **틀린** 것은?

① '공차상태'는 사람이 승차하지 아니하고 물품을 적재하지 아니한 상태로 연료·냉각수 및 윤활유를 비운 상태를 말한다.

② '차량중량'은 공차상태의 자동차 중량이다.

③ '적차상태'는 자동차에 승차정원의 인원이 승차하고 최대적재량의 물품이 적재된 상태이다.

④ '차량총중량'은 적차상태의 자동차의 중량이다.

50 교통사고 현장에서의 상황별 안전조치에 대한 설명으로 **틀린** 것은?

① 짧은 시간 안에 사고 정보를 수집하여 침착하고 신속하게 상황을 파악한다.

② 전문가의 도움이 필요한지 파악한다.

③ 피해자와 구조자 등에게 위험이 계속 발생하는지 파악한다.

④ 위험한 도로상황에서도 피해자의 부상이 악화되지 않도록 현장에서 움직이지 않도록 한다.

51 택시운전자의 운행 중 주의사항에 대한 설명으로 **틀린** 것은?

① 보행자, 자전거 등과 교행, 나란히 진행할 때에는 서행하며 안전거리를 유지한다.

② 눈길, 빙판길 등은 체인이나 스노타이어를 장착한 후 안전하게 운행한다.

③ 뒤따라오는 차량이 추월하는 경우에는 운행속도를 유지한다.

④ 내리막길에서는 풋 브레이크와 엔진 브레이크 등을 적절히 사용한다.

52 택시운전자의 교통사고에 따른 조치에 대한 설명으로 틀린 것은?

① 교통사고 발생 시 현장에서 인명구호를 한다.

② 관할 경찰서 신고 등의 의무를 성실하게 수행한다.

③ 사고처리 결과에 대해 개인적으로 통보받은 경우 즉시 처리한 후 회사에 보고한다.

④ 어떤 사고라도 임의로 처리하지 말고, 회사에 정확하게 보고한다.

53 심폐소생술에 대한 설명으로 옳지 <u>않은</u> 것은?

① 가장 먼저 환자의 의식과 호흡을 확인하고 주변(119신고등)에 도움을 요청한다.

② 의식이 없어 심폐소생술을 실시할 경우 가슴압박 20회, 인공호흡 2회를 실시한다.

③ 구급대가 도착할 때까지 가슴압박과 인공호흡을 무한 반복한다.

④ 가슴압박은 분당 100~120회를 실시한다.

54 비보호좌회전 표지가 있는 교차로에 대한 설명이다. 옳지 <u>않은</u> 것은?

① 적색등화가 들어온 경우에는 좌회전을 할 수 없다.

② 적색등화가 들어온 경우 좌회전하다가 사고가 난 경우 신호위반으로 처벌된다.

③ 녹색등화에는 맞은 편 직진차량이 존재하지 않는다면 좌회전할 수 있다.

④ 녹색등화에 좌회전을 하다가 맞은편의 차량과 충돌한 경우 맞은편의 차량이 경과실사고의 가해자가 된다.

55 성인의 심폐소생술의 기도 개방 및 인공호흡 방법에 대한 설명으로 틀린 것은?

① 한 손으로 턱을 들어 올리고, 다른 손으로 머리를 뒤로 젖혀 기도를 개방한다.

② 머리를 젖힌 손의 검지와 엄지로 코를 막는다.

③ 가슴 상승이 눈으로 확인될 정도로 인공호흡을 실시한다.

④ 인공호흡은 1회당 2초로 인공호흡을 3회 실시한다.

56 택시에 탑승한 승객이 차멀미로 고통을 겪고 있다. 이에 대한 설명으로 틀린 것은?

① 차멀미가 심한 경우 안색이 빨개지고 열이 나고 어지럼을 느낀다.

② 환자의 경우 통풍이 잘되고 흔들림이 적은 앞쪽 자리에 앉게 한다.

③ 차멀미가 심한 경우 차를 정차하고 차에서 내려 시원한 공기를 마시게 한다.

④ 차멀미 승객이 토한 경우를 대비하여 차 안에는 항상 위생봉지를 구비한다.

57 터널 내의 화재가 발생한 경우 행동요령에 대한 설명으로 틀린 것은?

① 차량과 함께 터널 밖으로 신속히 이동한다.

② 터널 밖으로 이동이 곤란한 경우 갓길에 정차한 후 엔진을 끄고 키를 가지고 신속하게 하차한다.

③ 비상벨을 누르거나 비상전화로 화재발생을 알려준다.

④ 조기 진화가 불가능한 경우 코와 입을 막고 낮은 자세로 연기를 피해 신속하게 외부로 대피한다.

58 자동차보험에 대한 특성으로 <u>틀린</u> 것은?

① 보험자의 계약인수가 의무화되어 있다.

② 피해자의 구호를 위한 무면책의 특성을 가진다.

③ 고의로 인한 사고는 면책된다.

④ 책임보험청구권은 양도 및 압류를 허용한다.

59 승객이 싫어하는 운전자의 시선으로 <u>틀린</u> 것은?

① 위로 치켜뜨는 눈

② 곁눈질

③ 여러 곳을 옮기며 응시하는 눈

④ 위·아래로 훑어보는 눈

60 택시운전자의 운송서비스에 대한 특성이 아닌 것은?

① 무형성   ② 소유권

③ 다양성   ④ 변동성

01 서울특별시 지리

61 서울시 지리에 대한 내용으로 <u>틀린</u> 것은?

① 프랑스대사관은 서대문구 합동에 있다.

② 4.19 기념관은 강북구 수유동(인수동)에 있다.

③ 아산병원은 송파구 가락동에 있다.

④ 성애병원은 영등포구 신길동에 있다.

62 서울시 지리에 대한 설명으로 <u>틀린</u> 것은?

① 고속터미널역을 지나는 노선은 3호선, 7호선, 9호선이다.

② 서울본부세관 앞을 지나는 도로는 언주로 이다.

③ 충무로역 주변에는 한옥마을, 대한극장, 한국경제신문 본사가 있다.

④ 종로구청은 종로구 수송동에 있다.

63 운전면허시험장 위치로 옳지 <u>않은</u> 것은?

① 강남운전면허시험장 – 강남구 대치동

② 도봉운전면허시험장 – 도봉구 창동

③ 서부운전면허시험장 – 마포구 상암동

④ 강서운전면허시험장 – 강서구 외발산동

64 서울시 지리에 대한 설명으로 <u>틀린</u> 것은?

① 서울출입국외국인청은 양천구에 있다.

② 서울경찰청은 종로구 내자동에 있다.

③ 장충동 족발 골목에 가장 근접한 지하철 역은 동대문역이다.

④ 세종대학교, 건국대학교, 국립정신건강센 터는 광진구에 소재한다.

65 구청 주변에 있는 지하철역으로 옳지 <u>않은</u> 것은?

① 용산구청   –   녹사평역

② 성동구청   –   왕십리역

③ 동작구청   –   노량진역

④ 서초구청   –   서초역

66 서울시 지리에 대한 설명으로 <u>틀린</u> 것은?

① 더 리버사이트호텔이 있는 곳은 서초구 잠원동이다.

② 예술의전당 뒤에 있는 산은 관악산이다.

③ 숙명여자대학교 주변에 있는 공원은 도산 공원이다.

④ 시립동부병원은 동대문구 용두동에 있다.

67 서울시 지리에 대한 설명으로 <u>틀린</u> 것은?

① 서울시립보라매공원은 동작구 신대방동에 있다.

② 동서울터미널 옆을 지나는 자동차 전용도 로는 강변북로이다.

③ 강남세브란스병원 옆에 있는 터널은 구룡터
널이다.

④ 삼성서울병원은 강남구 일원동에 있다.

68 다음 중 '서울식물원'이 있는 곳은?

① 송파구 풍납동　　② 강서구 마곡동

③ 강남구 도곡동　　④ 서초구 반포동

69 '한국도심공항터미널'이 있는 곳은?

① 강동구 강일동　　② 용산구 동자동

③ 강남구 삼성동　　④ 중랑구 상봉동

70 서울시 지리에 대한 설명으로 <u>틀린</u> 것은?

① 평강성서유물박물관이 있는 곳은 구로구
오류동이다.

② 삼육대학교는 노원구 공릉동에 있다.

③ 금융감독원, 국가인권위원회는 여의도에
있다.

④ 독일대사관은 중구 남대문로5가에 있다.

02 경기도 지리

61 경기도의 지리에 대한 설명으로 <u>틀린</u> 것은?

① 서오릉은 고양시에 있다.

② 국립현대미술관은 과천시에 있다.

③ 아주대학교는 평택시에 있다.

④ 남한산성이 있는 곳은 광주시이다.

62 경기도 지리에 대한 설명 중 <u>틀린</u> 것은?

① 화성은 수원시에 있다.

② 경기도교육연수원은 이천시에 있다.

③ 자재암이 있는 소요산은 의정부시에 있다.

④ 국군수도병원은 성남시에 있다.

63 경기도 지리에 관한 설명으로 <u>틀린</u> 것은?

① 천마산 스키장은 남양주시에 있다.

② 광해군묘, 홍유릉 그리고 광릉이 있는 곳
은 양주시이다.

③ 경부고속도로와 영동고속도로가 만나는
곳은 신갈JC 이다.

④ 의정부시에 경기북부지방경찰청이 있다.

64 조선시대의 정조와 혜경궁 홍씨의 합장릉인 융
건릉(융릉과 건릉)과 용주사가 있는 곳은?

① 수원시　　　　② 화성시

③ 용인시　　　　④ 안성시

65 경기도의 지리에 대한 설명으로 <u>틀린</u> 것은?

① 문수산성은 김포시에 있다.

② 구석기시대의 주먹도끼가 발견된 전곡선
사유적지는 포천시에 있다.

③ 한국항공대학교, 킨텍스, 국립암센터는 고
양시에 소재한다.

④ 권율장군묘와 장흥관광지는 양주시에 있다.

66 경기도 지리에 대한 설명으로 <u>틀린</u> 것은?

① 과천시에는 청계산과 관악산이 있다.

② 오이도는 안산시에 있다.

③ 도시 이름이 들어간 표현이 있을 정도로
유기가 유명한 곳은 안성시이다.

④ 협성대학교는 화성시에 있다.

67 경기도 지리에 대한 설명으로 <u>틀린</u> 것은?

① 현등사와 용추계곡이 있는 곳은 가평군이다.

② 과천시에 서울대공원과 서울랜드가 있다.

③ 다산 정약용의 유적지가 있는 곳은 남양
주시이다.

④ 아인스월드가 있는 곳은 과천시이다.

68 경기도 지리에 대한 설명으로 <u>틀린</u> 것은?

① 백암순대로 유명한 백암면이 있는 곳은 용인시이다.

② 의정부시에 망월사가 있다.

③ 송탄관광특구가 있는 곳은 오산시이다.

④ 천마산은 남양주시에 있다.

69 경기도 지리에 대한 설명으로 <u>틀린</u> 것은?

① 센트럴병원은 시흥시 정왕동에 있다.

② 한탄강관광지는 연천군에 있다.

③ 경기도어린이박물관은 용인시 기흥구에 있다.

④ 유명산은 포천시에 있다.

70 경기도 지리에 대한 설명으로 <u>틀린</u> 것은?

① 시화호는 의왕시, 시흥시, 화성시에 걸쳐 있다.

② 매년 여름 지산 락페스티벌이 열리는 지산 포레스트 리조트는 이천시에 있다.

③ 수인산업도로는 수원에서 안산시와 시흥시를 거쳐 인천시에 이르는 도로이다.

④ 국립수목원은 포천시 소흘읍에 있다.

03 인천광역시 지리

61 인천광역시 지리에 대한 설명으로 <u>틀린</u> 것은?

① 중구청은 중구 관동1가에 있다.

② 인천항만공사는 연수구 송도동에 있다.

③ 인천지방검찰청은 미추홀구 학익동에 있다.

④ 인천적십자병원은 연수구 송도동에 있다.

62 인천광역시의 지리에 대한 설명으로 <u>틀린</u> 것은?

① 인천성모병원은 부평구 부평동에 있다.

② 인천교통연수원은 계양구 계산동에 있다.

③ 청라중앙호수공원은 서구 경서동에 있다.

④ 인천보훈지청은 동구 송림동에 있다.

63 인천시 지리에 대한 설명으로 <u>틀린</u> 것은?

① 인천상공회의소는 미추홀구 학익동에 있다.

② 나사렛국제병원은 연수구 동춘동에 있다.

③ 부평경찰서는 부평구 청천동에 있다.

④ 인천적십자병원은 연수구 연수동에 있다.

64 인천광역시의 여성관련 시설에 대한 설명으로 <u>틀린</u> 것은?

① 여성복지관 – 부평구 부평동

② 여성의 광장 – 연수구 동춘동

③ 서부여성회관 – 서구 석남동

④ 인천동구여성회관 – 동구 만석동

65 인천시 중구의 지리에 대한 설명으로 <u>틀린</u> 것은?

① 인천국제공항공사는 운서동에 위치한다.

② 인하대학교병원은 신흥동3가에 있다.

③ 옹진군청은 관동1가에 있다.

④ 인천기상대는 전동에 있다.

66 인천광역시의 대학교와 소재지가 <u>틀린</u> 것은?

① 인하대학교 – 미추홀구 용현동

② 경인여자대학교 – 계양구 계산동

③ 인천대학교 – 미추홀구 학익동

④ 가톨릭대학교 국제캠퍼스 – 연수구 송도동

67 인천광역시의 지리에 관한 설명으로 <u>틀린</u> 것은?

① 인천출입국외국인청은 중구 항동에 있다.

② 인천지방법원은 미추홀구 학익동에 있다.

③ 인천대교는 중구에 있다.

④ 수봉공원은 미추홀구 숭의동에 있다.

68 인천광역시 지리에 대한 설명으로 <u>틀린</u> 것은?

① 드림파크야생화단지는 서구 백석동에 있다.

② 부평경찰서는 부평구 부평동에 있다.

③ 서인천세무서가 있는 곳은 서구 청라동에 있다.

④ 인천문화예술회관은 남동구 구월동에 있다.

69 인천광역시의 지리에 대한 설명으로 <u>틀린</u> 것은?

① 신포리국제시장은 중구 신포동에 있다.

② 계양구에는 계양대로, 아나지로, 안남로가 지난다.

③ 봉오대로, 길주로, 드림로, 서곳로는 서구를 지나는 간선도로이다.

④ 인천병무지청은 남동구 구월동에 있다.

70 인천광역시 지리에 대한 설명으로 옳은 것은?

① 상수도사업본부와 종합건설본부는 미추홀구 학익동에 있다.

② 경인방송은 미추홀구 학익동에 있다.

③ 동구청은 동구 창영동에 있다.

④ 중부경찰서는 중구 북성동에 있다.

02 **제2회 최종모의고사**

01 다음 중 서행하여야 하는 장소가 <u>아닌</u> 것은?

① 도로가 구부러진 부근

② 교통정리가 없고 좌우를 확인할 수 없는 교차로

③ 비탈길 고갯마루 부근

④ 교통정리를 하고 있지 않은 교차로

02 택시운송사업의 중형승용자동차의 배기량으로 옳은 것은?

① 배기량 1,000cc 미만, 길이 3.6m 이하이면서 너비 1.6m 이하의 승용자동차

② 배기량 1,600cc 미만, 길이 4.7m 이하이거나 너비 1.7m 이하의 승용자동차

③ 배기량 1,600cc 이상, 길이 4.7m 초과이면서 너비 1.7m 초과의 승용자동차

④ 배기량 2,000cc 이상의 승용자동차

03 다음 중 이상 기후 시 최고속도의 50/100으로 줄여야 하는 경우인 것은?

① 안개로 가시거리가 200m인 경우

② 눈이 18mm가 쌓인 경우

③ 폭우로 가시거리가 120m인 경우

④ 노면이 결빙된 경우

04 교통사고 시의 조치 등에 관한 설명으로 <u>틀린</u> 것은?

① 운송사업자는 중대한 교통사고가 발생하는 경우 지체없이 시·도경찰청에게 보고하여야 한다.

② 사고로 운행을 재개할 수 없는 경우에는 대체운송수단을 확보하여 제공하여야 한다.

③ 사상자가 발생하는 경우에는 신속하게 유류품을 관리해야 한다.

④ 전복사고, 화재가 발생한 사고는 중대한 교통사고이다.

05 운수종자사의 준수사항으로 틀린 것은?

① 휴식시간을 준수하지 아니하고 운행하는 행위

② 일정한 장소에 오랜 시간 정차하여 여객을 유치하는 행위

③ 운송수입금 수납 및 운송기록을 허위로 작성하지 않을 것

④ 부당한 운임 또는 요금을 받는 행위

06 여객자동차운송사업의 운전업무에 종사하려면 갖추어야 할 모든 요건이 아닌 것은?

① 사업용 자동차를 운전하기에 적합한 운전면허를 보유하고 있을 것

② 택시운전자격시험에 합격을 할 것

③ 운전적성 정밀검사의 기준에 맞을 것

④ 20세 이상으로서 해당 운전경력이 1년 이상일 것

07 운전적성정밀검사에 대한 설명으로 틀린 것은?

① 신규검사를 받은 날부터 3년이 지난 후 재취업하려는 자는 신규검사를 받아야 한다.

② 중상 이상의 사상사고를 일으킨 자는 신규검사를 받아야 한다.

③ 65세 이상 70세 미만인 사람은 자격유지검사를 받아야 한다.

④ 안전운전 여부를 알기 위하여 운송사업자가 신청한 자는 특별검사를 받아야 한다.

08 도로교통법령상의 용어의 설명으로 틀린 것은?

① 고속도로 – 자동차의 고속 운행에만 사용하기 위하여 지정된 도로

② 차선 – 차로와 차로를 구분하기 위하여 그 경계지점을 안전표지로 표시한 선

③ 길 가장자리구역 – 보행자의 안전을 위하여 안전표지 등으로 경계를 표시한 도로의 가장자리 부분

④ 차로 – 인공구조물 등으로 경계(境界)를 표시하여 모든 차가 통행할 수 있도록 설치된 도로의 부분

09 운수종사자의 교육에 대한 설명으로 틀린 것은?

① 자동차 면허대수가 20대 미만인 경우에는 교육담당자를 선임하지 아니할 수 있다.

② 신규교육은 16시간을 실시한다.

③ 법령위반의 운수종사자는 8시간의 교육시간을 매년 실시한다.

④ 무사고·무벌점 기간이 5년 이상 10년 미만인 운수종사자는 4시간의 교육시간을 격년을 주기로 실시한다.

10 편도 3차로 이상 도로에서 택시의 지정차로는?

① 1차로　　　　　② 모든 차로

③ 오른쪽차로　　　④ 왼쪽차로

11 각종 안전표지에 대한 설명으로 틀린 것은?

① 보조표지 – 안전표지의 주기능을 보충하여 도로사용자에게 알리는 표지

② 노면표시 – 노면에 기호·문자 또는 선으로 주의·규제·지시 등의 내용을 알리는 표지

③ 주의표지 – 도로상태가 위험하거나 위험물이 있는 경우에 필요한 안전조치를 할 수 있도록 이를 도로사용자에게 알리는 표지

④ 규제표지 –도로교통의 안전을 위하여 필요한 지시를 하는 경우에 도로사용자가 이를 따르도록 알리는 표지

12 구호조치를 하지 않고 도주하여 피해자를 상해에 이르게 한 경우의 처벌로 옳은 것은?

① 무기 또는 10년 이상의 유기징역

② 무기 또는 5년 이상의 유기징역

③ 3년 이상의 유기징역

④ 1년 이상의 유기징역이나 500만원 이상 3천만원 이하의 벌금

13 교통정리가 없는 교차로에 진입하는 운전자의 양보운전에 대한 설명으로 틀린 것은?

① 좌회전하려는 차는 이미 교차로에 들어가 있는 다른 차에 양보해야 한다.

② 동시에 진입하려는 경우에 우측도로의 차에 진로를 양보해야 한다.

③ 폭이 좁은 도로로부터 교차로에 들어가려는 차에 진로를 양보해야 한다.

④ 교차로에서 우회전하려는 차는 이미 좌회전하고 있는 차의 통행을 방해하지 못한다.

14 택시운수사업에 사용되는 자동차의 차령 등에 관한 설명으로 틀린 것은?

① 승용차인 택시의 차량충당연한은 1년이다.

② 시·도지사는 부득이한 경우에는 1년의 범위에서 차령을 초과하여 운행하게 할 수 있다.

③ 배기량 2400cc 미만의 일반택시는 차령이 4년이다.

④ 배기량 2400cc 이상의 일반택시는 차령이 6년이다.

15 택시운전자가 어린이보호구역에서 '주차금지위반' 시 범칙금은?

① 12만원   ② 9만원

③ 10만원   ④ 8만원

16 택시운송발전사업법의 내용으로 틀린 것은?

① 택시정책위원회는 위원장 1명을 포함하여 10명 이내의 위원으로 구성한다.

② 택시운송사업자는 장비의 설치비 및 운영비, 교통사고처리비용 등을 택시운수종사자에게 부담시켜서는 안 된다.

③ 택시운수종사자의 근로시간을 1주간 45시간 이상이 되도록 정하여야 한다.

④ 시·도지사는 택시운행정보관리시스템을 구축·운영하기 위한 정보를 수집·이용할 수 있다.

17 다음 법령상 과태료가 50만원이 <u>아닌</u> 행위는?

① 사고 시의 조치를 하지 않은 경우

② 운수종사자의 요건을 갖추지 않고 여객자동차운수사업의 운전업무에 종사한 경우

③ 택시운전자의 증표 게시의무를 위반한 경우

④ 운수종사자의 운송수입금 전액납입의무를 위반한 경우

18 차량신호등이 '황색'의 등화인 경우 설명으로 틀린 것은?

① 차마가 횡단보도의 전에 있을 때에는 그 직전에 정지하여야 한다.

② 차마가 교차로의 일부라도 진입한 경우에는 신속히 교차로 밖으로 진행해야 한다.

③ 비보호좌회전표시가 있는 곳에서는 좌회전할 수 있다.

④ 보행자의 횡단을 방해하지 않는 이상 차마는 우회전할 수 있다.

19 택시운전자격취소 사유가 <u>아닌</u> 것은?

① 택시운전자격 결격사유에 해당하는 경우

② 부정한 방법으로 택시운전자격을 취득한 경우

③ 중대한 교통사고로 사망자 2명 이상의 사상자를 발생하게 한 경우

④ 도로교통법 위반으로 사업용 자동차를 운전할 수 있는 운전면허가 취소된 경우

20 자동차의 속도에 대한 설명으로 <u>틀린</u> 것은?

① 국토법상 상업지역의 일반도로인 편도 1차로의 경우 최고속도는 매시 60km 이내이다.

② 일반도로 편도 2차로 이상인 경우 최고속도는 매시 80km 이내이다.

③ 자동차전용도로에서의 최고속도는 매시 90km 이내이다.

④ 편도 1차로의 고속도로의 최고속도는 매시 80km 이내이다.

21 운전과 관련된 시각의 특성에 대한 설명으로 <u>틀린</u> 것은?

① 운전자는 운전에 필요한 정보의 대부분을 시각을 통하여 획득한다.

② 속도가 빨라질수록 시력은 떨어진다.

③ 속도가 빨라질수록 전방주시점은 가까워진다.

④ 속도가 빨라질수록 시야의 범위가 좁아진다.

22 야간 안전운전방법에 대한 설명으로 <u>틀린</u> 것은?

① 대향차의 전조등을 바로 보지 않는다.

② 앞차의 미등만을 보고 운전하지 않는다.

③ 주간보다 속도를 낮추어 운전한다.

④ 가급적 전조등이 비치는 곳 안쪽을 살핀다.

23 시야와 안전운전에 대한 설명으로 <u>틀린</u> 것은?

① 정상적인 시력을 가진 사람의 시야범위는 180°~200°이다.

② 주행 중에는 시야를 넓게 하고 주시점을 적절하게 이동시키며 운전을 해야 한다.

③ 시야의 범위는 속도에 반비례하여 좁아진다.

④ 특정한 곳에 주의가 집중되면 시야의 범위는 넓어진다.

24 비탈길을 내려가는 경우 브레이크를 반복하여 사용하면 마찰열이 라이닝에 축적되어 브레이크의 제동력이 저하되는 현상은 무엇인가?

① 페이드(Fade) 현상

② 베이퍼 록(Vapour lock) 현상

③ 모닝 록(Morning lock) 현상

④ 스탠딩 웨이브(Standing wave) 현상

25 음주운전 교통사고의 특징으로 <u>틀린</u> 것은?

① 치사율이 높다.

② 차량단독사고의 가능성이 높다.

③ 고정물체보다는 이동물체와 충돌할 가능성이 높다.

④ 현혹현상 발생 시 정상운전보다 교통사고 위험이 증가된다.

26 앞지르기할 때 안전운전 및 방어운전에 대한 설명으로 <u>틀린</u> 것은?

① 앞차의 오른쪽으로 앞지르기 하지 않는다.

② 앞차가 앞지르기를 하고 있는 때는 앞지르기를 시도하지 않는다.

③ 앞지르기에 필요한 충분한 거리와 시야가 확보되었을 때 앞지르기를 한다.

④ 앞지르기할 때에는 상황에 따라 그 도로의 최고속도를 넘어서 앞지르기를 시도한다.

27 수막현상에 대한 설명으로 옳지 <u>않은</u> 것은?

① 수막현상을 예방하기 위해서는 저속운전을 해야 한다.

② 물이 고인 노면을 고속주행할 때 타이어의 그루브 사이에 있는 물을 배수하는 기능이 감소되어 발생하는 현상이다.

③ 수막현상을 예방하기 위해서는 타이어의 공기압을 낮게 한다.

④ 수막현상을 예방하기 위해서는 배수효과가 좋은 타이어를 사용한다.

28 페달을 밟아도 스펀지를 밟는 것 같고 유압이 전달되지 않아 브레이크가 작동하지 않는 현상은?

① 수막 현상   ② 모닝 록 현상

③ 베이퍼 록 현상   ④ 페이드 현상

29 내륜차와 외륜차에 대한 설명으로 <u>틀린</u> 것은?

① 내륜차는 회전 시 차의 안쪽 앞바퀴와 안쪽 뒷바퀴의 회전 반경의 차를 말한다.

② 대형차일수록 내·외륜차가 크다.

③ 외륜차는 회전 시 차의 바깥쪽 앞바퀴와 뒷바퀴의 회전 반경의 차를 말한다.

④ 운전 시에 후진할 때는 내륜차를 고려하여 핸들을 조작해야 한다.

30 클러치를 밟고 있을 때 '달달달' 떨리는 소리와 함께 차체가 떨리는 이유는?

① 클러치 릴리스 베어링의 고장

② 휠 너트 이완이나 타이어의 공기가 부족할 때

③ 엔진 점화강치 부분의 결함

④ 바퀴 자체의 휠 밸런스가 맞지 않을 때

31 실전방어운전방법에 대한 설명으로 <u>틀린</u> 것은?

① 골목길이나 주택가에서는 돌발상황을 예견하고 속도를 줄여 시간적 공간적 여유를 확보한다.

② 신호기가 설치되어 있지 않은 교차로에서는 속도를 줄이고 좌우의 안전을 확인한 다음 통과한다.

③ 차량이 많을 때 가장 안전한 속도는 다른 차량의 속도보다 느릴 때이다.

④ 다른 차량과 나란히 주행하지 않도록 뒤로 물러서거나 앞으로 나가지 않는다.

32 오르막길 안전운전 및 방어운전 방법에 대한 설명으로 <u>틀린</u> 것은?

① 마주 오는 차가 바로 앞에 다가올 때까지는 보이지 않으므로 서행하여 위험에 대비한다.

② 정차 시에는 풋 브레이크와 핸드 브레이크를 같이 사용한다.

③ 출발 시에는 풋 브레이크만을 사용하는 것이 안전하다.

④ 오르막길에서 앞지르기 할 때는 힘과 가속력이 좋은 저단 기어를 사용하는 것이 안전하다.

33 고속도로 운행 시 안전운행 요령으로 <u>틀린</u> 것은?

① 차로 변경 시는 최소한 50m 전방으로부터 방향지시등을 켠다.

② 고속도로 진입 시 충분한 가속으로 속도를 높여 주행차로로 진입한다.

③ 주행차로 운행을 준수하고 두 시간마다 휴식을 취한다.

④ 뒤차가 자기 차를 추월하고 있는 상황에서 경쟁하는 것은 위험하다.

34 토우인(Toe-in)에 대한 설명 틀린 것은?

① 캠버에 의해 토아웃 되는 것을 방지한다.

② 주행 중 타이어가 바깥쪽으로 벌어지는 것을 방지한다.

③ 주행 시 앞바퀴에 방향성을 부여한다.

④ 앞바퀴를 위에서 보았을 때 앞쪽이 뒤쪽보다 좁은 상태를 말한다.

35 스탠딩 웨이브(Standing wave) 현상에 대한 설명으로 틀린 것은?

① 타이어가 회전하며 타이어의 원주에서는 변형과 복원을 반복하며 발생하는 현상이다.

② 일반구조의 승용차용 타이어의 경우 대략 150km/h 전후의 주행속도에서 발생한다.

③ 타이어는 쉽게 과열되고 파열될 수 있다.

④ 이를 예방하기 위하여 속도를 낮추거나 공기압을 낮추는 노력을 해야 한다.

36 정지거리와 정지시간에 관한 내용으로 틀린 것은?

① 자동차의 정지거리는 공주거리와 제동거리를 합한 거리이다.

② 공주거리는 정지상황을 지각하고 브레이크 페달로 발을 옮겨 브레이크가 작동을 시작하는 순간까지 진행한 거리를 말한다.

③ 제동거리는 위험상황을 인지하고 브레이크에 발을 올려 브레이크가 작동을 시작하고 자동차가 완전히 정지할 때까지 진행한 거리를 말한다.

④ 정지거리에서 제동거리를 빼면 공주거리이다.

37 오감으로 판별하는 자동차의 이상 징후에 대한 설명으로 틀린 것은?

① 엔진의 회전수에 비례하여 쇠가 마주치는 소리가 나는 경우 클러치 릴리스 베어링의 고장일 수 있다.

② 브레이크 페달을 밟아 차를 세우려는 경우 "끼익!"하는 소리가 나는 경우는 브레이크 라이닝 결함일 수 있다.

③ 핸들이 어느 속도에 이르면 핸들이 극단적으로 흔들리는 경우 앞바퀴의 불량일 수 있다.

④ 농후한 혼합가스가 들어가 불완전연소되는 경우에는 초크 고장이나 에어클리너 엘리먼트의 막힘일 수 있다.

38 자동차보험에 가입하지 않은 경우 대인보험 Ⅰ·Ⅱ와 대물보험 과태료 한도로 올바르게 묶인 것은?

	대인보험 Ⅰ·Ⅱ	대물보험
①	200만원	50만원
②	100만원	30만원
③	300만원	100만원
④	400만원	50만원

39 자동차보험 대물보상의 간접손해가 아닌 것은?

① 수리비용　　　　② 대차료

③ 휴차료　　　　　④ 공제액

40 커브길 주행방법으로 틀린 것은?

① 커브길에서는 가속페달에서 발을 떼고 엔진브레이크를 이용하여 속도를 줄인다.

② 커브길에서의 핸들조작은 패스트 인, 슬로우 아웃(Fast-in, Slow-out) 원리에 입각하여 운전한다.

③ 커브길에서는 부득이한 경우가 아니면 급핸들 조작이나 급제동은 하지 않는다.

④ 커브길에서 앞지르기는 안전표지가 없더라도 절대로 하지 않는다.

41 운행 전 운전자의 확인사항으로 틀린 것은?

① 용모 및 복장은 단정하게 유지한다.

② 운전석 내부를 항상 청결하게 유지한다.

③ 일상점검보다는 이상발견 시의 수리에 역점을 둔다.

④ 적재물의 특성을 확인하여 특별한 안전조치가 요구되는 화물은 사전 안전장비장치 휴대 후 운행한다.

42 사업용 운전자의 사명과 자세에 대한 설명으로 옳지 않은 것은?

① 사업용 운전자는 '공인'이라는 자세가 필요하다.

② 운전자로서의 조급성과 자기중심적인 자세를 버린다.

③ 유능한 운전자라고 하더라도 판단 착오를 할 수 있다고 생각해야 한다.

④ 일상 교통상황 변화에는 추측을 통하여 자동차를 조작해도 된다.

43 운송서비스의 특징에 해당하지 않는 것은?

① 무형성   ② 동시성

③ 소유권   ④ 다양성

44 자신의 동작이나 자신과 관련된 것을 낮추어 말해 간접적으로 상대를 높이는 말은?

① 존경어   ② 정중어

③ 겸양어   ④ 비속어

45 승객에 대한 호칭과 지칭으로 틀린 것은?

① '고객'이라는 말보다는 '승객'이나 '손님'을 사용하는 것이 좋다.

② 나이가 드신 분들은 '어르신'이라는 호칭을 사용한다.

③ '아줌마', '아저씨'라는 말을 사용하지 않는다.

④ 중·고등학생은 '학생'이라는 말을 사용한다.

46 다음 운수종사자 준수사항으로 틀린 것은?

① 운행 중 사고가 발생할 우려가 있다고 인정될 때에는 즉시 운행을 중지한다.

② 운수종사자는 차량의 출발 전에 여객이 좌석안전띠를 착용하도록 안내해야 한다.

③ 운수종사자는 1일 근무시간 동안 운송수입금 기준액을 정하여 납부해야 한다.

④ 사고로 사상자가 발생하는 경우 사고의 상황에 따라 적절한 조치를 취해야 한다.

47 운전예절에 대한 설명 중 틀린 것은?

① 횡단보도에서는 보행자가 먼저 지나가도록 일시정지하여 보행자를 보호한다.

② 교차로나 좁은 길에서 마주 오는 차와 만나면 먼저 지나간다.

③ 도로상에서 고장차량을 발견하였을 경우에는 즉시 서로 도와 길 가장자리 구역으로 유도한다.

④ 차로에 정체현상이 있을 때에는 다 빠져나간 후에 여유를 가지고 서서히 출발한다.

48 교통사고규칙(경찰청 훈령)에 따른 '대형사고'에 대한 설명으로 옳은 것은?

① 교통사고 발생일로부터 7일 이내에 3명 이상이 사망

② 5명 이상의 사상자가 발생한 사고

③ 교통사고 발생일로부터 30일 이내에 3명 이상이 사망

④ 10명 이상의 사상자가 발생한 사고

49 교통사고조사규칙에 따른 교통사고의 용어에 대한 설명으로 <u>틀린</u> 것은?

① '충돌사고'는 차가 반대방향 또는 측방에서 진입하여 그 차의 정면으로 다른 차의 정면 또는 측면을 충격한 것을 말한다.

② '추돌사고'는 2대 이상의 차가 동일방향 주행 중 뒤차가 앞차의 후면을 충격하는 것이다.

③ '전복사고'는 도로 또는 도로 이외의 장소에 차체의 측면이 지면에 접하는 상태다.

④ '추락사고'는 자동차가 도로의 절벽 등 높은 곳에서 떨어진 사고를 말한다.

50 '코피'가 날 때 조치사항으로 <u>틀린</u> 것은?

① 엄지와 검지로 코앞 연골부위를 코뼈에 바짝 잡고 5분간 유지하면서 지혈한다.

② 코피가 나는 경우 피를 뱉어 낸다.

③ 코피가 20분 이상 지속되면 병원을 방문한다.

④ 코에 얼음찜질을 하면 출혈을 줄이는 데 도움이 된다.

51 자동차의 장치 및 설비 등에 관한 준수사항에 대한 설명으로 <u>틀린</u> 것은?

① 택시운송사업자는 자동차의 운행정보를 1년 이상 보존해야 한다.

② 운송사업자는 회사명, 자동차번호, 운전자 성명, 불편사항 연락처 및 차고지 등의 표지판을 1곳 이상에 게시해야 한다.

③ 고급형택시운송사업의 운수종사자는 미터기를 사용하지 않아도 된다.

④ 도로에 이상이 있는 경우 운전업무를 마치고 다음 운전자에게 알려야 한다.

52 택시운전자의 운행 중 주의사항에 대한 설명으로 <u>틀린</u> 것은?

① 주·정차 후에 출발할 때는 보행자, 노상 취객 등을 확인한 후 안전하게 출발한다.

② 뒤따라오는 차량이 추월하는 경우 차간거리를 더 벌린다.

③ 자전거 등과 교행하거나 나란히 진행할 때는 서행하면서 안전거리를 유지한다.

④ 중상자 5명 이상이 발생한 사고

53 교통사고발생 시 부상자 의식 상태 확인에 대한 설명으로 <u>틀린</u> 것은?

① 말을 걸거나 팔을 꼬집어 눈동자를 확인한 후 의식이 있으면 말로 안심시킨다.

② 의식이 없다면 기도를 확보한다.

③ 의식이 없거나 구토를 할 때는 질식하지 않도록 엎드려 눕힌다.

④ 환자의 몸을 심하게 흔드는 것을 금지한다.

54 심폐소생술에서 분당 실시하여야 하는 가슴압박의 횟수는?

① 50~70회 ② 70~90회

③ 90~110회 ④ 100~120회

55 심폐소생술 가슴압박의 설명으로 <u>틀린</u> 것은?

① 성인의 경우 가슴의 중앙인 흉골의 아래쪽 절반 부위에 손바닥을 위치시킨다.

② 양손을 깍지 낀 상태로 손바닥의 아래 부위만을 환자의 흉부 부위에 접촉시킨다.

③ 시술자의 어깨는 환자의 흉골이 맞닿는 부위와 45°가 되게 위치시킨다.

④ 양쪽 어깨 힘을 이용하여 분당 100~120회 정도의 속도로 5cm 깊이로 강하고 바르게 30회 눌러준다.

56 교통사고로 인한 출혈이나 골절 시 응급조치에 대한 설명으로 틀린 것은?

① 출혈이 심한 경우 출혈 부위보다 심장에서 가까운 부위를 꽉 잡아맨다.

② 출혈이 적은 경우 거즈나 깨끗한 손수건으로 상처를 꽉 누른다.

③ 내출혈이 발생한 경우 얼굴이 창백해지고 식은땀을 흘리며 호흡이 빨라지는 쇼크증상이 발생한다.

④ 내출혈 시 옷의 단추를 풀어주고 옷을 헐렁하게 해주고 하반신을 낮게 한다.

57 교통사고 발생 시 운전자의 조치 순서에 대한 설명으로 옳은 것은?

① 인명구조 → 탈출 → 연락 → 후방방호 → 대기

② 탈출 → 인명구조 → 후방방호 → 대기 → 연락

③ 탈출 → 후방방호 → 인명구조 → 대기 → 연락

④ 탈출 → 인명구조 → 후방방호 → 연락 → 대기

58 차량 고장 시 운전자의 조치사항에 대한 설명으로 틀린 것은?

① 고속도로에서는 주간에는 후방 200m 지점에 안전삼각대를 설치해야 한다.

② 차량 고장 시 비상등을 점멸시키고 길어깨(갓길)에 바짝 차를 대고 정차한다.

③ 비상전화를 하기 전에 차의 후방에 경고 반사판을 설치해야 한다.

④ 고장자동차의 표지는 후방에서 접근하는 자동차의 운전자가 확인할 수 있는 위치에 설치하여야 한다.

59 승객을 처음 대할 때 좋은 표정에 대한 설명으로 틀린 것은?

① 밝고 상쾌한 표정을 만든다.

② 얼굴 전체에 웃는 표정을 만든다.

③ 돌아서면서 표정이 굳어지지 않도록 한다.

④ 입의 양 꼬리가 올라가지 않도록 한다.

60 다음 중 바람직한 직업관이 아닌 것은?

① 소명의식의 직업관

② 귀속적 직업관

③ 역할지향적 직업관

④ 전문능력 중심의 직업관

01 서울특별시 지리

61 서울시 지리에 대한 설명으로 틀린 것은?

① 국립재활원은 강북구 수유동에 있다.

② 성균관대학교는 종로구 명륜3가에 있다.

③ 서울시교육청은 종로구 세종로에 있다.

④ 한성대학교는 성북구 삼선동2가에 있다.

62 서울시 시설과 위치의 연결로 틀린 것은?

① 아산병원 – 송파구 풍납동

② 4.19기념관 – 강북구 수유동

③ 추계예술대학교 – 서대문구 남가좌동

④ 광운대학교 – 노원구 월계동

63 서울시 지리에 대한 설명으로 틀린 것은?

① 금화터널은 독립문역에서 신촌세브란스병원으로 가기 위해 통과하는 터널이다.

② 군자교, 월릉교, 이화교를 중랑천이 지난다.

③ 서울대학교병원은 종로구 연건동에 있다.

④ 시율적십자병원은 종로구 당주동에 있다.

64 서울시 시설과 위치의 연결로 틀린 것은?

① 삼육서울병원 – 동대문구 휘경동

② 중국대사관 – 중구 명동

③ 성동경찰서 – 성동구 사근동

④ 어린이대공원 – 광진구 능동

65 운전면허시험장 위치로 옳지 <u>않은</u> 것은?

① 강남운전면허시험장 – 강남구 대치동

② 도봉운전면허시험장 – 도봉구 창동

③ 서부운전면허시험장 – 마포구 상암동

④ 강서운전면허시험장 – 강서구 외발산동

66 서울시 지리에 대한 설명으로 틀린 것은?

① 서울출입국외국인청은 양천구에 있다.

② 서울경찰청은 종로구 내자동에 있다.

③ 장충동 족발 골목에 가장 근접한 지하철 역은 동대문역이다.

④ 세종대학교, 건국대학교, 장로회신학대학 교는 광진구에 소재한다.

67 서울시 지리에 대한 설명으로 틀린 것은?

① 용산구청은 녹사평역, 서초구청은 양재역 에 인접해 있다.

② 서강대학교는 마포구 대흥동에 있다.

③ 용산경찰서는 용산구 원효로에 있다.

④ 김포공항은 강서구 가양동에 있다.

68 서울시 지리에 대한 설명으로 틀린 것은?

① 세종문화회관, 교보문고, 동화면세점은 광 화문역 주변에 있다.

② 이대목동병원은 강서구 화곡동에 있다.

③ 동작구청은 동작구 상도동, 동작경찰서는 노량진동에 있다.

④ 한국교원단체총연합회는 서초구 우면동에 있다.

69 서울시 시설과 위치의 연결로 틀린 것은?

① 삼성서울병원 – 강남구 일원동

② 한국도심공항터미널 – 강남구 삼성동

③ 예술의 전당 – 서초구 양재동

④ 서울아산병원 – 송파구 풍납동

70 서울시 시설과 위치의 연결로 틀린 것은?

① 강동성심병원 – 강동구 길동

② 관악경찰서 – 관악구 청룡동

③ 국립경찰병원 – 송파구 가락동

④ 시립동부병원 – 동대문구 용답동

02 경기도 지리

61 경기도 시설과 위치의 연결로 틀린 것은?

① 서오릉이 있는 곳은 고양시 덕양구이다.

② 국립현대미술관은 과천시에 있다.

③ 아주대학교, 성결대학교는 안양시에 있다.

④ 남한산성이 있는 곳은 광주시이다.

62 경기도 시설과 위치의 연결로 틀린 것은?

① 헤이리미술마을 – 파주시

② 문수산성, 뉴고려병원 – 파주시

③ 수원대학교, 제부도 – 화성시

④ 한국항공대학교 – 고양시 덕양구

63 경기도 시설과 위치의 연결로 틀린 것은?

① 송추유원지, 일영유원지 – 양평군

② 예원예술대학교 – 양주시

③ 경기북부경찰청 – 동두천시

④ 현대병원, 종합촬영소 – 남양주시

64 경기도 지리에 대한 설명 중 틀린 것은?

① 프로방스마을과 율곡수목원은 파주시에 있다.

② 덕평공룡수목원은 이천시에 있다.

③ 대진대학교는 파주시에 있다.

④ 중부대학교는 고양시 덕양구에 있다.

65 경기도 지리에 관한 설명으로 틀린 것은?

① 천마산 스키장은 남양주시에 있다.

② 모란민속시장은 성남시 중원구에 있다.

③ 아차산은 남양주시에 있다.

④ 의정부시에 경기도청 북부청사가 있다.

66 경기도 시설과 위치의 연결로 틀린 것은?

① 신천연합병원, 오이도 – 시흥시

② 명지산, 유명산, 쁘띠프랑스 – 가평군

③ 세미원, 용문사 – 양평군

④ 소사경찰서, 원미경찰서 – 안산시

67 경기도 시설과 위치의 연결로 틀린 것은?

① 한국공학대학교 – 부천시

② 서울예술대학교, 대부도 – 안산시

③ 한세대학교, 수리산 – 군포시

④ 성결대학교, 경인교육대학교 – 안양시

68 경기도 시설과 위치의 연결로 틀린 것은?

① 용인서부경찰서 – 용인시 기흥구

② 한국외국어대학교 – 용인시 수지구

③ 경기남부경찰청 – 수원시 장안구

④ 성균관대학교 – 수원시 장안구

69 경기도 시설과 위치의 연결로 틀린 것은?

① 경희대학교, 한국민속촌 – 용인시 기흥구

② 단국대학교 – 용인시 기흥구

③ 협성대학교, 기흥컨트리클럽 – 화성시

④ 융릉과 건릉, 제부도 – 화성시

70 수원시 시설과 위치의 연결로 틀린 것은?

① 경기도의료원 – 수원시 장안구

② 가톨릭대학교 성빈센트병원 – 수원구 팔달구

③ 경기대학교 – 수원시 팔달구

④ 경기도청, 수원지방법원 – 수원시 영통구

03 인천광역시 지리

61 인천광역시 지리에 대한 설명으로 틀린 것은?

① 중구청은 중구 관동1가에 있다.

② 인천항만공사는 중구 신흥동에 있다.

③ 인천지방검찰청은 미추홀구 학익동에 있다.

④ 인천세무서는 동구 송림동에 있다.

62 인천광역시 시설과 위치의 연결로 틀린 것은?

① 인천기상대 – 중구 전동

② 나사렛국제병원 – 연수구 송도동

③ 연수경찰서 – 연수구 연수동

④ 한마음병원 – 계양구 작전동

63 인천광역시의 지리에 대한 설명으로 틀린 것은?

① 인천성모병원은 부평구 부평동에 있다.

② 인천교통연수원은 계양구 계산동에 있다.

③ 청라중앙호수공원은 서구 경서동에 있다.

④ TBN경인교통방송은 동구 송림동에 있다.

64 인천광역시 지리에 대한 설명으로 **틀린** 것은?

① 인천상공회의소는 미추홀구 학익동에 있다.

② 인천운전면허시험장은 남동구 고잔동에 있다.

③ 부평경찰서는 부평구 청천동에 있다.

④ 인천적십자병원은 연수구 연수동에 있다.

65 인천광역시의 여성관련 시설의 연결로 **틀린** 것은?

① 여성복지관 - 부평구 부평동

② 여성의광장 - 연수구 동춘동

③ 인천여성가족재단 - 부평구 갈산동

④ 인천동구여성회관 - 동구 만석동

66 인천광역시 시설과 위치의 연결로 **틀린** 것은?

① 청라중앙호수공원 - 서구 청라동

② 메디플렉스세종병원 - 계양구 서운동

③ 한국폴리텍대학 인천 - 부평구 구산동

④ 인천해양경찰서 - 연수구 옥련동

67 인천광역시 시설과 위치의 연결로 **틀린** 것은?

① 인천국제공항공사 - 중구 운서동

② 인하대학교병원 - 중구 신흥동3가

③ 옹진군청 - 중구 항동

④ 청소년상담복지센터 - 동구 송림동

68 인천광역시 시설과 위치의 연결로 **틀린** 것은?

① 인천대학교(제물포캠퍼스) - 미추홀구 도화동

② 인천광역시의료원 - 동구 송현동

③ 인하대병원 - 중구 신흥동

④ 인천종합버스터미널 - 미추홀구 관교동

69 인천광역시 시설과 위치의 연결로 **틀린** 것은?

① 영종도, 용궁사 - 중구 운남동

② 인천백병원 - 동구 송림동

③ 한국방송통신대학교 인천 - 남동구 구월동

④ 인천대공원 - 남동구 구월동

70 인천광역시의 대학교와 소재지가 **틀린** 것은?

① 인하대학교 - 미추홀구 용현동

② 경인여자대학교 - 계양구 계산동

③ 인하대학교 - 미추홀구 용현동

④ 여성의 광장 - 미추홀구 주안동

CHAPTER 2

정답 및 해설

최종점검

---

01 제1회 최종모의고사 정답 및 해설

01	02	03	04	05	06	07	08	09	10
①	②	②	③	③	①	③	③	②	②
11	**12**	**13**	**14**	**15**	**16**	**17**	**18**	**19**	**20**
③	④	①	③	②	④	②	④	②	①
21	**22**	**23**	**24**	**25**	**26**	**27**	**28**	**29**	**30**
①	④	②	③	②	③	④	④	②	④
31	**32**	**33**	**34**	**35**	**36**	**37**	**38**	**39**	**40**
②	④	④	④	①	③	②	③	③	④
41	**42**	**43**	**44**	**45**	**46**	**47**	**48**	**49**	**50**
④	④	②	①	①	④	②	④	①	④
51	**52**	**53**	**54**	**55**	**56**	**57**	**58**	**59**	**60**
③	③	④	④	④	①	②	④	③	②

01 정답 ①

① 그 위반한 날부터 3년

②·③·④ 운전면허가 취소된 날부터 2년

02 정답 ②

1. 주거·상업지역 및 공업지역의 최고속도는 매시 50km 이 내이다.

2. 1. 이외의 도로에서는 매시 60km 이내이다. 단, 편도 2차 로 이상의 도로에서는 매시 80km 이내이다.

03 정답 ②

모든 차의 운전자는 교통정리를 하고 있지 아니하고 좌우를 확인할 수 없거나 교통이 빈번한 교차로에서는 일시정지한다.

04 정답 ③

③ 장소적 요건 : 규제표지가 설치된 구역(통행금지, 진입금지, 일시정지)에서의 신호·지시위반이 성립요건이다. 그러므 로 규제지역 이외의 표지판에서는 성립하지 않는다.

05 정답 ③

③ 술을 마셨더라도 혈중알코올 농도 0.03% 이상이 아니면 음주운전이 아니다.

06 정답 ①

이상기후 시의 감속운행(도로교통법 시행규칙 제19조)

도로의 상태	감속운행 속도
• 비가 내려 노면이 젖어 있는 경우 • 눈이 20mm 미만 쌓인 경우	최고속도의 20/100 감속
• 폭우·폭설·안개 등으로 가시 거리가 100m 이내인 경우 • 노면이 얼어붙은 경우 • 눈이 20mm 이상 쌓인 경우	최고속도의 50/100 감속

07 정답 ③

휴대전화를 사용한 경우와 ③의 경우는 6만원이다.

①·② 3만원,   ④ 4만원

08 정답 ③

• 80km/h 초과 100km/h 이하의 속도위반 – 80점

• 60km/h 초과의 속도위반 – 60점

• 20km/h 초과 40km/h 이하의 속도위반 – 15점

09 정답 ②

임시운전증명서가 유효기간 이내라면 무면허운전이 아니다.

10 정답 ②

② 일반도로에서는 곡선반경의 크기가 작아짐에 따라 사고 율이 높아진다.

11 정답 ③

① 노면고르지못함, ② 직진금지, ④ 최저속도제한

 과속방지턱   자동차통행금지

(50) 최고속도제한

12 정답 ④

• 40km/h 초과 60km/h 이하에서의 **승용차 과태료**(괄호는 범칙 금) : 13만원(12만원) → 일반도로 범칙금은 9만원

• 20km/h 초과 40km/h 이하에서의 **승용차 과태료**(범칙금) : 10만원(9만원) → 일반도로 범칙금은 6만원

• 20km/h 이하에서의 **승용차 과태료**(범칙금) : 7만원(6만원) → 일반도로 범칙금은 3만원

13 정답 ①

부록
최종모의

① 도로의 구부러진 곳, 비탈길의 고갯마루 부근 또는 가파른 비탈길의 내리막이라도 **지방경찰청장이 필요하다고 인정하여 안전표지로 지정해야** 앞지르기를 못하는 장소가 된다.

14 정답 ③

15 정답 ②

② "관공서"가 아니라 "국가경찰관서(지구대 · 파출소 및 출장소를 포함)"이 옳은 것이다.

16 정답 ④

④ '터널 안 및 다리 위'는 **주차금지의 장소**이다.

17 정답 ②

② 5m가 아니라 10m 이다.

18 정답 ④

④ 신장 · 비만, 그 밖의 신체의 상태에 의하여 좌석안전띠의 착용이 적당하지 아니하다고 인정되는 자가 자동차를 운전하거나 승차하는 때에는 좌석안전띠를 매지 않아도 된다.

19 정답 ②

① 어린이 통학버스가 도로에 정차하여 **어린이나 영유아가 타고 내리는 중임을 표시하는 점멸등을** 장치를 작동 중일 때에 일시정지하는 것이다.
③ 주간에는 고장자동차의 표지의 표지를 후방에서 접근하는 **자동차의 운전자가 확인할 수 있는 위치에 설치**하여야 한다.
④ 400m가 아니라 **500m**이다.

20 정답 ①

① **중상해사고를 유발**하고 형사상 합의가 안 된 경우가 형사처벌의 대상이다.

21 정답 ①

① LPG탱크의 수리는 절대로 직접하면 안 된다. 고장 시 신품으로 교환하거나 정비 시 공인된 업체에서 한다.

22 정답 ④

④ 이면도로는 간선도로와 달리, 운전을 하는데 있어 여러 가지 환경과 여건이 좋지 않으므로 보도 등의 안전시설이 없는 경우가 많으므로 **간선도로보다 큰 주의의무가 요구**된다.

23 정답 ②

② 앞이 안 보일 정도로 안개가 심한 경우에는 운행을 하는 것보다는 **미등과 비상경고등을 점등시키고 차를 안전한 곳에 세우고 잠시 기다리는 것**이 좋다.

24 정답 ③

③ **동일 등급의 오일로 교체하거나 보충**하고, 반드시 오일 필터도 함께 교환한다.

25 정답 ②

② 기화하면 공기보다 무거우므로 누설이 되면 낮은 부분에 고여 화재나 폭발의 위험이 있다.

26 정답 ③

③ 봄, 여름 가을, 겨울 어떠한 이유(즉 온도가 높고 낮음, 빗길, 눈길 등)에서 공기압을 낮추는 것은 바람직하지 않다.

27 정답 ④

지선에서 차량속도가 높은 본선으로 합류할 때는 경제운전보다는 안전이 중요하므로 강한 가속이 필수적이다.

28 정답 ④

④ 교량 접근로의 폭에 비해 교량의 폭이 좁을수록 사고가 더 많이 발생한다.

29 정답 ②

② 연료차단밸브가 아니라 긴급차단솔레노이드밸브이다. **연료차단밸브는 연료를 수동으로 강제 차단**하는 밸브이다.

30 정답 ④

④ 추월 후 뒤차의 안전을 고려하여 진입한다.

31 정답 ②

②는 완충장치의 점검사항이다.

32 정답 ③

시속 100km로 주행 시 정지거리는 112m이므로 앞차의 안전거리는 100m 이상 두고 주행하는 것이 안전하다.

33 정답 ④

④ 간접적 요인이다.

34 정답 ④

35 정답 ④

④ 잭을 사용할 때에는 후륜의 경우에는 리어 액슬(뒤 차축) 아래 부분에 설치한다.

36 정답 ①

① 곡선반경이 짧아질수록 급한 커브길이 된다.

37 정답 ③

① 교통량이 많은 곳에서는 속도를 줄여서 주행한다.

② 노면의 상태가 나쁜 도로에서는 속도를 줄여서 주행한다.

④ 곡선반경이 작은 도로나 신호의 설치간격이 좁은 도로에서는 속도를 낮추어 안전하게 통과한다.

38 정답 ②

원심력은 커브 반경이 작을수록, 중량이 무거울수록 커진다.

39 정답 ③

③ 좌·우 바퀴가 동시에 상·하 운동을 할 때에는 작용을 하지 않으나 **좌우 바퀴가 서로 다르게 상·하 운동을 할 때 작용**하여 차체의 기울기를 감소시켜 주는 장치이다.

40 정답 ④

④ 노면이 험한 도로를 달릴 경우 '딱각딱각'소리나 '쿵쿵'의 소리가 나는 경우 쇽 업소버의 고장일 수 있다.

41 정답 ④

④ 상대방에게 도움이 되어야 신뢰관계가 형성된다.

42 정답 ②

②'의례적 언행'이 아니라 '**친근한 말**'이 요소 중 하나이다. ①·③·④ 이외에도 '공손한 인사'까지 올바른 서비스 제공을 위한 5요소이다.

43 정답 ②

관심을 받기 싫어하는 손님도 있으나 일반적으로 승객은 관심을 받고 싶어하는 경향이 있다.

44 정답 ①

① 대형(승합자동차는 제외) 택시운송사업용 자동차도 **호출 설비**를 갖추어야 한다.

② 대형(승합자동차를 사용하는 경우로 한정) 및 고급형 택시운송사업용 자동차는 요금미터기를 설치하지 않아도 된다.

③ 수요응답형 여객자동차에는 시·도지사가 정하는 수요응답 시스템을 갖추어야 한다.

④ 대형(승합자동차를 사용하는 경우는 제외) 및 모범형 택시운송사업용 자동차에는 요금영수증발급과 신용카드결제가 가능하도록 관련기기를 설치해야 한다.

45 정답 ①

① 승객의 입장에서 생각하는 것이 옳다.

46 정답 ④

④ 운전자 자신의 운전기술에 대한 과신은 금물이다.

47 정답 ②

② 운전자는 **심신상태를 조절하여 냉정하고 침착한 자세로 운전**하여야 한다.

48 정답 ④

④ 보조배터리를 사용하는 경우 점프케이블을 연결한 후 시동을 건다.

49 정답 ①

① **공차상태 : 자동차에 사람이 승차하지 아니하고 물품(예비부분품 및 공구 기타 휴대물품을 포함)을 적재하지 아니한 상태로서 연료·냉각수 및 윤활유를 만재하고 예비타이어(예비타이어를 장착한 자동차만 해당)**를 설치하여 운행할 수 있는 상태를 말한다.

50 정답 ④

④ 피해자를 위험으로부터 보호하거나 피신시킨다.

51 정답 ③

③ 뒤따라오는 차량이 추월하는 경우에는 감속 등을 통해 양보운전을 한다.

52 정답 ③

③ 사고처리결과에 대하여 개인적으로 통보를 받은 경우에도 회사에 보고한 후 회사의 지시에 따라 조치한다.

53 정답 ②

② **가슴압박 30회, 인공호흡 2회의 비율로 반복**한다.

54 정답 ④

④ 비보호좌회전 표지가 있는 곳에서는 녹색신호가 켜진 상태에서 다른 교통에 방해되지 않을 때 좌회전할 수 있다. 다만, 녹색신호에서 좌회전하다가 맞은편의 직진 차량과 충돌한 경우 **좌회전 차량이 경과실 일반사고 가해자**가 된다. 다만, 교통사고처리특례법상 신호위반 사고 적용은 배제된다.

55 정답 ④

④ 인공호흡은 1회당 1초로 2회 실시한다.

56 정답 ①

① 차멀미가 심한 경우 안색이 창백하고 사지가 차가우면서 땀이 나는 허탈 증상이 나타나기도 한다.

57 정답 ②

② 터널 밖으로 이동이 곤란한 경우 갓길에 정차한 후 엔진을 끄고 키를 꽂아둔 채 신속하게 하차한다.

58 정답 ④

④ 책임보험청구권은 양도 및 압류를 금지한다.

59 정답 ③

③ 한 곳만 응시하는 눈이 승객이 싫어하는 눈이다.

60 정답 ②

택시운전자의 고객서비스의 특징으로는 **무형성, 동시성, 사람에 따른 이질성, 무소유권, 변동성, 다양성**이 있다. 즉 고객서비스는 누릴 수는 있으나 소유할 수는 없는 무소유권을 특징으로 하므로 정답은 ②이다.

01 서울특별시 지리

61 정답 ③

③ 아산병원은 풍납2동에 있다. 가락동에는 국립경찰병원이 있다.

62 정답 ③

③ 한국경제신문 본사는 중구 청파로에 있다. 매일경제본사가(중구 필동1가) 충무로역 근방에 있다.

63 정답 ②

② 도봉운전면허시험장은 노원구 상계동에 있다.

64 정답 ③

③ 장충동 족발 골목에 가장 근접한 지하철역은 동대입구역이다.

65 정답 ④

④ 서초구청 근처에 지하철역은 3호선 양재역이다.

66 정답 ③

숙명여자대학교(용산구 청파동2가) 주변에 있는 공원은 효창공원(용산구 효창동)이다. 도산공원은 강남구 신사동에 있다.

67 정답 ③

③ 구룡터널이 아니라 매봉터널이 강남세브란스병원 옆에 있다.

68 정답 ②

69 정답 ③

70 정답 ③

③ 국가인권위원회는 중구 저동에 있다.

02 경기도 지리

61 정답 ③

아주대학교는 수원시에 있다.

62 정답 ③

③ 소요산은 동두천시에 있다.

63 정답 ②

② 양주시가 아니라 남양주시이다.

64 정답 ②

65 정답 ②

② 포천시가 아니라 연천군이다.

66 정답 ②

② 안산시가 아니라 시흥시에 있다.

67 정답 ④

과천시가 아니고 부천시이다.

68 정답 ③

③ 오산시가 아니라 평택시이다.

69 정답 ④

④ 유명산은 가평군에 있다. 포천시에는 명성산, 운악산이 있다.

70 정답 ①

① 의왕시가 아니라 안산시이다. 시화호는 안산시, 시흥시, 화성시에 걸쳐있다.

03 인천광역시 지리

61 정답 ④

④ 인천적십자병원은 연수구 연수동에 있다.

62 정답 ④

④ 인천보훈지청은 미추홀구 도화동에 있다.

63 정답 ①

① 인천상공회의소는 남동구 논현동에 있다.

64 정답 ①

① 여성복지관 - 미추홀구 주안동

65 정답 ③

③ 옹진군청은 미추홀구 용현동에 있다.

66 정답 ③

③ 인천대학교 제물포캠퍼스(미추홀구 도화동),
인천대학교 송도캠퍼스(연수구 송도동)

67 정답 ③

③ 인천대교는 연수구에 있고, 무의대교가 중구에 있다.

68 정답 ②

② 부평경찰서는 부평구 청천동에 있다. 부평구 부평동에는
부평시청이 있다.

69 정답 ④

④ 인천병무지청은 미추홀구 학익동에 있다.

70 정답 ②

① 상수도사업본부와 종합건설본부는 미추홀구 도화동에
있다.
③ 동구청은 동구 송림동에 있다.
④ 중부경찰서는 중구 항동2가에 있다.

02 제2회 최종모의고사 정답 및 해설

01	02	03	04	05	06	07	08	09	10
②	③	④	①	③	②	②	④	③	④
11	12	13	14	15	16	17	18	19	20
④	④	③	②	①	③	③	③	③	①
21	22	23	24	25	26	27	28	29	30
③	④	④	①	③	④	③	③	④	①
31	32	33	34	35	36	37	38	39	40
③	③	①	③	④	③	①	③	①	③
41	42	43	44	45	46	47	48	49	50
③	④	③	④	③	④	②	③	③	②
51	52	53	54	55	56	57	58	59	60
②	②	③	④	③	④	④	①	④	②

01 정답 ②

②는 서행하는 장소가 아니라 일시정지해야 하는 장소이다.

02 정답 ③

① 경형, ② 소형, ③ 중형, ④ 대형

03 정답 ④

[최고속도의 50/100로 속도를 줄여야 하는 경우]
• 폭우·폭설·안개 등으로 가시거리가 100m 이내인 경우
• 노면이 얼어붙은 경우
• 눈이 20mm 이상 쌓인 경우

04 정답 ①

시·도경찰청이 아니라 <u>국토교통부장관 또는 시·도지사</u>에
게 보고해야 한다.

05 정답 ③

③은 운송사업자의 준수사항이다.

06 정답 ②

택시운전자격시험에 합격하는 것으로는 안 되고, 합격 후 택
시운전자격을 취득해야 한다.

07 정답 ②

② 중상 이상의 사망사고를 일으킨 자는 특별검사를 받아야
한다.

08 정답 ④

④는 차로가 아니라 차도(車道)에 대한 설명이다.

09 정답 ③

법령위반 운수종사자는 보수교육을 받는데 이는 수시로 실시
한다.

10 정답 ④

[편도 3차로 이상의 주행차로]
• 1차로 : 앞지르기를 하려는 승용자동차 및 앞지르기를 하
려는 경형·소형·중형 승합자동차.
• 왼쪽 차로 : 승용자동차 및 경형·소형·중형 승합자동차
• 오른쪽 차로 : 대형승합자동차, 화물자동차, 특수자동차
→ 모든 차는 위 지정된 차로의 오른쪽 차로로 통행할 수 있다.

11 정답 ④

④ 지시표지에 대한 설명이다. 규제표지는 도로교통의 안전
을 위하여 각종 제한·금지 등의 규제를 하는 경우에 이
를 노로 사용자에게 알리는 표지를 말한다.

12 정답 ④

②는 피해자를 사망에 이르게 한 경우의 가중처벌이다.

13 정답 ③

폭이 넓은 도로로부터 교차로에 들어가려는 차에 진로를 양보해야 한다.

14 정답 ②

6개월의 범위에서 차령을 초과하여 운행하게 할 수 있다.

15 정답 ①

일반도로에서는 4만원이다.

16 정답 ③

40시간 이상이 되도록 정하여야 한다.

17 정답 ③

③은 10만원의 과태료이다.

18 정답 ③

③ 황색등화 시 비보호좌회전표지가 있는 경우에도 좌회전할 수 없다. 녹색등화의 경우에 비보호좌회전을 할 수 있다.

19 정답 ③

③은 자격정지 60일의 사유이다.

20 정답 ①

① 국토법의 규정에 따른 주거지역·상업지역 및 공업지역에서의 최고속도는 매시 50km 이내이다.

21 정답 ③

③ 속도가 빨라질수록 전방주시점은 멀어진다.

22 정답 ④

④ 가급적 전조등이 비치는 곳 끝까지 살펴야 한다.

23 정답 ④

④ 어느 특정한 곳에 주의가 집중되었을 경우의 시야범위는 집중의 정도에 비례하여 좁아진다.

24 정답 ①

25 정답 ③

③ 전신주, 가로시설물, 가로수 등과 같은 고정물체와 충돌할 가능성이 높다

26 정답 ④

④ 과속은 금물이다. 앞지르기에 필요한 속도가 그 도로의 최고속도 범위 이내일 때 앞지르기를 시도한다.

27 정답 ③

③ 수막현상을 예방하기 위해서는 타이어의 공기압을 조금

높게 하고 고속으로 주행하지 않아야 한다.

28 정답 ③

29 정답 ④

④ 운전 시에 후진할 때는 외륜차를 고려하여 핸들을 조작해야 한다.

30 정답 ①

① 클러치를 밟고 있을 때 '달달달' 떨리는 소리와 함께 차체가 떨리고 있다면 클러치 릴리스 베어링의 고장이므로 정비공장에 가서 교환한다.

31 정답 ③

차량이 많을 때 가장 안전한 속도는 다른 차량의 속도와 같을 때이므로 법정한도 내에서는 다른 차량과 같은 속도로 운전하고 안전한 차간거리를 유지한다.

32 정답 ③

③ 출발 시에는 핸드 브레이크를 사용하는 것이 안전하다.

33 정답 ①

① 차로 변경 시는 최소한 100m 전방으로부터 방향지시등을 켠다.

34 정답 ③

③은 캐스터(Caster)에 대한 설명이다. 캐스터는 i) 주행 시 앞바퀴에 방향성(진행하는 방향으로 향하게 하는 것)을 부여한다. ii) 조향을 하였을 때 직진 방향으로 되돌아오려는 복원력을 준다.

35 정답 ④

④ 스탠딩 웨이브 현상을 예방하기 위해서 속도를 낮추거나 공기압을 높이는 등의 주의가 필요하다.

36 정답 ③

제동거리는 운전자가 브레이크에 발을 올려 브레이크가 막 작동을 하는 순간부터 자동차가 완전히 정지할 때까지 진행한 거리를 말한다. ③의 설명은 제동거리에 공주거리까지 포함된 정지거리에 대한 설명이다.

37 정답 ①

① 엔진의 회전수에 비례하여 쇠가 마주치는 소리가 나는 경우 밸브간극 조정의 문제일 수 있다.

38 정답 ②

39 정답 ①

① 수리비용은 직접손해이다. ②·③·④ 이외에 '영업손실'도 간접손해이다.

40 정답 ②

② 커브길에서의 핸들조작은 슬로우 인, 패스트 아웃
(Slow-in, Fast-out) 원리에 입각하여 운전한다.

41 정답 ③

③ 일상점검을 철저히 하고 이상 발견 시에는 정비관리자에
게 즉시 보고하여 조치를 받은 후 운행한다.

42 정답 ④

④ 추측운전보다는 안전거리를 확보하고 주변차량을 관찰
하여 위험상황을 만들지 않는 양보운전을 해야 한다.

43 정답 ③

운송서비스는 승객이 제공받을 수 있으나, 유형재처럼 소유
권을 이전받을 수 없기 때문에 무소유권을 특징으로 한다.
운송서비스의 특징으로는 ①·②·④ 이외에도 인적 의존
성, 소멸성, 변동성이 있다.

44 정답 ③

① **존경어** : 사람이나 사물을 높여 말해 직접적으로 상대에
대해 경의를 나타내는 말이다

② **정중어** : 자신이나 상대와 관계없이 말하고자 하는 것을
정중히 말해 상대에 대해 경의를 나타내는 말이다

45 정답 ④

중·고등학생이라도 어른에 준하여 '손님'이나 '승객'이라는
말과 존댓말을 사용하여 존중받는 느낌을 받도록 한다.

46 정답 ③

③ 운수종사자는 1일 근무시간 동안 택시요금미터에 기록된
운송수입금의 전액을 운수종사자의 근무종료 당일 운송
사업자에게 납부해야 한다. 이 때 일정금액의 운송수입금
기준액을 정하여 납부하지 않을 것이 요구된다.

47 정답 ②

② 교차로나 좁은 길에서 마주 오는 차끼리 만나면 먼저 가
도록 양보해 주고 전조등은 끄거나 하향하여 상대방 운
전자의 눈이 부시지 않도록 한다.

48 정답 ③

교통사고조사규칙상 대형사고는 i) 교통사고 발생일로부터
30일 이내에 3명 이상이 사망한 경우, ii) 20명 이상의 사상
자가 발생한 사고

49 정답 ③

③은 '전도사고'를 설명한 것이다. '전복사고'는 차가 주행 중
도로 또는 도로 이외의 장소에 뒤집혀 넘어진 것을 말한다.

50 정답 ②

코피를 뱉어내면 출혈이 더 심해질 수 있으므로 뱉어내지 않
아야 한다 .

51 정답 ②

② 2곳 이상에 게시해야 한다.

52 정답 ②

② 뒤따라오는 차량이 추월하는 경우에는 감속 등을 통해
양보운전을 한다.

53 정답 ③

③ 의식이 없거나 구토를 할 때는 목이 오물로 막혀 질식하
지 않도록 옆으로 눕힌다.

54 정답 ④

55 정답 ③

③ 45°가 아니라 흉골이 맞닿은 부위와 수직이 되게 위치시
킨다.

56 정답 ④

④ 하반신을 높게 한다.

57 정답 ④

58 정답 ①

① 주간에는 후방에서 차가 볼 수 있는 위치에 안전삼각대
를 설치하면 된다. 거리의 요건은 없다.

59 정답 ④

④ 입의 양 꼬리가 올라가게 한다.

60 정답 ②

• 바람직한 직업관 : ①, ③, ④

• 질못된 직업관 : 생계유지 수단적 직업관, 지위지향적 직
업관, 귀속적 직업관, 차별적 직업관

01 서울특별시 지리

61 정답 ③

③ 서울시교육청은 종로구 신문로2가에 있다.

62 정답 ③

③ 추계예술대학교는 북아현동에 있다.

63 정답 ④

④ 서울적십자병원은 종로구 평동에 있다.

64 정답 ③

③ 성동경찰서는 성동구 행당동에 있다.

65 정답 ②

② 도봉운전면허시험장은 노원구 상계동에 있다.

66 정답 ③

③ 동대입구역이 장충동 족발골목과 가깝다.

67 정답 ④

④ 김포공항은 강서구 방화동에 있다.

68 정답 ②

② 이대목동병원은 양천구 목동에 있다.

69 정답 ③

③ 예술의 전당은 서초구 서초동에 있다.

70 정답 ④

④ 시립동부병원은 동대문구 용두동에 있다.

02 경기도 지리

61 정답 ③

성결대학교는 안양시, 아주대학교는 용인시 영통구에 있다.

62 정답 ②

② 통일전망대, 문수산성, 뉴고려병원은 김포시에 있다.

63 정답 ③

③ 경기북부경찰청은 의정부시에 있다.

64 정답 ③

③ 대진대학교는 포천시에 있다.

65 정답 ③

③ 아차산은 구리시에 있다.

66 정답 ④

④ 소사경찰서, 원미경찰서는 부천시에 있다.

67 정답 ①

① 한국공학대학교는 시흥시에 있다.

68 정답 ②

한국외국어대학교는 용인시 처인구에 있다.

69 정답 ②

② 단국대학교는 용인시 수지구에 있다.

70 정답 ③

② 경기대학교는 수원시 영통구에 있다.

03 인천광역시 지리

61 정답 ④

④ 인천세무서는 동구 창영동에 있다.

62 정답 ②

② 나사렛국제병원은 연수구 동춘동에 있다.

63 정답 ④

④ TBN경인교통방송은 미추홀구 학익동에 있다.

64 정답 ①

① 인천상공회의소는 남동구 논현동에 있다.

65 정답 ①

① 여성복지관은 미추홀구 주안동에 있다.

66 정답 ②

② 메디플렉스세종병원은 계양구 작전동에 있다.

67 정답 ③

③ 옹진군청은 미추홀구 용현동에 있다.

68 정답 ②

인천광역시의료원은 동구 송림동에 있다.

69 정답 ④

인천대공원은 남동구 장수동에 있다.

70 정답 ④

미추홀구 주안동에는 여성복지관이 있고, 여성이 광장은 연수구 동춘동에 있다.

2026 초단기합격 택시운전자격시험 적중기출문제집
(서울 · 경기 · 인천)

2026년 1월 23일 개정4판 인쇄
2026년 1월 27일 개정4판 발행

편저자 ▌교통지식연구회
펴낸이 ▌최 영 호
발행처 ▌지식과 실천
등록번호(일자) ▌제2014-000032호(2014년 5월 8일)
주 소 ▌서울특별시 관악구 양산길 33 성서빌딩 4F 412호
전 화 ▌02 - 6012 - 9800
팩 스 ▌02 - 2179 - 9810
ISBN ▌979 - 11 - 93835 - 14 - 2 (13550)

정가 13,000원

파본은 구입하신 서점에서 교환하여 드립니다.